高职高专文化基础类规划教材

应用微积分

主　编　王治华

副主编　蔡宇泽　赵春红　付艳梅

编　者　陈秋萍　张建新　杨　健

U0395890

苏州大学出版社

Soochow University Press

前　言

  本书根据教育部制定的《高职高专教育高等数学课程教学基本要求》《高等学校课程思政建设指导纲要》精神,结合《国家中长期教育改革和发展规划纲要(2010—2020)》《国家职业教育改革实施方案》中提出的人才培养目标和培养模式,融合高等教育信息化的发展趋势,充分吸取了近年来高职院校在数学课程教学改革中的经验,在此基础上我们编写了本书.

  本书共分 11 章,内容包括:函数的极限与连续、导数和微分、导数的应用、不定积分、定积分、定积分的应用、空间解析几何、多元函数微分学、二重积分、常微分方程、无穷级数.

  本书立足"以应用为目的,以必须为度"的原则,强化概念,注重应用,具有以下几个特色:

  (1)通俗易懂,针对性强.从高职高专学生的实际出发,有关数学概念、定理、结论、方法的给出与阐述,借助实例和几何图形,力求通俗易懂,从而避免一些不必要的逻辑推导和理论证明.

  (2)弱化理论,突出应用.本书在弱化逻辑推导和理论证明的前提下,增加了一些有实际应用背景的例题与习题,力图体现教育的实际性与应用性.

  (3)注重与现代信息技术的融合.本书简要介绍了 MATLAB 软件在高等数学上的应用,在处理复杂的高等数学计算和部分抽象的数学问题时,通过使用 MATLAB 软件,使复杂的计算简单化、抽象的问题具体化.

  (4)融入思政元素.书中插入了历史上对数学有杰出贡献的十位中外数学家简介,从他们身上既能管窥近代数学的发展过程,又能领略数学家坚忍不拔地追求真理的人格魅力和科学精神,以及中国数学家的爱国主义精神.

  (5)加"＊"部分为选学内容,加"＊＊"部分为 MATLAB 软件应用内容.

  本书由沙洲职业工学院王治华担任主编,蔡宇泽、赵春红、付艳梅担任副主编.参加编写的人员分工如下:王治华编写了第 1、7、8、9、10 章,蔡宇泽编写了第 2、3 章,陈秋萍编写了第 4 章,张建新编写了第 5 章,付梅艳编写了第 6 章,赵春红编写了第 11 章,杨健参与编写和审核了教材中的课程思政部分的内容.全书由王治华负责策划和统稿.编写组在编写过程中得到了沙洲职业工学院教务处、基础部和有关出版社的大力支持和帮助,在此表示感谢.

  本书适合各类高职高专院校和成人高校工程类、经济管理类专业使用.

  由于编者的水平有限,时间仓促,不足之处敬请广大读者批评指正.

编　者

2021 年 3 月

目　录

第 1 章

函数的极限与连续

　　高等数学是以函数为研究对象,极限是研究函数性态的基本方法和工具,函数的连续性是函数的一个重要性态.本章将在中学数学的基础上,对函数知识进行必要的复习和补充,引入函数极限与连续性的概念.

§1.1　初 等 函 数

一、函数的概念和表示方法

1. 常量与变量

　　现实世界中的事物往往表现为各种形式的量.例如,一个物体做匀速直线运动,那么时间与位移的大小都是变化的,而速度的大小是不变的.又如,圆的周长与直径的比是一个常量 π,而圆的直径是一个变量.

　　一般地,我们把在某个过程中用固定数值来表示的量叫作常量,可以取不同数值的量叫作变量.

　　应当注意,一个量究竟是常量还是变量是由该过程的具体条件来确定的.同一个量在这个过程中是常量,在另一个过程中却有可能是变量.例如,速度在匀速直线运动中是常量,而在匀加速直线运动中是变量.

2. 函数的定义

　　1837 年,德国数学家狄利克雷(Dirichlet,1805—1859)通过集合的语言提出了现今通用的函数定义.

　　定义　设 D 为一个非空实数集合,对于任意实数 $x \in D$,如果按照某种对应法则 f,都有唯一确定的值 y 与之对应,则称 f 为定义在 D 上的函数,记为 $f(x)$,称 x 为自变量,y 为因变量,非空实数集 D 为函数 f 的定义域,集合 $\{y \mid y = f(x), x \in D\}$ 为函数 f 的值域.

　　由于常常通过函数值讨论函数,因此习惯上称 y 是 x 的函数.由函数的定义可知,函数由对应法则和定义域两个要素确定,与自变量用什么字母表示无关.

　　在函数的定义中,如果对于每一个 $x \in D$,都有唯一的 y 与之对应,那么这种函数称为单值函数,否则称为多值函数.以后如果没有特别说明,所研究的函数都是指单值函数.

例如,由方程 $x^2+y^2=1$ 所确定的以 x 为自变量的函数 $y=\pm\sqrt{1-x^2}$ 是一个多值函数,而 $y=x^2$ 是单值函数.

在函数的定义中,并没有要求自变量变化时函数值一定要变,只是要求对任一自变量 $x\in D$,都有唯一确定的数 y 与之对应,因此,常量也符合函数的定义,因为当 $x\in\mathbf{R}$ 时,所对应的值都是唯一确定的常数 c.

3．函数的表示法

(1) 解析表达式法,也称公式法:用数学式表示函数的方法.公式法的优点是便于数学上的分析与计算,如 $y=\sin(3x+5)$,$y=\lg(x-2)$ 等.

(2) 列表法:用表格形式表示函数的方法.列表法的优点是直观、精确.

(3) 图形法:用图形表示两个变量的函数关系的方法.图形法的最大优点是直观.

函数的三种表示法各有优缺点,在具体应用时,常常是三种方法配合使用.

例 1 求下列函数的定义域:

(1) $f(x)=\dfrac{1}{\sqrt{1-x^2}}$; (2) $g(x)=\sqrt{9-x^2}+\ln(x^2-4)$.

解 (1) 函数 $f(x)$ 的定义域 D 为满足不等式 $1-x^2>0$ 的 x 的集合,解之,得 $-1<x<1$.

故 $f(x)$ 的定义域 $D=\{x\,|\,-1<x<1\}$.

(2) 函数 $g(x)$ 的定义域 D 为满足 $\begin{cases}9-x^2\geqslant0,\\x^2-4>0\end{cases}$ 的 x 的集合,即 $D=\{x\,|\,-3\leqslant x<-2$ 或 $2<x\leqslant3\}$.

例 2 下列函数是否相同?为什么?

(1) $f(x)=\ln x^2$ 与 $g(x)=2\ln x$; (2) $f(x)=\sin^2 x+\cos^2 x$ 与 $g(x)=1$.

解 (1) 由于 $f(x)=\ln x^2$ 与 $g(x)=2\ln x$ 的定义域不同,所以是不同的函数.

(2) 函数 $f(x)=\sin^2 x+\cos^2 x$ 与 $g(x)=1$ 的定义域及对应法则均相同,所以是相同的函数.

例 3 求函数

$$f(x)=\operatorname{sgn}x=\begin{cases}-1, & x<0,\\0, & x=0,\\1, & x>0\end{cases}$$

的定义域 D_x 和值域 D_y.

解 函数 $f(x)$ 被称为符号函数,它的定义域 $D_x=(-\infty,+\infty)$,值域 $D_y=\{-1,0,1\}$,它的图形如图 1-1 所示.

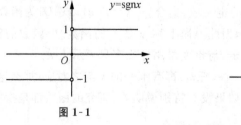

图 1-1   图 1-2

例 4 求函数

$$y=|x|=\begin{cases} x, & x>0, \\ 0, & x=0, \\ -x, & x<0 \end{cases}$$

的定义域 D_x 和值域 D_y.

解 由题意得该函数的定义域 $D_x=(-\infty,+\infty)$,值域 $D_y=[0,+\infty)$,它的图形如图 1-2 所示.

从例 3 和例 4 可以看到,有时一个函数要用几个式子表示.这种在定义域的不同范围内用不同的解析式表示的函数称为分段函数.例 3、例 4 中 $x=0$ 称为分段点.

> **注意** 分段函数仍然是一个函数,而不是几个函数;分段函数的定义域是各段定义区间的并集.

求分段函数的值时,应把自变量代入相应取值范围的表达式计算.

例如,在例 4 中,$f(4)=4$,$f(-3)=-(-3)=3$.

如果自变量与函数的对应关系是用一个方程 $F(x,y)=0$ 确定的,这种函数称为隐函数.例如,$x+2y=3$,$xy=e^{x+y}$ 等.相应地,我们将前面讨论的直接由自变量的式子表示的函数称为显函数.例如,$y=\sin^2 x$,$y=2\ln x$ 等.

由方程 $x+y=3$ 确定的隐函数可以化为显函数 $y=3-x$,这个过程称为隐函数的显化.并不是每个隐函数都可以显化,如由方程 $xy=e^{x+y}$ 确定的隐函数,就无法显化.

若变量 x 与 y 之间的函数关系可以用含某一参数的方程组来确定,即

$$\begin{cases} x=\varphi(t), \\ y=\psi(t) \end{cases} \quad (\alpha\leqslant t\leqslant\beta),$$

其中 t 为参数,这样的函数称为由参数方程所确定的函数.

二、函数的几种特性

下面介绍函数的四种特性:奇偶性、单调性、有界性和周期性.

1. 单调性

设函数 $f(x)$ 在区间 I 上的任意两点 $x_1<x_2$,都有 $f(x_1)<f(x_2)$[或 $f(x_1)>f(x_2)$],则称函数 $f(x)$ 为在区间 I 上的单调增加(或单调减少)函数.

如果函数 $f(x)$ 在区间 I 上的任意两点 $x_1<x_2$,都有 $f(x_1)\leqslant f(x_2)$[或 $f(x_1)\geqslant f(x_2)$],则称 $f(x)$ 为在区间 I 上的广义单调增加(或广义单调减少)函数.

例如,函数 $y=x^2$ 在区间 $(-\infty,0)$ 内是单调减少的,在区间 $(0,+\infty)$ 内是单调增加的;而函数 $y=x$,$y=x^3$ 在区间 $(-\infty,+\infty)$ 内都是单调增加的.

2. 奇偶性

若函数 $f(x)$ 在关于原点对称的区间 I 上满足 $f(-x)=f(x)$[或 $f(-x)=-f(x)$],则称 $f(x)$ 为偶函数(或奇函数).

偶函数的图形是关于 y 轴对称的;奇函数的图形是关于原点对称的.

例如,$f(x)=\cos x$,$g(x)=x\sin x$ 是偶函数;而 $F(x)=x^3$,$G(x)=\sin x$ 是奇函数.

3. 周期性

对于函数 $y=f(x)$,如果存在一个非零常数 T,对定义域内一切的 x 均有 $f(x+T)=f(x)$,则称函数 $f(x)$ 为周期函数,并把 T 称为 $f(x)$ 的周期.应当指出的是,通常讲的周期函数的周期是指最小的正周期.

对三角函数而言,$y=\sin x$,$y=\cos x$ 都是以 2π 为周期的周期函数,而 $y=\tan x$,$y=\cot x$ 则是以 π 为周期的周期函数.

4. 有界性

若存在正数 M,使函数 $f(x)$ 在区间 X 上恒有 $|f(x)|\leqslant M$,则称 $f(x)$ 在区间 X 上有界(图 1-3);否则,称 $f(x)$ 在区间 X 上无界(图 1-4).

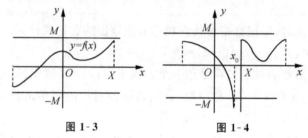

图 1-3   图 1-4

如果 $f(x)$ 在定义域 D 上有界,则称 $f(x)$ 为有界函数;如果 $f(x)$ 在定义域 D 上无界,则称 $f(x)$ 为无界函数.

例如,$y=\cos x$ 为有界函数,$y=\mathrm{e}^x$ 为无界函数,但是函数 $y=\mathrm{e}^x$ 在区间 $[0,1]$ 上是有界的.

例 5 指出下列函数在哪个区间上有界,哪个区间上无界:

(1) $y=\dfrac{1}{\sqrt{x}}$,$(1,+\infty)$,$(0,+\infty)$,$(0,1)$;

(2) $y=\ln(x-1)$,$(1,2)$,$(3,+\infty)$,$(2,3)$.

解 (1) 从图 1-5 看出:当 $x>1$ 时,有 $0<\dfrac{1}{\sqrt{x}}<1$ 成立,于是 $\left|\dfrac{1}{\sqrt{x}}\right|<1$ 成立,即函数的图形都夹在直线 $y=1$ 与 $y=-1$ 之间,所以当 $x\in(1,+\infty)$ 时,$y=\dfrac{1}{\sqrt{x}}$ 有界.易见该函数在 $(0,+\infty)$ 和 $(0,1)$ 内都无界.

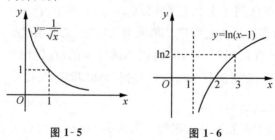

图 1-5   图 1-6

（2）从图 1-6 看出：当 $2<x<3$ 时，$\ln 1<\ln(x-1)<\ln 2$，即 $0<\ln(x-1)<\ln 2$，也就有 $|\ln(x-1)|<\ln 2$ 成立，即函数的图形都夹在直线 $y=\ln 2$ 与 $y=-\ln 2$ 之间，所以当 $x\in(2,3)$ 时，$y=\ln(x-1)$ 有界．易见该函数在 $(1,2)$ 和 $(3,+\infty)$ 内都无界．

三、初等函数

1. 基本初等函数

幂函数、指数函数、对数函数、三角函数、反三角函数和常数函数这六类函数叫作基本初等函数．这些函数在中学的数学课程里已经学过．

（1）幂函数 $y=x^{\alpha}\ (\alpha\in\mathbf{R})$．

它的定义域和值域依 α 的取值不同而不同，但是无论 α 取何值，幂函数在 $(0,+\infty)$ 内总有定义．常见的幂函数的定义域与值域、图形、特性如表 1-1 所示．

表 1-1

名称	函数	定义域与值域	图形	特性
幂函数	$y=x\ (\alpha=1)$	$x\in(-\infty,+\infty)$ $y\in(-\infty,+\infty)$		奇函数 增函数
	$y=x^2\ (\alpha=2)$	$x\in(-\infty,+\infty)$ $y\in[0,+\infty)$		偶函数 在 $(-\infty,0)$ 内单调递减，在 $[0,+\infty)$ 内单调递增
	$y=x^3\ (\alpha=3)$	$x\in(-\infty,+\infty)$ $y\in(-\infty,+\infty)$		奇函数 增函数
	$y=\dfrac{1}{x}$ $(\alpha=-1)$	$x\in(-\infty,0)\cup(0,+\infty)$ $y\in(-\infty,0)\cup(0,+\infty)$		奇函数 在 $(-\infty,0)$ 内单调递减，在 $(0,+\infty)$ 内单调递减
	$y=\sqrt{x}$ $\left(\alpha=\dfrac{1}{2}\right)$	$x\in[0,+\infty)$ $y\in[0,+\infty)$		单调增加

（2）指数函数 $y = a^x (a > 0, a \neq 1)$.

它的定义域为 $(-\infty, +\infty)$，值域为 $(0, +\infty)$. 指数函数的定义域与值域、图形、特性如表 1-2 所示.

表 1-2

名称	函数	定义域与值域	图形	特性
指数函数	$y = a^x (a > 1)$	$x \in (-\infty, +\infty)$ $y \in (0, +\infty)$		增函数
	$y = a^x$ $(0 < a < 1)$	$x \in (-\infty, +\infty)$ $y \in (0, +\infty)$		减函数

（3）对数函数 $y = \log_a x (a > 0, a \neq 1)$.

它的定义域为 $(0, +\infty)$，值域为 $(-\infty, +\infty)$. 对数函数的定义域与值域、图形、特性如表 1-3 所示.

表 1-3

名称	函数	定义域与值域	图形	特性
对数函数	$y = \log_a x$ $(a > 1)$	$x \in (0, +\infty)$ $y \in (-\infty, +\infty)$		增函数
	$y = \log_a x$ $(0 < a < 1)$	$x \in (0, +\infty)$ $y \in (-\infty, +\infty)$		减函数

（4）三角函数.

三角函数有正弦函数 $y = \sin x$，余弦函数 $y = \cos x$，正切函数 $y = \tan x = \dfrac{\sin x}{\cos x}$，余切函数 $y = \cot x = \dfrac{\cos x}{\sin x}$，正割函数 $y = \sec x = \dfrac{1}{\cos x}$ 和余割函数 $y = \csc x = \dfrac{1}{\sin x}$. 其中正弦、余弦、正切和余切函数的图形分别如图 1-7(a)、图 1-7(b)、图 1-7(c)、图 1-7(d) 所示.

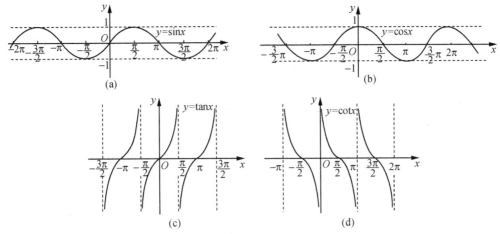

图 1- 7

（5）反三角函数.

① 反函数定义.

设函数 $y=f(x)$ 的定义域为 D_x，值域为 D_y. 对于任意 $y\in D_y$，存在唯一确定的 $x\in D_x$，使得 $f(x)=y$，得到了一个以 y 为自变量，x 为因变量的函数，称之为函数 $y=f(x)$ 的直接反函数，记为 $x=f^{-1}(y)$.

从定义可知，$x=f^{-1}(y)$ 是定义在 D_y 上的函数，y 和 x 分别是自变量和因变量，但在习惯上总是用 x 和 y 分别表示自变量和因变量，所以通常我们将 $x=f^{-1}(y)$ 按习惯写成 $y=f^{-1}(x)$. 我们称 $y=f^{-1}(x)$ 为 $y=f(x)$ 的间接反函数，简称反函数.

必须指出，一一对应的函数才具有反函数.

例如，$y=x^3$ 的直接反函数为 $x=\sqrt[3]{y}$，间接反函数为 $y=\sqrt[3]{x}$.

② 反函数性质.

a. 反函数的定义域、值域分别是原函数的值域、定义域；

b. 反函数的图形和原函数的图形关于直线 $y=x$ 对称；

c. 一一对应的函数才具有反函数，单调函数是一一对应的.

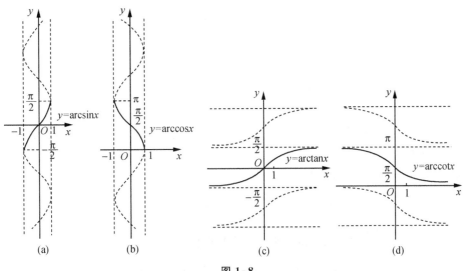

图 1- 8

③ 反正弦函数.

函数 $y=\sin x$ 在 $x\in\left[-\dfrac{\pi}{2},\dfrac{\pi}{2}\right]$ 上的反函数称为反正弦函数,记为 $y=\arcsin x$,图形如图 1-8(a)所示.反正弦函数的定义域 $x\in[-1,1]$,值域 $y\in\left[-\dfrac{\pi}{2},\dfrac{\pi}{2}\right]$.

④ 反余弦函数.

函数 $y=\cos x$ 在 $x\in[0,\pi]$ 上的反函数称为反余弦函数,记为 $y=\arccos x$,图形如图 1-8(b)所示.反余弦函数的定义域 $x\in[-1,1]$,值域 $y\in[0,\pi]$.

⑤ 反正切函数.

函数 $y=\tan x$ 在 $x\in\left(-\dfrac{\pi}{2},\dfrac{\pi}{2}\right)$ 上的反函数称为反正切函数,记为 $y=\arctan x$,图形如图 1-8(c)所示.反正切函数的定义域 $x\in(-\infty,+\infty)$,值域 $y\in\left(-\dfrac{\pi}{2},\dfrac{\pi}{2}\right)$.

⑥ 反余切函数.

函数 $y=\cot x$ 在 $x\in(0,\pi)$ 上的反函数称为反余切函数,记为 $y=\operatorname{arccot} x$,图形如图 1-8(d)所示.反余切函数的定义域 $x\in(-\infty,+\infty)$,值域 $y\in(0,\pi)$.

2. 复合函数

设 y 是 u 的函数 $y=f(u)$,u 是 x 的函数 $u=\varphi(x)$,若 $u=\varphi(x)$ 的值域(或其部分)包含在 $y=f(u)$ 的定义域中,则 y 通过中间变量 u 构成 x 的函数,记为 $y=f[\varphi(x)]$,称为由 $y=f(u)$ 和 $u=\varphi(x)$ 构成的复合函数.其中 x 是自变量,u 称作中间变量.

例如,$y=\cos^2 x$ 就是由 $y=u^2$,$u=\cos x$ 复合而成的,这个复合函数的定义域为 $(-\infty,+\infty)$,它也是 $u=\cos x$ 的定义域.

又如,$y=\sqrt{9-x^2}$ 是由 $y=\sqrt{u}$,$u=9-x^2$ 复合而成的,这个复合函数的定义域为 $[-3,3]$,它只是 $u=9-x^2$ 的定义域 $(-\infty,+\infty)$ 的一部分.

> **注意**
>
> (1) 不是任何两个函数都可以复合成一个复合函数.例如,$y=\arcsin u$ 与 $u=3+x^2$ 就不能复合成一个复合函数.
>
> (2) 复合函数也可以由两个以上的函数经过复合构成.例如,由 $y=e^u$,$u=\sin v$,$v=\dfrac{1}{x}$ 这三个函数可得复合函数 $y=e^{\sin\frac{1}{x}}$,其中 u 和 v 都是中间变量.

与复合函数相对应,称由常数和基本初等函数经过有限次四则运算所构成的函数为简单函数.例如,$y=3-2x^2$,$y=x^2\tan x$ 等.

例 6 指出下列复合函数的复合过程:

(1) $y=\tan\dfrac{x}{2}$; (2) $y=\sin^2 3x$; (3) $y=\ln(1+\sqrt{1+x^2})$.

解 (1) $y=\tan\dfrac{x}{2}$ 是由 $y=\tan u$ 和 $u=\dfrac{x}{2}$ 复合而成的.

(2) $y=\sin^2 3x$ 是由 $y=u^2$,$u=\sin v$ 和 $v=3x$ 复合而成的.

(3) $y=\ln(1+\sqrt{1+x^2})$ 是由 $y=\ln u, u=1+\sqrt{v}$ 和 $v=1+x^2$ 复合而成的.

3. 初等函数

由基本初等函数及常数经过有限次四则运算或有限次复合所构成的,且能用一个式子表示的函数,称为初等函数.

例如,$y=\ln\cos x, y=\sqrt[3]{\tan 2x}, y=\dfrac{2x^2-1}{x^2+1}, y=|x|=\sqrt{x^2}$ 都是初等函数,高等数学中讨论的函数大部分是初等函数. 此外,分段函数有可能不是初等函数. 例如,函数 $f(x)=\begin{cases}3x+1, & x\geqslant 1,\\ 2x-1, & x<1\end{cases}$ 就不是初等函数.

四、建立函数关系举例

函数的应用非常广泛,在实际生活和生产中,经常遇到量与量之间的函数关系.下面举例说明通过写出函数关系式解决实际问题的一般方法.

例 7 设某旅馆有房间 200 间,如果房租不超过 80 元/间,则房间可全部出租.房租每增加 10 元/间,租不出去的房间就多一间.房间出租后的维护费为每间 20 元,试建立旅馆每天的利润与房租的函数关系.

解 设旅馆的房价为 x 元/间,旅馆每天的利润为 y 元.

当 $x\leqslant 80$ 时,房间全部租出,每天利润为
$$y=200(x-20).$$

当 $x>80$ 时,没有租出去的房间为 $\dfrac{x-80}{10}$ 间,实际租出了 $\left(200-\dfrac{x-80}{10}\right)$ 间,利润为
$$y=\left(200-\frac{x-80}{10}\right)(x-20).$$

综上所述,旅馆每天利润与房租的函数关系为
$$y=f(x)=\begin{cases}200(x-20), & x\leqslant 80,\\ \left(200-\dfrac{x-80}{10}\right)(x-20), & x>80.\end{cases}$$

若旅馆房价为 100 元/间,则旅馆一天的利润为
$$f(100)=\left(200-\frac{100-80}{10}\right)(100-20)=15840(元).$$

例 8 为了在漏斗形量杯上刻上表示容积的刻度,就要求出容积深度与液体体积间的函数关系.已知漏斗的轴截面的顶角为 $60°$(图 1-9),漏斗高度为 H,求容积与深度间的函数关系,并求深度为 9 时液体的容积.

解 设当深度为 h 时液体容积为 V,线段 AB 为液体所在圆锥底面半径,$AB=r$,则
$$\tan\angle AOB=\tan\frac{60°}{2}=\frac{r}{h},$$

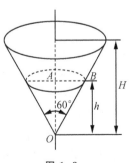

图 1-9

即

$$r = \frac{\sqrt{3}}{3}h,$$

所以

$$V = \frac{1}{3}\pi r^2 h = \frac{1}{3}\pi \left(\frac{\sqrt{3}}{3}h\right)^2 \cdot h = \frac{1}{9}\pi h^3, h \in [0, H].$$

当 $h = 9$ 时，$V(9) = \frac{1}{9}\pi \times 9^3 = 81\pi$，故深度为 9 时液体容积为 81π.

有时在建立函数关系时，为了方便地列出等量关系，需要引进中间变量. 本例中引进了中间变量 $r = \frac{\sqrt{3}}{3}h$.

*五、几个常见的经济函数

1. 需求函数、价格函数和供给函数

（1）需求函数.

某种商品的市场需求量往往与消费者人数、消费者的习惯爱好、经济发展水平及该商品的价格等许多因素有关. 这里只考虑商品的价格对需求量的影响，建立商品的需求量 Q 与该商品价格 p 的函数关系，记为 $Q = Q(p)$ （$p \geqslant 0$）.

通常情况下，需求量 Q 随价格上涨而减少，因此，在实际情况下，需求函数 $Q = Q(p)$ 是单调递减函数（图 1-10）.

经济学中常见的需求函数有：

线性需求函数：$Q = a - bp$，其中 $a \geqslant 0, b \geqslant 0$ 都是常数；

二次需求函数：$Q = a - bp - cp^2$，其中 $a \geqslant 0, b \geqslant 0, c \geqslant 0$ 都是常数.

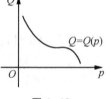

图 1-10

（2）价格函数.

需求函数 $Q = Q(p)$ 的反函数就是价格函数，记作 $p = p(Q)$. 价格函数也是反映商品的价格与需求量之间的关系.

（3）供给函数.

在市场经济中，市场上某种商品的供应量的大小与该商品的价格高低有关，即商品供应量是商品价格的函数，记商品的供应量为 S，商品价格为 p，函数 $S = S(p)$ 称为供给函数.

通常情况下，商品的供应量随商品的价格上涨而增加. 因此，商品的供给函数 $S = S(p)$ 是单调递增函数（图 1-11）.

图 1-11

常见的供给函数有线性函数、二次函数、幂函数、指数函数.

需求函数与供给函数可以帮助我们分析市场规律. 如果把需求函数曲线与供给函数曲线画在同一坐标系（图 1-12），由于需求函数单调减少，供给函数单调增加，所以它们一定交于一点 $(\overline{p}, \overline{Q})$. 此处，$\overline{p}$ 就是供需平衡的价格，称为均衡价格；$\overline{Q}$ 就是供需平衡时的需求量（或者供需平衡时的供给量），称为均衡数量.

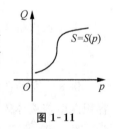

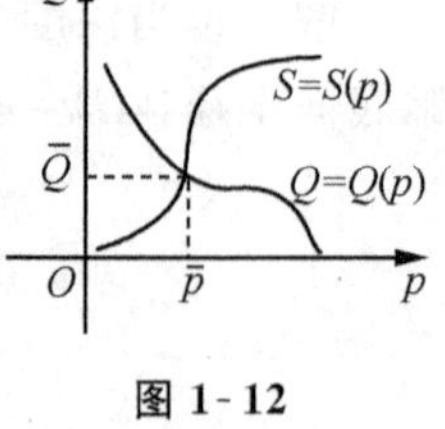

图 1-12

例9 在市场经济条件下,已知市场上某商品的供给函数为 $S=\dfrac{1}{3}p-5$,需求函数是

$Q=60-\dfrac{1}{2}p$. 试求市场平衡状态下的均衡价格和均衡数量.

解 令 $S=Q=\overline{Q}$,$p=\overline{p}$,解方程组

$$\begin{cases} \overline{Q}=\dfrac{1}{3}\overline{p}-5, \\ \overline{Q}=60-\dfrac{1}{2}\overline{p}, \end{cases}$$

得均衡价格 $\overline{p}=78$,均衡数量 $\overline{Q}=21$.

2. 总成本函数、平均成本函数和收入函数

人们在经济活动中,经常要涉及成本 C、收入 R、利润 L 这些经济变量,它们都与产品的产量(或销量)q 有关,可以把它们看成 q 的函数,分别用 $C(q)$、$R(q)$、$L(q)$ 表示产品的成本、收入、利润,并分别称它们为总成本函数、总收入函数和总利润函数.

(1) 总成本函数和平均成本函数.

一般地,总成本由不变成本 C_1 和可变成本 $C_2(q)$ 两部分组成,即

$$C(q)=C_1+C_2(q),$$

其中:不变成本 C_1 与产品产量 q 无关,如厂房、设备等固定资产的折旧,管理者的固定工资,广告费,保险费等,这类成本的特点是短期内不发生变化,即与产品的数量 q 无关;可变成本 $C_2(q)$ 随产量 q 的增加而增加,如原材料费用、能源费、劳动者的工资等.

总成本 $C(q)$ 是 q 的单调增加函数,只有总成本 $C(q)$ 不能说明企业生产水平的高低,还要考察单位商品的平均成本,记为 $\overline{C}(q)$,且

$$\overline{C}(q)=\frac{C(q)}{q}=\frac{\text{固定成本}+\text{可变成本}}{\text{产量}}.$$

一般情况下,总成本和平均成本都是产量的函数.

(2) 收入函数.

收入是指销售某种产品所获得的收入,收入分为总收入和平均收入.

总收入是销售一定量商品时所得的全部收入,常用 R 表示.

平均收入是售出一定数量的商品时,平均每售出一个单位商品的收入,常用 $\overline{R}$ 表示.

总收入和平均收入都是售出商品数量 q 的函数.

设商品销售量为 q,商品价格函数为 $p(q)$,则有

$$R=R(q)=p(q)\cdot q,\overline{R}=\frac{R(q)}{q}=p(q),$$

利润函数

$$L(q)=R(q)-C(q).$$

例10 生产某种商品的总成本 $C(q)=1000+4q$(单位:元),求生产 100 件该商品时的总成本和平均成本.

解 生产 100 件该商品时的总成本为

$$C(100)=1000+4\times100=1400 \text{(元)},$$

生产 100 件时的平均成本为

$$\overline{C}(100)=\frac{C(100)}{100}=14 \text{ （元/件）.}$$

生产某种产品的总成本 $C(q)$ 是产量 q 的增函数. 但是,产品的价格是波动的,因此,销售的总收入有时增加明显,有时增加很缓慢. 利润函数会出现以下三种情况:

① $L(q)=R(q)-C(q)>0$,称为有盈余生产,即生产处于有利润状态;

② $L(q)=R(q)-C(q)<0$,称为亏损生产,即生产处于亏损状态,利润为负;

③ $L(q)=R(q)-C(q)=0$,称为无盈亏生产,无盈亏生产时的产量称为无盈亏点.

例 11 生产某商品的成本函数为 $C(q)=40+2q+q^2$.

(1) 如果销售单价定为 16 元/件,求该商品生产的无盈亏点;

(2) 如果每天销售 10 件商品,为了保证不亏本,销售单价定为多少才合适?

解 (1) 利润函数

$$\begin{aligned}
L(q)&=R(q)-C(q)\\
&=16q-(40+2q+q^2)\\
&=14q-40-q^2\\
&=-(q-4)(q-10).
\end{aligned}$$

令 $L(q)=0$,得 $q_1=4$ 和 $q_2=10$ 两个无盈亏点.

当 $0\leqslant q<4$ 或 $q>10$ 时,$L(q)<0$,这时生产经营是亏损的;当 $4<q<10$ 时,$L(q)>0$,生产经营是盈利的,$q=4$ 是盈利的最低产量,$q=10$ 是盈利的最高产量.

(2) 设销售单价定为 p 元,则 $L(q)=R(q)-C(q)=pq-(40+2q+q^2)$,为了不亏本,$L(10)=10p-160\geqslant 0$,要求 $p\geqslant 16$ 元.

练习题 1.1

1. 求下列函数的定义域:

(1) $y=\sqrt{x^2-3x+2}$;

(2) $y=\arcsin(1-x)$;

(3) $y=\ln\dfrac{7-x}{3}$;

(4) $y=\sqrt{2-x}+\lg(3x+1)$.

2. 设

$$f(x)=\begin{cases} 2x+1, & x<1,\\ 1, & x=1,\\ -3, & x>1. \end{cases}$$

(1) 作出 $f(x)$ 的图形;

(2) 求 $f\left(-\dfrac{3}{2}\right),f(0),f\left(\dfrac{3}{2}\right),f(1)$;

(3) 求 $f(x)$ 的定义域.

3. 判断下列函数的奇偶性：

(1) $y=3x$;

(2) $y=e^x$;

(3) $y=\dfrac{\sin x}{x^3}$;

(4) $y=x\tan x$;

(5) $y=\dfrac{e^x-e^{-x}}{e^x+e^{-x}}$.

4. 判断下列各对函数中,哪些是同一函数,哪些不是：

(1) $f(x)=(\sqrt{x})^2$ 与 $g(x)=\sqrt{x^2}$;

(2) $f(x)=\sqrt{2^{2x}}$ 与 $g(x)=2^x$;

(3) $f(x)=\dfrac{x^2-1}{x-1}$ 与 $g(x)=x+1$;

(4) $f(x)=1$ 与 $y=\sin^2 3x+\cos^2 3x$.

5. 指出下列复合函数的复合过程：

(1) $y=\ln^2 3x$;

(2) $y=\ln\tan 2x$;

(3) $y=3^{\sin^2 x}$;

(4) $y=\arcsin(3x+1)$.

6. 某水果商到一西瓜产地收购西瓜.市场行情是 0.3 元$/$kg,如果收购量超过200kg,那么超出的部分可以 6 折优惠.

(1) 写出收购量 x(kg)与收购货款 y(元)之间的函数关系；

(2) 收购 150kg、500kg 各需收购货款多少元？

(3) 若收购 500kg 后又以 0.50 元$/$kg 的价格出售,且需平均 0.02 元$/$kg 的运费及税收,问所得纯利润是多少元？

7. 已知某种产品的总成本函数为 $C(q)=1000+\dfrac{q^2}{10}$(单位:元),求生产 100 件产品时的总成本和平均成本.

8. 某厂生产某种产品,每天固定成本 200 元,每天生产 q 件,每件产品的可变成本为 10 元.

(1) 求日总成本函数和日平均成本函数；

(2) 如果每件产品售价 15 元,求日总收入函数；

(3) 求出利润函数,并求无盈亏点.

§1.2 函数的极限

一、数列的极限

考察下列数列当 n 无限增大时的变化趋势:

(1) $1, -\dfrac{1}{2}, \dfrac{1}{4}, -\dfrac{1}{8}, \cdots, (-1)^{n-1}\dfrac{1}{2^{n-1}}, \cdots$;

(2) $2, \dfrac{3}{2}, \dfrac{4}{3}, \dfrac{5}{4}, \cdots, \dfrac{n+1}{n}, \cdots$.

为了直观起见,把数列的每一项 x_n 用数轴上的点 x_n 表示(图 1-13).

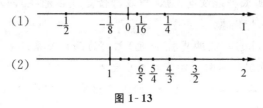

图 1-13

从图 1-13 可以看出,当 n 无限增大时,数列 $\left\{(-1)^{n-1}\dfrac{1}{2^{n-1}}\right\}$ 的点向点 $x=0$ 无限靠近,数列 $\left\{\dfrac{n+1}{n}\right\}$ 的点向点 $x=1$ 无限靠近.

定义 1 对于数列 $\{x_n\}$,当 n 无限增大时,如果通项 x_n 无限接近于某个确定的常数 A,那么称当 n 趋于无穷大时,A 是数列 $\{x_n\}$ 的极限,或称数列 $\{x_n\}$ 收敛于 A,记为 $\lim\limits_{n \to \infty} x_n = A$ 或 $x_n \to A (n \to \infty)$. 如果数列 $\{x_n\}$ 没有极限,则称数列发散.

上面两个极限可以记为 $\lim\limits_{n \to \infty}(-1)^{n-1}\dfrac{1}{2^{n-1}} = 0$, $\lim\limits_{n \to \infty}\dfrac{n+1}{n} = 1$.

二、当 $x \to \infty$ 时,函数 $f(x)$ 的极限

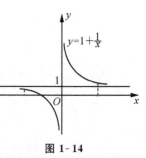

图 1-14

对函数 $f(x) = \dfrac{1}{x} + 1$(图 1-14),考察当 $x \to \infty$ 时,函数的变化情况,我们发现:$y = 1$ 是它的水平渐近线,当自变量 x 的绝对值无限增大时,相应的函数值无限接近于常数 1,这就是我们要讨论的 $x \to \infty$ 时,函数的极限.

定义 2 对于函数 $y = f(x)$,如果当 $|x|$ 无限增大时(记为 $x \to \infty$),对应的函数值 $f(x)$ 无限接近于某个确定常数 A,那么 A 称为函数 $f(x)$ 当 $x \to \infty$ 时的极限,记为

$$\lim\limits_{x \to \infty} f(x) = A \text{ 或 } f(x) \to A (x \to \infty).$$

这里"$x\to\infty$"表示 x 既取正值而无限增大(记为 $x\to+\infty$),同时也取负值而绝对值无限增大(记为 $x\to-\infty$),但有时 x 的变化趋势只能或只需取这两种变化中的一种情形.

类似地,可给出如下单向极限的定义:

(1) 如果当 $x>0$ 且 x 无限增大时,对应的函数值 $f(x)$ 无限接近于某个确定常数 A,那么 A 称为函数 $f(x)$ 当 $x\to+\infty$ 时的极限,记为 $\lim\limits_{x\to+\infty}f(x)=A$ 或 $f(x)\to A(x\to+\infty)$.

(2) 如果当 $x<0$ 且 $|x|$ 无限增大时,对应的函数值 $f(x)$ 无限接近于某个确定常数 A,那么 A 称为函数 $f(x)$ 当 $x\to-\infty$ 时的极限,记为 $\lim\limits_{x\to-\infty}f(x)=A$ 或 $f(x)\to A(x\to-\infty)$.

从图 1-14 可以看出,当 $|x|$ 无限增大时,函数 $f(x)=\dfrac{1}{x}+1$ 的值无限接近于 1,所以有 $\lim\limits_{x\to\infty}\left(1+\dfrac{1}{x}\right)=1$,当然也有 $\lim\limits_{x\to-\infty}\left(1+\dfrac{1}{x}\right)=1$ 及 $\lim\limits_{x\to+\infty}\left(1+\dfrac{1}{x}\right)=1$.

例 1 讨论当 $x\to\infty$ 时,函数 $y=\arctan x$ 是否有极限.

解 由图 1-15 可见

$$\lim\limits_{x\to-\infty}\arctan x=-\dfrac{\pi}{2},\quad \lim\limits_{x\to+\infty}\arctan x=\dfrac{\pi}{2}.$$

所以当 $x\to\infty$ 时,$f(x)=\arctan x$ 不能无限接近于一个确定的常数,故 $\lim\limits_{x\to\infty}\arctan x$ 不存在.

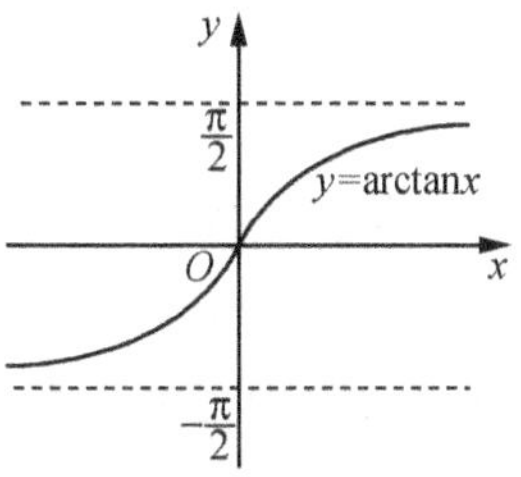

对于指数函数,我们有

(1) 当 $a>0$ 时,$\lim\limits_{x\to+\infty}a^x$ 不存在,而 $\lim\limits_{x\to-\infty}a^x=0$.

(2) 当 $0<a<1$ 时,$\lim\limits_{x\to+\infty}a^x=0$,而 $\lim\limits_{x\to-\infty}a^x$ 不存在.

定理 1 $\lim\limits_{x\to\infty}f(x)=A$ 的充分必要条件是

$$\lim\limits_{x\to-\infty}f(x)=\lim\limits_{x\to+\infty}f(x)=A.$$

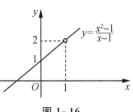

图 1-15

三、当 $x\to x_0$ 时,函数 $f(x)$ 的极限

例如,当 $x\to1$ 时,考察函数 $f(x)=\dfrac{x^2-1}{x-1}$ 的变化趋势.

从图 1-16 可以看出,当 x 无限接近于 1 时,所对应的函数值无限接近于常数 2.这时我们就说当 $x\to1$ 时,函数 $f(x)=\dfrac{x^2-1}{x-1}$ 的极限为 2.

定义 3 设函数 $f(x)$ 在点 x_0 附近有定义(在点 x_0 可以无定义),当自变量 x 无限接近于点 x_0(记为 $x\to x_0$)时,对应的函数值 $f(x)$ 无限接近于某个确定的常数 A,那么 A 称为函数 $f(x)$ 当 $x\to x_0$ 时的极限,记为

$$\lim\limits_{x\to x_0}f(x)=A \text{ 或 } f(x)\to A(x\to x_0).$$

图 1-16

> **注意** 在上述定义中考虑的是 $x \to x_0$ 时函数 $f(x)$ 的变化趋势,并不考虑 x 能否等于 x_0,即不考虑 $f(x)$ 在点 x_0 处是否有定义.

例 2 考察并写出下列极限:

(1) $\lim\limits_{x \to x_0} c$($c$ 为常数);　　　　　　(2) $\lim\limits_{x \to x_0} x$.

解 (1) 设 $f(x) = c$(图 1-17).由于不论自变量 x 取何值,$f(x)$ 的值恒等于 c,所以当 x 趋近于 x_0 时,恒有 $f(x) = c$,因此 $\lim\limits_{x \to x_0} c = c$.

(2) 设 $\varphi(x) = x$(图 1-18).由于不论自变量 x 取何值,$\varphi(x)$ 的值都与 x 相等,所以当 x 趋近于 x_0 时,$\varphi(x)$ 也趋近于 x_0,因此 $\lim\limits_{x \to x_0} x = x_0$.

图 1-17　　　　　　　　　　　　　　图 1-18

例 3 利用图形考察 $\lim\limits_{x \to 0} \sin x$ 和 $\lim\limits_{x \to 0} \cos x$ 的值.

解 由图 1-19 和图 1-20 可见,当 x 趋近于 0 时,$\sin x$ 的值无限地趋近于 0,而 $\cos x$ 的值无限地趋近于 1,所以 $\lim\limits_{x \to 0} \sin x = 0$,$\lim\limits_{x \to 0} \cos x = 1$.

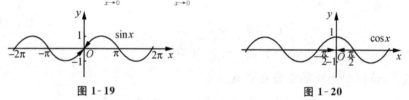

图 1-19　　　　　　　　　　　　　　图 1-20

前面讨论了当 $x \to x_0$ 时,函数 $f(x)$ 的极限.其中 x 是同时从左边和右边两侧趋近于 x_0 的,但我们有时还会遇到只需要考虑自变量 x 从 x_0 某一侧趋近于 x_0 时函数的极限.例如,函数 $y = \lg x$,只能考察从 0 的右侧趋近于 0 的极限. x 从 x_0 右侧趋向于 x_0(记 $x \to x_0^+$),x 从 x_0 左侧趋向于 x_0(记 $x \to x_0^-$).因此我们可以类似地给出左极限和右极限的定义.

定义 4 如果当 $x \to x_0^-$(或 $x \to x_0^+$)时,对应的函数值 $f(x)$ 无限接近于一个确定的常数 A,那么 A 称为函数 $f(x)$ 当 $x \to x_0$ 时的左极限(或右极限),记作

$$\lim_{\substack{x \to x_0^- \\ (x \to x_0^+)}} f(x) = A \text{ 或 } f(x_0 - 0) = A [\text{或 } f(x_0 + 0) = A].$$

由图 1-16 可见

$$\lim_{x \to 1} \frac{x^2 - 1}{x - 1} = 2, \ \lim_{x \to 1^-} \frac{x^2 - 1}{x - 1} = 2, \ \lim_{x \to 1^+} \frac{x^2 - 1}{x - 1} = 2.$$

定理 2 $\lim\limits_{x \to x_0} f(x) = A$ 的充分必要条件是

$$\lim_{x \to x_0^-} f(x) = \lim_{x \to x_0^+} f(x) = A.$$

例4 设函数

$$f(x) = \begin{cases} x+2, & x<1, \\ 2x+1, & x \geqslant 1, \end{cases}$$

求 $\lim\limits_{x \to 1} f(x), \lim\limits_{x \to 2} f(x)$.

解 作出函数图形(图1-21)，从图1-21可以看出：

$$\lim_{x \to 1^-} f(x) = \lim_{x \to 1^-}(x+2) = 3, \quad \lim_{x \to 1^+} f(x) = \lim_{x \to 1^+}(2x+1) = 3.$$

因为 $\lim\limits_{x \to 1^-} f(x) = \lim\limits_{x \to 1^+} f(x) = 3$，所以 $\lim\limits_{x \to 1} f(x) = 3$.

从图1-21可以看出 $\lim\limits_{x \to 2} f(x) = \lim\limits_{x \to 2}(2x+1) = 5$.

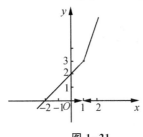

图1-21

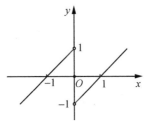

图1-22

例5 设函数

$$f(x) = \begin{cases} x+1, & x<0, \\ 0, & x=0, \\ x-1, & x>0, \end{cases}$$

求 $\lim\limits_{x \to 0} f(x)$ 和 $\lim\limits_{x \to 1} f(x)$.

解 作出这个函数的图形(图1-22)，由图1-22可看出：

$$\lim_{x \to 0^-} f(x) = \lim_{x \to 0^-}(x+1) = 1, \quad \lim_{x \to 0^+} f(x) = \lim_{x \to 0^+}(x-1) = -1.$$

因为 $\lim\limits_{x \to 0^-} f(x) \neq \lim\limits_{x \to 0^+} f(x)$，所以 $\lim\limits_{x \to 0} f(x)$ 不存在.

从图1-22还可以看出：$\lim\limits_{x \to 1} f(x) = 0$.

练习题 1.2

1. 观察下列数列的变化趋势，若极限存在，则写出极限：

(1) $\lim\limits_{n \to \infty} \dfrac{1}{2n}$;   (2) $\lim\limits_{n \to \infty}(-1)^n$;

(3) $\lim\limits_{n \to \infty}(-1)^n \dfrac{1}{n}$;   (4) $\lim\limits_{n \to \infty}(-1)^n \dfrac{n-1}{n+1}$.

2. 分析下列函数的变化趋势，若极限存在，则求出该极限：

(1) $\lim\limits_{x \to +\infty} \dfrac{1}{x^2}, \lim\limits_{x \to -\infty} \dfrac{1}{x^2}, \lim\limits_{x \to \infty} \dfrac{1}{x^2}$;

(2) $\lim\limits_{x\to 0^+}\dfrac{1}{x}$, $\lim\limits_{x\to 0^-}\dfrac{1}{x}$, $\lim\limits_{x\to 0}\dfrac{1}{x}$.

3. 作出下列函数的图形,并判断其极限:

(1) $\lim\limits_{x\to\frac{\pi}{2}}\cos x$；　　　　　　　　(2) $\lim\limits_{x\to\infty}\cos x$.

4. 画出函数 $f(x)=\begin{cases} x^2+1, & x<0, \\ 2x+1, & x>0 \end{cases}$ 的图形,讨论 $f(x)$ 当 $x\to 0$ 时极限是否存在.

5. 讨论当 $x\to 0$ 时函数 $f(x)=\dfrac{|x|}{x}$ 极限的存在性.

§1.3　无穷小与无穷大

当我们研究函数的变化趋势时,经常会遇到两种重要情形:一是函数的绝对值"无限变小",二是函数的绝对值"无限变大".下面分别介绍这两种情形.

一、无穷小

1. 无穷小的定义

定义 1　如果在自变量 x 的某种趋向下,函数 $f(x)$ 以 0 为极限,即 $\lim f(x)=0$,则称在 x 的这种趋向下函数 $f(x)$ 为无穷小量,简称无穷小.

例如,当 $x\to 1$ 时,x^2-1 是无穷小;当 $x\to\infty$ 时,$\dfrac{1}{x}$ 是无穷小.

注意

(1) 无穷小总是和自变量的变化趋向相联系.例如,对于函数 $f(x)=\dfrac{1}{x}$,当 $x\to\infty$ 时,$f(x)$ 为无穷小;而当 $x\to 1$ 时,$f(x)$ 就不是无穷小.

(2) 无穷小是以零为极限的变量,不能理解为一个绝对值很小的数.

(3) 无穷小不一定是 0,而 0 一定是无穷小.

2. 无穷小和极限的关系

定理 1　$\lim\limits_{x\to x_0}f(x)=A$ 的充要条件是:$f(x)=A+\alpha(x)$,其中 A 为常数,$\alpha(x)$ 是当 $x\to x_0$ 时的无穷小.

3. 无穷小的性质

在自变量的同一趋向下,有

性质 1　有限个无穷小的代数和仍然是无穷小.

性质 2　无穷小与有界函数的乘积仍然是无穷小.

性质 3　有限个无穷小的乘积是无穷小.

(1) 无穷多个无穷小的和不一定是无穷小. 例如,当 $n \to \infty$ 时,$\dfrac{1}{n^2}, \dfrac{2}{n^2}, \cdots, \dfrac{n}{n^2}$ 都是无穷小,但

$$\lim_{n \to \infty} \left(\frac{1}{n^2} + \frac{2}{n^2} + \frac{3}{n^2} + \cdots + \frac{n}{n^2} \right) = \lim_{n \to \infty} \frac{n(n+1)}{2n^2} = \frac{1}{2}.$$

(2) 两个无穷小的商不一定是无穷小. 例如,当 $x \to 0$ 时,$x, 2x$ 都是无穷小,但 $\lim\limits_{x \to 0} \dfrac{2x}{x} = 2$.

例 1 求 $\lim\limits_{x \to \infty} \dfrac{\sin 2x}{x}$.

解 因为 $\dfrac{\sin 2x}{x} = \dfrac{1}{x} \cdot \sin 2x$,而当 $x \to \infty$ 时,$\dfrac{1}{x}$ 是无穷小. 又因为 $|\sin 2x| \leqslant 1$,即函数 $y = \sin 2x$ 是有界函数,所以 $\dfrac{\sin 2x}{x}$ 仍为 $x \to \infty$ 时的无穷小,即 $\lim\limits_{x \to \infty} \dfrac{\sin 2x}{x} = 0$.

例 2 求 $\lim\limits_{x \to \infty} \dfrac{\arctan x}{x}$.

解 因为 $\dfrac{\arctan x}{x} = \dfrac{1}{x} \cdot \arctan x$,而 $\dfrac{1}{x}$ 是 $x \to \infty$ 时的无穷小,函数 $|\arctan x| < \dfrac{\pi}{2}$,$\arctan x$ 是有界函数,所以 $\dfrac{\arctan x}{x}$ 仍为 $x \to \infty$ 时的无穷小,即 $\lim\limits_{x \to \infty} \dfrac{\arctan x}{x} = 0$.

二、无穷大

定义 2 如果在自变量 x 的某种趋向下,函数 $f(x)$ 的绝对值无限增大,则称在 x 的这种趋向下,函数 $f(x)$ 为无穷大量,简称无穷大,记为 $\lim f(x) = \infty$.

如果在自变量 x 的某种趋向下,函数 $f(x) > 0$ 无限增大,则称在 x 的这种趋向下函数 $f(x)$ 为正无穷大量,简称正无穷大,记为 $\lim f(x) = +\infty$.

如果在自变量 x 的某种趋向下,函数 $f(x) < 0$ 且 $|f(x)|$ 无限增大,则称在 x 的这种趋向下,函数 $f(x)$ 为负无穷大量,简称负无穷大,记为 $\lim f(x) = -\infty$.

例如:$\lim\limits_{x \to +\infty} e^x = +\infty$,$\lim\limits_{x \to 0^+} \ln x = -\infty$.

(1) 无穷大是变量,不能理解为绝对值很大的数.

(2) 无穷大总是和自变量的变化趋向相联系的. 例如,对于 $f(x) = \dfrac{1}{x-1}$,当 $x \to 1$ 时,为无穷大;当 $x \to \infty$ 时,为无穷小.

(3) $\lim f(x) = \infty$,$\lim f(x) = +\infty$,$\lim f(x) = -\infty$,这里是借用极限记号,表示极限不存在,无穷大是极限不存在的情形之一.

三、无穷小与无穷大的关系

定理 2 在自变量的同一变化过程中,如果 $f(x)$ 为无穷大,那么 $\dfrac{1}{f(x)}$ 为无穷小;反

之,如果 $f(x)$ 为无穷小,且 $f(x)\neq0$,那么 $\dfrac{1}{f(x)}$ 为无穷大.

例3 自变量在怎样的变化过程中,下列函数为无穷小? 在怎样的变化过程中,下列函数为无穷大?

(1) $f(x)=\dfrac{1}{3x+1}$;　　　　(2) $f(x)=\ln x$;　　　　(3) $f(x)=2^x$.

解 (1) 当 $x\to\infty$ 时,$f(x)=\dfrac{1}{3x+1}$ 为无穷小;

当 $x\to-\dfrac{1}{3}$ 时,$f(x)=\dfrac{1}{3x+1}$ 为无穷大.

(2) 当 $x\to1$ 时,$f(x)=\ln x$ 为无穷小;

当 $x\to0^+$ 或 $x\to+\infty$ 时,$f(x)=\ln x$ 为无穷大.

(3) 当 $x\to-\infty$ 时,$f(x)=2^x$ 为无穷小;

当 $x\to+\infty$ 时,$f(x)=2^x$ 为无穷大.

练习题 1.3

1. 指出以下函数在自变量相应的变化过程中是无穷大还是无穷小:

(1) $\tan x\left(x\to\dfrac{\pi}{2}\right)$;　　　　(2) $5^x(x\to-\infty)$;

(3) $5^x(x\to+\infty)$;　　　　(4) $\dfrac{x^2-4}{x+2}(x\to2)$.

2. 函数 $f(x)=\dfrac{x+4}{x-1}$ 在什么条件下是无穷大? 在什么条件下是无穷小?

3. 求下列极限:

(1) $\lim\limits_{x\to\infty}\dfrac{\sin x}{3x+1}$;　　　　(2) $\lim\limits_{x\to0}\dfrac{|x|}{x}\sin x$.

§1.4　极限的运算法则

本节讨论极限的运算法则,并用这些法则求一些函数的极限.

定理 在自变量 x 的同一变化过程中,设 $\lim f(x)=A$,$\lim g(x)=B$,则

(1) $\lim[f(x)\pm g(x)]=\lim f(x)\pm\lim g(x)=A\pm B$;

(2) $\lim[f(x)\cdot g(x)]=\lim f(x)\cdot\lim g(x)=A\cdot B$;

(3) 若 $B\neq0$,则 $\lim\dfrac{f(x)}{g(x)}=\dfrac{\lim f(x)}{\lim g(x)}=\dfrac{A}{B}$.

由定理中的 (2)，我们容易得到以下推论：

推论　(1) $\lim C f(x) = C \lim f(x)$ (C 为常数)；

(2) 若 $\lim f(x)$ 存在，则 $\lim [f(x)]^n = [\lim f(x)]^n$ (n 为有限数)．

对于推论 (2)，容易由 $\lim\limits_{x \to x_0} x = x_0$ 得到 $\lim\limits_{x \to x_0} x^n = (\lim\limits_{x \to x_0} x)^n = x_0^n$．

例 1　设多项式函数 $P_n(x) = a_n x^n + a_{n-1} x^{n-1} + \cdots + a_1 x + a_0$，对于任意 $x_0 \in \mathbf{R}$，证明：

$$\lim_{x \to x_0} P_n(x) = P_n(x_0).$$

证
$$\lim_{x \to x_0} P_n(x) = \lim_{x \to x_0} (a_n x^n + a_{n-1} x^{n-1} + \cdots + a_1 x + a_0)$$
$$= a_n \lim_{x \to x_0} x^n + a_{n-1} \lim_{x \to x_0} x^{n-1} + \cdots + a_1 \lim_{x \to x_0} x + \lim_{x \to x_0} a_0$$
$$= a_n x_0^n + a_{n-1} x_0^{n-1} + \cdots + a_1 x_0 + a_0 = P_n(x_0).$$

由例 1 可见，在求多项式函数在某个定点处的极限时，只要将定点代入函数表达式，对应的函数值即为极限．

例 2　求 $\lim\limits_{x \to 2} (2x^2 + 3x - 1)$．

解　$\lim\limits_{x \to 2} (2x^2 + 3x - 1) = 2 \lim\limits_{x \to 2} x^2 + 3 \lim\limits_{x \to 2} x - 1 = 2 \times 2^2 + 3 \times 2 - 1 = 13$．

例 3　求 $\lim\limits_{x \to 1} \dfrac{x^2 + 2x - 3}{-x - 1}$．

解　因为 $\lim\limits_{x \to 1} (-x - 1) = -2$，所以

$$\lim_{x \to 1} \frac{x^2 + 2x - 3}{-x - 1} = \frac{\lim\limits_{x \to 1} (x^2 + 2x - 3)}{\lim\limits_{x \to 1} (-x - 1)} = \frac{0}{-2} = 0.$$

例 4　求 $\lim\limits_{x \to 2} \dfrac{x^2 + x + 1}{x - 2}$．

解　因为 $\lim\limits_{x \to 2} (x - 2) = 0$，所以不能直接利用商的法则将定点代入分母．但分子的极限 $\lim\limits_{x \to 2} (x^2 + x + 1) = 7 \neq 0$，于是 $\lim\limits_{x \to 2} \dfrac{x - 2}{x^2 + x + 1} = \dfrac{0}{7} = 0$，即函数 $\dfrac{x - 2}{x^2 + x + 1}$ 在 $x \to 2$ 时为无穷小量，因而它的倒数是无穷大，所以 $\lim\limits_{x \to 2} \dfrac{x^2 + x + 1}{x - 2} = \infty$．

例 5　求 $\lim\limits_{x \to 1} \dfrac{x^2 + 2x - 3}{x - 1}$．

解　当 $x \to 1$ 时，分子、分母的极限都是 0，不能直接利用商的法则，本题是两个非零无穷小比的极限，通常记为 "$\dfrac{0}{0}$"．由于这种形式的极限可能存在也可能不存在，因此这种极限通常称为不定型极限．目前在计算 "$\dfrac{0}{0}$" 型的极限时，一般都可在分子、分母间找到公因子，消去公因子就可求出极限．因而

$$\lim_{x \to 1} \frac{x^2 + 2x - 3}{x - 1} = \lim_{x \to 1} \frac{(x - 1)(x + 3)}{x - 1} = \lim_{x \to 1} (x + 3) = 4.$$

上面我们讨论的是在 $x \to x_0$ 时，两个多项式之商（也称为有理函数）的极限．下面我们讨论在 $x \to \infty$ 时，两个多项式之商的极限，分子、分母都是无穷大，这种极限类型可简记为

"$\dfrac{\infty}{\infty}$"型. 我们可将分子、分母同除以 x 的最高次,然后再求出极限.

例 6 求 $\lim\limits_{x\to\infty}\dfrac{6x^2+3x+2}{3x^2-x+2}$.

解 $\lim\limits_{x\to\infty}\dfrac{6x^2+3x+2}{3x^2-x+2}=\lim\limits_{x\to\infty}\dfrac{6+\dfrac{3}{x}+\dfrac{2}{x^2}}{3-\dfrac{1}{x}+\dfrac{2}{x^2}}=\dfrac{6}{3}=2.$

例 7 求 $\lim\limits_{x\to\infty}\dfrac{x+1}{3x^2-2}$.

解 $\lim\limits_{x\to\infty}\dfrac{x+1}{3x^2-2}=\lim\limits_{x\to\infty}\dfrac{\dfrac{1}{x}+\dfrac{1}{x^2}}{3-\dfrac{2}{x^2}}=\dfrac{0}{3}=0.$

例 8 求 $\lim\limits_{x\to\infty}\dfrac{3x^2-2}{x+1}$.

解 因为 $\lim\limits_{x\to\infty}\dfrac{x+1}{3x^2-2}=0$,所以 $x\to\infty$ 时,函数 $f(x)=\dfrac{x+1}{3x^2-2}$ 为无穷小,因此 $x\to\infty$ 时,

$\dfrac{1}{f(x)}=\dfrac{3x^2-2}{x+1}$ 为无穷大,即

$$\lim\limits_{x\to\infty}\dfrac{3x^2-2}{x+1}=\infty.$$

从例 6、例 7 及例 8 可以看出,当 $x\to\infty$ 时,"$\dfrac{\infty}{\infty}$"型的有理函数求极限,起主要作用的是分子、分母中 x 的最高次. 我们不难得到以下结果:

$$\lim\limits_{x\to\infty}\dfrac{a_nx^n+a_{n-1}x^{n-1}+\cdots+a_1x+a_0}{b_mx^m+b_{m-1}x^{m-1}+\cdots+b_1x+b_0}=\begin{cases}\infty, & m<n,\\ \dfrac{a_n}{b_m}, & m=n,\\ 0, & m>n.\end{cases}$$

例 9 求 $\lim\limits_{x\to2}\left(\dfrac{4}{x^2-4}-\dfrac{1}{x-2}\right)$.

解 当 $x\to2$ 时,该式两项极限均不存在(呈现"$\infty-\infty$"型),不能用差的极限运算法则,可以通过先通分再求出极限.

$$\lim\limits_{x\to2}\left(\dfrac{4}{x^2-4}-\dfrac{1}{x-2}\right)=\lim\limits_{x\to2}\dfrac{-(x-2)}{x^2-4}=\lim\limits_{x\to2}\dfrac{-(x-2)}{(x-2)(x+2)}=\lim\limits_{x\to2}\dfrac{-1}{x+2}=-\dfrac{1}{4}.$$

练习题 1.4

利用极限的四则运算法则求以下极限：

(1) $\lim\limits_{x \to 2} \dfrac{x^2 - x + 1}{2x + 1}$;

(2) $\lim\limits_{x \to 1} \dfrac{2x^2 - 3x - 3}{x^2 - x - 2}$;

(3) $\lim\limits_{x \to 1} \dfrac{x^2 + 2x - 3}{x^2 - 1}$;

(4) $\lim\limits_{x \to 1} \left(\dfrac{x}{x - 1} - \dfrac{2}{x^2 - 1} \right)$;

(5) $\lim\limits_{x \to \infty} \dfrac{5x^3 - 3x + 12}{3x^3 + 1}$;

(6) $\lim\limits_{x \to \infty} \dfrac{(2x + 1)^{20}(3x - 2)^{30}}{(7x + 5)^{50}}$;

(7) $\lim\limits_{n \to \infty} \left(1 + \dfrac{1}{2} + \dfrac{1}{2^2} + \cdots + \dfrac{1}{2^n} \right)$;

(8) $\lim\limits_{n \to \infty} \left(\dfrac{1}{n^2} + \dfrac{2}{n^2} + \cdots + \dfrac{n}{n^2} \right)$.

§1.5　函数的连续性

我们发现生活中很多现象都是连续变化着的，没有断点．例如，时间的推移、河水的流动、气温的变化、人体身高的增长等，这些现象反映在数学上就是函数的连续性．

一、函数的连续性

定义 1　设函数 $y = f(x)$ 在点 x_0 处及其附近有定义，如果 $\lim\limits_{x \to x_0} f(x) = f(x_0)$，则称函数 $y = f(x)$ 在点 x_0 处连续，x_0 称为函数的连续点．

直观上，函数 $y = f(x)$ 在点 x_0 处连续，就是图形在点 x_0 对应处连在一起，如图 1-23 中的点 x_0．函数在 x_0 处不连续，就是图形在点 x_0 对应处不连在一起，如图 1-24 中的点 x_0．

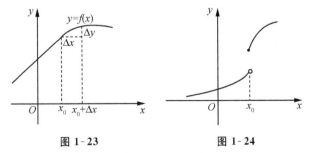

图 1-23　　　　图 1-24

为了应用的方便，我们还要介绍连续的等价形式，为此，先引进函数增量．

设 x_0 是一个定点，当自变量从初值 x_0 变化到终值 x 时，我们称自变量终值与初值的差 $x - x_0$ 为自变量的增量，记作 Δx，即 $\Delta x = x - x_0$．

设函数 $y=f(x)$ 在点 x_0 及其近旁有定义,当自变量从 x_0 变化到 $x_0+\Delta x$ 时,函数 $y=f(x)$ 的值相应地从 $f(x_0)$ 变到 $f(x_0+\Delta x)$,也产生了一个改变量,那么

$$\Delta y=f(x_0+\Delta x)-f(x_0)$$

称为在点 x_0 处函数 $y=f(x)$ 的增量.

由于 $x\rightarrow x_0$ 等价于 $\Delta x\rightarrow 0$,因此定义 1 中的表达式 $\lim\limits_{x\rightarrow x_0}f(x)=f(x_0)$ 可改写为 $\lim\limits_{x\rightarrow x_0}[f(x)-f(x_0)]=0$,即 $\lim\limits_{\Delta x\rightarrow 0}\Delta y=0$. 于是得出函数在一点连续的等价定义.

定义 1′ 设函数 $y=f(x)$ 在点 x_0 处及其附近有定义,如果 $\lim\limits_{\Delta x\rightarrow 0}\Delta y=0$,则称函数 $y=f(x)$ 在点 x_0 处连续,称 x_0 为函数的连续点.

对照函数 $y=f(x)$ 在点 x_0 处左(右)极限的概念,我们引入左(右)连续的概念.

定义 2 设函数 $y=f(x)$ 在点 x_0 处及其左侧附近有定义,如果 $\lim\limits_{x\rightarrow x_0^-}f(x)=f(x_0)$,则称函数 $y=f(x)$ 在点 x_0 处左连续.

设函数 $y=f(x)$ 在点 x_0 处及其右侧附近有定义,如果 $\lim\limits_{x\rightarrow x_0^+}f(x)=f(x_0)$,则称函数 $y=f(x)$ 在点 x_0 处右连续.

函数 $f(x)$ 在点 x_0 处连续的充要条件是函数 $f(x)$ 在点 x_0 处既左连续又右连续.

定义 3 如果函数 $f(x)$ 在开区间 (a,b) 内每一点都连续,那么称函数 $f(x)$ 在区间 (a,b) 内连续,或称函数 $f(x)$ 为区间 (a,b) 内的连续函数,区间 (a,b) 称为函数 $f(x)$ 的连续区间.

如果 $f(x)$ 在闭区间 $[a,b]$ 上有定义,在区间 (a,b) 内连续,且在右端点 b 处左连续,在左端点 a 处右连续,那么称函数 $f(x)$ 在闭区间 $[a,b]$ 上连续.

例 1 证明 $y=f(x)=3x^2+2$ 在 $x=1$ 处连续.

证 因为函数 $y=3x^2+2$ 的定义域为 $(-\infty,+\infty)$,当自变量 x 在 $x=1$ 处有增量 Δx 时,有

$$\Delta y=f(1+\Delta x)-f(1)=3(1+\Delta x)^2+2-(3\times 1^2+2)=6\Delta x+3(\Delta x)^2,$$

从而

$$\lim\limits_{\Delta x\rightarrow 0}\Delta y=\lim\limits_{\Delta x\rightarrow 0}[6\Delta x+3(\Delta x)^2]=0.$$

由定义 1′ 可知,$f(x)=3x^2+2$ 在 $x=1$ 处连续.

例 2 设函数 $f(x)=\begin{cases}x\sin\dfrac{1}{x}, & x\neq 0 \\ 0, & x=0,\end{cases}$ 讨论 $f(x)$ 在 $x=0$ 处的连续性.

解 因为 $\lim\limits_{x\rightarrow 0}f(x)=\lim\limits_{x\rightarrow 0}x\sin\dfrac{1}{x}=0=f(0)$,所以 $f(x)$ 在 $x=0$ 处连续.

例 3 设函数 $f(x)=\begin{cases}x^2, & 0\leqslant x\leqslant 1, \\ 3x+1, & x>1,\end{cases}$ 讨论 $f(x)$ 在 $x=1$ 处的连续性.

解 因为 $\lim\limits_{x\rightarrow 1^-}f(x)=\lim\limits_{x\rightarrow 1^-}x^2=1=f(1)$,所以 $f(x)$ 在 $x=1$ 处左连续.

又因为 $\lim\limits_{x\rightarrow 1^+}f(x)=\lim\limits_{x\rightarrow 1^+}(3x+1)=4\neq f(1)$,所以 $f(x)$ 在 $x=1$ 处不是右连续的.

故 $f(x)$ 在 $x=0$ 处不连续.

二、连续函数及其运算

1. 连续函数的四则运算

定理 1　设函数 $f(x)$ 和 $g(x)$ 都在点 x_0 处连续,则函数 $f(x) \pm g(x)$,$f(x) \cdot g(x)$ 在点 x_0 处也连续;又若 $g(x_0) \neq 0$,则函数 $\dfrac{f(x)}{g(x)}$ 也在点 x_0 处连续.

该定理表明,连续函数的和、差、积、商仍然是连续函数.

2. 复合函数的连续性

定理 2　设函数 $y = f(u)$ 在点 u_0 处连续,函数 $u = \varphi(x)$ 在点 x_0 处连续,且 $\varphi(x_0) = u_0$,则复合函数 $y = f[\varphi(x)]$ 在点 x_0 处连续,即

$$\lim_{x \to x_0} f[\varphi(x)] = f[\varphi(x_0)] = f[\lim_{x \to x_0} \varphi(x)].$$

该定理表明,连续函数的复合函数仍然是连续函数.同时还表明,当满足该定理条件时,函数符号 f 和极限符号可以交换位置.

推论　如果函数 $y = f(u)$ 在点 u_0 处连续,且 $\lim\limits_{x \to x_0} \varphi(x) = u_0$,则

$$\lim_{x \to x_0} f[\varphi(x)] = f[\lim_{x \to x_0} \varphi(x)].$$

3. 初等函数的连续性

定理 3　初等函数在其定义域内连续.

该结论不仅为我们提供了判断初等函数是否连续的依据,而且为我们提供了计算初等函数极限的一种方法,也就是:初等函数在定义域内的任一点处的极限即为该点处的函数值.

例 4　求函数 $f(x) = \sqrt{x^2 - 2x - 3}$ 的连续区间.

解　由 $x^2 - 2x - 3 \geqslant 0$,解得 $x \leqslant -1$ 或 $x \geqslant 3$,因此函数 $f(x) = \sqrt{x^2 - 2x - 3}$ 的定义域为 $(-\infty, -1] \cup [3, +\infty)$.又该函数是初等函数,则 $f(x)$ 的定义域即为它的连续区间,所以 $f(x) = \sqrt{x^2 - 2x - 3}$ 的连续区间为 $(-\infty, -1] \cup [3, +\infty)$.

例 5　求 $\lim\limits_{x \to 0} (\sqrt{1 + x} - 1)$.

解　因为 $f(x) = \sqrt{1 + x} - 1$ 是初等函数,且 $x = 0$ 在其定义域内,所以

$$\lim_{x \to 0} (\sqrt{1 + x} - 1) = \sqrt{1 + 0} - 1 = 0.$$

例 6　求 $\lim\limits_{x \to 0} \dfrac{\sqrt{1 + x} - 1}{x}$.

解　
$$\lim_{x \to 0} \frac{\sqrt{1 + x} - 1}{x} = \lim_{x \to 0} \frac{(\sqrt{1 + x} - 1)(\sqrt{1 + x} + 1)}{x(\sqrt{1 + x} + 1)} = \lim_{x \to 0} \frac{x}{x(\sqrt{1 + x} + 1)}$$

$$= \lim_{x \to 0} \frac{1}{\sqrt{1 + x} + 1} = \frac{1}{2}.$$

三、函数的间断点

如果函数 $y = f(x)$ 在点 x_0 处不连续,那么称函数 $f(x)$ 在点 x_0 处是间断的,并将点 x_0 称为函数 $f(x)$ 的间断点或不连续点.

由函数 $f(x)$ 在点 x_0 处连续的定义 1 可知,如果函数 $f(x)$ 有下列三种情形之一:

(1) 在 $x = x_0$ 近旁有定义,但在点 x_0 处没有定义;

(2) 虽在点 x_0 处有定义,但 $\lim\limits_{x \to x_0} f(x)$ 不存在;

(3) 虽在点 x_0 处有定义,且 $\lim\limits_{x \to x_0} f(x)$ 存在,但 $\lim\limits_{x \to x_0} f(x) \neq f(x_0)$,

那么函数 $f(x)$ 在点 x_0 处是间断的.

例如,函数 $f(x) = \dfrac{x^2 - 1}{x - 1}$ 在 $x = 1$ 处无定义,所以 $x = 1$ 为该函数的间断点,函数 $f(x) = \dfrac{x^2 - 1}{x - 1}$ 是初等函数,在其定义域 $(-\infty, 1) \cup (1, +\infty)$ 内连续,故 $f(x)$ 有间断点 $x = 1$.

又如,函数

$$f(x) = \begin{cases} 3x + 1, & x \leqslant 1, \\ \dfrac{1}{x - 1}, & x > 1 \end{cases}$$

虽然在 $x = 1$ 有定义,即 $f(1) = 4$,但是

$$\lim_{x \to 1^-} f(x) = \lim_{x \to 1^-} (3x + 1) = 4, \lim_{x \to 1^+} f(x) = \lim_{x \to 1^+} \frac{1}{x - 1} = +\infty,$$

显然,$\lim\limits_{x \to 1} f(x)$ 不存在,所以 $x = 1$ 是函数 $f(x)$ 的间断点.

对于间断点,根据函数在间断点处左、右极限情况,可以将间断点进行分类:

如果函数 $f(x)$ 在间断点 x_0 处的左、右极限都存在,则称 x_0 为 $f(x)$ 的**第一类间断点**;如果函数 $f(x)$ 在间断点 x_0 处的左、右极限至少有一个不存在,则称 x_0 为 $f(x)$ 的**第二类间断点**.

对于第一类间断点,我们可以继续进行分类:左、右极限都存在且相等的间断点称为**可去间断点**,左、右极限都存在但不等的间断点称为**跳跃间断点**.

四、闭区间上连续函数的性质

定理 4(最值定理) 闭区间上的连续函数一定存在最大值和最小值.

> **注意** 如果函数在开区间内连续,或在闭区间内有间断点,那么函数在该区间上就不一定有最大值和最小值.

定理 5(介值定理) 若函数 $f(x)$ 在闭区间 $[a, b]$ 上连续,m 与 M 分别为 $f(x)$ 在区间 $[a, b]$ 上的最小、最大值,μ 是介于 m 与 M 间的任意实数,即 $m < \mu < M$,则至少存在一点 $\xi \in (a, b)$,使得 $f(\xi) = \mu$.

从几何上看,该结论是显然的.如图 1-25 所示,介于两条水平线 $y = m$ 和 $y = M$ 之间

的任一条直线 $y=u$ 与 $y=f(x)$ 对应的曲线至少有一个交点.

推论(零点定理、根的存在性定理)　若函数 $f(x)$ 在闭区间 $[a,b]$ 上连续,且 $f(a)$ 与 $f(b)$ 异号,则至少存在一点 $\xi\in(a,b)$,使得 $f(\xi)=0$.

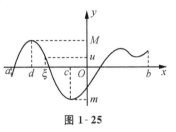

图 1-25

该推论的几何含义十分明显:一条连续曲线段,若其端点的纵坐标由负值变为正值或由正值变为负值时,则曲线与 x 轴至少有一个交点.

例 7　证明方程 $x^5-3x+1=0$ 在 $(0,1)$ 内至少有一个实根.

证　令 $f(x)=x^5-3x+1$,则 $f(x)$ 是定义域为 $(-\infty,+\infty)$ 的初等函数,它在 $(-\infty,+\infty)$ 内连续,所以 $f(x)$ 在 $[0,1]$ 上也连续.又 $f(0)=1$,$f(1)=-1$,所以,由根的存在性定理,至少存在一点 $\xi\in(0,1)$,使得 $f(\xi)=0$,即方程 $x^5-3x+1=0$ 在 $(0,1)$ 内至少有一个实根 ξ.

练习题 1.5

1. 求以下极限:

(1) $\lim\limits_{x\to\pi}\cos^2 3x$;

(2) $\lim\limits_{x\to e}\dfrac{x^2}{\ln x}$;

(3) $\lim\limits_{x\to 0}\dfrac{\sqrt{x^2+1}-1}{x^2}$;

(4) $\lim\limits_{x\to\infty}\arcsin\dfrac{2-x^2}{3+2x^2}$.

2. 求函数 $f(x)=\dfrac{x+1}{x^2-2x-3}$ 的连续区间,并求极限 $\lim\limits_{x\to 0}f(x)$,$\lim\limits_{x\to-1}f(x)$,$\lim\limits_{x\to-2}f(x)$.

3. 讨论以下函数的连续性,若有间断点,请指出间断点类型:

(1) $f(x)=\dfrac{x^2-1}{x^2-2x-3}$;

(2) $f(x)=\begin{cases}x, & |x|\leqslant 1,\\ 1, & |x|>1.\end{cases}$

4. 设 $f(x)=\begin{cases}e^x, & x<0,\\ x+a, & x\geqslant 0,\end{cases}$ 问常数 a 为何值时,函数 $f(x)$ 连续?

5. 证明方程 $x^4-4x+1=0$ 在区间 $(0,1)$ 内至少有一个实根.

§1.6 两个重要极限

一、极限 $\lim\limits_{x\to 0}\dfrac{\sin x}{x}=1$

对于函数 $\dfrac{\sin x}{x}$，当 $x\to 0$ 时，分子、分母的极限都是 0，所以该极限是"$\dfrac{0}{0}$"型的，显然不能通过约公因子的方法来求该极限. 现在，我们通过列出函数 $\dfrac{\sin x}{x}$ 的函数值表(表1-4)来观察：$x\to 0$ 时，函数值 $\dfrac{\sin x}{x}$ 的变化趋势.

表 1-4

x	1.00	0.50	0.10	0.05	0.04	0.03	0.02	…
	−1.00	−0.50	−0.10	−0.05	−0.04	−0.03	−0.02	…
$\dfrac{\sin x}{x}$	0.8415	0.9589	0.9983	0.9996	0.9997	0.9998	0.9999	…

从表1-4可以看出，当 x 无限趋于零时，函数 $\dfrac{\sin x}{x}$ 无限接近于1，理论上可以证明 $\lim\limits_{x\to 0}\dfrac{\sin x}{x}=1$. 进一步可以证明 $\lim\limits_{\square\to 0}\dfrac{\sin\square}{\square}=1$，这里 $\square$ 可以是变量 x，也可以是关于 x 的表达式.

例1 计算 $\lim\limits_{x\to 0}\dfrac{\sin 3x}{x}$.

解 $\lim\limits_{x\to 0}\dfrac{\sin 3x}{x}=\lim\limits_{x\to 0}\left(3\times\dfrac{\sin 3x}{3x}\right)=3\lim\limits_{x\to 0}\dfrac{\sin 3x}{3x}=3.$

例2 计算 $\lim\limits_{x\to 0}\dfrac{\tan x}{x}$.

解 $\lim\limits_{x\to 0}\dfrac{\tan x}{x}=\lim\limits_{x\to 0}\left(\dfrac{\sin x}{x}\cdot\dfrac{1}{\cos x}\right)=\lim\limits_{x\to 0}\dfrac{\sin x}{x}\cdot\lim\limits_{x\to 0}\dfrac{1}{\cos x}=1.$

例3 计算 $\lim\limits_{x\to 0}\dfrac{1-\cos x}{x^2}$.

解 $\lim\limits_{x\to 0}\dfrac{1-\cos x}{x^2}=\lim\limits_{x\to 0}\dfrac{2\sin^2\frac{x}{2}}{x^2}=\lim\limits_{x\to 0}\dfrac{1}{2}\left(\dfrac{\sin\frac{x}{2}}{\frac{x}{2}}\right)^2=\dfrac{1}{2}.$

例4 计算 $\lim\limits_{x\to 0}\dfrac{\arcsin x}{3x}$.

解 令 $\arcsin x=t$，则 $x=\sin t$，当 $x\to 0$ 时，$t\to 0$，于是

$$\lim_{x \to 0} \frac{\arcsin x}{3x} = \lim_{t \to 0} \frac{t}{3\sin t} = \frac{1}{3} \lim_{t \to 0} \frac{1}{\frac{\sin t}{t}} = \frac{1}{3}.$$

二、极限 $\lim\limits_{x \to \infty} \left(1 + \dfrac{1}{x}\right)^x = \mathrm{e}$

我们先考察 $n \to \infty$ 时,数列 $\left(1 + \dfrac{1}{n}\right)^n$ 的极限. 和第一个重要极限一样,我们不做理论推导,也只通过列出数列 $\left(1 + \dfrac{1}{n}\right)^n$ 的数值表(表 1-5)来观察其变化趋势.

表 1-5

n	1	10	100	1000	10000	100000	$\cdots$
$\left(1 + \dfrac{1}{n}\right)^n$	2	2.5937	2.7048	2.7169	2.7182	2.71827	$\cdots$

从表 1-5 中可以看出,当 $n \to \infty$ 时,数列通项 $\left(1 + \dfrac{1}{n}\right)^n$ 的变化趋势,可以证明当 $n \to \infty$ 时,$\left(1 + \dfrac{1}{n}\right)^n$ 趋近于一个确定的无理数 $2.7182818284590\cdots$,即自然对数的底 e,理论上可以证明 $\lim\limits_{n \to \infty} \left(1 + \dfrac{1}{n}\right)^n = \mathrm{e}$,进一步可以证明 $\lim\limits_{x \to \infty} \left(1 + \dfrac{1}{x}\right)^x = \mathrm{e}$ 及 $\lim\limits_{\square \to \infty} \left(1 + \dfrac{1}{\square}\right)^\square = \mathrm{e}$,这里 $\square$ 可以是变量 x,也可以是关于 x 的表达式.

我们还可以进一步推出 $\lim\limits_{t \to 0} (1 + t)^{\frac{1}{t}} = \mathrm{e}$.

它们是底的极限为 1、指数为无穷大的变量的极限,这也是一种不定式,通常记为"1^∞"型.

例 5 求 $\lim\limits_{x \to \infty} \left(1 - \dfrac{3}{x}\right)^x$.

解 该极限是"1^∞"型.

$$\lim_{x \to \infty} \left(1 - \frac{3}{x}\right)^x = \lim_{x \to \infty} \left[\left(1 + \frac{1}{-\frac{x}{3}}\right)^{-\frac{x}{3}}\right]^{-3} = \left[\lim_{x \to \infty} \left(1 + \frac{1}{-\frac{x}{3}}\right)^{-\frac{x}{3}}\right]^{-3} = \mathrm{e}^{-3}.$$

例 6 求 $\lim\limits_{x \to \infty} \left(\dfrac{x+3}{x-2}\right)^x$.

解 该极限是"1^∞"型.

$$\lim_{x \to \infty} \left(\frac{x+3}{x-2}\right)^x = \lim_{x \to \infty} \left(\frac{1 + \frac{3}{x}}{1 - \frac{2}{x}}\right)^x = \frac{\lim\limits_{x \to \infty} \left(1 + \frac{3}{x}\right)^x}{\lim\limits_{x \to \infty} \left(1 - \frac{2}{x}\right)^x} = \frac{\mathrm{e}^3}{\mathrm{e}^{-2}} = \mathrm{e}^5.$$

例 7 求 $\lim\limits_{x \to 0} (1 + 2x)^{\frac{3}{x}}$.

解 该极限是"1^∞"型.

$$\lim_{x \to 0} (1 + 2x)^{\frac{3}{x}} = \lim_{x \to 0} (1 + 2x)^{\frac{1}{2x} \times 6} = \lim_{x \to 0} \left[(1 + 2x)^{\frac{1}{2x}}\right]^6 = \mathrm{e}^6.$$

练习题 1.6

1. 指出下列计算中的错误, 并给出正确解法:

(1) $\lim\limits_{x\to\infty}\dfrac{1}{x}\sin x=\lim\limits_{x\to\infty}\dfrac{\sin x}{x}=1$;

(2) $\lim\limits_{x\to0}\dfrac{\sin x}{x}=\dfrac{\lim\limits_{x\to0}\sin x}{\lim\limits_{x\to0}x}=\dfrac{0}{0}=1$.

2. 求下列极限:

(1) $\lim\limits_{x\to0}\dfrac{\sin5x}{\sin7x}$;

(2) $\lim\limits_{x\to\infty}x\sin\dfrac{3}{x}$;

(3) $\lim\limits_{x\to0^-}\dfrac{x}{\sqrt{1-\cos x}}$;

(4) $\lim\limits_{x\to0}(1-4x)^{\frac{1}{x}}$;

(5) $\lim\limits_{x\to\infty}\left(1+\dfrac{2}{x}\right)^{-3x}$;

(6) $\lim\limits_{x\to\infty}\left(\dfrac{x-1}{x+1}\right)^{x}$.

§1.7 无穷小的比较

有限个无穷小的和、差、积仍为无穷小, 但两个无穷小的商不一定是无穷小, 它要复杂得多. 例如, 当 $x\to0$ 时, $x,2x^2,\sin x$ 都是无穷小, 但

$$\lim_{x\to0}\dfrac{x}{2x^2}=\infty,\lim_{x\to0}\dfrac{2x^2}{x}=0,\lim_{x\to0}\dfrac{\sin x}{x}=1.$$

两个无穷小之商的各种极限情况, 反映了分子、分母趋于零的"快慢"程度的不同. 就上面几个例子来说, 在 $x\to0$ 的过程中, x 与 $\sin x$ 趋于 0 的速度差不多, $2x^2$ 要比它们快些.

为了对无穷小趋于零的速度有一个定性的、准确的描述, 下面我们引出"无穷小的阶"的概念.

设在自变量的某一变化过程下, $\alpha(x)$ 和 $\beta(x)$ 均是无穷小, 且 $\alpha(x)\neq0$.

定义 设 $\lim\dfrac{\beta(x)}{\alpha(x)}=C$.

(1) 若 $C=0$, 则称 $\beta(x)$ 是 $\alpha(x)$ 的高阶无穷小, 或称 $\alpha(x)$ 是 $\beta(x)$ 的低阶无穷小, 记为 $\beta(x)=o(\alpha(x))$.

(2) 若 $C\neq0$, 则称 $\beta(x)$ 与 $\alpha(x)$ 是同阶无穷小. 特别地, 若 $C=1$, 则称 $\beta(x)$ 与 $\alpha(x)$ 是等价无穷小, 记为 $\beta(x)\sim\alpha(x)$.

由前面几节的讨论, 可以得到:当 $x\to0$ 时,

$$x\sim\sin x,x\sim\tan x,x\sim\arcsin x,1-\cos x\sim\dfrac{1}{2}x^2.$$

我们还可以证明:当 $x \to 0$ 时,

$$x \sim \ln(1+x) \sim (e^x - 1) \sim \arctan x.$$

这些等价无穷小可以推广:当 $\square \to 0$ 时,

$$\square \sim \sin\square \sim \tan\square \sim \ln(1+\square) \sim e^\square - 1 \sim \arctan\square \sim \arcsin\square,$$

这里 $\square$ 可以是变量 x,也可以是关于 x 的表达式.

等价无穷小在极限的计算中有重要的应用.

定理(无穷小量等价代换定理)　设在 x 的某种变化方式下,$\alpha \sim \alpha'$,$\beta \sim \beta'$,且 $\lim \dfrac{\beta'}{\alpha'} = A($或 $\infty)$,则 $\lim \dfrac{\beta}{\alpha} = \lim \dfrac{\beta'}{\alpha'} = A($或 $\infty)$.

例 1　求极限 $\lim\limits_{x \to 0} \dfrac{(e^{2x}-1)\ln(1-x)}{1-\cos x}$.

解　因为当 $x \to 0$ 时,$\ln(1-x) = \ln[1+(-x)] \sim (-x)$,$e^{2x}-1 \sim 2x$,$1-\cos x \sim \dfrac{1}{2}x^2$,所以

$$\lim_{x \to 0} \frac{(e^{2x}-1)\ln(1-x)}{1-\cos x} = \lim_{x \to 0} \frac{2x \cdot (-x)}{\dfrac{1}{2}x^2} = -4.$$

例 2　求极限 $\lim\limits_{x \to 0} \dfrac{\tan x - \sin x}{x^3}$.

解　原式 $= \lim\limits_{x \to 0} \dfrac{\tan x(1-\cos x)}{x^3} = \lim\limits_{x \to 0} \dfrac{x \cdot \dfrac{1}{2}x^2}{x^3} = \dfrac{1}{2}$.

应该指出,在极限运算中,恰当地使用无穷小等价代换,能起到简化运算的作用. 当然在使用该方法时,一定注意只能在乘除运算中使用,特别在除法中,只能对分子或分母的因子整体替换,不能对非因子的项替换. 例如,在例 2 中,若以 $\tan x$,$\sin x$ 替换 x,将得到 $\lim\limits_{x \to 0} \dfrac{\tan x - \sin x}{x^3} = \lim\limits_{x \to 0} \dfrac{x-x}{x^3} = \lim\limits_{x \to 0} \dfrac{0}{x^3} = 0$ 的错误结果.

练习题 1.7

求下列极限:

(1) $\lim\limits_{x \to 0} \dfrac{\sin 3x}{\sin 4x}$;

(2) $\lim\limits_{x \to 0} \dfrac{\tan 3x}{\sin 2x}$;

(3) $\lim\limits_{x \to 0} \dfrac{e^{2x}-1}{\sin 5x}$;

(4) $\lim\limits_{x \to 0} \dfrac{\ln(1-3x)}{x}$;

(5) $\lim\limits_{x \to 0} \dfrac{\cos 3x - \cos x}{(e^x-1)\sin x}$;

(6) $\lim\limits_{x \to \pi} \dfrac{\sin x}{\pi - x}$.

**§ 1.8   MATLAB 操作入门

MATLAB 由美国的 Mathworks 公司推向市场,经过三十多年的发展,现已经成为国际公认的最优秀应用软件之一.可处理一些基本的数学计算(如符号计算、数值计算、画二维和三维图形等),也可用于研究和解决工程计算领域中的问题、信号处理、图形处理、模拟仿真等.MATLAB 语法规则简单,容易掌握,调试方便,具有高效、简明的特点.

一、MATLAB 的安装(Windows 操作平台)

MATLAB 的安装步骤如下:

(1) 将源光盘插入光驱.

(2) 在光盘的根目录下找到 MATLAB 的安装文件 setup.exe 及安装密码.

(3) 双击该文件后,按提示逐步安装.

(4) 安装完成后,在程序栏里便出现 MATLAB 选项,桌面上出现 MATLAB 的快捷方式.

二、MATLAB 的启动与退出

1. MATLAB 的启动

安装好 MATLAB 后,可以通过以下三种方式启动 MATLAB:

(1) 用鼠标双击在桌面上创建的 MATLAB 快捷方式图标,即可启动 MATLAB.

(2) 用鼠标单击 Windows 开始菜单的"所有程序"选项,找到 MATLAB 程序项,单击即可启动 MATLAB.

(3) 直接进入 MATLAB 的安装目标,找到 MATLAB 的程序执行文件,双击鼠标,即可启动 MATLAB.

2. MATLAB 的退出

退出 MATLAB 有以下三种方式:

(1) 可通过单击程序页面右上角的关闭按钮来退出.

(2) 可以单击主菜单"File"选项的"Exit MATLAB"选项退出.

(3) 使用快捷键【Ctrl】+【Q】来退出 MATLAB.

三、MATLAB 的运行环境

MATLAB 是一门高级编程语言,它提供了良好的编程环境.下面首先简单介绍 MATLAB 的界面.启动 MATLAB 后,打开如图 1-26 所示的窗口.

菜单栏　工具栏

图 1-26

该界面主要包括以下几个部分：

（1）菜单栏：单击即可打开相应的菜单.

（2）工具栏：使用它们能使操作更快捷.

（3）Command Window（命令窗口）：这是 MATLAB 用来工作的窗口,在命令窗口中输入命令行来实现计算或作图功能,其中符号"＞＞"表示等待用户输入.

（4）Workspace（工作区窗口）：该窗口显示当前 MATLAB 的内存中使用变量的信息,包括变量名、变量数组大小、变量字节大小和变量类型.

（5）Command History（命令历史窗口）：该窗口显示所有执行过的命令,利用该窗口,一方面可以查看曾经执行过的命令,另一方面可以重复利用原来输入的命令行,只需在命令窗口中直接双击某个命令,就可执行该命令行.

（6）Current Directory（当前目录选择窗口）：该窗口显示当前工作目录下所有文件的文件名、文件类型和最后修改时间,可以在该窗口上方的小窗口中修改工作目录.

四、MATLAB 的简单数学运算

1. 数学式的输入

MATLAB 的命令窗口给用户提供了一个很好的交互式平台,当命令窗口处于激活状态时,会显示提示符"＞＞",在提示符的右边有一个闪烁的光标,这表示 MATLAB 正处于准备状态,等待用户输入各种命令.MATLAB 最主要的功能就是数值计算,对于简单的数值计算,MATLAB 可以轻松解决.表 1-6 为 MATLAB 的基本数值运算符号.

表 1-6

算术运算法则	运算符号	举例
加	＋	2＋3
减	－	5－2
乘	＊ 或空格	a＊b 或 a b
除	/	15/4
乘方	^	2^4

下面介绍几种基本数值计算的方法：

（1）表达式.

表达式由运算符、函数名和数字组成.在命令窗口中直接输入数学表达式后，按【Enter】键确认，即可得到一个数值型结果，MATLAB将自动赋值给变量ans.

例1 求 $[5\times(6-2)-2]\div4$.

解 在MATLAB命令窗口中输入以下内容：

$$>> (5*(6-2)-2)/4$$

按【Enter】键，该指令就被执行.命令窗口显示所得结果：

ans＝

    4.5000

说明 MATLAB会将运算结果直接存入一变量ans，代表MATLAB运算后的结果（Answer）并显示其数值于命令窗口中.

（2）变量＝表达式.

采用直接输入法虽然简单易行，但是当读者需要解决的问题较复杂时，采用直接输入法有时将变得比较困难.此时，可以采用给变量赋予变量名的方法来进行操作，对等式右边产生的结果，MATLAB自动将其存储在左边变量中并同时在窗口中显示.

例2 求 $[5\times(6-2)-2]\div4$.

解 在MATLAB命令窗口中输入以下内容：

$$>> x=(5*(6-2)-2)/4$$

结果显示：

    x＝4.5

说明 MATLAB在表达式中，遵守四则运算法则，即乘法和除法优先于加法和减法，而指数运算等又优先于乘法和除法，括号的运算级别更高，在有多层括号存在的情况下，从括号里面向最外面逐层扩展.在MATLAB中，小括号代表着运算级别，中括号则一般用于生成矩阵.上述例题及下面例题中用到的函数命令sin、exp、log等将在表1-8中给出.

2. MATLAB中的量

（1）常量.

MATLAB中有一些特定的预定义的变量，这些变量被称为常量，如表1-7所示.

表 1-7

变量名	含义
ans	用于结果的默认变量名
pi	圆周率 π
eps	计算机的最小数＝2.2204×10^{-16}
inf	无穷大（如 $1/0$）

（2）变量.

变量名的命名规则：

① 变量名必须是不含空格的单个词；

② 变量名以字母开头，后面可跟字母、数字和下划线，变量名中不允许使用标点符号；

③ 变量名大小写字母有区别；

④ 变量名不超过 31 个字符，超过 31 个的字符程序将忽略不计.

例如，n、jf、m3_x、wang12、name_sex_matlab 都是变量名.

3. MATLAB 的函数(表 1-8)

表 1-8

函数名	解释	MATLAB 命令	函数名	解释	MATLAB 命令
三角函数	$\sin x$	$\sin(x)$	反三角函数	$\arcsin x$	$\mathrm{asin}(x)$
	$\cos x$	$\cos(x)$		$\arccos x$	$\mathrm{acos}(x)$
	$\tan x$	$\tan(x)$		$\arctan x$	$\mathrm{atan}(x)$
	$\cot x$	$\cot(x)$		$\mathrm{arccot} x$	$\mathrm{acot}(x)$
	$\sec x$	$\sec(x)$		$\mathrm{arcsec} x$	$\mathrm{asec}(x)$
	$\csc x$	$\csc(x)$		$\mathrm{arccsc} x$	$\mathrm{acsc}(x)$
幂函数	x^a	$x\hat{\ }a$	对数函数	$\ln x$	$\log(x)$
	$\sqrt{x}$	$\mathrm{sqrt}(x)$		$\log_2 x$	$\log2(x)$
指数函数	a^x	$a\hat{\ }x$		$\log_{10} x$	$\log10(x)$
	e^x	$\exp(x)$	绝对值函数	$|x|$	$\mathrm{abs}(x)$

例 3　求 $5^3+\cos(3\pi)+\mathrm{e}^2$.

解　在 MATLAB 命令窗口中输入以下内容：

　　$>>y=5\hat{\ }3+\cos(3*pi)+\exp(2)$

例 4　已知 $y=f(x)=x^3-\sqrt[4]{x}+2.15\sin x$，求 $f(3)$.

解　在 MATLAB 命令窗口中输入以下内容：

　　$>>x=3;$

　　$>>y=x\hat{\ }3-x\hat{\ }(1/4)+2.15*\sin(x)$

结果显示：

　　ans＝

　　　　25.9873

在命令窗口中输入命令后，如直接按【Enter】键，将在命令窗口中直接显示这条命令的计算结果；若不想让 MATLAB 每次都显示运算结果，只需在运算式后加上分号"；"，即可实现此项功能.

五、M 文件

MATLAB 中的 M 文件有两种类型：脚本 M 文件和函数 M 文件.

1. 脚本 M 文件

一个比较复杂的程序往往要反复调试,这时可以建立一个脚本 M 文件并将其储存起来,以便随时调用.脚本 M 文件就是命令的简单叠加.建立脚本 M 文件的方法是:在 MATLAB 窗口中单击"File"菜单,然后依次选择"New"→"M"→"file",打开 M 文件编辑窗口,在该窗口中输入程序文件,再以 m 为扩展名存储.若要运行该 M 文件,只需在 M 文件编辑窗口的"Debug"菜单中选择"Run"即可.在 MATLAB 命令窗口中直接输入此文件的文件名,MATLAB 可逐一执行此文件内的所有命令,和在命令窗口中逐行输入这些命令的效果一样.这样不但解决了用户在命令窗口中运行许多命令的麻烦,还可以避免用户做许多重复性的工作.

另外,值得注意的是,脚本 M 文件在运行过程中可以调用 MATLAB 工作域内所有的数据,而且所产生的所有变量均为全局变量.也就是说,这些变量一旦生成,就一直保存在工作空间中,直到执行"clear"或"quit"命令时为止.

由于脚本 M 文件的运行相当于在命令窗口中逐行输入并运行命令,因此,在编制此类文件时,只需把所要执行的命令按行编辑到指定的文件中,且变量不需要预先定义,也不存在文件名是否对应的问题.

2. 函数 M 文件

函数 M 文件的标志是第一行的 function 关键词.函数文件是文件名后缀为 m 的文件,这类文件的第一行必须以特殊字符 function 开始,格式为

$$\text{function 因变量名} = \text{函数名(自变量名)}$$

函数值的获得必须通过具体的运算实现,并赋给因变量.

M 文件的建立方法:

(1) 在 MATLAB 中,单击"File"→"New"→"M-file";

(2) 在编辑窗口中输入程序内容;

(3) 单击"File"→"Save",存盘,M 文件名必须与函数名一致.

MATLAB 的应用程序也以 M 文件保存.

例 5 编写计算函数 $f(x) = x^5 + 4x^3 + 5x + 2$ 的 M 函数文件,命名为 fun.m,并用它计算 $f(2.5)$.

解 function f=fun(x)

$f = x\hat{}5 + 4 * x\hat{}3 + 5 * x + 2$

例如,计算 $f(2.5)$,只需在 MATLAB 命令窗口中键入命令:

$$\gg \text{fun}(2.5)$$

练习题 1.8

1. 在 MATLAB 命令窗口中计算下列各式的值：

(1) $5^2 - \log_2 \frac{1}{8} + \sqrt{48}$；

(2) $\sin^2 \frac{2\pi}{3} + \cos \frac{3\pi}{4} - \cot^2 \frac{\pi}{6}$.

2. 建立计算 $f(x) = \log_3 x + 4x^3 + e^{3x} + 8$ 的 M-函数文件，并命名为 fex1.m，并用它计算 $f(2.5), f(3.5)$.

**§1.9　MATLAB 符号表达式及求极限

一、符号变量与表达式的生成和使用

符号表达式是代表数字、函数、算子和变量的 MATLAB 字符串或字符串数组，不要求变量有预先确定的值. MATLAB 可以对符号变量、表达式进行各种操作，包括四则运算、合并同类项、多项式分解和简化等. 下面对此予以简单说明.

1. 使用 sym 函数定义符号变量和符号表达式

使用 sym 函数也可以定义符号表达式，有两种定义方法：一是使用 sym 函数将式中的每一个变量定义为符号变量；二是使用 sym 函数将整个表达式集体定义. 在使用第二种方法时，虽然也生成了与第一种方法相同的表达式，但是并没有将里面的变量定义为符号变量.

例 1　使用 sym 函数定义符号表达式 $3x^2 + 2x + 5$.

解　首先采取单个变量定义法，在命令窗口中输入：

>> x = sym('x');

>> f = 3 * x^2 + 2 * x + 5

结果显示：

f =

3 * x^2 + 2 * x + 5

也可以采用整体定义法，此时将整个表达式用单引号（要在英文状态下）括起来，再用 sym 函数加以定义，继续在命令窗口中输入如下命令：

>> f = sym('3 * x^2 + 2 * x + 5')

结果显示：

f =

$$3 * x^2 + 2 * x + 5$$

2. 使用 syms 函数定义符号变量和符号表达式

syms 函数的功能比 sym 函数更为强大,它可以一次创建任意多个符号变量,而且 syms 函数的使用格式也很简单,其使用格式如下:

$$\text{syms var1 var2 var3} \cdots$$

例 2 使用 syms 函数定义符号表达式 $ax^2 + bx + c$.

解 在命令窗口中输入:

>> syms a b c x;

>> f=a*x^2+b*x+c

结果显示:

f=

a*x^2+b*x+c

3. 符号方程的生成

方程与函数的区别在于函数是一个由数字和变量组成的代数式,而方程则是由函数和等号组成的等式. 在 MATLAB 语言中,生成符号方程的方法与使用 sym 函数生成符号函数类似,但是不能采用直接生成法生成符号方程.

例 3 使用 sym 函数生成符号方程.

解 在命令窗口中输入:

>> equation1=sym('sin(x)+cos(x)=1')

结果显示:

equation1=

sin(x)+cos(x)=1

4. 符号因式分解

在 MATLAB 语言中,使用 factor 函数进行因式分解,其具体使用格式如下:

$$\text{factor}(x)$$

其中参量 x 是符号表达式.

例 4 将符号表达式因式分解:$F_1 = x^4 - y^4$.

解 在命令窗口中输入:

>> syms x y;

>> F1=factor(x^4-y^4)

结果显示:

F1=

(x-y)*(x+y)*(x^2+y^2)

5. 符号表达式的简化

在 MATLAB 语言中,使用 simplify 函数和 simple 函数进行符号表达式的简化.

（1）simplify 函数的使用.

simplify(S)：命令将符号表达式 S 中的每一个元素都进行简化，该函数的缺点是即使多次运用 simplify，也不一定能得到最简形式.

例 5　将函数 $\sin^2 x + \cos^2 x$ 化简.

解　在命令窗口中输入：

　　$>>$ syms x;

　　$>>$ fun2＝sin(x)^2＋cos(x)^2;

　　$>>$ simplify(fun2)

结果显示：

　　ans＝

　　　　1

（2）simple 函数的使用.

用 simple 函数对符号表达式进行简化，该方法比使用 simplify 函数要简单，所得的结果也比较合理. 其使用格式如下：

$$simple(S)$$

命令使用多种代数简化方法对符号表达式 S 进行化简，并显示其中最简单的结果.

例 6　化简 $2\cos^2 x - \sin^2 x$.

解　在命令窗口中输入：

　　$>>$ syms x;

　　$>>$ fun1＝2 * cos(x)^2－sin(x)^2;

　　$>>$ simple(fun1)

结果显示：

　　ans＝

　　　　3 * cos(x)^2－1

二、函数极限的求解

函数极限是微积分的基础和出发点，因此要学好微积分，就必须先了解函数极限的求法. 在 MATLAB 语言中，可以使用 limit 函数来求符号极限，其具体使用格式如表 1-9 所示：

表 1-9

MATLAB 求极限命令	数学运算解释
limit(S,x,a)	$\lim\limits_{x \to a} S$
limit(S,x,a,'right')	$\lim\limits_{x \to a^+} S$
limit(S,x,a,'left')	$\lim\limits_{x \to a^-} S$

说明　系统默认变量为 x，limit(S,x,a) 与 limit(S,a) 结果相同，变量 x 可以省略.

例 7　求下列函数的极限：

(1) $\lim\limits_{x\to 1}\dfrac{x^2-2}{x^2-x+1}$;　　　　(2) $\lim\limits_{x\to\infty}\dfrac{2x^3+x^2-5}{x^2-3x+1}$;　　　　(3) $\lim\limits_{x\to 0}\dfrac{e^{3x}-1}{x}$;

(4) $\lim\limits_{x\to\infty}\left(\dfrac{2x+3}{2x-1}\right)^{x+1}$;　　　(5) $\lim\limits_{x\to 0^-}x\sin\dfrac{1}{x}$;　　　(6) $\lim\limits_{x\to 0^+}\dfrac{\sin ax}{\sqrt{1-\cos x}}(a\neq 0)$.

解　(1) 在命令窗口中输入：

$\gg$ syms x;

$\gg$ limit((x^2-2)/(x^2-x+1),x,1)

显示结果：

ans＝

　　-1

(2) 输入：

$\gg$ limit((2*x^3+x^2-5)/(x^2-3*x+1),x,-inf)

显示结果：

ans＝

　　$-$Inf

$\gg$ limit((2*x^3+x^2-5)/(x^2-3*x+1),x,inf)

显示结果：

ans＝

　　Inf

综上，$\lim\limits_{x\to\infty}\dfrac{2x^3+x^2-5}{x^2-3x+1}=\infty$.

(3) 输入：

$\gg$ limit((exp(3*x)-1)/x,x,0)

显示结果：

ans＝

　　3

(4) 输入：

$\gg$ limit(((2*x+3)/(2*x-1))^(x+1),x,inf)

显示结果：

ans＝

　　exp(2)

$\gg$ limit(((2*x+3)/(2*x-1))^(x+1),x,-inf)

显示结果：

ans＝

　　exp(2)

综上，$\lim\limits_{x\to\infty}\left(\dfrac{2x+3}{2x-1}\right)^{x+1}=e^2$.

（5）输入：

$$\gg \text{limit}(x * \sin(1/x), x, 0, '\text{left}')$$

显示结果：

ans＝

0

（6）输入：

$$\gg \text{clear} \qquad\qquad\qquad\qquad\qquad\qquad \%清除内存中变量$$

$$\gg \text{syms x a}; \qquad\qquad\qquad\qquad\qquad\quad \%定义变量 x, a$$

$$\gg \text{limit}((\sin(a * x))/(\text{sqrt}(1-\cos(x))), x, 0, '\text{right}')$$

显示结果：

ans＝

$$a * 2^{\hat{}}(1/2)$$

练习题 1.9

1. 编写计算函数 $f(x) = x^5 + 4x^3 + 5x + 2$ 的 M-函数文件.

2. 求下列极限：

(1) $\lim\limits_{n \to \infty} \dfrac{1000n}{n^2 + 1}$;

(2) $\lim\limits_{n \to \infty} \dfrac{(-2)^n + 3^n}{(-2)^{n+1} + 3^{n+1}}$;

(3) $\lim\limits_{n \to \infty} \dfrac{(n+1)(n+2)(n+3)}{5n^3}$;

(4) $\lim\limits_{x \to 2} \dfrac{x^2 + 5}{x - 3}$;

(5) $\lim\limits_{x \to -1} \dfrac{x^3}{x + 1}$;

(6) $\lim\limits_{x \to +\infty} e^{-x} \arctan x$;

(7) $\lim\limits_{x \to \frac{1}{2}} \dfrac{8x^2 - 1}{6x^2 - 5x + 1}$;

(8) $\lim\limits_{x \to \infty} \left(x \sin \dfrac{1}{x} - \dfrac{1}{x} \sin x \right)$.

复习题一

一、选择题

1. 曲线 $y=2^x$ 与 $y=\log_2 x$ 关于什么对称 （ ）

A. x 轴　　　　　 B. y 轴　　　　　 C. 直线 $y=x$　　　　　 D. 原点

2. 若函数 $f(x)=(x-2)\sqrt{\dfrac{1+x}{1-x}}$，则它的定义域为 （ ）

A. $[-1,1]$　　　 B. $(-1,1]$　　　 C. $(-1,1)$　　　　 D. $[-1,1)$

3. 若函数 $f(x)=\dfrac{1}{x\ln x}$，则它的定义域为 （ ）

A. $(-\infty,+\infty)$

B. $(-\infty,0)\bigcup(0,+\infty)$

C. $(0,1)\bigcup(1,+\infty)$

D. $(-\infty,0)\bigcup(0,1)\bigcup(1,+\infty)$

4. 函数 $y=\dfrac{1}{x}\ln(2+x)$ 的定义域为 （ ）

A. $\{x\,|\,x\neq 0,x\neq -2\}$

B. $\{x\,|\,x>0\}$

C. $\{x\,|\,x>-2\}$

D. $\{x\,|\,x>-2,x\neq 0\}$

5. 若函数 $f(x)=\begin{cases}1-x, & x\geqslant 0,\\ 2-x, & x<0,\end{cases}$ 则 $f(f(3))=$ （ ）

A. -2　　　　　 B. -1　　　　　 C. 2　　　　　　 D. 4

6. 下列函数 $f(x)$ 与 $g(x)$ 相同的是 （ ）

A. $f(x)=\dfrac{x+1}{x^2-1}$ 与 $g(x)=\dfrac{1}{x+1}$

B. $f(x)=\sqrt{x^2}$ 与 $g(x)=(\sqrt{x})^2$

C. $f(x)=\lg x^2$ 与 $g(x)=2\lg x$

D. $f(x)=|x|$ 与 $g(x)=\begin{cases}x, & x\geqslant 0,\\ -x, & x<0\end{cases}$

7. 若 $f(x-a)=x(x-a)$，则 $f(x)=$ （ ）

A. $x(x-a)$　　　 B. $x(x+a)$　　　 C. $(x-a)(x+a)$　　　 D. $(x-a)^2$

8. 下列函数为偶函数的是 （ ）

A. $y=\dfrac{\sin x}{x}$

B. $y=\sin x+\cos x$

C. $y=\dfrac{e^x-e^{-x}}{2}$

D. $y=\log_2(x+\sqrt{x^2+1})$

9. 若 $f(x)$ 在 x_0 处的极限存在,则 （ ）

A. $f(x_0)$ 必存在且等于极限值

B. $f(x_0)$ 存在但不一定等于极限值

C. $f(x)$ 在点 x_0 处的函数值可以不存在

D. 如果 $f(x_0)$ 存在,则必等于极限值

10. 设 $f(x)=\begin{cases} 4-2x, & x<1, \\ 0, & x=1, \\ 3x-6, & x>1, \end{cases}$ 则 $f(x)$ 在 $x=1$ 处 （　　）

A. 左、右极限均不存在

B. 极限存在

C. 左、右极限均存在但不相等

D. 左、右极限有一个存在，另一个不存在

11. 下列命题正确的是 （　　）

A. 若 $\lim\limits_{x \to x_0} f(x)=A$，$\lim\limits_{x \to x_0} g(x)$ 不存在，则 $\lim\limits_{x \to x_0}[f(x) \cdot g(x)]$ 一定不存在

B. 若 $\lim\limits_{x \to x_0} f(x)=A$，$\lim\limits_{x \to x_0} g(x)=\infty$，则 $\lim\limits_{x \to x_0}[f(x)+g(x)]$ 一定不存在

C. 若 $\lim\limits_{x \to x_0} f(x)=\infty$，$\lim\limits_{x \to x_0} g(x)=\infty$，则 $\lim\limits_{x \to x_0}[f(x)-g(x)]$ 一定不存在

D. 若 $\lim\limits_{x \to x_0} f(x)=\infty$，$\lim\limits_{x \to x_0} g(x)=\infty$，则 $\lim\limits_{x \to x_0}\left[\dfrac{f(x)}{g(x)}\right]$ 一定不存在

12. $\lim\limits_{x \to \infty} x \sin \dfrac{1}{x}$ 为 （　　）

A. 2　　　　　B. $\dfrac{1}{2}$　　　　　C. 1　　　　　D. 无穷大量

13. $\lim\limits_{x \to 0} x^2 \cos \dfrac{2x-1}{x^2}$ 为 （　　）

A. 1　　　　　B. 无穷小量　　　　　C. 0　　　　　D. 无穷大量

14. 下列函数在 $x \to 0$ 时为无穷小的是 （　　）

A. $y=\dfrac{1}{1-x}$　　　　B. $y=\ln x$　　　　C. $y=\tan x$　　　　D. $y=e^{\frac{1}{x}}$

15. 当 $x \to 0$ 时，无穷小量 $\sqrt{1+x}-\sqrt{1-x}$ 是 x 的 （　　）

A. 等价无穷小

B. 同阶但不等价无穷小

C. 高阶无穷小

D. 低阶无穷小

16. 当 $x \to 1$ 时，下列无穷小量与 $1-x$ 等价的是 （　　）

A. $1-\sqrt[3]{x}$

B. $1-\sqrt{x}$

C. $1-x^2$

D. $2(1-\sqrt{x})$

17. 一元函数在某点极限存在是函数在该点连续的 （　　）

A. 必要不充分条件

B. 充分不必要条件

C. 充要条件

D. 既非充分又非必要

18. 若函数 $f(x)=\begin{cases} e^x, & x>0, \\ a, & x=0, \\ 2x+b, & x<0, \end{cases}$ 则 $f(x)$ 在 $x=0$ 处连续的充要条件是 （　　）

A. $a=1$，b 任意

B. a 任意，$b=1$

C. a，b 都任意

D. $a=1$，$b=1$

19. $x=0$ 为函数 $f(x)=x \cos \dfrac{1}{x}$ 的 （　　）

A. 连续点

B. 可去间断点

C. 跳跃间断点   D. 第二类间断点

20. 函数 $f(x)=\dfrac{x^2-1}{x^2-3x+2}$ 的连续区间是   (   )

A. $(-\infty,2)$ B. $(1,+\infty)$

C. $(-\infty,1)\bigcup(1,2)\bigcup(2,+\infty)$ D. $(2,+\infty)$

二、填空题

1. 函数 $f(x)=\dfrac{\sqrt{9-x^2}}{\ln(x+2)}$ 的定义域为 _____.

2. 若函数 $f(x)$ 的定义域为 $[0,1]$,则 $f(2x-1)$ 的定义域为 _____.

3. 函数 $y=\begin{cases} e^x, & x>0, \\ x+1, & -4\leqslant x<0 \end{cases}$ 的定义域为 _____.

4. 若函数 $f(x)=\dfrac{x}{x+1}$,则 $f(2^x)=$ _____.

5. 若函数 $f(\sin x)=\cos 2x+1$,则 $f(x)=$ _____.

6. 若 $f(x+1)=x^2+1$,则 $f(x)=$ _____.

7. 函数 $y=\arcsin u,u=3+x^2$ 能否复合? _____(填"能"或"不能").

8. 若函数 $f(x)=\begin{cases} x+3, & x<1, \\ 3x-2, & x\geqslant 1, \end{cases}$ 则 $\lim\limits_{x\to 1^-}f(x)=$ _____, $\lim\limits_{x\to 1^+}f(x)=$ _____.

9. 若函数 $f(x)=\begin{cases} 1-x, & 0<x<1, \\ 2, & x=1, \\ 3x-2, & x>1, \end{cases}$ 则 $\lim\limits_{x\to 1^-}f(x)=$ _____, $\lim\limits_{x\to 1^+}f(x)=$ _____.

10. 若函数 $f(x)=\sqrt{3+\dfrac{\sin x}{x}}$,则 $\lim\limits_{x\to 0}f(x)=$ _____, $\lim\limits_{x\to\infty}f(x)=$ _____.

11. 函数 $f(x)=\dfrac{3}{x+1}$ 当 $x\to$ _____ 时为无穷小,当 $x\to$ _____ 时为无穷大.

12. 当 $x\to 1$ 时,无穷小 $\dfrac{1-x}{1+x}$ 是 $1-\sqrt{x}$ 的 _____ 无穷小.

13. 当 $x\to 0$ 时,无穷小 ax^2 与 $\tan\dfrac{1}{4}x^2$ 是等价无穷小,则 $a=$ _____.

14. 当 $x\to 0$ 时,$1-\cos 3x$ 与 mx^n 等价,则 $m=$ _____,$n=$ _____.

15. $\lim\limits_{x\to 0}\dfrac{\tan x}{x}=$ _____,$\lim\limits_{x\to\infty}x\sin\dfrac{1}{x}=$ _____,$\lim\limits_{x\to 0}x\sin\dfrac{1}{x}=$ _____,

$\lim\limits_{x\to 0}\dfrac{e^{2x}-1}{3x}=$ _____.

16. 若 $\lim\limits_{x\to 0}(1+ax)^{\frac{2}{x}}=e^3$,则 $a=$ _____;若 $\lim\limits_{x\to\infty}\dfrac{ax^2+bx+3}{3x+1}=3$,则 $a=$ _____,

$b=$ _____.

17. 若函数 $f(x)=\begin{cases} x, & x\leqslant 1, \\ ax^2+\dfrac{1}{2}, & x>1 \end{cases}$ 在 $x=1$ 处连续,则 $a=$ _____.

18. 设 $f(x)$ 在点 $x=0$ 连续，且 $\lim\limits_{x\to 0^+}f(x)=2$，则 $f(0)=$ _____.

19. 设函数 $f(x)$ 在闭区间 $[a,b]$ 上单调递减且连续，则 $f(x)$ 的最大值为 _____，最小值为 _____.

20. 函数 $f(x)=\sqrt{x-3}+\dfrac{1}{\sqrt{5-x}}$ 的连续区间为 _____.

三、求极限

1. $\lim\limits_{x\to 0}\sqrt{x^2-2x+3}$.

2. $\lim\limits_{x\to 1}\dfrac{x^2+2x-3}{x-1}$.

3. $\lim\limits_{x\to 1}\left(\dfrac{1}{x-1}+\dfrac{3}{1-x^3}\right)$.

4. $\lim\limits_{x\to +\infty}\dfrac{2x^2-3x-4}{\sqrt{x^4+1}}$.

5. $\lim\limits_{x\to \infty}\dfrac{3x^2+2}{1-4x^2}$.

6. $\lim\limits_{n\to \infty}\dfrac{1+2+3+\cdots+n}{n^2}$.

7. $\lim\limits_{x\to 4}\dfrac{2-\sqrt{x}}{3-\sqrt{2x+1}}$.

8. $\lim\limits_{x\to -\infty}\left(1-\dfrac{1}{x}\right)^{4x-3}$.

9. $\lim\limits_{x\to \infty}\left(1+\dfrac{2}{x-1}\right)^x$.

10. $\lim\limits_{x\to \infty}\left(\dfrac{x+3}{x-3}\right)^x$.

11. $\lim\limits_{x\to +\infty}x[\ln(x+a)-\ln x]$.

12. $\lim\limits_{x\to 0}\dfrac{\ln(1+x^2)}{x^2}$.

13. $\lim\limits_{x\to 0}\left(x\sin\dfrac{1}{x}+\dfrac{1}{x}\sin x\right)$.

14. $\lim\limits_{x\to 1}\dfrac{\sin(x^2-1)}{x-1}$.

15. $\lim\limits_{x\to 0}\dfrac{\cos^2 x-\cos x}{2x^2}$.

16. $\lim\limits_{x\to 0}\dfrac{1-\cos 4x}{x\sin x}$.

17. $\lim\limits_{x\to 0}\dfrac{\tan^2 x}{x(e^x-1)}$.

18. $\lim\limits_{x\to 0}\dfrac{\tan x-\sin x}{x^3}$.

四、解答题

1. 设 $f(x)=\begin{cases}\dfrac{\tan ax}{x}, & x<0,\\[2mm] 2+x, & x\geqslant 0\end{cases}$ 在 $x=0$ 处连续，求 a 的值.

2. 设 $f(x)=\begin{cases}\dfrac{\sin x}{x}, & x<0,\\[1mm] a, & x=0,\\[1mm] x\sin\dfrac{1}{x}+b, & x>0\end{cases}$，在 $x=0$ 处连续，求 a,b 的值.

阅读材料一　微积分的起源

究竟是谁发明了微积分

约 17 世纪,微积分成为一门学科,但微积分的思想早在古代就产生了.公元前 3 世纪,道家代表人物庄子的《天下篇》中就有"一尺之棰,日取其半,万世不竭"的记载,反映了早在 2000 多年前我国古人就有了极限思想.公元 263 年,我国数学家刘徽提出了"割圆术",即将圆周用内接或外切正多边形穷竭的一种求圆面积和圆周长的方法,他将其中的规律总结为:割之弥细,所失弥少,割之又割,以至于不可割,则与圆周合体而无所失矣.他计算了 3072 边形,科学地求出了圆周率 $\pi \approx 3.1416$ 的结果,由此奠定了此后 1000 多年中国在圆周率计算上的领先地位.在《九章算术·阳马术》中,刘徽用无限分割的方法解决了锥体计算问题,并提出了关于多面体体积计算的刘徽原理.公元前 3 世纪,古希腊的阿基米德在研究解决抛物弓形的面积、球和球冠面积、螺线下面积和旋转双曲体的体积的问题中,就隐含着近代积分学的思想.

17 世纪,由于天文、航海及生产技术的发展,大量的科学技术和生产实践问题需要解决,当时,许多科学家为解决这些问题而努力探索.到 17 世纪后半期,英国的牛顿和德国的莱布尼茨,在前人工作的基础上各自独立地发明了微积分,奠定了这门学科的基础.牛顿这样评价自己的贡献:如果说我看得比别人远,那是因为我站在了巨人的肩膀上.

不幸的是,17 世纪 90 年代,在牛顿和莱布尼茨的拥护者之间出现了一场激烈的争论,争论究竟是谁发明了微积分.莱布尼茨甚至被英国皇家学会的成员以剽窃罪名起诉.事实上,牛顿虽是在 1665—1666 年首先完成了微积分学说,但他没有立即发表自己的成果,直到 1687 年在他的著作《自然哲学的数学原理》中第一次公开发表了他发明的微积分;莱布尼茨则在 1684 年发表了他的微积分学说.

第 2 章

导数和微分

§2.1　导数的概念

一、引例

1. 平面曲线的切线斜率

设曲线 C 及 C 上的一点 M_0，在 M_0 外另取 C 上一点 M，作割线 M_0M. 当 M 在曲线 C 上变动时，割线 M_0M 也随之变动. 当 M 沿曲线 C 趋向于点 M_0 时，M_0M 的极限位置如果存在，则称此极限位置 M_0T 为曲线 C 在点 M_0 处的切线（图 2-1）.

设函数 $y=f(x)$ 在平面上的图形是曲线 C，在 C 上任取两点 $M_0(x_0,y_0)$ 和 $M(x_0+\Delta x,y_0+\Delta y)$，则割线 M_0M 的斜率为

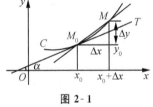

图 2-1

$k_{M_0M}=\dfrac{\Delta y}{\Delta x}=\dfrac{f(x_0+\Delta x)-f(x_0)}{\Delta x}$. 当 $\Delta x\to0$ 时，点 M 沿曲线 C

趋向 M_0，割线 M_0M 就不断地绕 M_0 转动，割线 M_0M 趋向于极限位置 M_0T. 如果 $k_{M_0M}=\dfrac{\Delta y}{\Delta x}$ 趋向于某个极限，则极限值就是曲线在 M_0 处切线的斜率 k. 设切线的倾斜角为 α，即 $k=\tan\alpha$，所以曲线 $y=f(x)$ 在点 M_0 处的切线斜率定义为

$$k=\tan\alpha=\lim_{\Delta x\to0}\frac{\Delta y}{\Delta x}=\lim_{\Delta x\to0}\frac{f(x_0+\Delta x)-f(x_0)}{\Delta x}.$$

2. 变速直线运动的瞬时速度

一物体做直线运动，其运动方程为 $s=s(t)$，求 t_0 时刻物体的瞬时速度 $v(t_0)$.

当物体做匀速直线运动时，

$$v(t_0)=\bar{v}=\frac{s(t_0+\Delta t)-s(t_0)}{\Delta t}.$$

当物体做非匀速直线运动时，我们称

$$v(t_0)=\lim_{\Delta t\to 0}\bar{v}=\lim_{\Delta t\to 0}\frac{s(t_0+\Delta t)-s(t_0)}{\Delta t}=\lim_{\Delta t\to 0}\frac{\Delta s}{\Delta t}$$

为 t_0 时刻物体的瞬时速度.

3. 产品总成本的变化率

设某产品的总成本 C 是产量 q 的函数 $C(q)$，考察产量为 q_0 时的总成本的变化率，在经济学中称边际成本.

当产量从 q_0 变化到 $q_0+\Delta q$ 时，总成本的平均变化率为

$$\frac{\Delta C}{\Delta q}=\frac{C(q_0+\Delta q)-C(q_0)}{\Delta q}.$$

如果极限

$$\lim_{\Delta q\to 0}\frac{\Delta C}{\Delta q}=\lim_{\Delta q\to 0}\frac{C(q_0+\Delta q)-C(q_0)}{\Delta q}$$

存在，则称此极限为产量为 q_0 时的边际成本. 它的经济意义：当产量为 q_0 时，产量再增加一个单位时成本的增加值.

上面三个实例分别属于几何学、物理学、经济学，但它们都可归结为相同形式的极限. 因此，抽去这些问题的不同的实际意义，只考虑它们的共同性质，就可得出函数的导数定义.

二、导数的定义

定义 设函数 $y=f(x)$ 在点 x_0 及其附近有定义，自变量 x 在点 x_0 处有增量 $\Delta x(\Delta x\neq 0)$，函数 $f(x)$ 有相应的增量 $\Delta y=f(x_0+\Delta x)-f(x_0)$. 若极限 $\lim_{\Delta x\to 0}\frac{\Delta y}{\Delta x}$ 存在，则称函数 $y=f(x)$ 在点 x_0 处可导，极限值称为函数 $y=f(x)$ 在点 $x=x_0$ 处的导数，记为 $y'|_{x=x_0}$，$f'(x_0)$，$\frac{\mathrm{d}y}{\mathrm{d}x}\Big|_{x=x_0}$ 或 $\frac{\mathrm{d}f}{\mathrm{d}x}\Big|_{x=x_0}$，即

$$f'(x_0)=\lim_{\Delta x\to 0}\frac{\Delta y}{\Delta x}=\lim_{\Delta x\to 0}\frac{f(x_0+\Delta x)-f(x_0)}{\Delta x}.$$

若极限 $\lim_{\Delta x\to 0}\frac{\Delta y}{\Delta x}$ 不存在，则称函数 $y=f(x)$ 在点 x_0 处导数不存在或称不可导.

注意

(1) 在导数定义中，若令 $x=x_0+\Delta x$ 或 $h=\Delta x$，则导数定义式又有另外的形式：

$$f'(x_0)=\lim_{x\to x_0}\frac{f(x)-f(x_0)}{x-x_0}\text{ 或 }f'(x_0)=\lim_{h\to 0}\frac{f(x_0+h)-f(x_0)}{h}.$$

(2) 导数的概念是函数变化率这一概念的精确描述. 从数量方面来刻画变化率的本质：$\frac{\Delta y}{\Delta x}$ 表示因变量 y 在以 x_0 和 $x_0+\Delta x$ 为端点的区间上的平均变化率，而导数 $y'|_{x=x_0}$ 则是因变量在点 x_0 处的（瞬时）变化率，它反映了因变量随自变量的变化而变化的快慢程度.

由导数定义知,前面三个引例的结果可以表示为:

(1) 曲线 $y = f(x)$ 在点 M_0 处切线的斜率 $k = f'(x_0)$.

(2) 做变速直线运动的物体在 t_0 时刻的瞬时速度 $v(t_0) = s'(t_0)$.

(3) 在产量 q_0 时的边际成本为 $C'(q_0)$.

设函数 $y = f(x)$ 在 x_0 及其左(或右)侧附近有定义,若极限 $\lim\limits_{\Delta x \to 0^-} \dfrac{\Delta y}{\Delta x}$ $\left(\text{或} \lim\limits_{\Delta x \to 0^+} \dfrac{\Delta y}{\Delta x}\right)$ 存在,则称 $f(x)$ 在 x_0 处左(或右)可导,且称极限值为 $f(x)$ 在 x_0 处的左(或右)导数,记作

$$f'_-(x_0) = \lim_{\Delta x \to 0^-} \frac{\Delta y}{\Delta x} = \lim_{\Delta x \to 0^-} \frac{f(x_0 + \Delta x) - f(x_0)}{\Delta x},$$

$$f'_+(x_0) = \lim_{\Delta x \to 0^+} \frac{\Delta y}{\Delta x} = \lim_{\Delta x \to 0^+} \frac{f(x_0 + \Delta x) - f(x_0)}{\Delta x}.$$

定理 1　$f(x)$ 在 x_0 处可导的充要条件是 $f(x)$ 在 x_0 处既左可导又右可导,且

$$f'_-(x_0) = f'_+(x_0) = f'(x_0).$$

若函数 $f(x)$ 在区间 (a,b) 内每一点的导数都存在,则称函数 $f(x)$ 在区间 (a,b) 内可导.

如果函数 $f(x)$ 在开区间 (a,b) 内可导,且 $f'_+(a)$ 和 $f'_-(b)$ 都存在,那么称 $f(x)$ 在闭区间 $[a,b]$ 上可导.

这时对于任一 $x \in (a,b)$,都对应着一个确定的导数值 $f'(x)$,从而在区间 (a,b) 内构成了一个新的函数,叫作 $y = f(x)$ 的导函数,简称导数,记作 y',$f'(x)$,$\dfrac{\mathrm{d}y}{\mathrm{d}x}$ 或 $\dfrac{\mathrm{d}f(x)}{\mathrm{d}x}$,即

$$f'(x) = \lim_{\Delta x \to 0} \frac{f(x + \Delta x) - f(x)}{\Delta x}.$$

显然,函数 $f(x)$ 在点 x_0 处的导数 $f'(x_0)$ 就是导函数 $f'(x)$ 在点 $x = x_0$ 处的函数值,即

$$f'(x_0) = f'(x)\big|_{x = x_0}.$$

下面通过例题具体说明如何利用导数的定义求函数的导数.

由导数定义可知,求函数 $y = f(x)$ 的导数可分为以下三个步骤:

(1) 求函数增量:

$$\Delta y = f(x + \Delta x) - f(x).$$

(2) 算增量的比值:

$$\frac{\Delta y}{\Delta x} = \frac{f(x + \Delta x) - f(x)}{\Delta x}.$$

(3) 取极限:

$$y' = \lim_{\Delta x \to 0} \frac{\Delta y}{\Delta x} = \lim_{\Delta x \to 0} \frac{f(x + \Delta x) - f(x)}{\Delta x}.$$

例 1　求函数 $y = c$(c 是常数)的导数.

解　(1) 求函数增量:$\Delta y = f(x + \Delta x) - f(x) = c - c = 0$.

(2) 算增量的比值:$\dfrac{\Delta y}{\Delta x} = 0$.

（3）取极限：$y' = \lim\limits_{\Delta x \to 0} \dfrac{\Delta y}{\Delta x} = 0$，即 $(c)' = 0$.

例 2 已知函数 $y = f(x) = x^2$，用导数定义求 $f'(1)$.

解 （1）$\Delta y = f(1 + \Delta x) - f(1) = (1 + \Delta x)^2 - 1^2 = 2\Delta x + (\Delta x)^2$.

（2）$\dfrac{\Delta y}{\Delta x} = \dfrac{2\Delta x + (\Delta x)^2}{\Delta x} = 2 + \Delta x$.

（3）$f'(x) = \lim\limits_{\Delta x \to 0} \dfrac{\Delta y}{\Delta x} = \lim\limits_{\Delta x \to 0}(2 + \Delta x) = 2$.

我们也可以先求出导函数 $(x^2)' = 2x$，再求 $f'(1) = 2x|_{x=1} = 2$.

一般情况下，欲求函数 $f(x)$ 在点 x_0 处的导数，可先求出其导函数 $f'(x)$，然后将 x_0 代入即可.

例 3 求函数 $y = \sin x$ 的导函数，并求 $y'\left(\dfrac{\pi}{6}\right)$.

解 因为 $\Delta y = \sin(x + \Delta x) - \sin x = 2\cos\left(x + \dfrac{\Delta x}{2}\right)\sin\dfrac{\Delta x}{2}$，所以

$$\frac{\Delta y}{\Delta x} = \cos\left(x + \frac{\Delta x}{2}\right) \cdot \frac{\sin\dfrac{\Delta x}{2}}{\dfrac{\Delta x}{2}},$$

所以

$$y' = \lim_{\Delta x \to 0} \frac{\Delta y}{\Delta x} = \lim_{\Delta x \to 0} \cos\left(x + \frac{\Delta x}{2}\right) \cdot \frac{\sin\dfrac{\Delta x}{2}}{\dfrac{\Delta x}{2}} = \cos x,$$

即

$$(\sin x)' = \cos x,$$

于是

$$(\sin x)'\big|_{x=\frac{\pi}{6}} = \cos\frac{\pi}{6} = \frac{\sqrt{3}}{2}.$$

用类似的方法，可求得余弦函数 $y = \cos x$ 的导数：$(\cos x)' = -\sin x$.

例 4 求函数 $y = \ln x$ 的导函数.

解 由于 $\Delta y = \ln(x + \Delta x) - \ln x = \ln\left(1 + \dfrac{\Delta x}{x}\right)$，则

$$\frac{\Delta y}{\Delta x} = \frac{\ln\left(1 + \dfrac{\Delta x}{x}\right)}{\Delta x} = \frac{1}{x}\ln\left(1 + \frac{\Delta x}{x}\right)^{\frac{x}{\Delta x}},$$

所以

$$(\ln x)' = \lim_{\Delta x \to 0} \frac{\Delta y}{\Delta x} = \lim_{\Delta x \to 0} \frac{\ln\left(1 + \dfrac{\Delta x}{x}\right)}{\Delta x} = \lim_{\Delta x \to 0} \frac{1}{x}\ln\left(1 + \frac{\Delta x}{x}\right)^{\frac{x}{\Delta x}} = \frac{1}{x}.$$

例 5 讨论函数 $f(x) = \begin{cases} -x, & x < 0, \\ x, & x \geqslant 0 \end{cases}$ 在 $x = 0$ 处的可导性.

解 因为 $f'_+(0) = \lim\limits_{\Delta x \to 0^+} \dfrac{\Delta y}{\Delta x} = \lim\limits_{\Delta x \to 0^+} \dfrac{f(0 + \Delta x) - f(0)}{\Delta x} = \lim\limits_{\Delta x \to 0^+} \dfrac{\Delta x - 0}{\Delta x} = 1$，

$$f'_-(0) = \lim_{\Delta x \to 0^-} \frac{\Delta y}{\Delta x} = \lim_{\Delta x \to 0^-} \frac{f(0 + \Delta x) - f(0)}{\Delta x} = \lim_{\Delta x \to 0^-} \frac{-\Delta x - 0}{\Delta x} = -1.$$

所以

$$f'_+(0) \neq f'_-(0),$$

故函数 $f(x) = \begin{cases} -x, & x < 0, \\ x, & x \geqslant 0 \end{cases}$ 在 $x = 0$ 处不可导.

例 6　讨论函数

$$f(x) = \begin{cases} x\cos\dfrac{1}{x}, & x \neq 0, \\ 0, & x = 0 \end{cases}$$

在 $x = 0$ 处的连续性和可导性.

解　因为

$$\lim_{x \to 0} f(x) = \lim_{x \to 0} x\cos\frac{1}{x} = 0 = f(0),$$

所以函数 $f(x)$ 在 $x = 0$ 处连续.

因为

$$\lim_{\Delta x \to 0} \frac{\Delta y}{\Delta x} = \lim_{\Delta x \to 0} \frac{f(0 + \Delta x) - f(0)}{\Delta x} = \lim_{\Delta x \to 0} \frac{\Delta x\cos\dfrac{1}{\Delta x}}{\Delta x} = \lim_{\Delta x \to 0} \cos\frac{1}{\Delta x}$$

不存在,故 $f(x)$ 在 $x = 0$ 处不可导.

三、导数的几何意义

从上面第一个引例和导数定义可知,如果函数 $y = f(x)$ 在点 x_0 处可导,则 x_0 处的导数就是该函数所表示的曲线在点 $M_0(x_0, f(x_0))$ 处的切线斜率,即 $f'(x_0) = k$(k 是切线斜率).

如果 $y = f(x)$ 在点 x_0 处有 $\lim\limits_{\Delta x \to 0} \dfrac{\Delta y}{\Delta x} = \infty$(是导数不存在的情形之一),这时曲线 $y = f(x)$ 在点 $M_0(x_0, y_0)$ 处具有垂直于 x 轴的切线 $x = x_0$.

由导数的几何意义,可以得到曲线 $y = f(x)$ 在定点 $M_0(x_0, y_0)$ 处的切线方程为

$$y - y_0 = f'(x_0)(x - x_0).$$

过切点 M_0 且与该切线垂直的直线叫作曲线 $y = f(x)$ 在点 M_0 处的法线.

如果 $f'(x_0) \neq 0$,法线的斜率为 $-\dfrac{1}{f'(x_0)}$,从而法线方程为

$$y - y_0 = -\frac{1}{f'(x_0)}(x - x_0).$$

例 7　求曲线 $y = \sin x$ 在点 $(0, 0)$ 及 $\left(\dfrac{\pi}{2}, 1\right)$ 处的切线方程和法线方程.

解　$y' = (\sin x)' = \cos x.$

在点 $(0, 0)$ 处,$y'|_{x=0} = 1$,切线方程为 $y = x$,法线方程为 $y = -x$.

在点 $\left(\dfrac{\pi}{2}, 1\right)$ 处,$y'\left(\dfrac{\pi}{2}\right) = \cos\dfrac{\pi}{2} = 0$,切线方程为 $y = 1$,法线方程为 $x = \dfrac{\pi}{2}$.

例 8　曲线 $y = x^3$ 上哪些点处的切线与直线 $y = 3x - 1$ 平行?

解　由导数的几何意义可知,曲线 $y = x^3$ 在点 $M(x, y)$ 处的切线斜率为

$$y' = (x^3)' = 3x^2,$$

而直线 $y = 3x - 1$ 的斜率为 $k = 3$. 根据两直线平行的条件,有

$$3x^2 = 3,$$

得 $x = 1$ 或 $x = -1$. 将 $x = 1$ 和 $x = -1$ 代入曲线方程 $y = x^3$,得 $y = 1$ 和 $y = -1$.

所以曲线 $y = x^3$ 在点 $M(1, 1)$ 或 $M_1(-1, -1)$ 处的切线与直线 $y = 3x - 1$ 平行.

四、函数的可导性与连续性的关系

连续与可导是函数的两个重要概念. 虽然在导数的定义中未明确要求函数在点 x_0 连续,但却隐含了可导必然连续这一关系.

定理 2   若函数 $y = f(x)$ 在点 x_0 处可导,则函数 $y = f(x)$ 在点 x_0 处必连续.

证   设函数 $y = f(x)$ 在点 x_0 处可导,即极限

$$\lim_{\Delta x \to 0} \frac{\Delta y}{\Delta x} = f'(x_0)$$

存在. 由函数极限存在与无穷小的关系知

$$\frac{\Delta y}{\Delta x} = f'(x_0) + \alpha \quad (\alpha \text{ 是当 } \Delta x \to 0 \text{ 时的无穷小}).$$

上式两端同乘 Δx,得 $\Delta y = f'(x_0)\Delta x + \alpha \Delta x$,不难看出,当 $\Delta x \to 0$ 时,$\Delta y \to 0$. 这就是说,函数 $y = f(x)$ 在点 x_0 处是连续的.

> **注意** 连续是可导的必要条件,但不是充分条件. 也就是说:可导一定连续,但连续不一定可导,即在点 x_0 处连续的函数未必在点 x_0 处可导.

例如,函数 $f(x) = \sqrt[3]{x}$ 在 $(-\infty, +\infty)$ 内连续,但在 $x = 0$ 处不可导.

从几何上看,曲线 $f(x) = \sqrt[3]{x}$ 在点 $x = 0$ 处有垂直于 x 轴的切线 $x = 0$(图 2-2).

同理:函数 $f(x) = |x|$ 在 $x = 0$ 处连续但不可导(图 2-3).

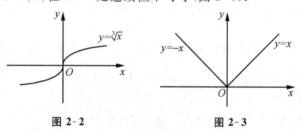

图 2-2   图 2-3

所以,如果函数 $y = f(x)$ 在点 x_0 处可导,则函数在该点处必连续;也就是说,如果函数 $y = f(x)$ 在点 x_0 处不连续,则 $y = f(x)$ 在点 x_0 处一定不可导. 但应注意,函数 $y = f(x)$ 在某一点处连续,却不一定在该点处可导.

练习题 2.1

1. 根据导数的定义, 求下列函数的导函数和导数值:

(1) 已知 $f(x)=3x-2$, 求 $f'(x)$, $f'(3)$;

(2) 已知 $y=3x^2-2$, 求 y', $y'|_{x=1}$.

2. 如果函数 $f(x)$ 在点 x_0 处可导, 求:

(1) $\lim\limits_{\Delta x\to 0^-}\dfrac{f(x_0-3\Delta x)-f(x_0)}{\Delta x}$;

(2) $\lim\limits_{x\to x_0}\dfrac{f(x)-f(x_0)}{\sqrt{x}-\sqrt{x_0}}$.

3. 求下列曲线满足给定条件的切线方程和法线方程:

(1) 曲线 $y=x^3$ 在点 $(2,8)$ 处;

(2) 曲线 $y=\cos x(0<x<\pi)$ 的切线垂直于直线 $y=\sqrt{2}x-1$.

4. (1) 设 $f(x)=\begin{cases} x^2+x, & x\geqslant 0, \\ 2x-x^3, & x<0, \end{cases}$ 求 $f'(0)$;

(2) 已知 $f(x)=\begin{cases} \sin x, & x<0, \\ x, & x\geqslant 0, \end{cases}$ 求 $f'(x)$.

§2.2　导数的基本公式和四则运算

上一节我们利用导数定义求出了常数函数、正弦函数、对数函数的导数. 本节和下面两节我们将推导出其他基本初等函数的导数. 为了让读者尽快熟悉导数公式, 现先列出这些公式.

一、常数和基本初等函数的导数公式

(1) $C'=0$;

(2) $(x^\mu)'=\mu x^{\mu-1}$ (μ 为实数, $x>0$);

(3) $(a^x)'=a^x\ln a$;

(4) $(e^x)'=e^x$;

(5) $(\log_a x)'=\dfrac{1}{x\ln a}$;

(6) $(\ln|x|)'=\dfrac{1}{x}$;

(7) $(\sin x)'=\cos x$;

(8) $(\cos x)'=-\sin x$;

(9) $(\tan x)'=\sec^2 x$;

(10) $(\cot x)'=-\csc^2 x$;

(11) $(\sec x)'=\sec x\tan x$;

(12) $(\csc x)'=-\csc x\cot x$;

$(13)\ (\arcsin x)'=\dfrac{1}{\sqrt{1-x^2}};$ \qquad $(14)\ (\arccos x)'=-\dfrac{1}{\sqrt{1-x^2}};$

$(15)\ (\arctan x)'=\dfrac{1}{1+x^2};$ \qquad $(16)\ (\text{arccot}\,x)'=-\dfrac{1}{1+x^2}.$

二、函数的和、差、积、商的求导法则

求导法则1 设函数 $u=u(x),v=v(x)$ 都在点 x 处可导，则 $u\pm v$ 在点 x 处也可导，且

$$(u\pm v)'=u'\pm v'.$$

求导法则2 设函数 $u=u(x),v=v(x)$ 都在点 x 处可导，则 uv 在点 x 处也可导，且

$$(uv)'=u'v+uv'.$$

求导法则3 设函数 $u=u(x),v=v(x)$ 都在点 x 处可导，且 $v\neq 0$，则 $\dfrac{u}{v}$ 在点 x 处也可导，且

$$\left(\frac{u}{v}\right)'=\frac{u'v-uv'}{v^2}.$$

推论 $(Cu)'=Cu'$（C 为常数）.

例1 求函数 $y=\cos 1-\dfrac{1}{\sqrt[3]{x}}+\ln x+\dfrac{1}{x}$ 的导数.

解 根据求导法则1，得

$$y'=(\cos 1)'-\left(\frac{1}{\sqrt[3]{x}}\right)'+(\ln x)'+\left(\frac{1}{x}\right)'=0+\frac{1}{3}x^{-\frac{4}{3}}+\frac{1}{x}-\frac{1}{x^2}=\frac{1}{3}x^{-\frac{4}{3}}+\frac{1}{x}-\frac{1}{x^2}.$$

例2 求函数 $y=(3x^2-5e^x)\sin x$ 的导数.

解
$$y'=(3x^2-5e^x)'\sin x+(3x^2-5e^x)(\sin x)'$$
$$=(6x-5e^x)\sin x+(3x^2-5e^x)\cos x.$$

例3 求正切函数 $y=\tan x$ 的导数.

解 $y'=(\tan x)'=\left(\dfrac{\sin x}{\cos x}\right)'=\dfrac{(\sin x)'\cos x-(\cos x)'\sin x}{\cos^2 x}=\dfrac{\cos^2 x+\sin^2 x}{\cos^2 x}=\sec^2 x,$

即

$$(\tan x)'=\sec^2 x.$$

类似地，可以推导出

$$(\cot x)'=-\csc^2 x.$$

例4 求余割函数 $y=\csc x$ 的导数.

解
$$y'=(\csc x)'=\left(\frac{1}{\sin x}\right)'=\frac{1'\sin x-(\sin x)'\cdot 1}{\sin^2 x}$$
$$=-\frac{(\sin x)'}{\sin^2 x}=-\frac{\cos x}{\sin^2 x}=-\csc x\cot x,$$

即

$$(\csc x)'=-\csc x\cot x.$$

类似地,可以推导出

$$(\sec x)' = \sec x \tan x.$$

练习题 2.2

1. 求下列函数的导数:

(1) $y = 3x^2 - \dfrac{1}{x^3} + \ln 2$;

(2) $y = \dfrac{\cot x}{1 + \sqrt{x}}$;

(3) $y = (x^2 - 3x + 1)\ln x$;

(4) $y = \dfrac{\sin x}{x} + \dfrac{2}{x}$.

2. 设 $f(x) = \dfrac{\cos x}{x}$,求 $f'\left(\dfrac{\pi}{2}\right)$.

3. 求曲线 $y = \tan x$ 在点 $M\left(\dfrac{\pi}{4}, 1\right)$ 处的切线方程和法线方程.

§2.3　复合函数的导数

形如 $\sin 3x$, e^{-2x^2}, $\cos^2 x$ 等这样的函数是否可导?如果可导,如何求出它们的导数?为了解决这类问题,下面给出复合函数的求导法则.

求导法则 4　设函数 $u = \varphi(x)$ 在点 x 处可导,而函数 $y = f(u)$ 在对应的点 u 处可导,则复合函数 $y = f[\varphi(x)]$ 在点 x 处也可导,且

$$\{f[\varphi(x)]\}' = f'(u) \cdot \varphi'(x) = f'[\varphi(x)] \cdot \varphi'(x),$$

或写成

$$\frac{\mathrm{d}y}{\mathrm{d}x} = \frac{\mathrm{d}y}{\mathrm{d}u} \cdot \frac{\mathrm{d}u}{\mathrm{d}x}.$$

从该法则可知,复合函数对自变量的导数等于复合函数对中间变量的导数乘以中间变量对自变量的导数.该复合函数的求导方法也可用于多次复合的情形.

例 1　求函数 $y = (2x + 3)^3$ 的导数.

解　函数 $y = (2x + 3)^3$ 由函数 $y = u^3$,$u = 2x + 3$ 复合而成,因为 $y'_u = 3u^2$,$u'_x = 2$,所以

$$y' = y'_u \cdot u'_x = 3u^2 \times 2 = 6(2x + 3)^2.$$

例 2　求函数 $y = \ln(1 - x^3)$ 的导数.

解　函数 $y = \ln(1 - x^3)$ 由函数 $y = \ln u$ 及 $u = 1 - x^3$ 复合而成,因为 $y'_u = \dfrac{1}{u}$,$u'_x = -3x^2$,所以

$$y'_x = y'_u \cdot u'_x = \frac{1}{u} \cdot (-3x^2) = \frac{3x^2}{x^3-1}.$$

例 3 求函数 $y = \sin^2 x$ 的导数.

解 函数 $y = \sin^2 x$ 由函数 $y = u^2$ 及 $u = \sin x$ 复合而成,因为 $y'_u = 2u, u'_x = \cos x$,所以

$$y'_x = y'_u \cdot u'_x = 2u\cos x = 2\sin x\cos x = \sin 2x.$$

通过上面的例子可知,复合函数求导的关键在于首先把复合函数分解成基本初等函数或基本初等函数的和、差、积、商(简单函数),然后运用复合函数的求导法则和适当的导数公式进行计算.求导之后应该把引进的中间变量代换成原来的自变量.对复合函数的分解比较熟练后,就不必再写出中间变量,只要把中间变量所代替的式子默记在心,运用复合函数的求导法则,逐层求导即可.法则 4 可推广到两个以上中间变量的情形.

例 4 求 $y = \sin^2 3x$ 的导数.

解 $\dfrac{\mathrm{d}y}{\mathrm{d}x} = (\sin^2 3x)' = 2\sin 3x \cdot (\sin 3x)' = (2\sin 3x) \cdot (\cos 3x) \cdot (3x)'$

$\qquad = 6\sin 3x \cdot \cos 3x = 3\sin 6x.$

例 5 求 $y = \mathrm{e}^{\sin\frac{1}{x}}$ 的导数.

解 $\dfrac{\mathrm{d}y}{\mathrm{d}x} = (\mathrm{e}^{\sin\frac{1}{x}})' = \mathrm{e}^{\sin\frac{1}{x}} \cdot \left(\sin\dfrac{1}{x}\right)' = \mathrm{e}^{\sin\frac{1}{x}} \cdot \cos\dfrac{1}{x} \cdot \left(\dfrac{1}{x}\right)'$

$\qquad = \mathrm{e}^{\sin\frac{1}{x}} \cdot \cos\dfrac{1}{x} \cdot \left(-\dfrac{1}{x^2}\right) = -\dfrac{1}{x^2}\mathrm{e}^{\sin\frac{1}{x}}\cos\dfrac{1}{x}.$

例 6 求 $y = \dfrac{\sin 3x}{x}$ 的导数.

解 $\dfrac{\mathrm{d}y}{\mathrm{d}x} = \left(\dfrac{\sin 3x}{x}\right)' = \dfrac{(\sin 3x)' \cdot x - (\sin 3x) \cdot x'}{x^2}$

$\qquad = \dfrac{(\cos 3x) \cdot (3x)' \cdot x - \sin 3x}{x^2} = \dfrac{3x\cos 3x - \sin 3x}{x^2}.$

例 7 设 $f(x)$ 为可导函数,求 $y = f^2(\mathrm{e}^x)$ 的导数.

解 $\dfrac{\mathrm{d}y}{\mathrm{d}x} = [f^2(\mathrm{e}^x)]' = 2f(\mathrm{e}^x) \cdot [f(\mathrm{e}^x)]' = 2f(\mathrm{e}^x) \cdot f'(\mathrm{e}^x) \cdot \mathrm{e}^x.$

练习题 2.3

1. 指出下列复合函数的复合过程,并求出导数:

(1) $y = (3x^2+1)^3$;　　　　　　(2) $y = \sin^2\left(2x+\dfrac{\pi}{3}\right)$;

(3) $y = \ln\sqrt{\dfrac{1+x}{x-1}}$;　　　　　(4) $y = \mathrm{e}^{3x}\sin 2x$.

2. 设 $f(x)$ 为可导函数且 $f(x) > 0$,求 $y = \ln f(3x)$ 的导数.

§2.4 隐函数的导数和由参数方程所确定的函数的导数

本节将介绍一些特殊函数的求导方法:隐函数的导数和由参数方程所确定的函数的导数.

一、隐函数的求导法

显函数和隐函数仅仅是函数的表现形式不同. 有些隐函数可以化为显函数,如函数 $x^3 - 2y + 1 = 0$ 可以化为 $y = \dfrac{x^3 + 1}{2}$,这叫作隐函数的显化;而有些隐函数则不能显化,如 $\mathrm{e}^y + xy = \sin x$ 所确定的隐函数就不能显化为 x 的函数.

求隐函数的导数,并不需要先化为显函数,而是可以利用复合函数的求导方法,将方程两边对自变量 x 求导,并注意到 y 是 x 的函数,就可直接求出隐函数的导数. 下面通过举例说明如何求隐函数的导数.

例 1 求由方程 $y + x = \mathrm{e}^{xy}$ 所确定的隐函数 $y = y(x)$ 的导数 $\dfrac{\mathrm{d}y}{\mathrm{d}x}$,$\dfrac{\mathrm{d}y}{\mathrm{d}x}\Big|_{x=0}$.

解 将方程的两边同时对 x 求导,得
$$(y + x)' = (\mathrm{e}^{xy})',$$
即
$$y' + 1 = \mathrm{e}^{xy}(xy)' = \mathrm{e}^{xy}(y + xy'),$$
解出
$$y' = \frac{y\mathrm{e}^{xy} - 1}{1 - x\mathrm{e}^{xy}}.$$

由 $x = 0$,通过原方程解得 $y = 1$,代入上式得到
$$\frac{\mathrm{d}y}{\mathrm{d}x}\Big|_{x=0} = 0.$$

例 2 求椭圆 $\dfrac{x^2}{9} + \dfrac{y^2}{4} = 1$ 在点 $P\left(1, \dfrac{4\sqrt{2}}{3}\right)$ 处的切线方程(图 2-4).

解 先求出 y' 在 P 点的值. 根据隐函数求导法,方程两边对 x 求导,得
$$\frac{2x}{9} + \frac{2yy'}{4} = 0,$$
从而有
$$y' = -\frac{4x}{9y}.$$

把 P 点的坐标 $x = 1$,$y = \dfrac{4\sqrt{2}}{3}$ 代入上式,得切线斜率为
$$k = -\frac{\sqrt{2}}{6},$$

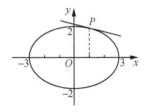

图 2-4

故所求切线方程为 $y-\dfrac{4\sqrt{2}}{3}=-\dfrac{\sqrt{2}}{6}(x-1)$，即 $x+3\sqrt{2}y-9=0$.

利用隐函数求导数的方法，从三角函数的导数公式可证明反三角函数的导数公式. 读者不妨自己证明.

二、对数求导法

有时，也会遇到显函数直接求导很困难或很麻烦的情形. 例如，幂指函数 $y=u^{v}$（其中 $u=u(x),v=v(x)$ 都是 x 的函数，且 $u>0$）；又如，由多次乘除运算和乘方、开方运算得到的函数. 对这样的函数，可先对等式两边取对数，变成隐函数的形式，然后再利用隐函数求导的方法求出它的导数. 这种求导方法叫作对数求导法.

例 3 求函数 $y=x^{\cos x}\ (x>0)$ 的导数.

解 将等式两边取自然对数，得 $\ln y=\cos x\cdot\ln x$. 此式两边对 x 求导，得

$$\frac{1}{y}\cdot y'=(-\sin x)\ln x+\frac{\cos x}{x},$$

所以 $\qquad y'=y\left(-\sin x\ln x+\dfrac{\cos x}{x}\right)=x^{\cos x}\left(-\sin x\ln x+\dfrac{\cos x}{x}\right).$

> **注意** 此题也可以化为复合函数 $y=x^{\cos x}=\mathrm{e}^{\ln x^{\cos x}}=\mathrm{e}^{\cos x\ln x}$，然后再求导.

例 4 求函数

$$y=\sqrt[3]{\frac{x(x-1)^2}{(x-2)(4x+3)}}$$

的导数.

解 将上式两边取对数，得

$$\ln y=\frac{1}{3}\left[\ln x+2\ln(x-1)-\ln(x-2)-\ln(4x+3)\right],$$

两边对 x 求导，得

$$\frac{1}{y}y'=\frac{1}{3}\left(\frac{1}{x}+\frac{2}{x-1}-\frac{1}{x-2}-\frac{1}{4x+3}\times 4\right),$$

所以

$$y'=\frac{1}{3}\sqrt[3]{\frac{x(x-1)^2}{(x-2)(4x+3)}}\left(\frac{1}{x}+\frac{2}{x-1}-\frac{1}{x-2}-\frac{4}{4x+3}\right).$$

三、由参数方程所确定函数的导数

我们知道，一般情况下参数方程

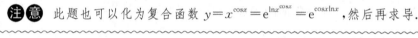

$$\begin{cases}x=\varphi(t),\\ y=\psi(t)\end{cases}(t\in(\alpha,\beta))\qquad\qquad\text{①}$$

确定了 y 是 x 的函数. 在实际问题中，有时需要求方程①所确定函数 $y(x)$ 对 x 的导数. 但从方程①中消去参数 t 有时会比较困难，下面我们介绍一种直接由方程①求出函数 y

对 x 导数的方法.

求导法则 5　设由参数方程 $\begin{cases} x=\varphi(t) \\ y=\psi(t) \end{cases}$ $(t\in(\alpha,\beta))$ 确定的函数为 $y=f(x)$,其中 $\varphi(t)$,$\psi(t)$ 可导,且 $\varphi'(t)\neq0$,则函数 $y=f(x)$ 可导,且

$$\frac{\mathrm{d}y}{\mathrm{d}x}=\frac{\psi'(t)}{\varphi'(t)}(t\in(\alpha,\beta)).$$

例 5　求摆线的参数方程 $\begin{cases} x=t-\sin t, \\ y=1-\cos t \end{cases}$ 上对应于 $t=\dfrac{\pi}{2}$ 处的切线方程与法线方程.

解　因为摆线上任一点处的切线的斜率为

$$\frac{\mathrm{d}y}{\mathrm{d}x}=\frac{y'_t}{x'_t}=\frac{(1-\cos t)'}{(t-\sin t)'}=\frac{\sin t}{1-\cos t}=\cot\frac{t}{2}.$$

又当 $t=\dfrac{\pi}{2}$ 时,对应的摆线上的点的坐标为 $\left(\dfrac{\pi}{2}-1,1\right)$,则此点处切线的斜率为

$$\frac{\mathrm{d}y}{\mathrm{d}x}\bigg|_{t=\frac{\pi}{2}}=\cot\frac{t}{2}\bigg|_{t=\frac{\pi}{2}}=1,$$

所以,此点处的切线方程为 $y-1=x-\left(\dfrac{\pi}{2}-1\right)$,即 $y=x+2-\dfrac{\pi}{2}$.

练习题 2.4

1. 求下列方程所确定函数的隐函数的导数:

(1) $x^2-y^2=1$; 　　　 (2) $\mathrm{e}^{xy}+y^3-5x=0$; 　　　 (3) $y\mathrm{e}^x+\ln y=1$.

2. 求曲线 $y=\mathrm{e}^{2x}+x^2$ 上横坐标 $x=0$ 处的切线方程和法线方程.

3. 求下列函数的导数:

(1) $y=(1+\sin x)^{\frac{1}{x}}$; 　　　 (2) $y=(2x+3)\sqrt[3]{\dfrac{(x-2)^2}{x+1}}$.

4. 求以下参数方程所确定的函数的导数:

(1) $\begin{cases} x=t\cos t, \\ y=t\sin t; \end{cases}$ 　　　 (2) $\begin{cases} x=t-\arctan t, \\ y=\ln(1+t^2). \end{cases}$

$$\S 2.5 \quad \textbf{高阶导数}$$

我们知道,做变速直线运动的物体的瞬时速度 $v(t)$ 是其位移函数 $s(t)$ 对时间 t 的变化率(导数),即

$$v(t) = s'(t).$$

加速度是速度函数对时间的变化率(导数),即 $a(t) = v'(t) = [s'(t)]'$. 加速度函数 $a(t)$ 是其位移函数 $s(t)$ 对时间 t 的导数的导数,称为 $s(t)$ 对时间 t 的二阶导数.

一般地,函数 $y = f(x)$ 的导数 $y' = f'(x)$ 仍是 x 的函数. 如果函数 $y' = f'(x)$ 仍是 x 的可导函数,则称 $y' = f'(x)$ 的导数为函数 $y = f(x)$ 的二阶导数,记为 y'',$f''(x)$ 或 $\dfrac{\mathrm{d}^2 y}{\mathrm{d}x^2}$.

相应地,把 $y' = f'(x)$ 叫作函数 $y = f(x)$ 的一阶导数.

类似地,$y = f(x)$ 的二阶导数 y'' 的导数叫作 $y = f(x)$ 的三阶导数,三阶导数的导数叫作 $y = f(x)$ 的四阶导数……一般地,$f(x)$ 的 $n-1$ 阶导数的导数叫作 $y = f(x)$ 的 n 阶导数,分别记作

$$y''', y^{(4)}, \cdots, y^{(n)} \text{ 或 } f'''(x), f^{(4)}(x), \cdots, f^n(x) \text{ 或 } \frac{\mathrm{d}^3 y}{\mathrm{d}x^3}, \frac{\mathrm{d}^4 y}{\mathrm{d}x^4}, \cdots, \frac{\mathrm{d}^n y}{\mathrm{d}x^n}.$$

二阶及二阶以上的导数统称为高阶导数.

例1 求函数 $y = \ln\cos x$ 的二阶导数 $\dfrac{\mathrm{d}^2 y}{\mathrm{d}x^2}$.

解
$$y' = (\ln\cos x)' = \frac{1}{\cos x} \cdot (\cos x)' = -\tan x,$$
$$y'' = (-\tan x)' = -\sec^2 x.$$

例2 求函数 $y = \mathrm{e}^x \sin x$ 的二阶和三阶导数,并求 $y'''(0)$.

解 因为 $y' = \mathrm{e}^x \sin x + \mathrm{e}^x \cos x = \mathrm{e}^x (\sin x + \cos x)$,所以
$$y'' = [\mathrm{e}^x(\sin x + \cos x)]' = \mathrm{e}^x(\sin x + \cos x) + \mathrm{e}^x(\cos x - \sin x) = 2\mathrm{e}^x \cos x,$$
$$y''' = (2\mathrm{e}^x \cos x)' = 2\mathrm{e}^x \cos x - 2\mathrm{e}^x \sin x = 2\mathrm{e}^x(\cos x - \sin x),$$
于是
$$y'''(0) = y''' \big|_{x=0} = 2\mathrm{e}^0(\cos 0 - \sin 0) = 2.$$

例3 求下列函数的 n 阶导数:

(1) $y = a^x$; (2) $y = \ln(2x+1)$.

解 (1) $y' = (a^x)' = a^x \ln a$,$y'' = (a^x \ln a)' = a^x \ln^2 a$,$y''' = (a^x \ln^2 a)' = a^x \ln^3 a, \cdots$,所以一般地有 $y^{(n)} = a^x \ln^n a$. 特别地,$(\mathrm{e}^x)^{(n)} = \mathrm{e}^x$.

求 n 阶导数时,逐次求出一阶、二阶、三阶、四阶导数,从中发现并总结规律,从而求出 n 阶导数的一般表达式.

(2) 因 $y' = 2(2x+1)^{-1}$,$y'' = (-1) \times 2^2 \times (2x+1)^{-2}$,
$$y''' = (-1)(-2) \times 2^3 \times (2x+1)^{-3}, y^{(4)} = (-1)(-2)(-3) \times 2^4 \times (2x+1)^{-4},$$
依此类推,一般地可得

$$y^{(n)} = (-1)^{n-1} \frac{2^n (n-1)!}{(2x+1)^n}.$$

练习题 2.5

1. 求下列函数的二阶导数：

(1) $y = x^2 + \arctan x$;　　　　(2) $y = x\sqrt{1+x}$;　　　　(3) $y = \cos 2x$.

2. 已知函数 $y = e^{2x}$, 求 $y^n(0)$.

§2.6　微　分

一、微分的概念

在实践中会遇到与导数密切相关的另一类问题，即当自变量有一微小的增量时，要计算函数相应的增量. 一般来说，准确地计算函数的增量是比较困难的，但是我们可以借助已有的知识，寻求一个简单而有较高精确度的近似表达式.

引例　一块正方形金属薄片受温度变化的影响，其边长由 x_0 变到 $x_0 + \Delta x$，问此薄片的面积改变了多少？

解　设薄片边长为 x，面积为 S，则 $S(x) = x^2$.

当自变量 x 在 x_0 处有增量 Δx 时，面积函数 S 的增量 $\Delta S = (x_0 + \Delta x)^2 - x_0^2$，即

$$\Delta S = 2x_0 \Delta x + (\Delta x)^2. \qquad ①$$

如图 2-5 所示，ΔS 由两个部分组成：一部分是 ΔS 的主要部分 $2x_0 \Delta x$（图中单线的阴影部分），另一部分为 $(\Delta x)^2$（图中双线的阴影部分）. 很明显，如果 $|\Delta x|$ 很小时，$(\Delta x)^2$ 在 ΔS 中所起的作用也很小，可以认为 $\Delta S \approx 2x_0 \Delta x$. 注意到 $S'(x_0) = 2x_0$，所以①式也可以写成

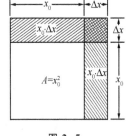

图 2-5

$$\Delta S \approx S'(x_0) \Delta x.$$

这个主要部分 $2x_0 \Delta x$（也就是 $S'(x_0) \Delta x$），称为 S 在点 x_0 处的微分.

一般地，我们给出下面的定义：

定义　如果函数 $y = f(x)$ 在点 x_0 处具有导数 $f'(x_0)$，则称 $f'(x_0) \Delta x$ 为函数 $y = f(x)$ 在点 x_0 处的微分，记作 $dy|_{x=x_0}$，即 $dy|_{x=x_0} = f'(x_0) \Delta x$.

例 1　求函数 $y = x^2$ 在 $x = 3$ 处的微分.

解　$\mathrm{d}y|_{x=3}=(x^2)'|_{x=3}\Delta x=6\Delta x.$

例 2　求函数 $y=x^3$ 当 x 由 1 变到 1.01 时的微分.

解　因为 $y'=3x^2,\Delta x=1.01-1=0.01$,所以

$$\mathrm{d}y|_{\substack{x=1\\ \Delta x=0.01}}=3\times 1^2\times 0.01=0.03.$$

一般地,$y=f(x)$ 在任意点 x 处的微分称为函数的微分,记作 $\mathrm{d}y$ 或 $\mathrm{d}f$,即 $\mathrm{d}y=f'(x)\Delta x$,而把自变量的增量 Δx 称为自变量的微分,记作 $\mathrm{d}x$,即 $\mathrm{d}x=\Delta x$,于是函数 $y=f(x)$ 的微分又可记为

$$\mathrm{d}y=f'(x)\cdot\mathrm{d}x,$$

从而有

$$\frac{\mathrm{d}y}{\mathrm{d}x}=f'(x).$$

这表明,该函数的导数等于函数的微分 $\mathrm{d}y$ 与自变量的微分 $\mathrm{d}x$ 之商,因此导数又叫作微商.前面我们把 $\dfrac{\mathrm{d}y}{\mathrm{d}x}$ 当作一个整体记号,现在有了微分的概念,$\dfrac{\mathrm{d}y}{\mathrm{d}x}$ 就可看作一个分式,这给以后的运算带来了方便.

二、微分的几何意义

如图 2-6 所示,在曲线 $y=f(x)$ 上取一点 $M(x_0,f(x_0))$,经过 M 点作切线 MT.当自变量 x 有微小增量 Δx 时,就得到曲线上另一点 $N(x_0+\Delta x,y_0+\Delta y)$.

从图 2-6 中可看出

$$\mathrm{d}x=\Delta x=MQ,\quad \Delta y=NQ.$$

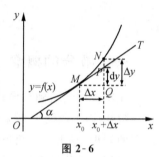

图 2-6

经过 M 点的切线 MT 与 NQ 相交于点 P.在点 M 处的导数 $f'(x_0)$ 是经过 M 点的切线的斜率,即

$$f'(x_0)=\tan\alpha=\frac{PQ}{MQ},$$

所以点 P 处的微分 $\mathrm{d}y=f'(x_0)\mathrm{d}x=\dfrac{PQ}{MQ}\cdot MQ=PQ.$

由此可知,当 Δy 是曲线 $y=f(x)$ 上点 P 的纵坐标的增量时,微分 $\mathrm{d}y=f'(x_0)\mathrm{d}x$ 就是曲线 $y=f(x)$ 的切线 MT 上点 M 的纵坐标的相应增量,这就是微分的几何意义.

从图 2-6 还可以看出,当 $|\Delta x|$ 很小时,$|\Delta y-\mathrm{d}y|$ 比 $|\Delta x|$ 小得多.因此在点 M 的附近,我们可以用切线段来近似代替曲线段.

三、微分公式与微分运算法则

由 $\mathrm{d}y=f'(x)\mathrm{d}x$,很容易得到微分的运算法则及微分公式表.

1. 微分的基本公式

(1) $\mathrm{d}(C)=0$;

(2) $\mathrm{d}(x^\alpha)=\alpha x^{\alpha-1}\mathrm{d}x$;

(3) $\mathrm{d}(\sin x)=\cos x\mathrm{d}x$;

(4) $\mathrm{d}(\cos x)=-\sin x\mathrm{d}x$;

(5) $\mathrm{d}(\tan x)=\sec^2 x\mathrm{d}x$;

(6) $\mathrm{d}(\cot x)=-\csc^2 x\mathrm{d}x$;

(7) $d(\sec x)=\sec x\tan x dx$；

(8) $d(\csc x)=-\csc x\cot x dx$；

(9) $d(a^x)=a^x\ln a dx$；

(10) $d(e^x)=e^x dx$；

(11) $d(\log_a x)=\dfrac{1}{x\ln a}dx$；

(12) $d(\ln x)=\dfrac{1}{x}dx$；

(13) $d(\arcsin x)=\dfrac{1}{\sqrt{1-x^2}}dx$；

(14) $d(\arccos x)=-\dfrac{1}{\sqrt{1-x^2}}dx$；

(15) $d(\arctan x)=\dfrac{1}{1+x^2}dx$；

(16) $d(\operatorname{arccot}x)=-\dfrac{1}{1+x^2}dx$.

2. 函数的和、差、积、商的微分法则

设 u 和 v 都是 x 的函数，则有

(1) $d(u\pm v)=du\pm dv$；

(2) $d(uv)=udv+vdu$；

(3) $d\left(\dfrac{u}{v}\right)=\dfrac{vdu-udv}{v^2}$.

特殊地，$d(Cu)=Cdu$（C 为常数）.

3. 复合函数的微分法则

由复合函数的求导法则和微分的定义，有相应的复合函数的微分法则.

定理　设函数 $y=f(u)$ 可导，不管 u 是自变量还是中间变量，微分形式 $dy=f'(u)du$ 总成立.

证明略.

这个性质叫一阶微分形式的不变性. 利用这一性质可求复合函数的微分.

例 3　求函数 $y=\cos(3x+5)$ 的微分.

解法 1　$dy=d[\cos(3x+5)]=-\sin(3x+5)d(3x+5)=-3\sin(3x+5)dx$.

解法 2　因为 $y'=[\cos(3x+5)]'=[-\sin(3x+5)]\cdot(3x+5)'=-3\sin(3x+5)$，

所以　　　　　　　　　　$dy=y'dx=-3\sin(3x+5)dx$.

例 4　已知 $y=\dfrac{e^{2x}}{x}$，求 dy.

解法 1　$dy=\dfrac{xd(e^{2x})-e^{2x}dx}{x^2}=\dfrac{xe^{2x}d(2x)-e^{2x}dx}{x^2}=\dfrac{e^{2x}(2x-1)}{x^2}dx$.

解法 2　因为 $y'=\dfrac{(e^{2x})'x-e^{2x}}{x^2}=\dfrac{2xe^{2x}-e^{2x}}{x^2}=\dfrac{e^{2x}(2x-1)}{x^2}$，

所以　　　　　　　　　　$dy=y'dx=\dfrac{e^{2x}(2x-1)}{x^2}dx$.

因为导数 $\dfrac{dy}{dx}$ 是函数微分 dy 与自变量微分 dx 之商，所以要求出导数也可以先求出微分.

例 5　求由方程 $x^2+\ln y=x^4$ 所确定的隐函数 y 的导数 $\dfrac{dy}{dx}$.

解　对所给方程的两边分别求微分，得

$$d(x^2+\ln y)=d(x^4),$$

即
$$2x\mathrm{d}x + \frac{1}{y}\mathrm{d}y = 4x^3\mathrm{d}x,$$

化简整理,得
$$\frac{1}{y}\mathrm{d}y = (4x^3 - 2x)\mathrm{d}x,$$

故
$$\frac{\mathrm{d}y}{\mathrm{d}x} = y(4x^3 - 2x).$$

从上面的例子可以看出,求导数和求微分的方法在本质上没有什么区别,通常把它们统称为微分法.

练习题 2.6

1. 求下列函数的微分:

(1) $y = \ln \sin x$;   (2) $y = \mathrm{e}^{\cos \frac{1}{x}}$;

(3) $y = \mathrm{e}^{-x} \tan 3x$.

2. 求由方程 $xy = \mathrm{e}^{x+y}$ 所确定的隐函数 $y = y(x)$ 的微分.

* §2.7 导数在经济中的应用

一、边际函数

由第一节可知,导数是函数对于自变量的变化率. 在经济中也存在变化率问题,在第一节中我们已经提到了边际成本是成本函数的导数,我们可以把微观经济学中的许多问题归结到数学中来,用我们所学的导数知识来解决.

下面我们简单讨论经济学中的边际问题.

1. 边际函数

如果某个经济指标 y 与影响指标的因素 x 之间有函数关系 $y = f(x)$,则称导函数 $f'(x)$ 为经济函数 $f(x)$ 的边际函数,记为 M_y.

对于不同的经济函数和指标影响因子,边际函数的实际意义也不一样.用边际函数来分析经济量的变化,就称为边际分析.

2. 边际成本(marginal cost)函数

设生产某产品 q 单位时的总成本函数为 $C = C(q)$,当 $C(q)$ 可导时,则称 $C'(q)$ 为边际成本函数,记为 $MC(q)$.

下面分析边际成本的经济意义. 由导数定义

$$C'(q) = \lim_{\Delta q \to 0} \frac{\Delta C}{\Delta q},$$

其中, 当产量从 q 增加到 $q + \Delta q$ 时, 总成本改变量为 ΔC, 当 Δq 很小时, 我们有

$$\Delta C \approx C'(q) \Delta q.$$

实际经济活动中一般最小的生产单位为 1, 当 $\Delta q = 1$ (当 1 个单位产品和 q 值相比很小时), 即在产量为 q 时再生产一个单位时,

$$\Delta C \approx C'(q) \Delta q = C'(q).$$

于是, 边际成本的经济意义为: 当产量为 q 时, 再生产一个单位产品时, 总成本 $C(q)$ 的 "近似" 改变量为边际成本. 在实际应用中, 通常省去 "近似" 两字.

例 1　某种产品的产量为 q 件时, 总成本函数为 $C(q) = 100 + 4q - 0.2q^2 + 0.01q^3$ (单位: 元), 求当产量 $q = 10$ 时的平均成本和边际成本, 并从降低成本的角度分析继续提高产量是否合适.

解　当 $q = 10$ 时的总成本为

$$C(10) = 100 + 4 \times 10 - 0.2 \times 10^2 + 0.01 \times 10^3 = 130 (元),$$

所以平均成本 (单位产品的成本) 为

$$\overline{C}(10) = \frac{C(10)}{10} = \frac{130}{10} = 13 (元/件).$$

边际成本 $MC(q) = C'(q) = 4 - 0.4q + 0.03q^2$, 故

$$MC|_{q=10} = 4 - 0.4 \times 10 + 0.03 \times 10^2 = 3.$$

因此在产量为 10 件时, 每增加一个单位产品时成本增加 3 元, 低于单位平均成本 13, 从降低成本角度看, 应继续提高产量.

3. 边际收入 (marginal revenue) 函数

设销售某产品 q 单位时的总收入函数为 $R = R(q)$, 当 $R(q)$ 可导时, 则称 $R'(q)$ 为边际收入函数, 记为 $MR(q)$.

边际收入的经济意义为: 当销量为 q 时, 再销售一个单位产品时, 总收入 $R(q)$ 的改变量为边际收入 $R'(q)$.

例 2　某种产品的收入函数为 $R(q) = 200q - 0.01q^2$, 求:

(1) 边际收入函数;

(2) 产量分别为 9000 台、10000 台、11000 台时的边际收入, 并说明其经济意义.

解　(1) 边际收入函数为

$$R'(q) = 200 - 0.02q.$$

(2) $R'(9000) = 200 - 0.02 \times 9000 = 20 (元)$;

$R'(10000) = 200 - 0.02 \times 10000 = 0 (元)$;

$R'(11000) = 200 - 0.02 \times 11000 = -20 (元)$.

经济意义为:

当产量为 9000 时, 如果再增加 1 台产品, 收入增加 20 元;

当产量为 10000 时, 如果再增加 1 台产品, 收入不变;

当产量为 11000 时,如果再增加 1 台产品,收入减少 20 元.

上面这个例子说明,由于产品的收入并不是简单地与产品数量成正比,而是刚开始随着产品数量的增加,收入也逐渐增加,增加到一定程度,到达一个极值点,然后开始随着产品数量的增加而减少.

4. 边际利润(marginal profit)函数

设销售某产品 q 单位时的利润函数为 $L(q)$,当 $L(q)$ 可导时,则称 $L'(q)$ 为边际利润函数,记为 $ML(q)$.

因为

$$L(q)=R(q)-C(q),$$

于是可得

$$L'(q)=R'(q)-C'(q),$$

即边际利润等于边际收入与边际成本之差.

边际利润的经济意义为:当销量为 q 时,再销售一个单位产品时,总利润 $L(q)$ 的改变量为 $L'(q)$.

例 3 某煤炭公司每天生产 q 吨煤的总成本函数为

$$C(q)=2000+450q+0.02q^2,$$

如果每吨煤的销售价格为 490 元,求:

(1) 边际利润函数; (2) 边际利润为 0 时的产量.

解 (1) 收入函数为

$$R(q)=490q,$$

则利润函数为

$$L(q)=R(q)-C(q)=40q-0.02q^2-2000,$$

故边际利润函数为

$$L'(q)=(40q-0.02q^2-2000)'=40-0.04q.$$

(2) 由 $L'(q)=0$ 可得 $q=1000$,故边际利润为 0 时的产量是 1000 吨.

二、弹性与弹性分析

在经济分析活动中,有时我们要比较两个经济量的变化幅度所产生的经济效果.例如,变量 x 在 $x=10$ 的基础上增加 1,以及变量在 $x=100$ 的基础上增加 1,虽然它们的增加值都是 1,但其经济意义是不一样的.为此,我们引入相对变化率的概念.

已知变量 y,它在某点改变量 Δy 称为绝对改变量,绝对改变量 Δy 与变量 y 在该点处的比值 $\dfrac{\Delta y}{y}$ 称为相对改变量.

设函数 $y=f(x)$ 在点 x_0 处可导,则函数的相对改变量

$$\frac{\Delta y}{y_0}=\frac{f(x_0+\Delta x)-f(x_0)}{f(x_0)}.$$

与自变量的相对改变量 $\dfrac{\Delta x}{x_0}$ 的比值

$$\frac{\dfrac{\Delta y}{y_0}}{\dfrac{\Delta x}{x_0}}$$

称为函数 $y = f(x)$ 在区间 $[x_0, x_0 + \Delta x]$ 上的平均相对变化率(或弧弹性).

当 $\Delta x \to 0$ 时,如果极限

$$\lim_{\Delta x \to 0} \frac{\dfrac{\Delta y}{y_0}}{\dfrac{\Delta x}{x_0}} = \lim_{\Delta x \to 0} \frac{\Delta y}{\Delta x} \cdot \frac{x_0}{y_0}$$

存在,则称此极限值为函数 $y = f(x)$ 在点 x_0 处的点弹性,记为 $\left. \dfrac{E_y}{E_x} \right|_{x=x_0}$.

由导数定义可知,

$$\left. \frac{E_y}{E_x} \right|_{x=x_0} = f'(x_0) \frac{x_0}{f(x_0)},$$

且当 $|\Delta x|$ 很小时,有

$$\left. \frac{E_y}{E_x} \right|_{x=x_0} \approx \frac{\dfrac{\Delta y}{f(x_0)}}{\dfrac{\Delta x}{x_0}},$$

特别地,当 $\dfrac{\Delta x}{x_0} = 1$ 时,有

$$\left. \frac{E_y}{E_x} \right|_{x=x_0} \approx \frac{\Delta y}{f(x_0)}.$$

上式表明,$y = f(x)$ 在点 x_0 处的点弹性的经济意义是:当自变量 x 在点 x_0 处增加 1% 时,变量增加的幅度为 $\dfrac{E_y}{E_x}\%$.

如果函数 $y = f(x)$ 在区间 (a,b) 内可导,且 $f(x) \neq 0$,则称 $\dfrac{x}{y} f'(x)$ 为函数 $f(x)$ 在区间内的点弹性函数,简称弹性函数.

需求价格弹性(简称"需求弹性")是经济数学弹性中应用最广泛的概念之一,它是指物品的需求量对价格变化的反应程度,即

需求弹性=需求变化百分比/价格变化百分比.

设需求函数为 $Q = Q(P)$,其中 P 为价格,Q 为需求量,我们称

$$E_P = \lim_{\Delta P \to 0} \frac{\dfrac{\Delta Q}{Q}}{\dfrac{\Delta P}{P}} = \frac{P}{Q} Q'(P)$$

为需求弹性.

需求弹性的实际经济含义:当某种商品的价格下降(或上升)1% 时,需求量增加(或减少)$|E_P|\%$.在经济学中,比较商品的需求弹性大小时,采用的是需求弹性的绝对值 $|E_P|$.当我们说商品的需求价格弹性大时,是指其绝对值大.

需求价格弹性可分为以下 5 类：

（1）缺乏弹性：当 $-1 < E_P < 0$（即 $|E_P| < 1$）时，价格变动 1％，需求量的变化小于 1％，表示价格的变化对需求量的影响较小. 在适当涨价后，不会使需求量有太多的下降，从而可以增加收入. 基本生活必需品是缺乏弹性的，如粮食、食盐、针线等.

（2）富有弹性：当 $E_P < -1$（即 $|E_P| > 1$）时，价格变动 1％，需求量的变化大于 1％，表示价格的变化对需求量的影响较大. 在适当降价后，会使需求量有较大幅的上升，从而可以增加收入. 奢侈品、高价商品往往属于富有弹性的.

（3）单位弹性：当 $E_P = -1$（即 $|E_P| = 1$）时，价格变动 1％，需求量的变化也等于 1％，表示价格的相对变化与需求量的相对变化基本相等，即涨价或降价对总收入没有影响.

（4）完全无弹性：当 $E_P = 0$（即 $|E_P| < 1$）时，表示无论价格如何变动，需求量固定不变.

（5）完全弹性：当 $E_P = +\infty$ 时，表示价格的任何变动都会引起需求量的无限变动. 例如，国家对战略物资的收购，需求量可为无限制.

练习题 2.7

1. 设某企业销售某种产品的边际收入函数为 $R = 800q - \dfrac{1}{4}q^2$，求：

（1）销售 200 个单位该产品时的总收入；

（2）销售 200 到 300 个单位产品时总收入的平均变化率；

（3）销售 200 个单位的该产品时的边际收入.

2. 设某产品的总成本函数和总收入函数分别为

$$C(q) = 5q + 200, \quad R(q) = 10q - 0.01q^2,$$

其中 q 为该产品的销售量，求该产品的边际成本、边际收入和边际利润.

**§ 2.8 用 MATLAB 求导数

一、一元显函数求导数

在 MATLAB 语言中，使用 diff() 函数来完成微分和求导运算，其调用格式如下：
$$\text{diff(function, variable, n)}$$

其中：参数 function 为需要进行求导运算的函数，variable 为求导运算的独立变量，n 为求导的阶数.

命令函数 diff() 默认求导的阶次为 1 阶. 如果表达式里只有一个符号变量，则 MATLAB 求导命令中符号变量可以省略.

例 1　求函数 $y = \cos^2 x + 3\ln x - 2x^2$ 的导数.

解　在命令窗口中输入：

$\gg$ syms x;　　　　　　　　　　　　　%定义变量

$\gg$ y＝cos(x)^2＋3＊log(x)－2＊x^2;　　　　%输入函数

$\gg$ dy1＝diff(y,x,1)　　　　　　　　　%求 y 的一阶导数

结果显示：

dy1＝
$$-2 * \cos(x) * \sin(x) + 3/x - 4 * x$$

即　　　　　　　　　　　　$y' = -2\cos x \sin x + \dfrac{3}{x} - 4x.$

  ％后面的内容起解释作用,对计算机运行命令没有影响.

如果在命令窗口中输入：

$\gg$ syms x;　　　　　　　　　　　　　%定义变量

$\gg$ y＝cos(x)^2＋3＊log(x)－2＊x^2;　　　　%输入函数

$\gg$ dy1＝diff(y,1)　　　　　　　　　　%求 y 的一阶导数

结果显示：

dy1＝
$$-2 * \cos(x) * \sin(x) + 3/x - 4 * x$$

这里由于表达式里只有一个符号变量,所以在命令中省略了符号变量.

再在命令窗口中输入：

$\gg$ syms x　　　　　　　　　　　　　%定义变量

$\gg$ y＝cos(x)^2＋3＊log(x)－2＊x^2;　　　　%输入函数

$\gg$ dy1＝diff(y)　　　　　　　　　　　%求 y 的一阶导数

结果显示：

dy1＝
$$-2 * \cos(x) * \sin(x) + 3/x - 4 * x$$

这里求导命令中符号变量和求导阶数都省略了.

例 2　求函数 $y = e^{kx^2}$ 的 3 阶导数.

解　在命令窗口中输入：

$\gg$ syms x k

$\gg$ y＝exp(k＊x^2);

$\gg$ dy1＝diff(y,x,3)

结果显示：

dy1 ＝
$$12 * k\char`^2 * x * \exp(k * x\char`^2) + 8 * k\char`^3 * x\char`^3 * \exp(k * x\char`^2)$$

即
$$y''' = 12k^2 x e^{kx^2} + 8k^3 x^3 e^{kx^2}.$$

在这个例子中,由于表达式里有两个符号变量,所以在命令中不能省略符号变量.

二、参数式函数求导

在 MATLAB 语言中,可由命令函数 diff() 来完成对参数式函数 $\begin{cases} x = \text{function1}, \\ y = \text{function2} \end{cases}$ (t 为参数) 的求导运算,其具体形式为

$$F = \text{diff}(y,t)/\text{diff}(x,t)$$

例3 求参数式函数 $\begin{cases} x = \sin t, \\ y = \cos t \end{cases}$ 的一阶导数.

解 在命令窗口中输入:

```
>> clear
>> syms t;x=sin(t);y=cos(t);
>> f=diff(y,t)/diff(x,t)               %求参数式函数的一阶导数
```

结果显示:

```
f=
        −sin(t)/cos(t)
```

说明 求解结果若需要化简,可调用命令 simple() 来解决,也可以选择调用命令 pretty(),使得表达式更符合数学上的书写习惯.

三、隐函数求导

隐函数 f(x,y)＝0 的求导也可由 MATLAB 中的命令函数 diff() 来完成,其具体形式为
$$g = -\text{diff}(f,x)/\text{diff}(f,y)$$

若需化简结果,可改为

$$g = \text{simple}(-\text{diff}(f,x)/\text{diff}(f,y))$$

例4 求由方程 $xy = x + \ln y$ 确定的隐函数 $y = y(x)$ 的导数.

解 在命令窗口中输入:

```
>> clear
>> syms x y;
>> f=x * y−x−log(y);
>> g=simple(−diff(f,x)/diff(f,y))
```

结果显示:

```
g =
        (−x+1/y)/(y−1)
```

即
$$\frac{dy}{dx} = \frac{-x + \dfrac{1}{y}}{y-1}.$$

我们还可以用 pretty() 来美化输出结果,使表达式更加符合数学上的习惯. 例如,我们在例 4 中再输入命令

　　$\gg$ pretty(g)

结果显示:

g=

$$\dfrac{-\mathrm{x}+\dfrac{1}{y}}{y-1}$$

练习题 2.8

1. 求下列函数的导数:

(1) $y=\sqrt{1+\ln^2 x}$;

(2) $y=\sqrt{1+2x}+\dfrac{1}{\sqrt{1+x^2}}$;

(3) $y=\cos 2(\cos 2x)$;

(4) $y=\mathrm{e}^{\arcsin x}+\arctan \mathrm{e}^x$;

(5) $y=\mathrm{e}^{-\sin\frac{1}{x}}$;

(6) $y=x^2+\ln(x+\sqrt{x^2+a^2})$ (a 为常数).

2. 求下列函数的二阶导数:

(1) $y=\tan x$;

(2) $y=(1+x^2)\arctan x$;

(3) $y=x\tan x-\csc x$.

3. 设 $f(x)=x^2 \mathrm{e}^{2x}$,求 $f^{(20)}(x)$.

4. 求由参数方程 $\begin{cases} x=1+\sin t, \\ y=t\cot t \end{cases}$ 所确定的函数的导数 $\dfrac{\mathrm{d}y}{\mathrm{d}x}$.

5. 求由方程 $xy=\mathrm{e}^{x+y}$ 所确定的隐函数 $y=y(x)$ 的导数.

复习题二

一、选择题

1. 设函数 $f(x)$ 在点 x_0 处可导,则 $\lim\limits_{h\to 0}\dfrac{f(x_0+h)-f(x_0)}{h}$ 　　　　　(　　)

A. 与 x_0,h 都有关

B. 仅与 x_0 有关,而与 h 无关

C. 仅与 h 有关,而与 x_0 无关

D. 与 x_0,h 都无关

2. 如果 $f(x)$ 在 $x=0$ 点可导,且 $f(0)=0$,则 $\lim\limits_{x\to 0}\dfrac{f(x)}{x}=$ 　　　(　　)

A. $f'(0)$　　　　　B. 1　　　　　C. 0　　　　　D. 不存在

3. 如果 $f(x)$ 在 x_0 点不连续,则 $f'(x_0)$ 　　　　　　　　(　　)

A. 存在　　　　　　B. 可能存在　　　C. 不存在　　　D. 存在且等于零

4. 设函数 $f(x)$ 在点 x_0 处的导数不存在,则　　　　　　　　　　　　(　　)

A. 曲线 $y=f(x)$ 在点 $(x_0,f(x_0))$ 处的切线也不存在

B. 曲线 $y=f(x)$ 在点 $(x_0,f(x_0))$ 处的切线可能存在

C. 曲线 $y=f(x)$ 在点 x_0 处间断

D. $\lim\limits_{x\to x_0}f(x)$ 不存在

5. 如果 $f(x)=\begin{cases}\dfrac{1}{x}\ln(1+x^2), & x\neq 0, \\ 0, & x=0,\end{cases}$ 则 $f'(0)=$　　　　(　　)

A. 0　　　　　　　　B. $+\infty$　　　　　C. 1　　　　　D. e

6. 设 $f(x)$ 在 x_0 点可导,则 $\lim\limits_{\Delta x\to 0}\dfrac{f(x_0-\Delta x)-f(x_0+\Delta x)}{\Delta x}=$　　(　　)

A. $-2f'(x_0)$　　　　B. $-f'(x_0)$　　　C. $2f'(x_0)$　　D. $f'(x_0)$

7. 设 $f(x)=\begin{cases}x\cos\dfrac{1}{x}, & x\neq 0, \\ 0, & x=0,\end{cases}$ 则在点 $x=0$ 处 $f(x)$　　(　　)

A. 无定义　　　　　　B. 不连续　　　　C. 连续且可导　D. 连续不可导

8. 设曲线 $y=x^2+x-2$ 在点 M 处的切线与直线 $4y+x+1=0$ 垂直,则该曲线在点 M 处的切线方程是　　　　　　　　　　　　　　　　　　　　(　　)

A. $16x-4y-17=0$　　　　　　B. $16x+4y-31=0$

C. $2x-8y+11=0$　　　　　　D. $2x-8y-17=0$

9. 抛物线 $y=x^2$ 上点 $\left(-\dfrac{1}{2},\dfrac{1}{4}\right)$ 处的切线　　　　　　(　　)

A. 平行于 x 轴　　　　　　　B. 垂直于 x 轴

C. 与 x 轴正向夹角为 $45°$　　　　D. 与 x 轴正向夹角为 $135°$

10. 设 $f(x)=ax^2+bx$ 在点 $x=1$ 处可导,且 $f(1)=0,f'(1)=2$,则　(　　)

A. $a=2,b=-2$　　　　　　　B. $a=2,b=2$

C. $a=-2,b=2$　　　　　　　D. $a=-2,b=-2$

11. 设 $y=\ln\cos x$,则 $y''=$　　　　　　　　　　　　　　　(　　)

A. $\sec x\tan x$　　　　　　　B. $-\dfrac{1}{\sin x}$

C. $\sec^2 x$　　　　　　　　D. $-\sec^2 x$

12. 设 $f(x)$ 可微,则在点 x 处,当 $\Delta x\to 0$ 时,$\Delta y-dy$ 是 Δx 的　(　　)

A. 高阶无穷小　　　　　　　B. 低阶无穷小

C. 等价无穷小　　　　　　　D. 同阶不等价无穷小

13. 函数 $f(x)$ 在点 x_0 处可导是 $f(x)$ 在点 x_0 处可微的　　　(　　)

A. 无关条件　　　　　　　　B. 充分必要条件

C. 充分不必要条件　　　　　D. 必要不充分条件

二、填空题

1. 若 $f'(x_0)$ 存在，则 $\lim\limits_{x \to x_0} \dfrac{f(x_0) - f(x)}{x - x_0} =$ _____.

2. 曲线 $y = x^2 - 4x + 1$ 上切线平行于直线 $y = 2x + 1$ 的点的坐标为 _____.

3. 在抛物线 $y = x^2$ 上，点 _____ 处的切线平行于 x 轴.

4. 设 $y = \sin(3^x)$，则 $y' =$ _____.

5. 如果 $f(\sin x) = \cos^2 x + 1$，则 $f'(1) =$ _____.

6. 设 $\begin{cases} x = 2t - 3, \\ y = t^2 - 4t \end{cases}$ 则该曲线在 $t = 1$ 时的切线方程是 _____.

7. 设 $y = x\mathrm{e}^x$，则 $y''' =$ _____.

8. 若 $f(x) = \dfrac{1}{x+1}$，则 $f^{(n)}(0) =$ _____.

9. 设 $y = x^n + \mathrm{e}^{-x}$，则 $y^{(n)}(0) =$ _____.

10. $\mathrm{d}(x^3)\big|_{\substack{x=2 \\ \Delta x = 0.01}} =$ _____.

11. $\mathrm{d}(\arcsin\sqrt{x}) =$ _____.

三、解答题

1. 曲线 $y = x^3$ 在何点处的切线与直线 $y = x$ 平行？并求该切线方程.

2. 设 $y = x^2 2^{\frac{1}{x}}$，求 y'.

3. 设 $y = \tan\dfrac{x}{2}$，求 $y'\big|_{x = \frac{2\pi}{3}}$.

4. 设 $y = f(\sin^2 x)$，且 $f(x)$ 可导，求 y'.

5. 设 $y = x\mathrm{e}^{x^2}$，求 $y''\big|_{x=1}$.

6. 设 $y = \dfrac{x}{1+x}$，求 $y^{(n)}$.

7. 求由方程 $xy = \mathrm{e}^{x+y}$ 确定的隐函数 $y = y(x)$ 的导数 $\dfrac{\mathrm{d}y}{\mathrm{d}x}$.

8. 求由方程 $xy = \sin(x+y)$ 确定的隐函数 $y = y(x)$ 的导数 $\dfrac{\mathrm{d}y}{\mathrm{d}x}$.

9. 求由方程 $y - x\mathrm{e}^y = 1$ 确定的隐函数 $y = y(x)$ 的导数 $\dfrac{\mathrm{d}y}{\mathrm{d}x}$.

10. 求由参数方程 $\begin{cases} x = t + \dfrac{1}{t}, \\ y = t - \dfrac{1}{t} \end{cases}$ 确定的函数 $y = y(x)$ 的导数 $\dfrac{\mathrm{d}y}{\mathrm{d}x}$.

11. 求由参数方程 $\begin{cases} x = \mathrm{e}^{-t} + t, \\ y = t\ln t \end{cases}$ 确定的函数 $y = y(x)$ 的导数 $\dfrac{\mathrm{d}y}{\mathrm{d}x}$.

12. 求由参数方程 $\begin{cases} x = \ln(1 + t^2), \\ y = \arctan t \end{cases}$ 确定的函数 $y = y(x)$ 的导数 $\dfrac{\mathrm{d}y}{\mathrm{d}x}$.

13. 设 $y = (\ln x^2)^3$，求 $\mathrm{d}y$.

14. 设 $y = \arctan(1 - x^2)$，求 $\mathrm{d}y$.

15. 设 $y = \arcsin\sqrt{1 - x^2}$，求 $\mathrm{d}y$.

阅读材料二　数学家简介1

华罗庚——中国近代数学带头人

华罗庚(1910—1985)是我国著名数学家.华罗庚家境贫寒,初中未毕业便辍学在家.他对数学有着强烈的兴趣,辍学之后,更懂得用功读书.当时的他只有一本《大代数》、一本《解析几何》以及一份从老师那儿借来摘抄的50页的微积分材料.

为了抽出时间学习,他经常早起看书.夏天的晚上,他很少到外面去乘凉,而是在蚊子嗡嗡叫的小店里学习.严冬,他常常把砚台放在脚炉上,一边磨墨一边用毛笔蘸着墨汁做习题.每逢节日,华罗庚也不去亲戚家里串门,埋头在家里读书.

他的志气与行径,几乎没有人能够理解.世界上的事情往往就是这样的,阻力愈大,反阻力也愈大;困难愈多,克服困难的决心也愈坚.没有时间,促使他养成了早起、善于利用零碎时间、善于心算的习惯.没有书,也养成了他勤于动手、勤于独立思考的习惯.这种习惯一直保持到他的晚年.

华罗庚十九岁那年,染上了可怕的伤寒病.这场大病,几乎毁了他的一生.他足足病了半年,因病导致左腿残疾,走路要左腿先画一个大圆圈,右腿再迈上一小步.对于这种奇特而费力的步履,他曾幽默地戏称为"圆与切线的运动".

在逆境中,他顽强地与命运抗争,他的誓言是:我要用健全的头脑,代替不健全的双腿.华罗庚从不迷信天才,他认为:天才成于积累,聪明在于勤奋.他提出"树老易空,人老易松,科学之道,戒之以空,戒之以松,我愿一辈子从实而终"的名言,作为对自己的告诫.直到他逝世前不久,还这样写道:埋头苦干是第一,熟练生出百巧来,勤能补拙是良剂,一分辛苦一分才.

华罗庚主要从事解析数论、矩阵几何学、典型群、自守函数论、多复变函数论、偏微分方程、高维数值积分等领域的研究,并解决了高斯完整三角和的估计难题、华林和塔里问题改进、一维射影几何基本定理证明、近代数论方法应用研究等.他被列为芝加哥科学技术博物馆中当今世界88位数学伟人之一,国际上以华氏命名的数学科研成果有"华氏定理""华氏不等式""华-王方法"等.华罗庚在生前发表学术论文近300篇,解决了一些世界数学史上长期未能攻破的难题,为数学的发展做出了重大的贡献.

　　为了更好发挥数学在社会主义建设中的作用,他还亲自到 20 多个省市普及数学方法.他发现数学中的统筹法和优选法是工农业生产中能够比较普遍应用的方法.但如何让群众理解和运用,这就需要化繁为简,化难为易.他亲自撰写了两本通俗读物,把组织管理的方法和生产工艺的方法以朋友聊天的形式娓娓道来,如述家常,让普通工农群众一读即会.为推广普及"双法",他拖着病体踏遍祖国大陆 26 个省、自治区、直辖市,数以百万计的人得以亲聆教诲,参与实践,倍受裨益.

　　1938 年,抗日战争正进行得如火如荼,英国人要华罗庚留下来教书,他毅然放弃在英国的一切回到祖国,到西南联大与同胞们共患难.清华大学的资格审查委员会一致通过,让只有初中文凭的华罗庚晋升为大学教授.

　　1946 年秋天,迫于国内的形势,华罗庚再次出国,1948 年,美国伊利诺伊大学把华罗庚聘为终身教授,并给了他相当优厚的待遇,希望他把那里建成世界级的代数研究中心.1950 年,祖国解放的消息传到美国,华罗庚毅然放弃优厚的条件,举家回国.归国途中,华罗庚在香港写了一封《致中国全体留美学生的公开信》,信中写道:为了抉择真理,我们应当回去;为了国家民族,我们应当回去;为了为人民服务,我们也应当回去;就是为了个人出路,也应当早日回去,建立我们工作的基础,为我们伟大祖国的建设和发展而奋斗!

　　1979 年,华罗庚应邀到英国讲学.在一次宴会上,一位美国女学者来到华罗庚面前敬酒,她高声问道:"华教授,您不为自己当初回国感到后悔吗?"面对这位女学者不友好的提问,华罗庚坚定而又礼貌地回答说:"不! 我一点也不后悔,我回国,是要用自己的力量,为祖国做些事情,并不是为了舒服,活着不是为了个人,而是为了祖国."铿锵有力的回答掷地有声,爱国的挚情溢于言表,充分体现了他高尚的爱国情操.

第 3 章

导数的应用

在日常生活中,我们看到许多大饮料公司出售的易拉罐底的直径与高之比是 $1:2$,那么为什么要这样设计? 用相同的材料制造长方形水箱,怎样才能使它的体积最大? 画曲线图形要注意些什么? 这些都是本章要解决的问题.

§3.1 微分中值定理和函数的单调性

一、中值定理

1. 罗尔定理

如果函数 $f(x)$ 满足如下条件:

(1) 在闭区间 $[a,b]$ 上连续;

(2) 在开区间 (a,b) 内可导;

(3) $f(a)=f(b)$,

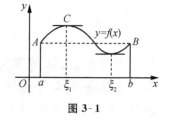

图 3-1

则在开区间 (a,b) 内至少存在一点 ξ,使得 $f'(\xi)=0$.

> **注意** 罗尔定理的三个条件是使结论成立的充分条件,而非必要条件.

如图 3-1 所示,几何上,罗尔定理的条件表示,曲线弧(方程为 $y=f(x)$)是一条连续的曲线弧,除端点外处处有不垂直于 x 轴的切线,且两端点的纵坐标相等. 该定理结论表明,曲线弧上至少存在一点,曲线在该点的切线是水平的.

例 1 不求函数 $f(x)=(x-2)(x-1)(x+1)$ 的导数,说明方程 $f'(x)=0$ 有几个实根,并指出它们的区间.

解 函数 $f(x)=(x-2)(x-1)(x+1)$ 在闭区间 $[-1,1]$,$[1,2]$ 上连续,在开区间 $(-1,1)$,$(1,2)$ 内可导,且 $f(-1)=f(1)=0$,$f(1)=f(2)=0$. 故在闭区间 $[-1,1]$ 和 $[1,2]$ 上 $f(x)$ 都满足罗尔定理的条件,因此存在 $\xi_1\in(-1,1)$,$\xi_2\in(1,2)$,使得 $f'(\xi_1)=0$ 和 $f'(\xi_2)=0$ 成立,即方程至少有两个实根.

又因该方程是一个一元二次方程,最多只有两个实根,故方程 $f'(x)=0$ 恰有两个实根,分别在区间 $(-1,1)$ 和 $(1,2)$ 内.

例 2 验证函数 $f(x) = x^3 + 4x^2 - 7x - 10$ 在区间 $[-1, 2]$ 上满足罗尔定理条件,并求出满足 $f'(\xi) = 0$ 的点.

解 因为 $f(x) = x^3 + 4x^2 - 7x - 10$ 是多项式,所以函数在闭区间 $[-1, 2]$ 上连续,在开区间 $(-1, 2)$ 内可导,且 $f(-1) = f(2) = 0$. 因此函数满足罗尔定理的条件,且

$$f'(x) = 3x^2 + 8x - 7.$$

令

$$f'(x) = 3x^2 + 8x - 7 = 0,$$

解得

$$x_1 = \frac{-4 + \sqrt{37}}{3}, x_2 = \frac{-4 - \sqrt{37}}{3}.$$

显然 x_2 不在 $(-1, 2)$ 内,应该舍去,而 x_1 在 $(-1, 2)$ 内,故 $\xi = \frac{-4 + \sqrt{37}}{3}$.

2. 拉格朗日中值定理

如果函数 $f(x)$ 满足条件:

(1) 在闭区间 $[a, b]$ 上连续;

(2) 在开区间 (a, b) 内可导,

那么在 (a, b) 内至少有一点 ξ,使得

$$f(b) - f(a) = f'(\xi)(b - a).$$

我们从几何直观上看(图 3-2):设在闭区间 $[a, b]$ 上函数 $y = f(x)$ 的图形是一条连续曲线 AB,连接 A, B 两点作弦 AB,它的斜率是

$$\tan\alpha = \frac{f(b) - f(a)}{b - a}.$$

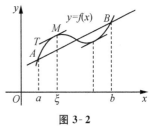

图 3-2

拉格朗日中值定理的几何意义:如果在连续曲线 $y = f(x)$ 上除端点外每一点处都有不垂直于 x 轴的切线,那么我们在曲线上至少能找到一点 $M(\xi, f(\xi))$,使得过 M 的切线 MT 与弦 AB 平行.

在拉格朗日中值定理中,如果 $f(a) = f(b)$,那么拉格朗日中值定理就是罗尔定理. 因此,罗尔定理是拉格朗日中值定理的特殊形式.

利用拉格朗日中值定理,可立即得到下面的推论.

推论 1 如果 $f(x)$ 在闭区间 $[a, b]$ 上连续,对区间 (a, b) 内任一点 x,都有 $f'(x) = 0$,那么在闭区间 $[a, b]$ 上,$f(x) = C$(C 为常数).

证 在闭区间 $[a, b]$ 上任取两点 x_1, x_2($x_1 < x_2$),运用拉格朗日中值定理,有

$$f(x_2) - f(x_1) = f'(\xi)(x_2 - x_1) \quad (x_1 < \xi < x_2).$$

由于 $f'(\xi) = 0$,所以 $f(x_2) - f(x_1) = 0$,即对区间内任意两点 x_1 和 x_2,都有

$$f(x_2) = f(x_1).$$

这表明在闭区间 $[a, b]$ 上任何两点的函数值都相等. 也就是说,函数 $f(x)$ 在区间 $[a, b]$ 上是一个常数.

推论 2 如果 $f(x)$ 和 $g(x)$ 在闭区间 $[a, b]$ 上连续,对区间 (a, b) 内任一点 x,都有 $f'(x) = g'(x)$,则在闭区间 $[a, b]$ 上有 $f(x) = g(x) + C$(C 为常数).

例3 设 $f(x)=x^2$，$1\leqslant x\leqslant 2$，验证 $f(x)$ 满足拉格朗日中值定理，并求满足拉格朗日中值定理的 ξ 的值.

解 因为 $f(x)=x^2$，所以 $f(x)$ 在一切实数范围内可导，则 $f(x)$ 在闭区间 $[1,2]$ 上满足拉格朗日中值定理的条件，于是存在 $\xi\in(1,2)$，使得 $f'(\xi)=\dfrac{f(2)-f(1)}{2-1}=\dfrac{4-1}{1}=3$. 而 $f'(x)=2x$，则 $2\xi=3$，所以 $\xi=\dfrac{3}{2}$.

二、函数的单调性

从图 3-3 可以看出，如果函数 $y=f(x)$ 在区间 $[a,b]$ 上单调增加，那么它的图形是一条沿 x 轴正向上升的曲线，这时曲线上各点处切线的倾斜角 α 都是锐角，因此它们的斜率 $f'(x)$ 都是正的，即 $f'(x)>0$. 同样，由图 3-4 可以看出，如果函数 $y=f(x)$ 在 $[a,b]$ 上单调减少，那么它的图形是一条沿 x 轴正向下降的曲线，这时曲线上各点处切线的倾斜角 α 都是钝角，它们的斜率 $f'(x)$ 都是负的，即 $f'(x)<0$.

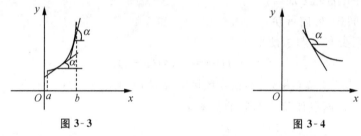

图 3-3   图 3-4

由此可见，函数的单调性与导数的符号有关. 下面我们给出利用导数判定函数单调性的定理.

定理 设函数 $y=f(x)$ 在闭区间 $[a,b]$ 上连续，在开区间 (a,b) 内可导：

(1) 如果在 (a,b) 内 $f'(x)>0$，那么函数 $y=f(x)$ 在 $[a,b]$ 上单调增加；

(2) 如果在 (a,b) 内 $f'(x)<0$，那么函数 $y=f(x)$ 在 $[a,b]$ 上单调减少.

证 下面我们就 $f'(x)>0$ 的情形进行证明.

设 x_1,x_2 是 $[a,b]$ 上的任意两点，且 $x_1<x_2$，在区间 $[x_1,x_2]$ 上运用拉格朗日中值定理，有

$$f(x_2)-f(x_1)=f'(\xi)(x_2-x_1)\quad(x_1<\xi<x_2).$$

若 $f'(x)>0$，则必有 $f'(\xi)>0$，又因 $x_2-x_1>0$，故由上式得

$$f(x_2)>f(x_1),$$

这表明函数 $f(x)$ 在 $[a,b]$ 上单调增加.

同理可证，若 $f'(x)<0$，则函数 $f(x)$ 在 $[a,b]$ 上单调减少.

注 意

（1）上述定理中的闭区间 $[a,b]$ 若改为开区间 (a,b) 或无限区间,结论同样成立.

（2）如果函数 $f(x)$ 在区间 (a,b) 内的有限个点的导数为零,其余的点都有 $f'(x)>0$（或 $f'(x)<0$）,那么 $f(x)$ 在 (a,b) 内仍是单调增加（或单调减少）的.例如,$y=x^3$ 的导数为 $y'=3x^2$,当 $x=0$ 时,$y'=0$,在其余点均有 $y'>0$,故它在 $(-\infty,+\infty)$ 内是单调增加的.

根据这个定理,我们可得判断函数单调性的步骤:

（1）求出函数 $f(x)$ 的定义域;

（2）求出 $f(x)$ 的导函数 $f'(x)$;

（3）求出使 $f'(x)=0$ 的点(驻点)和导数不存在的点;

（4）驻点和导数不存在的点将定义域分成若干个小区间,在每个小区间上讨论导数的符号,由定理判定函数的单调性.

例 4　判定函数 $f(x)=x-\arctan x$ 的单调性.

解　函数 $f(x)$ 的定义域为 $(-\infty,+\infty)$,这个函数的导数为

$$f'(x)=1-\frac{1}{1+x^2}=\frac{x^2}{1+x^2}>0 \quad (x\neq 0),$$

所以 $f(x)$ 在 $(-\infty,+\infty)$ 内单调增加.

例 5　求函数 $f(x)=2x^3-9x^2+12x-3$ 的单调区间.

解　函数 $f(x)$ 的定义域为 $(-\infty,+\infty)$,求函数导数,得

$$f'(x)=6x^2-18x+12=6(x-1)(x-2).$$

令 $f'(x)=0$,得驻点 $x_1=1,x_2=2$, 无不可导点.

这两个点把定义域 $(-\infty,+\infty)$ 分为三个区间:$(-\infty,1],[1,2],[2,+\infty)$.

列表考察 $f'(x)$ 在区间 $(-\infty,1),(1,2),(2,+\infty)$ 内的符号,以确定函数的单调性.

x	$(-\infty,1)$	1	$(1,2)$	2	$(2,+\infty)$
$f'(x)$	+	0	−	0	+
$f(x)$	↗		↘		↗

（↗表示单调增,↘表示单调减）

从上表可知,函数的单调增加区间为 $(-\infty,1]$ 和 $[2,+\infty)$,单调减少区间为 $[1,2]$.

例 6　求函数 $f(x)=\dfrac{2}{3}x-\sqrt[3]{x^2}$ 的单调区间.

解　函数 $f(x)$ 的定义域为 $(-\infty,+\infty)$,求函数导数,得

$$f'(x)=\frac{2}{3}-\frac{2}{3\sqrt[3]{x}}=\frac{2}{3}\cdot\frac{\sqrt[3]{x}-1}{\sqrt[3]{x}}.$$

当 $x=0$ 时,$f'(x)$ 不存在,令 $f'(x)=0$,得驻点 $x=1$.

用 0,1 将定义域分成三个区间 $(-\infty,0],[0,1],[1,+\infty)$.

列表考察 $f'(x)$ 在区间 $(-\infty,0),(0,1),(1,+\infty)$ 内的符号,以确定函数的单调性.

x	$(-\infty,0)$	$(0,1)$	$(1,+\infty)$
$f'(x)$	$+$	$-$	$+$
$f(x)$	↗	↘	↗

所以函数 $f(x)=\dfrac{2}{3}x-\sqrt[3]{x^2}$ 的单调增区间为 $(-\infty,0]$ 及 $[1,+\infty)$，单调减区间为 $[0,1]$.

函数的单调性可以用来证明某些不等式和某些方程根的情形.

例 7 证明：当 $x>1$ 时，$2\sqrt{x}>3-\dfrac{1}{x}$.

证 设 $f(x)=2\sqrt{x}-3+\dfrac{1}{x}$，$f(x)$ 在 $[1,+\infty)$ 上连续，在 $(1,+\infty)$ 内，

$$f'(x)=\frac{1}{\sqrt{x}}-\frac{1}{x^2}=\frac{x\sqrt{x}-1}{x^2}>0,$$

则 $f(x)$ 在 $[1,+\infty)$ 上单调增加，故 $x>1$ 时，$f(x)>f(1)$，且 $f(1)=0$.

因此有

$$f(x)=2\sqrt{x}-3+\frac{1}{x}>0,$$

从而，当 $x>1$ 时，

$$2\sqrt{x}>3-\frac{1}{x}.$$

练习题 3.1

1. 下列函数在给定区间上满足罗尔定理条件的是 （ ）

A. $f(x)=1-x^2,x\in[-1,1]$ B. $f(x)=xe^{-x},x\in[-1,1]$

C. $f(x)=\dfrac{1}{1-x^2},x\in[-1,1]$ D. $f(x)=|x|,x\in[-1,1]$

2. 下列函数在给定区间上不满足拉格朗日中值定理条件的是 （ ）

A. $f(x)=\dfrac{2x}{1+x^2},x\in[-1,1]$ B. $f(x)=|x|,x\in[-1,2]$

C. $f(x)=4x^3-5x^2+x-2,x\in[0,1]$ D. $f(x)=\ln(1+x^2),x\in[0,3]$

3. 求下列函数的单调区间：

(1) $y=2x^2-\ln x$； (2) $y=-x+\dfrac{1}{x}$；

(3) $f(x)=x-\dfrac{3}{2}x^{\frac{2}{3}}$.

4. 证明：当 $x>0$ 时，$x>\ln(1+x)$.

§3.2　函数的极值和最值

我们观察平时常喝的饮料易拉罐底面直径与高之比,会发现直径与高之比大约为 1∶2. 为什么设计易拉罐时会选择这种比例呢? 这一节我们来介绍通过导数的方法寻找极值与最值的方法.

一、函数的极值

由图 3-5 可以看出,函数 $y=f(x)$ 在 c_1,c_4 的函数值 $f(c_1),f(c_4)$ 比它们附近各点的函数值都大,而在点 c_2,c_5 的函数值 $f(c_2),f(c_5)$ 比它们附近各点的函数值都小,对于这种性质的点和对应的函数值,我们给出如下的定义:

定义　设函数 $f(x)$ 在 x_0 及其附近有定义,如果对于点 x_0 附近的任意点 $x(x\neq x_0)$,均有 $f(x)<f(x_0)$(或 $f(x)>f(x_0)$)成立,则称 $f(x_0)$ 是函数 $f(x)$ 的一个极大(小)值,点 x_0 称为 $f(x)$ 的一个极大(小)值点.

函数的极大值与极小值统称为函数的极值. 极大值点与极小值点统称为极值点.

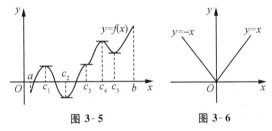

图 3-5　　　　　图 3-6

例如,在图 3-5 中,$f(c_1)$ 和 $f(c_4)$ 是函数 $f(x)$ 的极大值,c_1 和 c_4 是 $f(x)$ 的极大值点; $f(c_2)$ 和 $f(c_5)$ 是函数 $f(x)$ 的极小值,c_2 和 c_5 是 $f(x)$ 的极小值点.

关于函数的极值,作以下几点说明:

(1) 一个函数在一个区间上可能有几个极大值和几个极小值. 例如,在图 3-5 中,$f(c_1)$ 和 $f(c_4)$ 是函数 $f(x)$ 的极大值,$f(c_2)$ 和 $f(c_5)$ 是函数 $f(x)$ 的极小值.

(2) 函数的极值概念是局部性的,它只是在极值点附近的所有点的函数值情况,因此,函数的极大值不一定比极小值大. 例如,在图 3-5 中,极大值 $f(c_1)$ 就比极小值 $f(c_5)$ 还小.

(3) 函数的极值一定在区间内部取得,函数最大值、最小值可能在端点处取得.

由图 3-5 可以看出,在极值点处,曲线的切线是水平的,即在极值点处函数的导数为零. 使导数为零的点(即方程 $f'(x)=0$ 的实根)叫作函数 $f(x)$ 的驻点(又叫稳定点). 另外,我们还发现,不可导的点也可能成为极值点. 例如,$y=|x|$ 在 $x=0$ 处不可导,但从 $y=|x|$ 的图形 3-6 容易看出,$x=0$ 是 $y=|x|$ 的极小值点. 一般地,关于函数的极值点我们得到下面的必要条件:

定理1(极值的必要条件) 如果函数 $f(x)$ 在点 x_0 处取得极值,则点 x_0 为函数 $f(x)$ 的驻点或导数不存在的点.

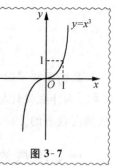

图 3-7

注意

(1) 定理 1 也可以叙述为:如果函数 $f(x)$ 在点 x_0 处可导,且在点 x_0 处取得极值,则点 x_0 为函数 $f(x)$ 的驻点.

(2) 定理 1 的逆命题是不成立的,驻点或导数不存在的点不一定是极值点.如图 3-7 所示,$x=0$ 是函数 $f(x)=x^3$ 的驻点,但 $x=0$ 不是它的极值点.

我们称函数的驻点或导数不存在的点为函数的可能极值点.

既然函数的可能极值点不一定是它的极值点,那么,当我们求出函数的可能极值点后,怎样判别它们是否为极值点呢? 如果是极值点,又怎样进一步判定是极大值点还是极小值点呢? 为了解决这些问题,我们给出极值点的判定定理.

定理2(极值的第一充分条件) 设函数 $f(x)$ 在点 x_0 处连续,且在点 x_0 的左、右附近可导,则

(1) 如果在点 x_0 的左、右附近,当 $x<x_0$ 时,有 $f'(x)>0$;当 $x>x_0$ 时,有 $f'(x)<0$,那么点 x_0 为函数 $f(x)$ 的极大值点.

(2) 如果在点 x_0 的左、右附近,当 $x<x_0$ 时,有 $f'(x)<0$;当 $x>x_0$ 时,有 $f'(x)>0$,那么 x_0 为函数 $f(x)$ 的极小值点.

(3) 如果在点 x_0 的两侧,函数的导数符号相同,那么点 x_0 不是 $f(x)$ 的极值点.

根据上面两个定理,如果函数 $f(x)$ 在所讨论的区间内可导,我们可按下列步骤来求函数 $f(x)$ 的极值点和极值:

(1) 求出函数 $f(x)$ 的定义域;

(2) 求出函数 $f(x)$ 的导数 $f'(x)$;

(3) 令 $f'(x)=0$,解此方程求出 $f(x)$ 的全部可能极值点;

(4) 用全部可能极值点把函数的定义域划分为若干个部分区间,考察每个部分区间内 $f'(x)$ 的符号,以确定该可能极值点是否为极值点,并由极值点求出函数的极值.

例1 求函数 $y=\dfrac{1}{3}x^3-2x^2+3x+2$ 的极值.

解 (1) $f(x)$ 的定义域为 $(-\infty,+\infty)$.

(2) $f'(x)=x^2-4x+3=(x-3)(x-1)$.

(3) 令 $f'(x)=0$,解之得驻点 $x_1=1,x_2=3$.

(4) 列表考察 $f'(x)$ 的符号.

x	$(-\infty,1)$	1	$(1,3)$	3	$(3,+\infty)$
$f'(x)$	$+$	0	$-$	0	$+$
$f(x)$	↗	极大值	↘	极小值	↗

函数的极大值为 $f(1)=\dfrac{10}{3}$,极小值为 $f(3)=2$.

例 2 求函数 $f(x)=(2x-5)x^{\frac{2}{3}}$ 的极值.

解 (1) $f(x)$ 的定义域为 $(-\infty,+\infty)$.

(2) $f'(x)=(2x^{\frac{5}{3}}-5x^{\frac{2}{3}})'=\dfrac{10}{3}x^{\frac{2}{3}}-\dfrac{10}{3}x^{-\frac{1}{3}}=\dfrac{10(x-1)}{3x^{\frac{1}{3}}}$.

(3) 令 $\dfrac{10(x-1)}{3x^{\frac{1}{3}}}=0$,得驻点 $x_1=1$(在 $x_2=0$ 处导数不存在).

(4) 列表考察 $f'(x)$ 的符号.

x	$(-\infty,0)$	0	$(0,1)$	1	$(1,+\infty)$
$f'(x)$	$+$	不存在	$-$	0	$+$
$f(x)$	↗	极大值	↘	极小值	↗

函数有极大值 $f(0)=0$,极小值 $f(1)=-3$.

若函数 $f(x)$ 在驻点处存在不为零的二阶导数,则函数 $f(x)$ 在此驻点处极值的判断还可用下面的一个判别定理.

定理 3(极值的第二充分条件) 设函数 $y=f(x)$ 在点 x_0 处存在二阶导数,且 $f'(x_0)=0$,$f''(x_0)\neq0$,则

(1) 当 $f''(x_0)<0$ 时,x_0 为 $f(x)$ 的极大值点;

(2) 当 $f''(x_0)>0$ 时,x_0 为 $f(x)$ 的极小值点.

注意 当 $f'(x_0)=0$,$f''(x_0)=0$ 时,$f(x)$ 在点 x_0 处可能取极值,也可能不取极值,不能用该定理;另外,该定理也无法判断导数不存在的点是否为极值点.

例 3 求函数 $f(x)=3\sin x+\sqrt{3}\cos x$ 在 $[0,2\pi]$ 上的极值.

解 (1) 函数的定义域为 $[0,2\pi]$.

(2) $f'(x)=3\cos x-\sqrt{3}\sin x$, $f''(x)=-3\sin x-\sqrt{3}\cos x$.

(3) 令 $f'(x)=0$,得驻点 $x_1=\dfrac{\pi}{3}$,$x_2=\dfrac{4}{3}\pi$,无不可导点.

(4) $f''\left(\dfrac{\pi}{3}\right)=-2\sqrt{3}<0$, $f''\left(\dfrac{4\pi}{3}\right)=2\sqrt{3}>0$,

根据定理 3,函数有极大值 $f\left(\dfrac{\pi}{3}\right)=2\sqrt{3}$,极小值 $f\left(\dfrac{4\pi}{3}\right)=-2\sqrt{3}$.

二、函数的最值

在生产实际中,企业常考虑用最低的成本获取最高的利润,在易拉罐设计时除了考虑包装的美观外,还必须考虑在容积一定(一般 350mL)的情况下,所用材料最省(表面积最小),焊接和加工制作费最低.在数学上就是求函数的最大值、最小值问题,是最优化问题的重要内容.我们就下面几种情形来讨论最值问题.

1. 函数在闭区间上连续且最多只有有限个可能极值点

由第 1 章知道，闭区间上的连续函数一定有最大值和最小值，这时函数的最值点可能是区间内部的点，也可能是区间的端点. 如果最值点在区间内部取得，最值点一定是极值点，因此闭区间上连续函数的最值只能在可能极值点或区间端点取得，求法如下：

在开区间 (a,b) 内求出函数 $f(x)$ 的所有可能极值点并设为 $x_1, x_2, \cdots, x_n$，记 $M = \max\{f(x_1), \cdots, f(x_n), f(a), f(b)\}$，$m = \min\{f(x_1), \cdots, f(x_n), f(a), f(b)\}$，则 M, m 分别是函数 $f(x)$ 在区间上的最大值和最小值.

2. 函数在一般区间（包括无穷区间）上连续，且有唯一的可能极值点（设为 x_0）

如果 x_0 是函数的极大（小）值点，则 x_0 一定是函数的最大（小）值点.

3. 实际问题

如果根据实际问题的性质，可以确定连续的目标函数 $f(x)$ 在定义域内一定取得最大（小）值，而在定义域内 $f(x)$ 有唯一的可能极值点 x_0，则直接可以断定 x_0 就是函数的最大（小）值点.

例 4 求函数 $f(x) = 2x^3 + 3x^2 - 12x$ 在闭区间 $[-3, 4]$ 上的最大值与最小值.

解 （1）先求导数，
$$f'(x) = 6x^2 + 6x - 12 = 6(x+2)(x-1).$$

（2）令 $f'(x) = 0$，解之得驻点 $x_1 = -2, x_2 = 1$.

（3）计算得 $f(-2) = 20, f(1) = -7, f(-3) = 9, f(4) = 128$.

（4）比较大小可得，在 $[-3, 4]$ 上函数的最大值为 $f(4) = 128$，最小值为 $f(1) = -7$.

例 5 求函数 $f(x) = x^2 - \dfrac{2}{x}$ 在 $(-\infty, 0)$ 内的最值.

解 $f'(x) = 2x + \dfrac{2}{x^2} = \dfrac{2(x^3+1)}{x^2}, f''(x) = 2 - \dfrac{4}{x^3}.$

令 $f'(x) = 0$，解之得驻点 $x_1 = -1$，$f(x)$ 在 $(-\infty, 0)$ 内无不可导点. $f''(-1) = 6 > 0$，故 $x = -1$ 为 $f(x)$ 的极小值点，又 $f(x)$ 在区间 $(-\infty, 0)$ 内只有唯一的可能极值点，因此 $x = -1$ 为 $f(x)$ 的最小值点，最小值 $f(-1) = 3$.

例 6 我们把易拉罐看成圆柱体，体积为 355mL，问如何设计才能使用料最省？（因为要拉开易拉罐，而不把旁边拉坏，顶盖厚度为其他地方的 3 倍）

解 设圆柱体的底面半径为 r，高为 h，表面积 $S = 2\pi rh + 4\pi r^2$，容积 $V = 355 = \pi r^2 h$，故 $h = \dfrac{355}{\pi r^2}$，代入 $S = 2\pi rh + 4\pi r^2$ 得表面积为半径 r 的函数

$$S(r) = \frac{710}{r} + 4\pi r^2 \quad (0 < r < +\infty),$$

求导，得

$$S'(r) = -\frac{710}{r^2} + 8\pi r, \quad S''(r) = \frac{1420}{r^3} + 8\pi.$$

令 $S'(r) = 0$，得驻点 $r_0 = \sqrt[3]{\dfrac{710}{8\pi}}$，$S(r)$ 无不可导点，且 $S''(r_0) = 24\pi > 0$.

因 $S(r)$ 在 $(0,+\infty)$ 内只有唯一可能极值点 $r_0=\sqrt[3]{\dfrac{710}{8\pi}}$，且为极小值点，故 r_0 为 $S(r)$ 在 $(0,+\infty)$ 内的最小值点．

回到实际问题，当易拉罐底半径为 $r_0=\sqrt[3]{\dfrac{710}{8\pi}}$，高为 $h=4r_0=4\sqrt[3]{\dfrac{710}{8\pi}}$ 时，用料最省．

例 7　如图 3-8 所示，铁路线上 AB 段的距离为 100km，某工厂 C 距 A 点为 20km，$AC\perp AB$，要在 AB 线上选定一点 D 向工厂 C 修筑一条公路．已知铁路线上每千米货运的运费与公路上每千米货运的运费之比为 $3:5$．为了使货物从供应站 B 运到工厂 C 的运费最省，问 D 点应选在何处？

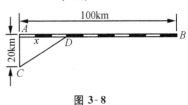

图 3-8

解　设 D 点选在距离 A 点 x km 处，则
$$DB=100-x,\ CD=\sqrt{20^2+x^2}=\sqrt{400+x^2}.$$

设铁路上每千米货运的运费为 $3a$，则公路上每千米货运的运费为 $5a$（a 为常数）．设从 B 点到 C 点需要的总运费为 y，则 $y=5a\cdot CD+3a\cdot DB$，即
$$y=5a\sqrt{400+x^2}+3a(100-x)\quad(0\leqslant x\leqslant 100).$$

下面求 x 在区间 $[0,100]$ 上取何值时，函数 y 的值最小．

上式两边求导数，得
$$y'=5a\,\frac{x}{\sqrt{400+x^2}}-3a=\frac{a(5x-3\sqrt{400+x^2})}{\sqrt{400+x^2}}.$$

令 $y'=0$，得 $5x=3\sqrt{400+x^2}$，$25x^2=9(400+x^2)$，故 $x^2=225$，解得
$$x=\pm 15.$$

因为 $x>0$，所以 $x=15$．这时 $y|_{x=15}=380a$，与闭区间 $[0,100]$ 端点处的函数值相比较，由于 $y|_{x=0}=400a$，$y|_{x=100}=5\sqrt{10400}a>500a$，因此，当 $x=15$ 时，y 取得最小值，即 D 点应选在距离 A 点 15km 处，这时货物的总运费最省．

通过前面的例子可以知道，解决有关函数最大值或最小值的实际问题时，可采取以下步骤：

（1）根据题意建立函数关系式 $y=f(x)$；

（2）确定函数的定义域；

（3）求函数 $y=f(x)$ 的最大值或最小值．

＊三、函数最值在经济中的应用

函数最值的问题在经济中有着广泛的应用．

例 8　已知生产某种产品的总成本函数为 $C(q)=2200q+8\times10^7$，通过市场调查，预计这种产品的年需求量 $q=310000-50p$ 单位，其中 p（元/单位）为产品售价，q 是产品需求量，求利润最大的销售量和销售价格．

解　由需求量 $q=310000-50p$，可解得 $p=6200-0.02q$，

总收入函数为

$$R(q) = pq = (6200 - 0.02q)q = 6200q - 0.02q^2,$$

利润函数为

$$L(q) = R(q) - C(q) = (6200q - 0.02q^2) - (2200q + 8 \times 10^7)$$
$$= 4000q - 0.02q^2 - 8 \times 10^7 (0 \leqslant q < +\infty),$$

于是

$$L'(q) = 4000 - 0.04q, L''(q) = -0.04.$$

令 $L'(q) = 0$，得唯一驻点 $q = 100000$，无不可导点.

由于 $L''(10^5) = -0.04 < 0$，所以 $q = 100000$ 是利润函数 $L(q)$ 的极大值点，且 $L(q)$ 在 $[0, +\infty)$ 内有唯一可能极值点，因此 $q = 100000$ 也是 $L(q)$ 的最大值点. 最大利润

$$L(100000) = 1.2 \times 10^8 (元).$$

产品的销售价格为

$$p = 6200 - 0.02 \times 100000 = 4200 (元).$$

经济批量(Economic Order Quantity，简称 EOQ)又称经济订货量，指一定时期储存成本和订货成本总和最低的采购批量. 随着订购批量的变化，储存成本和订货成本此消彼长. 确定经济批量的目的，就是要寻找使这两种成本之和最小的订购批量.

例 9 某公司按年度计划需要某种物资 D 单位，已知该物资每单位每年库存费用为 a 元，每次订货费为 b 元，为了节省成本，分批订货，假定公司对这种物资的使用是均匀的，问一年订几批货，每批订多少，才能使年库存费和订货费的总成本最低？（总成本最低的每一批订货量，称为经济批量）

解 设经济批量为 q，则年平均库存为 $\dfrac{q}{2}$，因为每单位该物资每年库存费为 a 元，所以

$$年库存成本 = \frac{q}{2} \cdot a.$$

该公司每年需要物资 D 单位，那么每年需要订货次数为 $\dfrac{D}{q}$，因为每次订货费为 b 元，所以

$$年订货成本 = \frac{D}{q} \cdot b.$$

根据上面的分析，可以得到年总成本

$$C(q) = \frac{q}{2} \cdot a + \frac{D}{q} \cdot b (q > 0),$$

对 $C(q)$ 求导，有

$$C'(q) = \frac{a}{2} - \frac{bD}{q^2}.$$

令 $C'(q) = 0$，得 $(0, +\infty)$ 内唯一驻点：$q_0 = \sqrt{\dfrac{2bD}{a}}$，无不可导点，又

$$C''(q) = \frac{2bD}{q^3}, \quad C''(q_0) = \frac{a\sqrt{a}}{\sqrt{2bD}} > 0,$$

所以当 $q_0=\sqrt{\dfrac{2bD}{a}}$ 时,年总成本 $C(q)$ 取得最小值,即经济批量为 $q_0=\sqrt{\dfrac{2bD}{a}}$.

练习题 3.2

1. 求下列函数的极值点和极值:

(1) $f(x)=x^3-3x$;　　　　　　　　(2) $f(x)=4x^3-3x^2-6x+2$.

2. 设函数 $f(x)=a\ln x+bx^2+x$ 在 $x_1=1,x_2=2$ 处都取得极值,求 a,b 的值,并讨论 $f(x)$ 在 $x_1=1,x_2=2$ 处是极大值还是极小值.

3. 如图 3-9 所示,某窗户的截面是矩形加半圆,周长为 15m,求底宽取多少米时,采光最好.

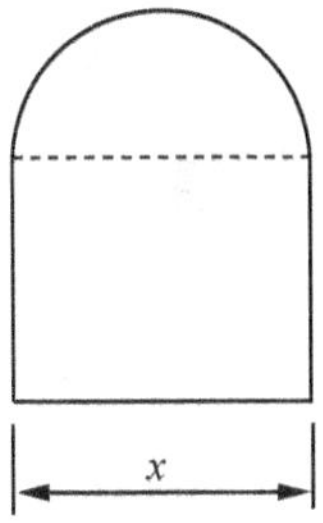

4. 假设某种商品的需求量 q(单位:件)是单价 p(单位:千元/件)的函数,即 $q=50-5p$,商品的总成本 C 是需求量 q 的函数 $C(q)=2+4q$. 求使销售利润最大的商品价格和最大利润.

5. 设某公司平均每年需要某种材料的数量为 80000 件,该材料的单价为 20 元/件,每件该材料每年的库存费为材料单价的 20%. 为减少库存费用,公司分期分批进货,每次订货费为 400 元. 假定该材料的使用是均匀的,求该材料的经济批量.

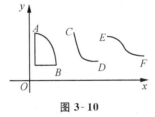

图 3-9

§3.3　曲线的凹凸性和函数图形的描绘

在讨论曲线运动和描绘函数的图形时,仅有函数的单调性、极值和最值还不够,同样是下降曲线,可以是如图 3-10 中的 $\overset{\frown}{AB}$,也可以是 $\overset{\frown}{CD}$,甚至是 $\overset{\frown}{EF}$ 等情形,因此我们要讨论曲线的弯曲方向.

图 3-10

一、曲线的凹凸性

如图 3-11 和图 3-12 所示,两个都是增函数的图形,但它们的弯曲方向相反,我们可以观察到图形 3-11 中曲线位于每一点切线下方,图形 3-12 中曲线位于每一点切线上方.

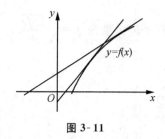

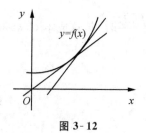

图 3-11   **图 3-12**

一般地,我们可以定义曲线的凹凸性.

定义 1 若在区间 (a,b) 内,曲线 $y=f(x)$ 位于其任一点切线的上方,那么称曲线 $y=f(x)$ 在该区间内是向上凹的,简称上凹的;若曲线 $y=f(x)$ 位于其任一点切线的下方,那么称曲线 $y=f(x)$ 在该区间内是向上凸的,简称上凸的.

有时我们也把曲线向上凹的称为向下凸的,把曲线向上凸的称为向下凹的.

(1) 国内有些教材把曲线向上凹的称为凹的,而国外部分教材称为凸的(convex).
(2) 国内有些教材把曲线向上凸的称为凸的,而国外部分教材称为凹的(concave).

连续曲线向上凹曲线弧和向上凸曲线弧的分界点,称为曲线的拐点.必须注意,拐点是曲线上的点,不能仅用横坐标表示.

定理 1(曲线凹凸性的判定法) 设函数 $f(x)$ 在闭区间 $[a,b]$ 上连续,在开区间 (a,b) 内具有二阶导数 $f''(x)$.

(1) 如果在 (a,b) 内 $f''(x)>0$,那么曲线 $y=f(x)$ 在闭区间 $[a,b]$ 上是向上凹的;

(2) 如果在 (a,b) 内 $f''(x)<0$,那么曲线 $y=f(x)$ 在闭区间 $[a,b]$ 上是向上凸的.

证明从略.

(1) 设 $f(x)$ 在闭区间 $[a,b]$ 上连续,在开区间 (a,b) 内有限个点处二阶导数为 0 或不存在,其余点 $f''(x)>0(f''(x)<0)$,那么曲线在闭区间 $[a,b]$ 上是向上凹的(向上凸的).

(2) 定理 1 的闭区间 $[a,b]$ 可以换成其他各种区间,结论也成立.

求曲线 $y=f(x)$ 的凹凸区间和拐点的步骤:

(1) 确定函数 $y=f(x)$ 的定义域.

(2) 求 $f''(x)$.

(3) 令 $f''(x)=0$,解出这个方程在区间 (a,b) 内的实根和 $f''(x)$ 不存在的点.

(4) 对解出的每一个实根和 $f''(x)$ 不存在的点 x_0,考察 $f''(x)$ 在 x_0 左右近旁的符号.如果 $f''(x)$ 的符号相反,那么点 $(x_0,f(x_0))$ 就是拐点;如果 $f''(x)$ 的符号相同,那么点 $(x_0,f(x_0))$ 就不是拐点.

例 1 求曲线 $y=x^3$ 的凹凸区间和拐点(图 3-7).

解 函数 $y=x^3$ 的定义域为 $(-\infty,+\infty)$,$y'=3x^2$,$y''=6x$.

因为在 $(-\infty,0)$ 内 $y''<0$,所以曲线 $y=x^3$ 在 $(-\infty,0)$ 内是向上凸的.

因为在 $(0,+\infty)$ 内 $y''>0$,所以曲线 $y=x^3$ 在 $(0,+\infty)$ 内是向上凹的.

$(0,0)$ 是曲线的拐点.

例 2　求曲线 $y=(x-1)^{\frac{5}{3}}$ 的凹凸区间和拐点.

解　(1) 函数 $y=(x-1)^{\frac{5}{3}}$ 的定义域为 $(-\infty,+\infty)$.

(2) $y'=\dfrac{5}{3}(x-1)^{\frac{2}{3}}$, $y''=\dfrac{10}{9}(x-1)^{-\frac{1}{3}}$.

当 $x=1$ 时,y'' 不存在.

(3) 列表讨论如下:

x	$(-\infty,1)$	1	$(1,+\infty)$
y''	$-$	不存在	$+$
曲线 y	$\frown$	拐点	$\smile$

（$\frown$ 表示上凸,$\smile$ 表示上凹）

由表格可知,曲线 $y=(x-1)^{\frac{5}{3}}$ 在区间 $(-\infty,1)$ 上是凸的,在区间 $[1,+\infty)$ 上是凹的,拐点是 $(1,0)$.

例 3　判别曲线 $y=(x-1)\cdot\sqrt[3]{x^5}$ 的凹凸性,并求拐点.

解　(1) 函数的定义域为 $(-\infty,+\infty)$.

(2) 因为 $y'=x^{\frac{5}{3}}+(x-1)\cdot\dfrac{5}{3}\cdot x^{\frac{2}{3}}=\dfrac{8}{3}x^{\frac{5}{3}}-\dfrac{5}{3}\cdot x^{\frac{2}{3}}$,则

$$y''=\dfrac{40}{9}x^{\frac{2}{3}}-\dfrac{10}{9}x^{-\frac{1}{3}}=\dfrac{10}{9}\cdot\dfrac{4x-1}{\sqrt[3]{x}}.$$

当 $x_1=\dfrac{1}{4}$ 时,$y''=0$;当 $x_2=0$ 时,y'' 不存在.

(3) 列表讨论如下:

x	$(-\infty,0)$	0	$\left(0,\dfrac{1}{4}\right)$	$\dfrac{1}{4}$	$\left(\dfrac{1}{4},+\infty\right)$
y''	$+$	不存在	$-$	0	$+$
y	$\smile$	拐点	$\frown$	拐点	$\smile$

由表格可知,曲线的凹区间为 $(-\infty,0)$ 和 $\left(\dfrac{1}{4},+\infty\right)$,凸区间为 $\left[0,\dfrac{1}{4}\right]$,拐点为 $(0,0)$ 和 $\left(\dfrac{1}{4},-\dfrac{3}{64}\sqrt[3]{4}\right)$.

二、曲线的渐近线

中学里已经知道,双曲线 $y=\dfrac{1}{x}$ 的图形有两条渐近线 $x=0$ 和 $y=0$,如图 3-13 所示.对一般的曲线,我们也来讨论水平渐近线和垂直渐近线.

定义 2　若曲线 C 上的点 M 沿着曲线无限远离原点时,点 M

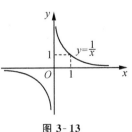

图 3-13

与某一直线 L 的距离无限接近于 0,则称直线 L 为曲线 C 的渐近线.如果渐近线 L 垂直于 x 轴,则称 L 为曲线 C 的垂直渐近线;如果渐近线 L 平行于 x 轴,则称 L 为曲线 C 的水平渐近线.

定理 2 (1) 直线 $x=x_0$ 是曲线 $y=f(x)$ 的垂直渐近线的充要条件是

$$\lim_{x \to x_0^-} f(x) = \infty \text{ 或 } \lim_{x \to x_0^+} f(x) = \infty.$$

(2) 直线 $y=y_0$ 是曲线 $y=f(x)$ 的水平渐近线的充要条件是

$$\lim_{x \to -\infty} f(x) = y_0 \text{ 或 } \lim_{x \to +\infty} f(x) = y_0.$$

例 4 求曲线 $y=\dfrac{2x^2-x-1}{x^2-1}$ 的渐近线.

解 因为 $\lim\limits_{x \to \infty} f(x) = \lim\limits_{x \to \infty} \dfrac{2x^2-x-1}{x^2-1} = 2$,所以 $y=2$ 是水平渐近线.

因为 $\lim\limits_{x \to -1} f(x) = \lim\limits_{x \to -1} \dfrac{2x^2-x-1}{x^2-1} = \infty$,所以 $x=-1$ 是垂直渐近线.

三、函数图形的描绘

中学我们曾用描点法作函数的图形,但是图形上一些关键的点却得不到反映.现在可以利用导数讨论函数和曲线的性态,然后再用描点作图,使作出的图形更精确.

利用导数描绘函数图形的一般步骤如下:

(1) 确定函数 $y=f(x)$ 的定义域;

(2) 讨论函数的奇偶性、周期性;(如果有上述性质,则可以图形的对称性和周期性缩小作图范围)

(3) 求出 $f'(x)$ 及 $f''(x)$,求出函数的可能极值点、$f''(x)=0$ 的点或二阶导数不存在的点,用这些点把定义域分成若干个部分区间;

(4) 考察在各个部分区间内 $f'(x)$ 和 $f''(x)$ 的符号,列表确定函数的单调性、函数的极值、曲线的凹凸性和拐点;

(5) 讨论曲线的水平渐近线和垂直渐近线,作曲线与坐标轴的交点等一些辅助点;

(6) 作图.

例 5 作函数为 $y=\dfrac{x^2}{1+x}$ 的图形.

解 (1) 定义域为 $(-\infty, -1) \bigcup (-1, +\infty)$.

(2) 函数无周期性和奇偶性.

(3) $y'(x) = \dfrac{x(x+2)}{(1+x)^2}$,$y''(x) = \dfrac{2}{(1+x)^3}$,令 $y'=0$,得驻点 $x_1=0$,$x_2=-2$,定义域内无不可导点,也无二阶导数为 0 的点,定义域内无二阶导数不存在的点.

(4) 列表考察:

x	$(-\infty,-2)$	-2	$(-2,-1)$	$(-1,0)$	0	$(0,+\infty)$
y'	$+$	0	$-$	$-$	0	$+$
y''	$-$	$-$	$-$	$+$	$+$	$+$
$y=f(x)$	↗ ⌢	有极大值	↘ ⌢	↘ ⌣	有极小值	↗ ⌣

(5) 因 $\lim\limits_{x\to-1}\dfrac{x^2}{1+x}=\infty$，$\lim\limits_{x\to\infty}\dfrac{x^2}{1+x}=\infty$，所以 $x=-1$ 是曲线的垂直渐近线，无水平渐近线．

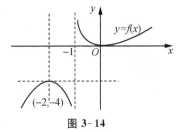

曲线过点$(-2,-4)$和$(0,0)$．

(6) 作出图形(图 3-14)．

图 3-14

练习题 3.3

1. 求下列曲线的凹凸区间，并求其拐点：

(1) $y=x^3-2x^2+x+1$；　　　(2) $y=\ln(x^2+1)$；　　　(3) $y=x^4-2x^3+1$．

2. 已知点$(1,3)$是曲线 $y=ax^3+bx^2$ 的拐点，试确定 a,b，并求曲线的凹凸区间和拐点的坐标．

3. 求下列曲线的水平渐近线和垂直渐近线：

(1) $y=\ln x$；　　　　　(2) $y=\dfrac{2x-4}{x^3-1}$．

4. 描绘函数 $y=x^2+\dfrac{2}{x}$ 的图形．

§ 3.4　洛必达法则

在求极限时，有时会遇到两个无穷小或无穷大的商的极限，这类极限可能存在，也可能不存在，通常把这类极限称为未定型，并分别简称为"$\dfrac{0}{0}$"型或"$\dfrac{\infty}{\infty}$"型．对于这两种类型的极限中的一些题目，在第 1 章已经介绍了一些方法．下面介绍一种求这类极限比较有效的方法——洛必达法则．

一、"$\dfrac{0}{0}$"型未定式

如果函数 $f(x)$ 与 $g(x)$ 满足：

(1) $\lim\limits_{x \to x_0} f(x) = 0$, $\lim\limits_{x \to x_0} g(x) = 0$;

(2) $f(x)$ 和 $g(x)$ 在点 x_0 的附近(不包含点 x_0)可导,且 $g'(x) \neq 0$;

(3) $\lim\limits_{x \to x_0} \dfrac{f'(x)}{g'(x)} = A$(或为 ∞),

那么

$$\lim_{x \to x_0} \frac{f(x)}{g(x)} = \lim_{x \to x_0} \frac{f'(x)}{g'(x)} = A \ (\text{或为} \infty).$$

注意

(1) 上述法则对 $x \to x_0^+$, $x \to x_0^-$, $x \to \infty$, $x \to +\infty$, $x \to -\infty$ 时,如果 $\dfrac{f(x)}{g(x)}$ 为 "$\dfrac{0}{0}$" 型未定式,同样适用.

(2) 上述法则中的条件是充分条件而非必要条件,每次在使用时,必须检验 $\dfrac{f(x)}{g(x)}$ 是否为 "$\dfrac{0}{0}$" 型.

例 1 求 $\lim\limits_{x \to 0} \dfrac{\ln(1+x)}{x}$.

解 此极限是 "$\dfrac{0}{0}$" 型未定式,于是

$$\lim_{x \to 0} \frac{\ln(1+x)}{x} = \lim_{x \to 0} \frac{[\ln(1+x)]'}{x'} = \lim_{x \to 0} \frac{1}{1+x} = 1.$$

例 2 求 $\lim\limits_{x \to 0} \dfrac{\sqrt{x^2+9}-3}{x^2}$.

解 此极限是 "$\dfrac{0}{0}$" 型未定式,于是

$$\lim_{x \to 0} \frac{\sqrt{x^2+9}-3}{x^2} = \lim_{x \to 0} \frac{(\sqrt{x^2+9}-3)'}{(x^2)'} = \lim_{x \to 0} \frac{\dfrac{1}{2\sqrt{x^2+9}} \cdot 2x}{2x}$$

$$= \lim_{x \to 0} \frac{1}{2\sqrt{x^2+9}} = \frac{1}{6}.$$

例 3 求 $\lim\limits_{x \to 0} \dfrac{x - \sin x}{x^3}$

解 此极限是 "$\dfrac{0}{0}$" 型未定式,于是

$$\lim_{x \to 0} \frac{x - \sin x}{x^3} = \lim_{x \to 0} \frac{(x - \sin x)'}{(x^3)'} = \lim_{x \to 0} \frac{1 - \cos x}{3x^2}$$

$$= \lim_{x \to 0} \frac{(1 - \cos x)'}{(3x^2)'} = \lim_{x \to 0} \frac{\sin x}{6x}$$

$$= \lim_{x \to 0} \frac{(\sin x)'}{(6x)'} = \lim_{x \to 0} \frac{\cos x}{6} = \frac{1}{6}.$$

注意

（1）当使用一次洛必达法则后仍为"$\frac{0}{0}$"型时，可连续使用洛必达法则.

（2）使用洛必达法则前还应注意化简求极限的式子，如果式子中有极限值为非零常数的因式，可先行求出.

例 4 求 $\lim\limits_{x\to 0}\dfrac{x-\sin x}{x^{3}(x+\cos x)(x+\mathrm{e}^{x})}$.

解 此极限是"$\frac{0}{0}$"型未定式，如果直接用洛必达法则，分母求导比较麻烦，对式子中有极限值为非零常数的因式，可先行求出比较方便.

$$\lim_{x\to 0}\frac{x-\sin x}{x^{3}(x+\cos x)(x+\mathrm{e}^{x})}=\lim_{x\to 0}\frac{1}{(x+\cos x)(x+\mathrm{e}^{x})}\cdot\lim_{x\to 0}\frac{x-\sin x}{x^{3}}$$
$$=1\times\lim_{x\to 0}\frac{x-\sin x}{x^{3}}.$$

由例 3 可知，$\lim\dfrac{x-\sin x}{x^{3}}=\dfrac{1}{6}$，故

$$\lim_{x\to 0}\frac{x-\sin x}{x^{3}(x+\cos x)(x+\mathrm{e}^{x})}=\frac{1}{6}.$$

注意 洛必达法则要与其他求极限的方法综合起来使用，选择简便的方法.

例 5 求 $\lim\limits_{x\to 0}\dfrac{\mathrm{e}^{x}-x-1}{\sin x\ln(1+x)}$.

解 当 $x\to 0$ 时，$\sin x\sim x$，$\ln(1+x)\sim x$，故

$$\lim_{x\to 0}\frac{\mathrm{e}^{x}-x-1}{\sin x\ln(1+x)}=\lim_{x\to 0}\frac{\mathrm{e}^{x}-x-1}{x^{2}}\quad\left(\text{"}\frac{0}{0}\text{"型}\right)$$
$$=\lim_{x\to 0}\frac{(\mathrm{e}^{x}-x-1)'}{(x^{2})'}$$
$$=\lim_{x\to 0}\frac{\mathrm{e}^{x}-1}{2x}=\frac{1}{2}.$$

例 6 求 $\lim\limits_{x\to +\infty}\dfrac{\frac{\pi}{2}-\arctan x}{\frac{1}{x}}$.

解 $\lim\limits_{x\to +\infty}\dfrac{\frac{\pi}{2}-\arctan x}{\frac{1}{x}}=\lim\limits_{x\to +\infty}\dfrac{\left(\frac{\pi}{2}-\arctan x\right)'}{\left(\frac{1}{x}\right)'}=\lim\limits_{x\to +\infty}\dfrac{\frac{-1}{1+x^{2}}}{-\frac{1}{x^{2}}}=\lim\limits_{x\to +\infty}\dfrac{x^{2}}{1+x^{2}}=1.$

二、"$\dfrac{\infty}{\infty}$"型未定式

对于 $x\to x_{0}$ 时的"$\dfrac{\infty}{\infty}$"型未定式，也有相应的洛必达法则.

如果 $f(x)$ 与 $g(x)$ 满足：

(1) $\lim\limits_{x \to x_0} f(x) = \infty$，$\lim\limits_{x \to x_0} g(x) = \infty$；

(2) $f(x)$ 和 $g(x)$ 在点 x_0 的附近（不包含点 x_0）可导，且 $g'(x) \neq 0$；

(3) $\lim\limits_{x \to x_0} \dfrac{f'(x)}{g'(x)} = A$（或 ∞），

那么

$$\lim\limits_{x \to x_0} \frac{f(x)}{g(x)} = \lim\limits_{x \to x_0} \frac{f'(x)}{g'(x)} = A \text{（或 } \infty \text{）}.$$

注意 上述法则对 $x \to x_0^+$，$x \to x_0^-$，$x \to \infty$，$x \to +\infty$，$x \to -\infty$ 时，如果 $\dfrac{f(x)}{g(x)}$ 为 "$\dfrac{\infty}{\infty}$" 型未定式，同样适用.

例 7 求 $\lim\limits_{x \to \infty} \dfrac{2x^3 + 3x^2 + 2x + 1}{5x^3 - 2x + 3}$.

解 此极限为 "$\dfrac{\infty}{\infty}$" 型未定式，于是

$$\lim\limits_{x \to \infty} \frac{2x^3 + 3x^2 + 2x + 1}{5x^3 - 2x + 3} = \lim\limits_{x \to \infty} \frac{(2x^3 + 3x^2 + 2x + 1)'}{(5x^3 - 2x + 3)'} = \lim\limits_{x \to \infty} \frac{6x^2 + 6x + 2}{15x^2 - 2} \left(\text{"} \frac{\infty}{\infty} \text{" 型} \right)$$

$$= \lim\limits_{x \to \infty} \frac{(6x^2 + 6x + 2)'}{(15x^2 - 2)'} = \lim\limits_{x \to \infty} \frac{12x + 6}{30x} \left(\text{"} \frac{\infty}{\infty} \text{" 型} \right)$$

$$= \lim\limits_{x \to \infty} \frac{(12x + 6)'}{(30x)'} = \frac{2}{5}.$$

例 8 求 $\lim\limits_{x \to 0^+} \dfrac{\ln 3x}{\ln 5x}$.

解 此极限为 "$\dfrac{\infty}{\infty}$" 型未定式，于是

$$\lim\limits_{x \to 0^+} \frac{\ln 3x}{\ln 5x} = \lim\limits_{x \to 0^+} \frac{(\ln 3x)'}{(\ln 5x)'} = \lim\limits_{x \to 0^+} \frac{\frac{1}{3x} \times 3}{\frac{1}{5x} \times 5} = 1.$$

例 9 求 $\lim\limits_{x \to \infty} \dfrac{x + \sin x}{x}$.

解 此极限为 "$\dfrac{\infty}{\infty}$" 型未定式，但因为

$$(x + \sin x)' = 1 + \cos x,$$

而 $\lim\limits_{x \to \infty} \cos x$ 不存在，所以不能使用洛必达法则进行计算. 事实上，我们有

$$\lim\limits_{x \to \infty} \frac{x + \sin x}{x} = \lim\limits_{x \to \infty} \left(1 + \frac{1}{x} \sin x \right) = 1 + \lim\limits_{x \to \infty} \frac{1}{x} \sin x = 1 + 0 = 1.$$

例 10 求 $\lim\limits_{x \to +\infty} \dfrac{e^x - e^{-x}}{e^x + e^{-x}}$.

解 此极限为 "$\dfrac{\infty}{\infty}$" 型未定式，但

$$\lim\limits_{x \to +\infty} \frac{(e^x - e^{-x})'}{(e^x + e^{-x})'} = \lim\limits_{x \to +\infty} \frac{e^x + e^{-x}}{e^x - e^{-x}} \left(\text{"} \frac{\infty}{\infty} \text{" 型} \right),$$

$$\lim_{x \to +\infty} \frac{(e^x + e^{-x})'}{(e^x - e^{-x})'} = \lim_{x \to +\infty} \frac{e^x - e^{-x}}{e^x + e^{-x}}.$$

由此可见,连续两次利用洛必达法则后,又还原为原来的问题,因而洛必达法则失效.事实上,我们有

$$\lim_{x \to +\infty} \frac{e^x - e^{-x}}{e^x + e^{-x}} = \lim_{x \to +\infty} \frac{1 - \dfrac{1}{e^{2x}}}{1 + \dfrac{1}{e^{2x}}} = 1.$$

注意　在上述法则中,如果不能确定 $\lim\limits_{x \to x_0} \dfrac{f'(x)}{g'(x)}$ 存在,就不能使用洛必达法则,要考虑用其他方法.

例 11　求 $\lim\limits_{x \to 0^+} x \ln x$.

解　此极限是"$0 \cdot \infty$"型未定式,于是

$$\lim_{x \to 0^+} x \ln x = \lim_{x \to 0^+} \frac{\ln x}{\dfrac{1}{x}} \left(\text{``}\frac{\infty}{\infty}\text{''型} \right) = \lim_{x \to 0^+} \frac{(\ln x)'}{\left(\dfrac{1}{x} \right)'}$$

$$= \lim_{x \to 0^+} \frac{\dfrac{1}{x}}{-\dfrac{1}{x^2}} = \lim_{x \to 0^+} (-x) = 0.$$

例 12　求 $\lim\limits_{x \to 1} \left(\dfrac{x}{x-1} - \dfrac{1}{\ln x} \right)$.

解　此极限是"$\infty - \infty$"型未定式,于是

$$\lim_{x \to 1} \left(\frac{x}{x-1} - \frac{1}{\ln x} \right) = \lim_{x \to 1} \frac{x \ln x - x + 1}{(x-1)\ln x} \left(\text{``}\frac{0}{0}\text{''型} \right) = \lim_{x \to 1} \frac{(x \ln x - x + 1)'}{[(x-1)\ln x]'}$$

$$= \lim_{x \to 1} \frac{\ln x + 1 - 1}{\ln x + 1 - \dfrac{1}{x}} \left(\text{``}\frac{0}{0}\text{''型} \right) = \lim_{x \to 1} \frac{\dfrac{1}{x}}{\dfrac{1}{x} + \dfrac{1}{x^2}} = \frac{1}{2}.$$

练习题 3.4

用洛必达法则求下列极限:

(1) $\lim\limits_{x \to \pi} \dfrac{\sin 3x}{\sin 7x}$;

(2) $\lim\limits_{x \to 0} \dfrac{3^x - 2^x}{x}$;

(3) $\lim\limits_{x \to +\infty} \dfrac{\ln x}{x}$;

(4) $\lim\limits_{x \to 0} \dfrac{x - \sin x}{x^2 \tan x}$;

(5) $\lim\limits_{x \to 1} (1-x) \tan \dfrac{\pi x}{2}$;

(6) $\lim\limits_{x \to 0} \left(\dfrac{1}{x} - \dfrac{1}{e^x - 1} \right)$.

§ 3.5   用 MATLAB 求最值及作一元函数图形

一、函数驻点的求解

求函数驻点的步骤如下：

(1) 用命令 diff() 求函数的导数；

(2) 用命令 solve() 求导函数的驻点.

例 1   求函数 $y = x^3 + 2x^2 - 5x + 1$ 的驻点.

解   在命令窗口中输入：

>> clear

>> syms x

>> y = x^3 + 2 * x^2 - 5 * x + 1;

>> dy = diff(y, x)

结果显示：

dy =

   3 * x^2 + 4 * x - 5

>> t = solve(dy)

结果显示：

t =

   -2/3 + 1/3 * 19^(1/2)

   -2/3 - 1/3 * 19^(1/2)

>> y1 = t^3 + 2 * t^2 - 5 * t + 1

结果显示：

y1 =

   (-2/3 + 1/3 * 19^(1/2))^3 + 2 * (-2/3 + 1/3 * 19^(1/2))^2 + 13/3 - 5/3

* 19^(1/2)

   (-2/3 - 1/3 * 19^(1/2))^3 + 2 * (-2/3 - 1/3 * 19^(1/2))^2 + 13/3 + 5/3

* 19^(1/2)

>> t = double(t)   %结果用小数显示

结果显示：

t =

   0.7863

-2.1196

>> y1＝double(y1)

结果显示：

y1＝

-1.2088

11.0607

二、函数在给定区间上的最值求解

求函数在给定区间上的最小值的 MATLAB 命令是 fminbnd,其具体调用格式如下：

$$x＝fminbnd(y,x1,x2)$$

其中 y 是函数的符号表达式,命令 fminbnd 仅用于求函数的最小值.若要求解函数的最大值,可先将函数变号,求得最小值,再改变符号,则得到所求函数的最大值.x1 和 x2 是自变量 x 的变化范围.

例 2 求函数 $y＝e^{-x}+(x-1)^2$ 在区间 $[-3,3]$ 内的最小值.

解 在命令窗口中输入：

>> x＝fminbnd('exp(-x)+(x-1)^2',-3,3);

>> y＝exp(-x)+(x-1)^2;

>> x

结果显示：

x＝

1.1572

>> y

结果显示：

y＝

0.3391

即为函数的最小值.

说明 输出格式有以下几种形式：

x

[x,fval]

[x,fval,exitflag]

[x,fval,exitflag,output]

x 表示最小值点,fval 表示函数在给定区间上的最小值,exitflag 为结束标志,其值大于 0 时表示结果收敛到最优解 x,小于 0 时表示迭代次数超过允许的最大次数,等于 0 时表示计算结果没有收敛.output 为求解过程的一些信息,如迭代次数、算法等.

例 3 求函数 $y＝1-3x-x^2$ 在区间 $[-10,9]$ 上的最值和最值点.

解 在命令窗口中输入：

$\gg$ [xmin,fmin]=fminbnd('1-3*x-x^2',-10,9);

%求函数的最小值点和最小值

$\gg$ [xmax,zmin]=fminbnd('-1+3*x+x^2',-10,9);

%转化为-f(x) 的最小值点和最小值

$\gg$ fmax=(-1)*zmin;   %-(-(f(x)))的最大值

$\gg$ xmin,fmin,xmax,fmax   %输出最小值点、最小值、最大值点和最大值

结果显示：

xmin=

9.0000

fmin=

-106.9992

xmax=

-1.5000

fmax=

3.2500

例 4 求函数 $f(x)=\dfrac{x^3+x^2-1}{e^x+e^{-x}}$ 在 $[-5,5]$ 上的最小值和最大值.

解 在命令窗口中输入：

$\gg$ f1='(x^3+x^2-1)/(exp(x)+exp(-x))';

$\gg$ [x_min,f_min,exitflag]=fminbnd(f1,-5,5)

结果显示：

x_min=

-3.3112

f_min=

-0.9594

exitflag=

1

在命令窗口中继续输入：

$\gg$ f2='-(x^3+x^2-1)/(exp(x)+exp(-x))';

$\gg$ [x_max,f2_min,exitflag]=fminbnd(f2,-5,5)

结果显示：

x_max=

2.8498

f2_min=

-1.7452

exitflag=

1

>> f_max＝－f2_min　　　　　　　　%f 的最大值

结果显示:

f_max＝

1.7452

三、一元函数图形的绘制

MATLAB 中描绘一元函数 $y＝f(x)$ 的二维图形,可以用 plot 命令,命令格式:

$$plot(X,Y)$$

其中,X 和 Y 是两个同维数的向量.

plot 命令作图其实是一种描点法作图,如果设 $X＝(x_1,x_2,x_3,\cdots,x_n)$,$Y＝(y_1,y_2,y_3,\cdots,y_n)$,则得到 n 个点 $A_1(x_1,y_1)$,$A_2(x_2,y_2)$,$A_3(x_3,y_3)$,$\cdots$,$A_n(x_n,y_n)$,把这些点依次用线段连起来.

例 5　画出曲线 $y＝x^2$ 在 $x\in[-2,2]$ 的图形.

解　在命令窗口中输入:

>> x＝－2:0.1:2;　　　　% 以 0.1 为步长,得到了 $[-2,2]$ 内 41 个 x 的值

>> y＝x^2;　　　　　% 由 $y＝x^2$ 得到了对应的 41 个 y 的值

>> plot(x,y)　　　% 由上面对应的 x,y 得到 41 个点,把它们用线段连起来

运行后得到图形,如图 3-15 所示.

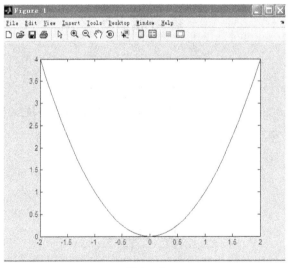

图 3-15

plot(X,Y,LineSpec):可以用来绘制不同线型、标识和颜色的图形,其中参数 LineSpec 指明了线条的类型、标记符号和画线用的颜色.

plot(X,Y,LineSpec)命令中的参数 LineSpec,其功能是定义线的属性.MALTAB 允许用户对线条定义如下的特性:

在所有能产生线条的命令中,参数 LineSepc 可以定义线条的下面三个属性:线型、标记符号、颜色.

（1）线型：

定义符	—	-----	:	—·—
线型	实线（缺省值）	虚线	点线	点画线

（2）标记类型：

定义符	+	o（字母）	*	.	x
标记类型	加号	小圆圈	星号	实点	交叉号
定义符	d	∧	v	>	<
标记类型	棱形	向上三角形	向下三角形	向右三角形	向左三角形
定义符	s	h	p		
标记类型	正方形	正六角星	正五角星		

（3）颜色：

定义符	r（red）	g（green）	b（blue）	c（cyan）
颜 色	红色	绿色	蓝色	青色
定义符	m（magenta）	y（yellow）	k（black）	w（white）
颜色	品红	黄色	黑色	白色

练习题 3.5

1. 求函数 $y = 2x^3 + 3x^2 - 12x + 5$ 的极值和极值点.

2. 求函数 $y = 2x^3 - 3x^2$ 在区间 $[-1, 4]$ 上的最大值和最小值.

3. 求函数 $y = \sqrt{5 - 4x}$ 在区间 $[-1, 1]$ 上的最大值和最小值.

4. 画出函数 $y = \sqrt[3]{x^2 + 1}$ 的图形.

复习题三

一、选择题

1. 在闭区间 $[-1, 1]$ 上满足罗尔定理条件的函数是 （   ）

A. $f(x) = \dfrac{1}{x^2}$ B. $f(x) = |x|$

C. $f(x) = 1 - x^2$ D. $f(x) = x^2 - 2x - 1$

2. 函数 $f(x) = x^3 + 2x$ 在闭区间 $[0, 1]$ 上满足拉格朗日中值定理的 ξ 等于 （   ）

A. $\pm\dfrac{1}{\sqrt{3}}$　　　　　B. $\dfrac{1}{\sqrt{3}}$　　　　　C. $-\dfrac{1}{\sqrt{3}}$　　　　　D. $\sqrt{3}$

3. 设函数 $f(x)$ 在闭区间 $[a,b]$ 上连续,在开区间 (a,b) 内可导,且 $f(a)=f(b)$,则曲线 $y=f(x)$ 在 (a,b) 内平行于 x 轴的切线　　　　　　　　　　　　　　　（　　）

A. 仅有一条　　　　　　　　　　B. 至少有一条

C. 不一定存在　　　　　　　　　　D. 不存在

4. 设函数 $y=x(x-1)(x-2)(x-3)$,则满足方程 $f'(x)=0$ 的实根个数为　　（　　）

A. 1　　　　　　B. 2　　　　　　C. 3　　　　　　D. 4

5. 函数 $y=x+\dfrac{4}{x}$ 的单调减少区间为　　　　　　　　　　　　　　　（　　）

A. $(-\infty,-2)\bigcup(2,+\infty)$　　　　　B. $(-2,2)$

C. $(-\infty,0)\bigcup(0,+\infty)$　　　　　D. $(-2,0)\bigcup(0,2)$

6. 若 x_0 是函数 $f(x)$ 的极值点,则　　　　　　　　　　　　　　　　　（　　）

A. x_0 是函数 $f(x)$ 的驻点

B. x_0 是函数 $f(x)$ 的不可导点

C. x_0 是函数 $f(x)$ 的驻点或不可导点

D. x_0 是函数 $f(x)$ 的拐点

7. 若函数 $y=f(x)$ 在点 $x=x_0$ 处取得极大值,则必有　　　　　　　　（　　）

A. $f'(x_0)=0$　　　　　　　　　　B. $f''(x_0)<0$

C. $f'(x_0)=0$,且 $f''(x_0)<0$　　　　D. $f'(x_0)=0$ 或 $f'(x_0)$ 不存在

8. 设 $y=\dfrac{1}{3}x^3-x$,则 $x=1$ 为 $f(x)$ 在 $[-2,2]$ 上的　　　　　　　（　　）

A. 极小值点,但不是最小值点　　　　B. 极小值点,也是最小值点

C. 极大值点,但不是最大值点　　　　D. 极大值点,也是最大值点

9. 若函数的极值和最值存在,则下列说法正确的是　　　　　　　　　　（　　）

A. 函数的极大值也是最大值,函数的最大值也是极大值

B. 函数的极大值和最大值都是唯一的

C. 函数的极大值一定大于极小值

D. 若函数在 (a,b) 上连续,则函数在 (a,b) 上的最值点也是极值点

10. 设函数 $f(x)$ 在闭区间 $[0,1]$ 上连续,在开区间 $(0,1)$ 内可导,且 $f'(x)>0$,则

　　　　　　　　　　　　　　　　　　　　　　　　　　　　　　　　（　　）

A. $f(1)>0$　　　　　　　　　　B. $f(0)<0$

C. $f(1)>f(0)$　　　　　　　　　　D. $f(1)<f(0)$

11. 设 $f(x)$ 在 $x=x_0$ 处不可导,则 $f(x)$ 在 $x=x_0$ 处　　　　　　　　（　　）

A. 不连续　　　　B. 无极值　　　　C. 不可微　　　　D. 无极限

12. 曲线 $y=\dfrac{4x-1}{(x-2)^2}$ 的渐近线方程为　　　　　　　　　　　　　（　　）

A. $x=\dfrac{1}{4}$　　　　　　　　　　B. $x=2$

C. $y=0$ D. $x=2$ 和 $y=0$

13. $\lim\limits_{x\to\infty}\dfrac{x-\sin x}{x+\sin x}$ 等于   (   )

A. 1   B. -1 C. 0   D. 无穷大量

二、填空题

1. 罗尔定理的条件是 _____、_____、_____，结论是 _____.

2. 拉格朗日中值定理的条件是 _____、_____，结论是 _____.

3. $y=\sin x$ 在 $[0,2\pi]$ 上满足罗尔定理的条件，则满足定理的 $\xi=$ _____.

4. 函数 $f(x)=x^4$ 在 $[1,2]$ 上满足拉格朗日中值定理的条件，则在 $(1,2)$ 内满足定理的 $\xi=$ _____.

5. 函数 $y=\ln(1+x^2)$ 的单调增加区间是 _____.

6. 函数 $y=f(x)$ 在点 x_0 处具有二阶导数，且 $f'(x_0)=0,f''(x_0)>0$，则 $f(x_0)$ 是函数的极 _____ 值.

7. x_0 为 $f(x)$ 的驻点是 x_0 为可导函数 $f(x)$ 的极值点的 _____ 条件.

8. 函数 $y=x^2 e^x$ 的极大值为 _____.

9. 函数 $y=x^4-8x^2+2$ 在 $[-1,3]$ 上的最大值为 _____，最小值为 _____.

10. 设 $y=f(x)$ 在点 x_0 处可导，且在 x_0 处取得极小值，则曲线 $y=f(x)$ 在点 $(x_0,f(x_0))$ 处的切线方程为 _____.

11. 曲线 $y=\dfrac{x+2}{(x-1)^2}$ 的水平渐近线方程是 _____，垂直渐近线方程是 _____.

12. 曲线 $y=\dfrac{1}{1-x^2}$ 的水平渐近线方程是 _____，垂直渐近线方程是 _____ 和 _____.

三、求下列极限

1. $\lim\limits_{x\to0^+}\dfrac{\ln 3x}{\ln 2x}$.   2. $\lim\limits_{x\to4}\dfrac{\sqrt{x-2}-\sqrt{2}}{\sqrt{2x+1}-3}$.   3. $\lim\limits_{x\to0}\left(\dfrac{1}{x}-\dfrac{1}{e^x-1}\right)$.

4. $\lim\limits_{x\to\frac{\pi}{2}}(\sec x-\tan x)$.   5. $\lim\limits_{x\to0^+}x\ln x$.

四、解答题

1. 设曲线 $y=f(x)$ 经过原点，并且在原点处的切线平行于直线 $y+2x-3=0$，若 $f'(x)=3ax^2+b$，$f(x)$ 在 $x=1$ 处取得极值.

(1) 确定 a,b，并求出曲线方程；

(2) 在 $x=1$ 处函数 $f(x)$ 取得极大值还是极小值？并求出极值.

2. 函数 $y=ax^3+bx^2+6x$ 在 $x_1=1$ 和 $x_2=-1$ 处都取得极值，求 a,b 的值.

3. 已知函数 $f(x)=a\sin x+\dfrac{1}{3}\sin 3x$ 在点 $x=\dfrac{\pi}{3}$ 处取得极值，试确定 a 的值，并问它

是极大值还是极小值? 请求出此极值.

4. 证明下列不等式:

(1) 当 $x \geqslant 0$ 时,$x \geqslant \arctan x$;

(2) 当 $x > 1$ 时,$\ln x > \dfrac{2(x-1)}{x+1}$;

(3) 当 $x > 0$ 时,$1 + \dfrac{1}{2}x > \sqrt{1+x}$.

5. 若直角三角形的一直角边与斜边之和为 2,求有最大面积的直角三角形.

6. 求内接于半径为 R 的半圆的周长最大的矩形的边长.

7. 一房地产公司有 50 套公寓要出租,当租金定为每套每月 180 元时,公寓可全部租出;当租金每套每月增加 10 元时,租不出的公寓就多 1 套. 租出的房子每套每月需 20 元的整修维护费,问房租定为多少可获利最大?

*8. 某厂日产某产品 q(件)的总成本为 $C(q) = 100 + 2q + \dfrac{1}{2}q^2$(单位:百元),若该产品的需求量 $q = 100 - 2p$,其中 p 为每件产品的价格(单位:百元/件).

(1) 求收入函数 $R(q)$ 和利润函数 $L(q)$.

(2) 问日产该产品 20 件的边际成本和边际利润为多少?

(3) 每天生产多少件时,获利最大? 此时的产品定价是多少?

阅读材料三 数学家简介2

18世纪欧洲最伟大的数学家拉格朗日

　　拉格朗日(1736—1813),法国著名的数学家、力学家、天文学家,获得过18世纪欧洲最伟大数学家的称号.拉格朗日的父亲一心想把他培养成一名律师,然而拉格朗日对法律毫无兴趣,却偏爱文学,直到16岁那年,他读到了一篇介绍牛顿微积分的文章,从此迷上了微积分,下决心要成为牛顿那样的数学家.在进入都灵皇家炮兵学院学习后,拉格朗日开始有计划地自学数学.他认定目标后,学习勤奋刻苦,进步很快,尚未毕业就担任了该校的数学教学工作.20岁时就被正式聘任为该校的数学副教授.

　　拉格朗日从小就非常勤奋、好学,当其他同龄的孩子都想尽各种办法逃课的时候,拉格朗日却从来没有缺过一次课.有一次,拉格朗日和朋友外出郊游归来时淋了雨,第二天便生病了,似乎还发着烧.然而,父亲要帮他请假时,拉格朗日却拦住了:"你不是一直教导我要勤奋吗? 这点小病不算什么,我可以坚持去上课的.再说,这学期马上就要结束了,我不想因为这次请假影响我完美的出勤率."最后,在拉格朗日的再三坚持下,父亲只好妥协了.

　　第二天放学后,拉格朗日告诉父亲,班里有两三名学生因病请假了.他的语气颇为自豪,因为自己虽然生病却还在坚持上课.拉格朗日本以为会得到父亲的夸赞,没想到父亲却说:"你今天必须请假.""没事,我可以坚持的."拉格朗日笑着说.父亲摇摇头,认真地说:"你能坚持学习当然是好事,但前提是不影响其他人.可现在,你的感冒是会传染给其他同学的,而且很可能已经有同学因此生病了.所以你如果再坚持去上课,就不再值得赞美,反而是一种很自私的行为了."拉格朗日似乎有点不解,自己只是想坚持去上课,怎么就自私了呢? "为了满足自己勤奋的心理,为了百分百的出勤率,而不顾其他人的感受和处境,这难道还不够自私吗?"父亲的一句话,让拉格朗日恍然大悟,他这才认识到自己潜意识中的自私.

　　"即使是追求美好的事物,也不一定都值得赞美,因为这对他人来说可能并不是一件好事.是父亲让我明白,在自我要求和约束的同时,也要尽力做到不影响他人."拉格朗日事后感慨地说.也正是有了这种认知,拉格朗日在取得一系列成就的同时也获得了人们的普遍赞誉和欣赏.他的全部著作、论文、学术报告记录、学术通讯超过500篇,他的工作总结了18世纪的数学成果,同时开辟了19世纪数学研究的道路.拿破仑称赞他为"一座高耸在数学世界的金字塔".

第 4 章

不定积分

　　微积分学主要是研究微分和积分. 前面我们讨论了一元函数的微分学, 下面将研究一元函数的积分学. 积分学分为不定积分和定积分两大部分, 本章主要介绍不定积分. 大家都知道, 加与减、乘与除互为逆运算. 而求导数也有逆运算, 这就是本章要学习的不定积分.

§4.1　不定积分的概念与性质

一、原函数

　　微分学讨论的主要问题是: 已知一个函数, 如何去求它的导数或微分? 例如, 已知函数 $f(x)=x^2$, 要求它的导数 $f'(x)$, 由导数定义知 $f'(x)=2x$. 而在实际应用中, 往往会遇到相反的问题, 即已知一个函数的导数 (或微分), 要求这个函数. 又如, 已知函数 $f(x)$ 的导数 $f'(x)=2x$, 要求出原来的函数 $f(x)$. 显然, $f(x)=x^2$ 是符合条件的一个函数. 这是与求导数相反的问题, 即由已知函数的导数, 求这个函数. 于是, 我们引入原函数的概念.

　　定义 1　设函数 $F(x)$ 与 $f(x)$ 在区间 I 内有定义, 如果函数 $F(x)$ 满足
$$F'(x)=f(x) \text{ 或 } \mathrm{d}F(x)=f(x)\mathrm{d}x,$$
则称函数 $F(x)$ 为函数 $f(x)$ 在区间 I 内的原函数.

　　例如, 因为 $(x^2+1)'=2x$, 所以 x^2+1 为 $2x$ 的一个原函数. 此外, 不难验证 $x^2+2, x^2+3, x^2+\sqrt{3}, x^2+C$ (其中 C 为常数) 也都是 $2x$ 的原函数.

　　一般地, 如果函数 $F(x)$ 是函数 $f(x)$ 在区间 I 内的一个原函数, 则 $F(x)+C$ (其中 C 为常数) 也都是 $f(x)$ 的原函数. 也就是说, 如果函数 $f(x)$ 存在一个原函数, 那么它就有无数个原函数. 如何找到所有原函数呢? $f(x)$ 的任何两个原函数间又有什么关系?

　　定理 1　如果函数 $f(x)$ 在区间 I 内有一个原函数 $F(x)$, 那么它在该区间内就有无限多个原函数, 并且 $f(x)$ 的任一原函数均可表示成 $F(x)+C$ 形式, 其中 C 是任意常数.

　　证　因为 $[F(x)+C]'=F'(x)=f(x)$, 所以 $F(x)+C$ 也是 $f(x)$ 的原函数. 反之, 若 $G(x)$ 为 $f(x)$ 在区间 I 上的任一原函数, 则 $G'(x)=f(x)$. 又因为 $F'(x)=f(x)$, 所以 $[G(x)-F(x)]'=0$ 对于区间 I 内的一切 x 成立. 由第 3 章拉格朗日中值定理的推论可以

知道, $G(x)-F(x)$ 等于常数 C, 因此

$$G(x)=F(x)+C.$$

二、不定积分

定义 2 若 $F(x)$ 是 $f(x)$ 在区间 I 内的一个原函数, 那么表达式

$$F(x)+C(C \text{ 为任意常数})$$

称为 $f(x)$ 在区间 I 内的不定积分, 记作 $\int f(x)\mathrm{d}x$, 即

$$\int f(x)\mathrm{d}x = F(x)+C,$$

其中 "$\int$" 叫作积分号, $f(x)$ 叫作被积函数, $f(x)\mathrm{d}x$ 叫作被积表达式, x 叫作积分变量, C 叫作积分常数.

由不定积分的定义, 函数的不定积分是由全部原函数组成的函数族, 有无数个原函数.

例 1 验证下列等式:

(1) $\int \sin x \mathrm{d}x = -\cos x + C$;   (2) $\int \dfrac{1}{x} \mathrm{d}x = \ln|x| + C$.

证 (1) 因为 $(-\cos x)' = \sin x$, 所以 $-\cos x$ 是 $\sin x$ 的一个原函数, 从而

$$\int \sin x \mathrm{d}x = -\cos x + C.$$

(2) 因为当 $x>0$ 时, $(\ln|x|)' = (\ln x)' = \dfrac{1}{x}$;

当 $x<0$ 时, $(\ln|x|)' = [\ln(-x)]' = \dfrac{1}{-x} \cdot (-x)' = \dfrac{1}{x}$,

所以 $\ln|x|$ 是 $\dfrac{1}{x}$ 的一个原函数, 从而

$$\int \dfrac{1}{x} \mathrm{d}x = \ln|x| + C.$$

例 2 求经过点 $(2,5)$, 且其切线的斜率为 $2x$ 的曲线方程.

解 设所求曲线方程为 $y=f(x)$, 由 $f'(x)=2x$, 得 $y=f(x)=\int 2x\mathrm{d}x = x^2 + C$. 将 $x=2, y=5$ 代入上式, 得 $C=1$, 所以所求的曲线方程为 $y=x^2+1$.

三、不定积分的性质

性质 1 设函数 $F(x)$ 是函数 $f(x)$ 在区间 I 内的一个原函数, 则有

(1) $\dfrac{\mathrm{d}}{\mathrm{d}x}\left[\int f(x)\mathrm{d}x\right] = f(x)$ 或 $\mathrm{d}\left[\int f(x)\mathrm{d}x\right] = f(x)\mathrm{d}x$.

(2) $\int F'(x)\mathrm{d}x = F(x)+C$ 或 $\int \mathrm{d}F(x) = F(x)+C$.

性质 2　两个函数的代数和的不定积分等于各个函数不定积分的代数和,即

$$\int \left[f(x) \pm g(x) \right] \mathrm{d}x = \int f(x)\mathrm{d}x \pm \int g(x)\mathrm{d}x.$$

性质 2 对于有限多个函数的代数和也是成立的.

性质 3　被积表达式中的常数因子可以提到积分号的前面,即当 k 为不等于零的常数时,有

$$\int k f(x)\mathrm{d}x = k \int f(x)\mathrm{d}x.$$

四、基本积分公式

因为不定积分是求导数的逆运算,所以由基本求导公式可以得到基本积分公式:

(1) $\int 0\mathrm{d}x = C$;

(2) $\int \mathrm{d}x = x + C$;

(3) $\int x^{a}\mathrm{d}x = \dfrac{x^{a+1}}{a+1} + C \ (\alpha \neq -1)$;

(4) $\int \dfrac{1}{x}\mathrm{d}x = \ln|x| + C$;

(5) $\int a^{x}\mathrm{d}x = \dfrac{a^{x}}{\ln a} + C \ (a > 0 \ \text{且} \ a \neq 1)$;

(6) $\int \mathrm{e}^{x}\mathrm{d}x = \mathrm{e}^{x} + C$;

(7) $\int \cos x \mathrm{d}x = \sin x + C$;

(8) $\int \sin x \mathrm{d}x = -\cos x + C$;

(9) $\int \sec^{2} x \mathrm{d}x = \tan x + C$;

(10) $\int \csc^{2} x \mathrm{d}x = -\cot x + C$;

(11) $\int \sec x \tan x \mathrm{d}x = \sec x + C$;

(12) $\int \csc x \cot x \mathrm{d}x = -\csc x + C$.

(13) $\int \dfrac{\mathrm{d}x}{\sqrt{1-x^{2}}} = \arcsin x + C = -\arccos x + C$;

(14) $\int \dfrac{\mathrm{d}x}{1+x^{2}} = \arctan x + C = -\operatorname{arccot} x + C$.

例 3　求 $\int \dfrac{1}{x^{2}}\mathrm{d}x$.

解　$\int \dfrac{1}{x^{2}}\mathrm{d}x = \int x^{-2}\mathrm{d}x = \dfrac{x^{-2+1}}{-2+1} + C = -\dfrac{1}{x} + C.$

注意　积分 $\int \dfrac{1}{x^{2}}\mathrm{d}x = -\dfrac{1}{x} + 5 + C$ 也是正确的.

例 4　$\int (x+2)\sqrt{x}\,\mathrm{d}x.$

解　$\int (x+2)\sqrt{x}\,\mathrm{d}x = \int x\sqrt{x}\,\mathrm{d}x + \int 2\sqrt{x}\,\mathrm{d}x = \int \left(x^{\frac{1}{2}+1} + 2x^{\frac{1}{2}} \right)\mathrm{d}x = \int x^{\frac{3}{2}}\mathrm{d}x + 2\int x^{\frac{1}{2}}\mathrm{d}x$

$$= \dfrac{1}{\frac{3}{2}+1}x^{\frac{3}{2}+1} + 2 \times \dfrac{1}{\frac{1}{2}+1}x^{\frac{1}{2}+1} + C = \dfrac{2}{5}x^{\frac{5}{2}} + \dfrac{4}{3}x^{\frac{3}{2}} + C.$$

> **注意** 这里不定积分本来应该有两个任意常数,但两个任意常数的和还是任意常数,因此只要用一个任意常数.

例 5 求 $\int \dfrac{(1+x)^3}{x^2}\mathrm{d}x$.

解
$$\int \dfrac{(1+x)^3}{x^2}\mathrm{d}x = \int \left(\dfrac{1}{x^2} + \dfrac{3}{x} + 3 + x\right)\mathrm{d}x$$
$$= \int x^{-2}\mathrm{d}x + 3\int \dfrac{1}{x}\mathrm{d}x + 3\int \mathrm{d}x + \int x\mathrm{d}x$$
$$= -\dfrac{1}{x} + 3\ln|x| + 3x + \dfrac{1}{2}x^2 + C.$$

例 6 求 $\int \dfrac{2x^2+1}{x^2(x^2+1)}\mathrm{d}x$.

解 $\int \dfrac{2x^2+1}{x^2(x^2+1)}\mathrm{d}x = \int \dfrac{x^2+1+x^2}{x^2(x^2+1)}\mathrm{d}x = \int \dfrac{1}{x^2}\mathrm{d}x + \int \dfrac{1}{1+x^2}\mathrm{d}x = -\dfrac{1}{x} + \arctan x + C.$

例 7 求 $\int \dfrac{x^2}{x^2+1}\mathrm{d}x$.

解 $\int \dfrac{x^2}{x^2+1}\mathrm{d}x = \int \dfrac{(x^2+1)-1}{x^2+1}\mathrm{d}x = \int \left(1 - \dfrac{1}{x^2+1}\right)\mathrm{d}x = x - \arctan x + C.$

例 8 求 $\int 3^x \mathrm{e}^x \mathrm{d}x$.

解 $\int 3^x \mathrm{e}^x \mathrm{d}x = \int (3\mathrm{e})^x \mathrm{d}x = \dfrac{(3\mathrm{e})^x}{\ln 3\mathrm{e}} + C.$

例 9 求 $\int \dfrac{1}{1-\cos 2x}\mathrm{d}x$.

解 $\int \dfrac{1}{1-\cos 2x}\mathrm{d}x = \int \dfrac{\mathrm{d}x}{2\sin^2 x} = \dfrac{1}{2}\int \csc^2 x \mathrm{d}x = -\dfrac{1}{2}\cot x + C.$

例 10 求 $\int \cot^2 x \mathrm{d}x$.

解 $\int \cot^2 x \mathrm{d}x = \int (\csc^2 x - 1)\mathrm{d}x = \int \csc^2 x \mathrm{d}x - \int \mathrm{d}x = -\cot x - x + C.$

从上面几个例子可以看出,求不定积分时,常常要对被积函数作代数或三角的恒等变形,化为基本积分公式中被积函数代数和的形式,和求导相比,比较灵活.这就需要读者熟记基本积分公式,通过做一定数量的练习,才能逐步掌握求不定积分的基本方法.

*例 11 某化工厂生产某种产品,每日生产的产品总成本 y 的变化率(即边际成本)是日产量 x 的函数,即 $y' = 7 + \dfrac{25}{\sqrt{x}}$. 已知固定成本为 10000 元,求总成本与日产量的函数关系.

解 因为总成本是总成本变化率的原函数,所以有
$$y = \int \left(7 + \dfrac{25}{\sqrt{x}}\right)\mathrm{d}x = 7x + 50\sqrt{x} + C.$$

已知固定成本为 10000 元,即当 $x = 0$ 时,$y = 10000$,因此有 $C = 10000$,于是可得

$$y = 7x + 50\sqrt{x} + 10000,$$

所以,总成本 y 与日产量 x 的函数关系为

$$y = 7x + 50\sqrt{x} + 10000.$$

练习题 4.1

1. 判断下列各组函数是否为同一函数的原函数:

(1) $y = \ln(2x)$,$y = \ln(3x)$,$y = \ln x - 2$;

(2) $y = (e^x + e^{-x})^2$,$y = (e^x - e^{-x})^2$.

2. 求下列不定积分:

(1) $\displaystyle\int \frac{1}{x^2\sqrt{x}}dx$;
(2) $\displaystyle\int (x^2 - 1)^2 dx$;

(3) $\displaystyle\int \frac{x^4}{x^2 + 1}dx$;
(4) $\displaystyle\int \frac{3^x - 2^x}{5^x}dx$;

(5) $\displaystyle\int \frac{1}{\sin^2 x \cos^2 x}dx$;
(6) $\displaystyle\int \sin^2 \frac{x}{2}dx$.

3. 一条曲线过点 $(1,2)$,且在任一点处切线的斜率等于横坐标的两倍,求这条曲线的方程.

*4. 设生产某产品 x 单位的总成本 C 是 x 的函数 $C(x)$,固定成本(即 $C(0)$)为 20 元,边际成本函数 $C'(x) = 2x + 10$,求总成本函数 $C(x)$.

§4.2   不定积分换元法

利用基本积分公式和性质只能求一些简单的不定积分,对于比较复杂的不定积分,我们需要进一步研究求不定积分的方法,下面简单介绍第一类换元积分法和第二类换元积分法.

一、第一类换元积分法

第一类换元积分法是与微分学中的复合函数求导法则(或微分形式的不变性)相对应的积分法.

回顾以前的复合函数求导法则:设 $F'(u) = f(u)$,$u = \varphi(x)$ 可导,则

$$\frac{\mathrm{d}}{\mathrm{d}x}\{F[\varphi(x)]\} = F'[\varphi(x)]\varphi'(x) = f[\varphi(x)]\varphi'(x).$$

也就是说,函数 $F[\varphi(x)]$ 是函数 $f[\varphi(x)]\varphi'(x)$ 的一个原函数,因此有

$$\int f[\varphi(x)]\varphi'(x)\mathrm{d}x = F[\varphi(x)]+C,$$

这就是不定积分的第一类换元法.

设 $\int f(u)\mathrm{d}u = F(u)+C, u=\varphi(x)$ 可导,则有

$$\int g(x)\mathrm{d}x \xmapsto{\text{恒等变形}} \int f[\varphi(x)]\varphi'(x)\mathrm{d}x$$

$$\xmapsto{\text{凑微分}} \int f[\varphi(x)]\mathrm{d}[\varphi(x)]$$

$$\xmapsto{\text{换元,令 } u=\varphi(x)} \int f(u)\mathrm{d}u$$

$$\xmapsto{\text{积分}} F(u)+C$$

$$\xmapsto{\text{回代还原}} F[\varphi(x)]+C.$$

这种方法的基本思想是,被积表达式 $g(x)\mathrm{d}x$ 恒等变形后能写成

$$g(x)\mathrm{d}x = f[\varphi(x)]\varphi'(x)\mathrm{d}x = f[\varphi(x)]\mathrm{d}[\varphi(x)],$$

第一类换元法的关键在于凑微分,因此第一类换元法又称凑微分法.

例 1 求 $\int \sin 5x\mathrm{d}x$.

解 $\int \sin 5x\mathrm{d}x = \dfrac{1}{5}\int (\sin 5x)(5x)'\mathrm{d}x = \dfrac{1}{5}\int \sin 5x\mathrm{d}(5x) \xmapsto{\text{令 } 5x=u} \dfrac{1}{5}\int \sin u\mathrm{d}u$

$$= -\dfrac{1}{5}\cos u+C \xmapsto{\text{回代还原}} -\dfrac{1}{5}\cos 5x+C.$$

例 2 求 $\int \dfrac{1}{3x+5}\mathrm{d}x$.

解 $\int \dfrac{1}{3x+5}\mathrm{d}x = \dfrac{1}{3}\int \dfrac{1}{3x+5}(3x+5)'\mathrm{d}x = \dfrac{1}{3}\int \dfrac{1}{3x+5}\mathrm{d}(3x+5) \xmapsto{\text{换元,令 } 3x+5=u} \dfrac{1}{3}\int \dfrac{1}{u}\mathrm{d}u$

$$= \dfrac{1}{3}\ln|u|+C \xmapsto{\text{回代}} \dfrac{1}{3}\ln|3x+5|+C.$$

第一类换元法使用熟练后,换元和还原的过程可以省略,如例 2 的解答过程可写为

$$\int \dfrac{1}{3x+5}\mathrm{d}x = \dfrac{1}{3}\int \dfrac{1}{3x+5}(3x+5)'\mathrm{d}x = \dfrac{1}{3}\int \dfrac{1}{3x+5}\mathrm{d}(3x+5) = \dfrac{1}{3}\ln|3x+5|+C.$$

例 3 求 $\int x\mathrm{e}^{x^2}\mathrm{d}x$.

解 $\int x\mathrm{e}^{x^2}\mathrm{d}x = \dfrac{1}{2}\int \mathrm{e}^{x^2}(x^2)'\mathrm{d}x = \dfrac{1}{2}\int \mathrm{e}^{x^2}\mathrm{d}(x^2) = \dfrac{1}{2}\mathrm{e}^{x^2}+C.$

以上几例都是直接用凑微分法求积分的,凑微分法是积分计算中的一个十分重要的方法,记住以下一些凑微分的表达式,对凑微分法的使用和掌握是十分有益的.下面介绍几种常用的凑微分方法.

(1) 凑线性微分:

$$\mathrm{d}x = \dfrac{1}{a}(ax+b)'\mathrm{d}x = \dfrac{1}{a}\mathrm{d}(ax+b)(\text{其中 } a\neq 0),$$

$$\int f(ax+b)\mathrm{d}x = \frac{1}{a}\int f(ax+b)\mathrm{d}(ax+b).$$

上面的例 1、例 2 就是凑线性微分的例子,下面再举几个例子.

例 4　求 $\displaystyle\int \frac{1}{\sqrt{1-25x^2}}\mathrm{d}x.$

解　$\displaystyle\int \frac{1}{\sqrt{1-25x^2}}\mathrm{d}x = \frac{1}{5}\int \frac{1}{\sqrt{1-(5x)^2}}\mathrm{d}(5x) = \frac{1}{5}\arcsin 5x + C.$

例 5　求 $\displaystyle\int \frac{1}{\sqrt{a^2-x^2}}\mathrm{d}x (a>0).$

解　$\displaystyle\int \frac{1}{\sqrt{a^2-x^2}}\mathrm{d}x = \frac{1}{a}\int \frac{1}{\sqrt{1-\left(\frac{x}{a}\right)^2}}\mathrm{d}x = \int \frac{1}{\sqrt{1-\left(\frac{x}{a}\right)^2}}\mathrm{d}\left(\frac{x}{a}\right) = \arcsin \frac{x}{a} + C.$

例 6　求 $\displaystyle\int \frac{1}{a^2+x^2}\mathrm{d}x.$

解　$\displaystyle\int \frac{1}{a^2+x^2}\mathrm{d}x = \frac{1}{a^2}\int \frac{1}{1+\left(\frac{x}{a}\right)^2}\mathrm{d}x = \frac{1}{a}\int \frac{1}{1+\left(\frac{x}{a}\right)^2}\mathrm{d}\left(\frac{x}{a}\right) = \frac{1}{a}\arctan \frac{x}{a} + C.$

(2) 凑平方微分:

$$x\mathrm{d}x = \frac{1}{2}\mathrm{d}(x^2) = \frac{1}{2a}\mathrm{d}(ax^2+b)(a \neq 0),$$

$$\int xf(x^2)\mathrm{d}x = \frac{1}{2}\int f(x^2)\mathrm{d}(x^2).$$

有时还需要先凑平方微分,再凑线性微分:

$$\int xf(ax^2+b)\mathrm{d}x = \frac{1}{2}\int f(ax^2+b)\mathrm{d}(x^2) = \frac{1}{2a}\int f(ax^2+b)\mathrm{d}(ax^2+b).$$

上面的例 3 就是凑平方微分的例子,又如:

例 7　求 $\displaystyle\int x\sqrt{9-4x^2}\mathrm{d}x.$

解　先凑平方微分,得

$$\int x\sqrt{9-4x^2}\mathrm{d}x = \frac{1}{2}\int (9-4x^2)^{\frac{1}{2}}\mathrm{d}(x^2).$$

再凑线性微分,得

$$\frac{1}{2}\int (9-4x^2)^{\frac{1}{2}}\mathrm{d}(x^2) = -\frac{1}{8}\int (9-4x^2)^{\frac{1}{2}}\mathrm{d}(9-4x^2)$$

$$= -\frac{1}{8} \times \frac{1}{\frac{1}{2}+1}(9-4x^2)^{\left(\frac{1}{2}+1\right)} + C$$

$$= -\frac{1}{12}(9-4x^2)^{\frac{3}{2}} + C.$$

类似凑平方微分,还有:

$$x^2\mathrm{d}x = \frac{1}{3}\mathrm{d}(x^3) = \frac{1}{3a}\mathrm{d}(ax^3+b) \ (a \neq 0),$$

$$\cdots,$$

$$x^{n-1}\mathrm{d}x = \frac{1}{n}\mathrm{d}(x^n) = \frac{1}{na}\mathrm{d}(ax^n + b).$$

(3) $\dfrac{1}{\sqrt{x}}\mathrm{d}x = 2\mathrm{d}(\sqrt{x})$.

例 8 求 $\displaystyle\int \frac{\cos(\sqrt{x}+3)}{\sqrt{x}}\mathrm{d}x$.

解 $\displaystyle\int \frac{\cos(\sqrt{x}+3)}{\sqrt{x}}\mathrm{d}x = 2\int \cos(\sqrt{x}+3)\mathrm{d}(\sqrt{x}) = 2\int \cos(\sqrt{x}+3)\mathrm{d}(\sqrt{x}+3)$

$$= 2\sin(\sqrt{x}+3) + C.$$

(4) $\dfrac{1}{x^2}\mathrm{d}x = -\mathrm{d}\left(\dfrac{1}{x}\right)$.

其实 (2)(3)(4) 可归结为:

$$x^\alpha \mathrm{d}x = \frac{1}{\alpha+1}\mathrm{d}(x^{\alpha+1})(\alpha \neq -1),$$

$$\int x^\alpha f(x^{\alpha+1})\mathrm{d}x = \frac{1}{\alpha+1}\int f(x^{\alpha+1})\mathrm{d}(x^{\alpha+1}).$$

(5) 凑对数微分:

$$\frac{1}{x}\mathrm{d}x = \mathrm{d}(\ln x) = \frac{1}{a}\mathrm{d}(a\ln x + b)\ (a \neq 0),$$

$$\int \frac{1}{x}f(\ln x)\mathrm{d}x = \int f(\ln x)\mathrm{d}(\ln x).$$

有时要先凑对数微分,再凑线性微分:

$$\int \frac{1}{x}f(a\ln x + b)\mathrm{d}x = \int f(a\ln x + b)\mathrm{d}(\ln x) = \frac{1}{a}\int f(a\ln x + b)\mathrm{d}(a\ln x + b).$$

例 9 求 $\displaystyle\int \frac{1}{x(3+5\ln x)}\mathrm{d}x$.

解 $\displaystyle\int \frac{1}{x(3+5\ln x)}\mathrm{d}x = \int \frac{1}{3+5\ln x}\mathrm{d}(\ln x) = \frac{1}{5}\int \frac{1}{3+5\ln x}\mathrm{d}(3+5\ln x)$

$$= \frac{1}{5}\ln|3+5\ln x| + C.$$

(6) 凑指数微分:

$$\mathrm{e}^x\mathrm{d}x = \mathrm{d}(\mathrm{e}^x),$$

$$\mathrm{e}^{-x}\mathrm{d}x = -\mathrm{e}^{-x}\mathrm{d}(-x) = -\mathrm{d}(\mathrm{e}^{-x}).$$

例 10 求 $\displaystyle\int \frac{\mathrm{e}^x}{1+\mathrm{e}^x}\mathrm{d}x$.

解 $\displaystyle\int \frac{\mathrm{e}^x}{1+\mathrm{e}^x}\mathrm{d}x = \int \frac{1}{1+\mathrm{e}^x}\mathrm{d}(\mathrm{e}^x) = \int \frac{1}{1+\mathrm{e}^x}\mathrm{d}(1+\mathrm{e}^x) = \ln(1+\mathrm{e}^x) + C.$

(7) $\cos x\mathrm{d}x = \mathrm{d}(\sin x)$.

(8) $\sin x\mathrm{d}x = -\mathrm{d}(\cos x)$.

(9) $\sec^2 x\mathrm{d}x = \mathrm{d}(\tan x)$.

(10) $\csc^2 x\mathrm{d}x = -\mathrm{d}(\cot x)$.

(11) $\sec x\tan x\mathrm{d}x = \mathrm{d}(\sec x)$.

(12) $\csc x\cot x\mathrm{d}x = -\mathrm{d}(\cot x)$.

(13) $\dfrac{1}{\sqrt{1-x^2}}\mathrm{d}x = \mathrm{d}(\arcsin x) = -\mathrm{d}(\arccos x)$.

(14) $\dfrac{1}{1+x^2}\mathrm{d}x = \mathrm{d}(\arctan x) = -\mathrm{d}(\mathrm{arccot} x)$.

例 11　求 $\displaystyle\int\tan x\mathrm{d}x$.

解　$\displaystyle\int\tan x\mathrm{d}x = \int\dfrac{\sin x}{\cos x}\mathrm{d}x = -\int\dfrac{1}{\cos x}\mathrm{d}(\cos x) = -\ln|\cos x| + C$.

类似地,得

$$\int\cot x\mathrm{d}x = \ln|\sin x| + C.$$

例 12　求 $\displaystyle\int\sin^3 x\mathrm{d}x$.

解　$\displaystyle\int\sin^3 x\mathrm{d}x = \int(\sin^2 x)\sin x\mathrm{d}x = \int(1-\cos^2 x)\sin x\mathrm{d}x$

$$= -\int(1-\cos^2 x)\mathrm{d}(\cos x) = -\cos x + \dfrac{1}{3}\cos^3 x + C.$$

例 13　求 $\displaystyle\int\sin^2 x\mathrm{d}x$.

解　$\displaystyle\int\sin^2 x\mathrm{d}x = \int\dfrac{1-\cos 2x}{2}\mathrm{d}x = \dfrac{1}{2}\int\mathrm{d}x - \dfrac{1}{2}\int\cos 2x\mathrm{d}x = \dfrac{1}{2}\int\mathrm{d}x - \dfrac{1}{4}\int\cos 2x\mathrm{d}(2x)$

$$= \dfrac{1}{2}x - \dfrac{1}{4}\sin 2x + C.$$

例 14　求 $\displaystyle\int\sin 3x\cos 2x\mathrm{d}x$.

解　此题不能像上面那样凑微分. 由中学学过的积化和差公式,得

$$\sin 3x\cos 2x = \dfrac{1}{2}(\sin 5x + \sin x).$$

于是,有

$$\int\sin 3x\cos 2x\mathrm{d}x = \dfrac{1}{2}\int\sin 5x\mathrm{d}x + \dfrac{1}{2}\int\sin x\mathrm{d}x = -\dfrac{1}{10}\cos 5x - \dfrac{1}{2}\cos x + C.$$

例 15　求 $\displaystyle\int\sec x\mathrm{d}x$.

解　$\displaystyle\int\sec x\mathrm{d}x = \int\dfrac{\sec x(\sec x + \tan x)}{\sec x + \tan x}\mathrm{d}x = \int\dfrac{1}{\sec x + \tan x}\mathrm{d}(\sec x + \tan x)$

$$= \ln|\sec x + \tan x| + C.$$

同样地,得

$$\int\csc x\mathrm{d}x = \ln|\csc x - \cot x| + C.$$

例 16 求 $\int \dfrac{2x+3}{x^2+3x-1}\mathrm{d}x$.

解 $\int \dfrac{2x+3}{x^2+3x-1}\mathrm{d}x = \int \dfrac{1}{x^2+3x-1}\mathrm{d}(x^2+3x-1)=\ln|x^2+3x-1|+C.$

例 17 求 $\int \dfrac{\mathrm{d}x}{x^2-a^2}$.

解
$$\int \frac{\mathrm{d}x}{x^2-a^2} = \int \frac{1}{(x+a)(x-a)}\mathrm{d}x = \frac{1}{2a}\int \left(\frac{1}{x-a} - \frac{1}{x+a}\right)\mathrm{d}x$$
$$= \frac{1}{2a}\left[\int \frac{\mathrm{d}(x-a)}{x-a} - \int \frac{\mathrm{d}(x+a)}{x+a}\right]$$
$$= \frac{1}{2a}(\ln|x-a|-\ln|x+a|)+C$$
$$= \frac{1}{2a}\ln\left| \frac{x-a}{x+a}\right|+C.$$

注意 求同一个函数的不定积分,因使用的方法不同,其结果可能具有不同的形式,但实质是相同的.要检验是否正确,只要把右边积出的函数求导,如果等于被积函数,说明积分正确;否则,说明积分不正确.

例如,求不定积分 $\int \sin x\cos x\mathrm{d}x$,用下列三种求法所得的结果就具有不同的形式:

第一种方法: $\int \sin x\cos x\mathrm{d}x = \int \sin x\mathrm{d}(\sin x) = \dfrac{1}{2}\sin^2 x + C_1.$

第二种方法: $\int \sin x\cos x\mathrm{d}x = -\int \cos x\mathrm{d}(\cos x) = -\dfrac{1}{2}\cos^2 x + C_2.$

第三种方法: $\int \sin x\cos x\mathrm{d}x = \dfrac{1}{2}\int \sin 2x\mathrm{d}x = \dfrac{1}{4}\int \sin 2x\mathrm{d}(2x) = -\dfrac{1}{4}\cos 2x + C_3.$

这三种方法得到形式上不同的结果,但所表示的函数集合是相同的.

以下这些积分式也可以作为基本积分公式使用:

① $\int \dfrac{1}{\sqrt{a^2-x^2}}\mathrm{d}x = \arcsin \dfrac{x}{a} + C;$　　② $\int \dfrac{1}{a^2+x^2}\mathrm{d}x = \dfrac{1}{a}\arctan x + C;$

③ $\int \tan x\mathrm{d}x = -\ln|\cos x| + C;$　　④ $\int \cot x\mathrm{d}x = \ln|\sin x| + C;$

⑤ $\int \sec x\mathrm{d}x = \ln|\sec x+\tan x| + C;$　　⑥ $\int \csc x\mathrm{d}x = \ln|\csc x-\cot x| + C.$

⑦ $\int \dfrac{\mathrm{d}x}{x^2-a^2} = \dfrac{1}{2a}\ln\left| \dfrac{x-a}{x+a}\right| + C.$

二、第二类换元积分法

前面学过了直接利用积分公式积分和不定积分第一类换元法,但对于 $\int \dfrac{2}{1+\sqrt{2x+3}}\mathrm{d}x, \int \dfrac{1}{\sqrt{1+x^2}}\mathrm{d}x$ 等这类积分仍无法解决.为此,引入不定积分第二类换元积分法.

设 $x = \varphi(t)$ 单调、可导 $(\varphi'(t) \neq 0)$，且 $\int f[\varphi(t)]\varphi'(t)dt = G(t) + C$，则

$$\int f(x)dx \xrightarrow{\text{换元, 令 } x = \varphi(t)} \int f[\varphi(t)]\varphi'(t)dt = G(t) + C \xrightarrow{\text{还原}, t = \varphi^{-1}(x)} G[\varphi^{-1}(x)] + C.$$

通常把这样的积分法称为第二类换元积分法，第二类换元法的关键是如何选择 $x = \varphi(t)$，使得 $\int f[\varphi(t)]\varphi'(t)dt$ 容易积分.

例 18　求 $\int \dfrac{dx}{1 + \sqrt{x-1}}$.

分析：这个积分难点在于根号，因此想寻找 $x = \varphi(t)$，代入原积分能把根号去掉.

解　令 $\sqrt{x-1} = t$，则有 $x = t^2 + 1 (t > 0)$，$dx = 2tdt$，于是

$$\int \frac{dx}{1 + \sqrt{x-1}} = \int \frac{2tdt}{1 + t} = 2\left(\int dt - \int \frac{1}{1+t}dt\right) = 2(t - \ln|1 + t|) + C.$$

再将 $t = \sqrt{x-1}$ 代入上式，得

$$\int \frac{dx}{1 + \sqrt{x-1}} = 2[\sqrt{x-1} - \ln(1 + \sqrt{x-1})] + C.$$

例 19　求 $\int \dfrac{1}{\sqrt[3]{x} + \sqrt{x}}dx$.

解　被积函数中含 $\sqrt{x}$ 和 $\sqrt[3]{x}$ 两个根号，为了将两根号同时去掉，令 $x = t^6 (t > 0)$，则有 $dx = 6t^5 dt$，于是

$$\int \frac{1}{\sqrt[3]{x} + \sqrt{x}}dx = \int \frac{6t^5}{t^2 + t^3}dt = 6\int \frac{t^3}{t+1}dt = 6\int \frac{(t^3 + 1) - 1}{t + 1}dt$$

$$= 6\int (t^2 - t + 1)dt - 6\int \frac{1}{1+t}dt$$

$$= 2t^3 - 3t^2 + 6t - 6\ln|t+1| + C$$

$$= 2\sqrt{x} - 3\sqrt[3]{x} + 6\sqrt[6]{x} - 6\ln|\sqrt[6]{x} + 1| + C.$$

从例 18、例 19 可以看出，一般地，如果被积函数含根式 $\sqrt[n]{ax+b}$ 时，可考虑作变量代换 $t = \sqrt[n]{ax+b}$ 去掉根式.

当被积函数中含有二次根式

$$\sqrt{a^2 - x^2}, \sqrt{a^2 + x^2}, \sqrt{x^2 - a^2} \ (a > 0)$$

时，一般可以考虑令

$$x = a\sin t, x = a\tan t, x = a\sec t$$

等代换化去根式，下面举例说明.

例 20　求 $\int \sqrt{a^2 - x^2}dx$.

解　令 $x = a\sin t\left(-\dfrac{\pi}{2} < t < \dfrac{\pi}{2}\right)$，则有

$$dx = a\cos tdt, \sqrt{a^2 - x^2} = \sqrt{a^2 - a^2\sin^2 t} = a\cos t,$$

于是

$$\int \sqrt{a^2-x^2}\,\mathrm{d}x = \int (a\cos t)(a\cos t)\,\mathrm{d}t = a^2\int \cos^2 t\,\mathrm{d}t = a^2\int \frac{1+\cos 2t}{2}\,\mathrm{d}t$$

$$= \frac{a^2}{2}\Big(t+\frac{1}{2}\sin 2t\Big)+C = \frac{a^2}{2}t + \frac{a^2}{2}\sin t\cos t + C.$$

由于 $x = a\sin t\ \big(-\frac{\pi}{2}<t<\frac{\pi}{2}\big)$，所以 $\sin t = \frac{x}{a}$，从而 $t =$

$\arcsin\frac{x}{a}$. 求 t 的其他三角函数值，可用 t 是锐角时作辅助直角三角形

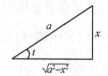

图 4-1

（图 4-1）来求（符号看象限），根据图 4-1 有 $\cos t = \dfrac{\sqrt{a^2-x^2}}{a}$，因此

$$\int \sqrt{a^2-x^2}\,\mathrm{d}x = \frac{a^2}{2}\arcsin\frac{x}{a}+\frac{1}{2}x\sqrt{a^2-x^2}+C.$$

例 21 求 $\displaystyle\int \frac{1}{x^2\sqrt{1+x^2}}\,\mathrm{d}x$.

解 令 $x=\tan t, t\in\big(-\frac{\pi}{2},\frac{\pi}{2}\big)$，则有 $\mathrm{d}x = \sec^2 t\,\mathrm{d}t$，于是

$$\int \frac{1}{x^2\sqrt{1+x^2}}\,\mathrm{d}x = \int \frac{1}{\tan^2 t\sqrt{1+\tan^2 t}}\sec^2 t\,\mathrm{d}t = \int \frac{1}{\tan^2 t\sec t}\sec^2 t\,\mathrm{d}t$$

$$= \int \frac{\cos t}{\sin^2 t}\,\mathrm{d}t = \int \frac{1}{\sin^2 t}\,\mathrm{d}(\sin t) = -\frac{1}{\sin t}+C.$$

根据 $\tan t = x$，作辅助直角三角形（图 4-2），有 $\sin t = \dfrac{x}{\sqrt{1+x^2}}$，因此

$$\int \frac{1}{x^2\sqrt{1+x^2}}\,\mathrm{d}x = \int \frac{\sec^2 t}{\tan^2 t\sqrt{1+\tan^2 t}}\,\mathrm{d}t = -\frac{\sqrt{1+x^2}}{x}+C.$$

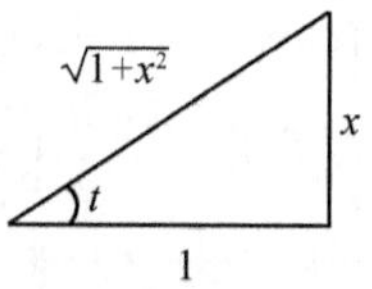

例 22 求 $\displaystyle\int \frac{\mathrm{d}x}{\sqrt{x^2-a^2}}$（其中 $x>a>0$）.

解 令 $x=a\sec t$，则有 $\mathrm{d}x = a\sec t\tan t\,\mathrm{d}t$，$\sqrt{x^2-a^2}=\sqrt{a^2\sec^2 t-a^2}=a\tan t$，于是

$$\int \frac{1}{\sqrt{x^2-a^2}}\,\mathrm{d}x = \int \frac{a\sec t\tan t}{a\tan t}\,\mathrm{d}t = \int \sec t\,\mathrm{d}t = \ln|\sec t+\tan t|+C_1.$$

根据 $\sec t = \dfrac{x}{a}$，作辅助直角三角形（图 4-3），有 $\tan t =$

$\dfrac{\sqrt{x^2-a^2}}{a}$，所以

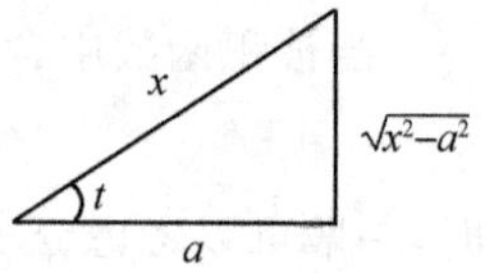

$$\int \frac{\mathrm{d}x}{\sqrt{x^2-a^2}} = \ln\left|\frac{x+\sqrt{x^2-a^2}}{a}\right|+C_1$$

$$= \ln|x+\sqrt{x^2-a^2}|-\ln|a|+C_1$$

$$= \ln|x+\sqrt{x^2-a^2}|+C.$$

图 4-2

图 4-3

练习题 4.2

求下列不定积分:

(1) $\int \dfrac{x}{x+1} \mathrm{d}x$;

(2) $\int \cos(3x+5) \mathrm{d}x$;

(3) $\int \sin^3 x \cos x \mathrm{d}x$;

(4) $\int \cos^2 x \mathrm{d}x$.

(5) $\int \dfrac{x}{\sqrt{1-x^2}} \mathrm{d}x$;

(6) $\int \dfrac{\sqrt{\ln x}}{x} \mathrm{d}x$;

(7) $\int (2x+3)^{50} \mathrm{d}x$;

(8) $\int \dfrac{1}{\sqrt{\mathrm{e}^{2x}-1}} \mathrm{d}x$;

(9) $\int \dfrac{1}{(x-2)(x+1)} \mathrm{d}x$;

(10) $\int \cos^5 x \sin 2x \mathrm{d}x$;

(11) $\int \dfrac{1}{1+\sqrt{2x+3}} \mathrm{d}x$;

(12) $\int \dfrac{1}{\sqrt{x}+\sqrt[4]{x}} \mathrm{d}x$;

(13) $\int \dfrac{1}{x\sqrt{1-x^2}} \mathrm{d}x$;

(14) $\int \dfrac{\sqrt{x^2+a^2}}{x^2} \mathrm{d}x (a>0)$;

(15) $\int \dfrac{1}{x\sqrt{x^2-1}} \mathrm{d}x (x>1)$;

(16) $\int \sqrt{1+\mathrm{e}^x} \mathrm{d}x$(提示:令 $\sqrt{1+\mathrm{e}^x}=t$).

§4.3 不定积分分部积分法

在电子、通信技术等工程领域中,需要分析脉冲函数,要计算 $\int x\sin x \mathrm{d}x$, $\int x\cos x \mathrm{d}x$ 等积分,这些积分用直接积分法或换元积分法往往无法奏效,这就需要引入另一种重要的积分方法 —— 分部积分法.

设函数 $u=u(x)$ 及 $v=v(x)$ 具有连续的导数,根据乘积的微分法则,有

$$\mathrm{d}(uv) = u\mathrm{d}v + v\mathrm{d}u,$$

移项,得

$$u\mathrm{d}v = \mathrm{d}(uv) - v\mathrm{d}u,$$

两边积分,得

$$\int u\mathrm{d}v = uv - \int v\mathrm{d}u. \qquad ①$$

公式 ① 称为分部积分公式.当 $\int v\mathrm{d}u$ 较容易积分,而 $\int u\mathrm{d}v$ 较难积分时,使用分部积分

公式 ① 时,就可以化难为易.

在使用分部积分公式 ① 时,恰当地选取 u,v 是关键,选取 u,v 一般考虑以下两点:

(1) 由 $\mathrm{d}v$ 易求 v;

(2) $\int v\mathrm{d}u$ 要比 $\int u\mathrm{d}v$ 简单易求.

下面通过举例来说明如何使用分部积分公式.

例 1 求 $\int x\cos x\mathrm{d}x$.

解 因 $\cos x\mathrm{d}x = \mathrm{d}(\sin x)$,取 $u = x, v = \sin x, \mathrm{d}v = \cos x\mathrm{d}x = \mathrm{d}(\sin x)$,于是

$$\int x\cos x\mathrm{d}x = \int x\mathrm{d}(\sin x) = x\sin x - \int \sin x\mathrm{d}x = x\sin x + \cos x + C.$$

> **注意** 如果取 $u = \sin x, v = x^2, x\mathrm{d}x = \frac{1}{2}\mathrm{d}(x^2)$,有
>
> $$\int x\cos x\mathrm{d}x = \frac{1}{2}\int \cos x\mathrm{d}(x^2) = \frac{1}{2}x^2\cos x - \int \frac{1}{2}x^2\mathrm{d}(\cos x) = \frac{1}{2}x^2\cos x + \frac{1}{2}\int x^2\sin x\mathrm{d}x.$$
>
> $\int x^2\sin x\mathrm{d}x$ 比 $\int x\cos x\mathrm{d}x$ 要复杂难积,因此这样选取 u,v 不恰当.

一般地,设 $P_n(x)$ 为 n 次多项式,$\int P_n(x)\sin\alpha x\mathrm{d}x, \int P_n(x)\cos\alpha x\mathrm{d}x(\alpha \neq 0)$ 类型的积分考虑使用分部积分法,且

$$\int P_n(x)\sin\alpha x\mathrm{d}x = -\frac{1}{\alpha}\int P_n(x)\mathrm{d}(\cos\alpha x),$$

$$\int P_n(x)\cos\alpha x\mathrm{d}x = \frac{1}{\alpha}\int P_n(x)\mathrm{d}(\sin\alpha x).$$

例 2 求 $\int x\mathrm{e}^{2x}\mathrm{d}x$.

解 因为 $\mathrm{e}^{2x}\mathrm{d}x = \frac{1}{2}\mathrm{d}(\mathrm{e}^{2x})$,取 $u = x, v = \mathrm{e}^{2x}, \mathrm{d}v = \mathrm{d}(\mathrm{e}^{2x})$,于是

$$\int x\mathrm{e}^{2x}\mathrm{d}x = \frac{1}{2}\int x\mathrm{d}(\mathrm{e}^{2x}) = \frac{1}{2}x\mathrm{e}^{2x} - \frac{1}{2}\int \mathrm{e}^{2x}\mathrm{d}x = \frac{1}{2}x\mathrm{e}^{2x} - \frac{1}{4}\mathrm{e}^{2x} + C.$$

一般地,$\int P_n(x)\mathrm{e}^{\alpha x}\mathrm{d}x$ 类型的积分考虑使用分部积分法,取 $u = P_n(x), \mathrm{d}v = \mathrm{d}(\mathrm{e}^{\alpha x})$,则

$$\int P_n(x)\mathrm{e}^{\alpha x}\mathrm{d}x = \frac{1}{\alpha}\int P_n(x)\mathrm{d}(\mathrm{e}^{\alpha x})(\alpha \neq 0).$$

对分部积分熟练后,计算时 u 和 v 可不写出.

例 3 求 $\int x\ln x\mathrm{d}x$.

解 $\int x\ln x\mathrm{d}x = \frac{1}{2}\int \ln x\mathrm{d}(x^2) = \frac{1}{2}x^2\ln x - \frac{1}{2}\int x^2\mathrm{d}(\ln x) = \frac{1}{2}x^2\ln x - \frac{1}{2}\int x^2 \cdot \frac{1}{x}\mathrm{d}x$

$= \frac{1}{2}x^2\ln x - \frac{1}{2}\int x\mathrm{d}x = \frac{1}{2}x^2\ln x - \frac{1}{4}x^2 + C.$

一般地,$\int x^\mu\ln x\mathrm{d}x(\mu \neq -1)$ 类型的积分考虑使用分部积分法,取 $u = \ln x, \mathrm{d}v =$

$x^\mu \mathrm{d}x = \dfrac{1}{\mu+1}\mathrm{d}(x^{\mu+1})$，则

$$\int x^\mu \ln x \mathrm{d}x = \frac{1}{\mu+1}\int \ln x \mathrm{d}(x^{\mu+1})(\mu \neq -1).$$

例 4　$\displaystyle\int \arcsin x \mathrm{d}x.$

解　$\displaystyle\int \arcsin x \mathrm{d}x = x\arcsin x - \int x\mathrm{d}(\arcsin x)$

$$= x\arcsin x - \int \frac{x}{\sqrt{1-x^2}}\mathrm{d}x$$

$$= x\arcsin x + \frac{1}{2}\int \frac{\mathrm{d}(1-x^2)}{\sqrt{1-x^2}}$$

$$= x\arcsin x + \sqrt{1-x^2} + C.$$

一般地，$\displaystyle\int [P_n(x) \cdot 反三角函数]\mathrm{d}x$ 类型的积分考虑使用分部积分法，取 $u = $ 反三角函数，$P_n(x)\mathrm{d}x$ 凑成 $\mathrm{d}v$.

例 5　求 $\displaystyle\int \mathrm{e}^x \sin x \mathrm{d}x.$

解　$\displaystyle\int \mathrm{e}^x \sin x \mathrm{d}x = \int \mathrm{e}^x \mathrm{d}(-\cos x) = -\mathrm{e}^x\cos x + \int \mathrm{e}^x \cos x \mathrm{d}x$

$$= -\mathrm{e}^x\cos x + \int \mathrm{e}^x \mathrm{d}(\sin x) = -\mathrm{e}^x\cos x + \mathrm{e}^x\sin x - \int \mathrm{e}^x\sin x \mathrm{d}x,$$

移项，得

$$2\int \mathrm{e}^x\sin x \mathrm{d}x = -\mathrm{e}^x\cos x + \mathrm{e}^x\sin x + C_1,$$

故

$$\int \mathrm{e}^x\sin x \mathrm{d}x = \frac{1}{2}(\sin x - \cos x)\mathrm{e}^x + C \left(C = \frac{1}{2}C_1\right).$$

例 6　求 $\displaystyle\int x\tan^2 x \mathrm{d}x.$

解　$\displaystyle\int x\tan^2 x \mathrm{d}x = \int x(\sec^2 x - 1)\mathrm{d}x$

$$= \int x\sec^2 x \mathrm{d}x - \int x \mathrm{d}x$$

$$= \int x \mathrm{d}(\tan x) - \frac{1}{2}x^2$$

$$= x\tan x - \frac{1}{2}x^2 - \int \tan x \mathrm{d}x$$

$$= x\tan x + \ln|\cos x| - \frac{1}{2}x^2 + C.$$

从上面一些例子可以看出，两种不同类型的函数乘积积分问题可以考虑分部积分法. 如果被积函数是幂函数与指数函数（或正弦、余弦函数）的乘积，可以考虑用分部积分法，并把幂函数选作 u；如果被积函数是幂函数与对数函数（或反三角函数）的乘积，则应把对

数函数(或反三角函数)选作 u.

例 7 求 $\int e^{\sqrt{x}} dx$.

解 令 $\sqrt{x} = t$,则有 $x = t^2$,$dx = 2t dt$,于是

$$\int e^{\sqrt{x}} dx = 2\int t e^t dt = 2\int t d(e^t) = 2\left(t e^t - \int e^t dt\right) = 2t e^t - 2 e^t + C$$

$$= 2\sqrt{x} e^{\sqrt{x}} - 2 e^{\sqrt{x}} + C.$$

对于某些积分,经常要把第一类换元法、第二类换元法和分部积分法结合起来使用才能积出来.此外,还有些函数的原函数根本无法用初等函数表示,如 $\int e^{x^2} dx$,$\int \frac{\sin x}{x} dx$,$\int \frac{1}{\ln x} dx$,$\int \frac{1}{\sqrt{1 + x^4}} dx$,$\int \sqrt{1 - k^2 \cos^2 x} dx (0 < k < 1)$ 等都不是初等函数,因此常说这些积分积不出来.

练习题 4.3

1. 求下列不定积分:

(1) $\int x \sin 3x \, dx$;

(2) $\int x \cos^2 x \, dx$;

(3) $\int x^2 e^x \, dx$;

(4) $\int \ln x \, dx$;

(5) $\int \frac{\ln x}{x^3} dx$;

(6) $\int x \arctan x \, dx$;

(7) $\int \frac{x}{\sin^2 x} dx$;

(8) $\int e^{2x} \cos x \, dx$.

2. 已知函数 $f(x)$ 的一个原函数为 $e^x \ln x$,求 $\int x f'(x) \, dx$.

§ 4.4   积分表的使用

通过前面几节的讨论,我们已经了解到积分计算要比导数的计算复杂,难度要大,为了便于实际应用,把一些常用的函数的不定积分汇编成表,这种表叫积分表.一般积分表是按照被积函数的类型编排的.求不定积分时,根据被积函数的类型直接或简单变形后,通过查表得出积分.下面举例说明积分表的使用方法.

一、可以直接从积分表中查到结果

例 1　查表求 $\displaystyle\int \frac{1}{x(4x+3)^2}\mathrm{d}x$.

解　被积函数含有 $ax+b$，属于积分表第一类中的积分. 按照公式 9，当 $a=4, b=3$ 时，有

$$\int \frac{1}{x(4x+3)^2}\mathrm{d}x = \frac{1}{3(4x+3)} - \frac{1}{9}\ln\left|\frac{4x+3}{x}\right| + C.$$

例 2　查表求 $\displaystyle\int \frac{x\mathrm{d}x}{\sqrt{2x+7}}$.

解　被积函数含有 $\sqrt{ax+b}$，属于积分表第二类中的积分. 按照公式 13，当 $a=2$，$b=7$ 时，有

$$\int \frac{x\mathrm{d}x}{\sqrt{2x+7}} = \frac{2(2x-2\times7)}{3\times2^2}\sqrt{2x+7} + C = \frac{x-7}{3}\sqrt{2x+7} + C.$$

例 3　查表求 $\displaystyle\int \frac{\mathrm{d}x}{5-4\cos x}$.

解　被积函数含有三角函数，在积分表第十一类中查到公式 105 与公式 106 关于 $\displaystyle\int \frac{\mathrm{d}x}{a+b\cos x}$ 的公式，但公式有两个，要看 $a^2>b^2$ 还是 $a^2<b^2$ 而决定采用哪一个.

本例中 $a=5, b=-4$. 因为 $a^2>b^2$，所以用公式 105，得

$$\int \frac{\mathrm{d}x}{5-4\cos x} = \frac{2}{5+(-4)}\sqrt{\frac{5+(-4)}{5-(-4)}}\arctan\left[\sqrt{\frac{5-(-4)}{5+(-4)}}\tan\frac{x}{2}\right] + C$$

$$= \frac{2}{3}\arctan\left(3\tan\frac{x}{2}\right) + C.$$

二、先进行换元，然后再查积分表，最后进行还原

例 4　查表求 $\displaystyle\int \sqrt{9x^2-4}\,\mathrm{d}x$.

解　积分表中不能直接查到，要先换元. 若令 $3x=u$，则 $\mathrm{d}x=\frac{1}{3}\mathrm{d}u$，$\sqrt{9x^2-4}=\sqrt{u^2-2^2}$，于是

$$\int \sqrt{9x^2-4}\,\mathrm{d}x = \frac{1}{3}\int \sqrt{u^2-2^2}\,\mathrm{d}u.$$

被积函数中含有 $\sqrt{u^2-2^2}$，在积分表第七类中查到公式 53，这里 $a=2$，于是

$$\int \sqrt{9x^2-4}\,\mathrm{d}x = \frac{1}{3}\int \sqrt{u^2-2}\,\mathrm{d}u = \frac{1}{3}\left(\frac{u}{2}\sqrt{u^2-4} - 2\ln|u+\sqrt{u^2-4}|\right) + C$$

$$= \frac{x}{2}\sqrt{9x^2-4} - \frac{2}{3}\ln|3x+\sqrt{9x^2-4}| + C.$$

例 5　查表求 $\displaystyle\int \frac{\mathrm{d}x}{(7x^2+2)^2}$.

解 在积分表第四类中,查到公式 28,这里 $a = 7, b = 2$,得

$$\int \frac{\mathrm{d}x}{(7x^2 + 2)^2} = \frac{x}{4(7x^2 + 2)} + \frac{1}{4} \int \frac{\mathrm{d}x}{7x^2 + 2},$$

再用公式 22 对上式右端积分,得

$$\int \frac{\mathrm{d}x}{(7x^2 + 2)^2} = \frac{x}{4(7x^2 + 2)} + \frac{1}{4\sqrt{14}} \arctan \sqrt{\frac{7}{2}} x + C.$$

三、利用递推公式逐步求出积分

例 6 查表求 $\int \cos^5 x \mathrm{d}x$.

解 在积分表第十一类中查到公式 96,即

$$\int \cos^n x \mathrm{d}x = \frac{\cos^{n-1} x \sin x}{n} + \frac{n-1}{n} \int \cos^{n-2} x \mathrm{d}x.$$

利用这个公式并不能求出本题最后结果,但是可使被积函数中 $\cos x$ 的幂指数减少二次,重复使用这个公式,直到求出最后结果,这个公式叫作递推公式.

运用公式 96,得

$$\int \cos^5 x \mathrm{d}x = \frac{\cos^4 x \sin x}{5} + \frac{4}{5} \int \cos^3 x \mathrm{d}x,$$

对 $\int \cos^3 x \mathrm{d}x$ 再运用公式 96,得

$$\int \cos^3 x \mathrm{d}x = \frac{\cos^2 x \sin x}{3} + \frac{2}{3} \int \cos x \mathrm{d}x = \frac{\cos^2 x \sin x}{3} + \frac{2}{3} \sin x + C,$$

综上,得

$$\int \cos^5 x \mathrm{d}x = \frac{\cos^4 x \sin x}{5} + \frac{4}{15} \cos^2 x \sin x + \frac{8}{15} \sin x + C.$$

一般说来,查积分表可以节省计算积分的时间. 但是,只有在掌握了前面学过的基本积分方法后才能灵活地使用积分表. 而且对一些较简单的积分,应用基本积分方法来计算比查表更快些.

练习题 4.4

查表求下列不定积分:

(1) $\int \dfrac{\mathrm{d}x}{x(5x^2 + 2)^2}$;　　　　　　　　(2) $\int \sin^4 x \cos^2 x \mathrm{d}x$;

(3) $\dfrac{x^2 \mathrm{d}x}{\sqrt{(4 - x^2)^3}}$;　　　　　　　　(4) $\int x^3 \ln^2 x \mathrm{d}x$.

**§ 4.5   用 MATLAB 求不定积分

在 MATLAB 中求不定积分,可以调用 int 函数进行,函数的调用格式如表 4-1 所示:

表 4-1

输入命令	对应数学公式
int(f) 或 int(f,x)	$\int f(x)\mathrm{d}x$

$F = \mathrm{int}(f,x)$:如果被积函数 f 中只有一个符号变量,则调用语句中的 x 可以省略.

> **注意** 该函数得出的结果 $F(x)$ 是 $f(x)$ 的一个原函数,实际的不定积分应该是 $F(x)+C$ 构成的函数族,其中 C 是任意常数.

对于可积函数,MATLAB 符号运算工具箱提供的 int 函数可以用计算机代替繁重的手工推导,立即得出原始问题的解. 而对于不可积的函数来说,MATLAB 也是无能为力的.

例 1   求积分 $\int \dfrac{1}{2+\sin 2x}\mathrm{d}x$.

解   在命令窗口中输入:

>> syms x;

>> y=1/(2+sin(2 * x));

>> int(y)   %也可以用命令 int(f,x)

结果显示:

ans=

    1/3 * 3^(1/2) * atan(1/3 * (2 * tan(x)+1) * 3^(1/2))

> **注意** 结果缺省任意常数 C,即原式=1/3 * 3^(1/2) * atan(1/3 * (2 * tan(x)+1) * 3^(1/2))+C=$\dfrac{\sqrt{3}}{3}\arctan\dfrac{\sqrt{3}}{3}(2\tan x+1)+C$.

例 2   求积分 $\int x\sin(x^2-1)\mathrm{d}x$.

解   在命令窗口中输入:

>> int('x * sin(x^2-1)')

结果显示:

ans =

    -1/2 * cos(x^2-1)

即原式=$-\dfrac{1}{2}\cos(x^2-1)+C$.

例 3 求积分 $\int \sqrt{3x^2 + 2}\,dx$.

解 在命令窗口中输入：

>> int('sqrt(3 * x^2+2)')   %直接定义被积函数表达式

结果显示：

ans =

$$1/2 * x * (3 * x^2+2)^{(1/2)}+1/3 * 3^{(1/2)} * asin(1/2 * 6^{(1/2)} * x)$$

即原式 $= \dfrac{1}{2}x\sqrt{3x^2+2}+\dfrac{\sqrt{3}}{3}\arcsin\dfrac{\sqrt{6}}{2}x+C$.

例 4 求积分 $\int \dfrac{x}{\sqrt{x^2+a^2}}\,dx\,(a>0)$.

解 在命令窗口中输入：

>> syms x a;

>> y = x/sqrt(x^2+a^2);

>> int(y,x)   %被积函数中有两个符号变量,积分变量不能省

结果显示：

ans =

$$(x^2+a^2)^{(1/2)}$$

即原式 $= \sqrt{x^2+a^2}+C$.

例 5 求积分 $\int e^{-2x}\sin 3x\,dx$.

解 在命令窗口中输入：

>> int('exp(-2 * x) * sin(3 * x)')

结果显示：

ans =

$$-3/13 * \exp(-2 * x) * \cos(3 * x)-2/13 * \exp(-2 * x) * \sin(3 * x)$$

即原式 $= -\dfrac{3}{13}e^{-2x}\cos 3x-\dfrac{2}{13}e^{-2x}\sin 3x+C$.

例 6 求 $\int x\sin(ax^4)e^{-\frac{x^2}{2}}\,dx$.

解 在命令窗口中输入：

>> syms a x;

>> int('x * sin(a * x^4) * exp(x^2/2)')

运行后,将出现如下的错误信息：

Warning：Explicit integral could not be found

说明积分不成功.

用 MATLAB 求下列不定积分：

(1) $\int x^2 \ln x \, dx$；

(2) $\int \sqrt{x^2 + a^2} \, dx$；

(3) $\int \dfrac{3x+1}{x^2-2x-3} \, dx$；

(4) $\int \dfrac{x e^x}{(1+x)^2} \, dx$；

(5) $\sqrt{1 - \dfrac{1}{2} \cos^2 x} \, dx$；

(6) $\int (\ln x)^3 \, dx$；

(7) $\int \sin(\ln x) \, dx$.

复习题四

一、选择题

1. 下列等式正确的是 　　　　　　　　　　　　　　　　　　　（　　）

A. $\int \cos x \, dx = -\sin x + C$

B. $\int (-3) x^2 \, dx = x^{-3} + C$

C. $\int \sin x \, dx = -\cos x + C$

D. $\int 5^x \, dx = 5^x + C$

2. 函数 e^{-x} 的不定积分是 　　　　　　　　　　　　　　　　　（　　）

A. e^{-x}　　　　　B. $-e^{-x}$　　　　　C. $e^{-x} + C$　　　　　D. $-e^{-x} + C$

3. 设在 (a,b) 内有 $f'(x) = g'(x)$，则下列各式必定成立的是 　　　　（　　）

A. $f(x) = g(x)$

B. $f(x) = g(x) + 1$

C. $f(x) = g(x) + C$

D. $\left[\int f(x) \, dx \right]' = \left[\int g(x) \, dx \right]'$

4. 设 $\int f(x) \, dx = x^2 e^{2x} + C$，则 $f(x) =$ 　　　　　　　　　　（　　）

A. $2x e^{2x}$　　　　B. $2x^2 e^{2x}$　　　　C. $x e^{2x}$　　　　D. $2x e^{2x}(1+x)$

5. 下列等式成立的是 　　　　　　　　　　　　　　　　　　　（　　）

A. $d\left[\int f(x) \, dx \right] = f(x)$

B. $d\left[\int f(x) \, dx \right] = f(x) \, dx$

C. $\dfrac{d}{dx} \left[\int f(x) \, dx \right] = f(x) + C$

D. $\dfrac{d}{dx} \left[\int f(x) \, dx \right] = f(x) \, dx$

6. 设 $f(x)$ 的一个原函数为 2^x，则 $f'(x) =$ 　　　　　　　　　（　　）

A. $\dfrac{2^x}{\ln 2}$ B. $\dfrac{2^x}{(\ln 2)^2}$ C. $2^x \ln 2$ D. $2^x (\ln 2)^2$

7. 设 $f(x)$ 的一个原函数是 $\sin x$，则 $\displaystyle\int f'(x)\mathrm{d}x =$ (   )

A. $\sin x + C$ B. $\cos x + C$ C. $-\sin x + C$ D. $-\cos x + C$

8. 若 $F'(x) = f(x)$，则下列等式成立的是   (   )

A. $\displaystyle\int F'(x)\mathrm{d}x = f(x) + C$ B. $\displaystyle\int f(x)\mathrm{d}x = F(x) + C$

C. $\displaystyle\int F(x)\mathrm{d}x = f(x) + C$ D. $\displaystyle\int f'(x)\mathrm{d}x = F(x) + C$

9. 若 $\displaystyle\int f(x)\mathrm{d}x = F(x) + C$，则 $\displaystyle\int \mathrm{e}^{-x} f(\mathrm{e}^{-x})\mathrm{d}x =$ (   )

A. $F(\mathrm{e}^x) + C$ B. $F(\mathrm{e}^{-x}) + C$ C. $-F(\mathrm{e}^{-x}) + C$ D. $\dfrac{F(\mathrm{e}^{-x})}{x} + C$

10. 若 $\displaystyle\int f(x)\mathrm{d}x = F(x) + C$，则 $\displaystyle\int \sin x f(\cos x)\mathrm{d}x =$ (   )

A. $F(\sin x) + C$ B. $-F(\sin x) + C$ C. $F(\cos x) + C$ D. $-F(\cos x) + C$

11. 若 $\displaystyle\int f(x)\mathrm{d}x = x^2 + C$，则 $\displaystyle\int x f(1-x^2)\mathrm{d}x =$ (   )

A. $2(1-x^2)^2 + C$ B. $-2(1-x^2)^2 + C$

C. $\dfrac{1}{2}(1-x^2)^2 + C$ D. $-\dfrac{1}{2}(1-x^2)^2 + C$

二、填空题

1. 若 $f(x)$ 的一个原函数是 $\sin x$，则 $\displaystyle\int f'(x)\mathrm{d}x =$ _____.

2. 设 $f(x)$ 是连续函数，则 $\mathrm{d}\left[\displaystyle\int f(x)\mathrm{d}x\right] =$ _____，$\dfrac{\mathrm{d}}{\mathrm{d}x}\left[\displaystyle\int f(x)\mathrm{d}x\right] =$ _____.

3. $\displaystyle\int \sqrt{x\sqrt{x\sqrt{x}}}\,\mathrm{d}x =$ _____.

4. $\displaystyle\int \dfrac{(\sqrt{x})^3 + 1}{\sqrt{x} + 1}\mathrm{d}x =$ _____.

5. $\displaystyle\int \dfrac{x}{1+x}\mathrm{d}x =$ _____.

6. $\displaystyle\int \dfrac{-2x}{\sqrt{1-x^2}}\mathrm{d}x =$ _____.

7. $\dfrac{\mathrm{e}^{-\frac{1}{x}}}{x^2}\mathrm{d}x = \mathrm{d}($ _____ $)$.

8. $\displaystyle\int x\cos x^2\,\mathrm{d}x =$ _____.

9. 若 $\displaystyle\int f(x)\mathrm{d}x = F(x) + C$，则 $\displaystyle\int \mathrm{e}^x f(2\mathrm{e}^x)\mathrm{d}x =$ _____.

10. 用换元法计算积分 $\displaystyle\int \dfrac{\mathrm{d}x}{x\sqrt{9-25x^2}}$ 时，令 $x =$ _____.

11. 用分部积分法计算积分 $\int x^3 \ln x \, dx$ 时,令 $u = $ _____,$dv = $ _____.

三、解答题

1. 求下列不定积分:

(1) $\int \dfrac{1+2x^2}{x^2(1+x^2)} dx$;

(2) $\int \dfrac{1}{1+e^x} dx$;

(3) $\int \sqrt{\dfrac{1+x}{1-x}} dx$;

(4) $\int \dfrac{1}{\sqrt{x}(1+x)} dx$;

(5) $\int \dfrac{1}{1+\sqrt[3]{x+2}} dx$;

(6) $\int \dfrac{1}{\sqrt{2x-3}+1} dx$;

(7) $\int \dfrac{dx}{x^2\sqrt{x^2+1}}$;

(8) $\int \ln(1+x^2) dx$;

(9) $\int \arctan x \, dx$;

(10) $\int x \ln x \, dx$;

(11) $\int x \cos 3x \, dx$;

(12) $\int \cos^2 \dfrac{x}{2} dx$.

2. 若一条曲线过原点,且其上每一点的切线斜率为 $2x$,求此曲线方程.

阅读材料四 数学家简介3

陈 景 润 轶 事

陈景润(1933—1996),中国科学院院士,世界著名数学家.1966年,陈景润在6平方米小屋,借一盏昏暗的煤油灯,伏在床板上,用一支笔攻克了世界著名难题"哥德巴赫猜想"中的"1+2",创造了距摘取这颗数论皇冠上的明珠"1+1"只是一步之遥的辉煌,他证明了"每个大偶数都是一个素数及一个不超过两个素数的乘积之和".这一结论使他在哥德巴赫猜想的研究上居世界领先地位.陈景润共发表学术论文70余篇,并著有《数学趣味谈》《组合数学》等著作.

陈景润爱学习.有一天,吃中饭的时候,陈景润去理发店理发,理发店人很多,大家按照拿到的号牌的次序理发,陈景润拿的是38号小牌子,等着等着,陈景润觉得轮到自己还早,不能白白浪费时间.于是,他走出理发店,找了个安静的地方坐下来,从口袋里摸出个小本子,背起外语来.背了一会,他忽然想起上午读外文的时候有个地方没看懂,看看时间还早,想先到图书馆去查一查,然后再回来理发.他在图书馆把不懂的知识弄懂后,这才想起理发,可是他路过外文阅览室时,看到各式各样的新书,又一头扎进去看到太阳下山.天黑了,陈景润才想起今天要理发的事情,一摸口袋,38号小牌还在,可是理发店早关门了.

陈景润成了国际著名的数学家,深受人们的敬重.但他并没有产生骄傲自满的情绪,反而把功劳归于祖国和人民.为了维护祖国的利益,他不惜牺牲个人名利.1977年的一天,陈景润收到了一封来自国际数学家联合会主席的信,邀请他出席国际数学家大会.这次共邀请了3000多人参加,都是世界著名数学家.大会指定了10位数学家做学术报告,陈景润是其中之一.对数学家而言,这是极大的荣誉,能大大提高国际知名度.当时中国在国际数学家联合会的席位,一直被中国台湾占据着.陈景润向科学院进行了汇报,院领导的建议是:你是数学家,组织尊重你个人的意见和决定.

经过慎重考虑,陈景润决定放弃这次难得的机会.他在给国际数学家联合会主席的回信中写明了理由:第一,我国非常重视也非常乐意跟世界各国进行学术交流,我个人也非常感谢国际数学家联合会的邀请;第二,世界上只有一个中国,唯一能代表中国广大人民利益的是中华人民共和国,台湾是中华人民共和国不可分割的一部分,因为目前中国台湾占据着国际数学家联合会的席位,所以我不能出席;第三,如果只有一个中国代表的话,我是可以考虑参加这次会议的.为了维护祖国的尊严和统一,陈景润毫无怨言地牺牲了个人的利益.

第 5 章

定 积 分

定积分是积分学中的另一个基本问题,它的产生和导数类似,都是在分析、解决实际问题的过程中形成并发展的.本章从实际问题出发,先介绍定积分的概念,再讨论定积分的性质和计算,进一步讨论广义积分,最后介绍定积分在几何及经济上的应用.

§5.1 定积分的概念

一、引例

1. 曲边梯形的面积

在实际生产中,常常需要计算平面图形的面积.

为了计算任意曲线所围成的平面图形的面积(图 5-1),用两组互相垂直的平行线去分割这个图形.整个面积等于中间的所有矩形面积和图形边上所有包含曲线的小图形的面积的和.矩形面积已经学过了,关键是边上那些小图形的面积.边上这种小图形就是通常所说的曲边梯形.

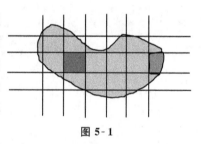

图 5-1

如图 5-2 所示,设直线段 AC,BD 垂直于直线段 AB,由直线段 AB,AC,BD 和曲线 $\overset{\frown}{CD}$ 所围成的图形称为曲边梯形,线段 AB 称为曲边梯形的底边,曲线弧 $\overset{\frown}{CD}$ 称为曲边梯形的曲边.此外,图 5-3 和图 5-4 是图 5-2 的特殊情形,表示的图形也是曲边梯形.

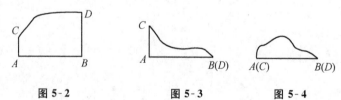

| 图 5-2 | 图 5-3 | 图 5-4 |

下面讨论如何求曲边梯形的面积,为讨论方便,把曲边梯形放入直角坐标系.

设函数 $y=f(x)$ 在 $[a,b]$ 上连续,且 $f(x)\geqslant 0$,求由曲线 $y=f(x)$,直线 $x=a$,$x=b$ 及

x 轴所围成的曲边梯形的面积 A(图 5-5).

上面通过分割的方法,把求任意曲线所围成的平面图形的面积问题转化成了如何求解曲边梯形的面积问题.

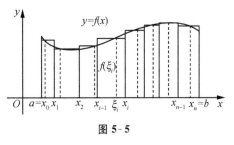

图 5-5

同样,为了计算曲边梯形的面积 A,我们继续用这种分割的思想.用一组垂直于 x 轴的直线段把整个曲边梯形分割成许多小曲边梯形.因为每一个小曲边梯形的底边是很窄的,而 $f(x)$ 又是连续变化的,所以,可用这个小曲边梯形的底边作为宽,以它底边上任意一点所对应的函数值 $f(x)$ 作为长的小矩形面积来近似代替这个小曲边梯形的面积.再把所有这些小矩形面积加起来,就可以得到曲边梯形的面积 A 的近似值.由图 5-5 可知,分割越细,所有小矩形面积之和就越接近曲边梯形的面积 A,当分割无限细密时,所有小曲边梯形的面积之和的极限就是曲边梯形面积 A 的精确值.

根据上面的分析,曲边梯形的面积可按下述"分割,取近似,求和,取极限"的步骤来计算.

(1) 分割.

在区间 $[a,b]$ 上任意插入 $n-1$ 个分点:
$$a = x_0 < x_1 < x_2 < \cdots < x_{i-1} < x_i < \cdots < x_{n-1} < x_n = b,$$
把区间 $[a,b]$ 分成 n 个小区间:
$$[x_0,x_1],[x_1,x_2],\cdots,[x_{i-1},x_i],\cdots,[x_{n-1},x_n].$$
记 $\Delta x_i = x_i - x_{i-1}(i=1,2,3,\cdots,n)$,则 Δx_i 为第 $i(i=1,2,3,\cdots,n)$ 个小区间的长度.过各分点作垂直于 x 轴的直线段,把整个曲边梯形分成 n 个小曲边梯形,其中第 i 个小曲边梯形的面积记为 $\Delta A_i(i=1,2,\cdots,n)$.

(2) 取近似.

在第 i 个小区间 $[x_{i-1},x_i]$ 上任取一点 $\xi_i(x_{i-1} \leqslant \xi_i \leqslant x_i)$,它所对应的函数值是 $f(\xi_i)$.用底为 Δx_i、高为 $f(\xi_i)$ 的小矩形面积来近似代替这个小曲边梯形的面积,即
$$\Delta A_i \approx f(\xi_i)\Delta x_i.$$

(3) 求和.

把 n 个小矩形的面积相加就是曲边梯形面积 A 的近似值,即
$$A \approx \sum_{i=1}^{n} f(\xi_i)\Delta x_i.$$

(4) 取极限.

如果分割越细,则 $\sum_{i=1}^{n} f(\xi_i)\Delta x_i$ 就越接近于曲边梯形的面积 A.如记 $\lambda = \max\{\Delta x_1, \Delta x_2, \cdots, \Delta x_n\}$,则当小区间长度的最大值趋近于零,即 $\lambda \to 0$ 时,和式 $\sum_{i=1}^{n} f(\xi_i)\Delta x_i$ 的极限就是曲边梯形的面积 A,即
$$A = \lim_{\lambda \to 0} \sum_{i=1}^{n} f(\xi_i)\Delta x_i.$$

2. 变速直线运动的路程

设一物体做变速直线运动,已知速度 $v=v(t)$ 是时间区间 $[T_1,T_2]$ 上 t 的连续函数,且 $v(t)\geqslant 0$,求该物体在这段时间 $[T_1,T_2]$ 内所经过的路程 s.

对于匀速直线运动,有公式:

$$s=vt.$$

对于变速直线运动,速度是变量,因此,所求路程 s 不能直接按匀速直线运动的路程公式计算.因为速度函数 $v=v(t)$ 是连续变化的,所以在很短的一段时间内速度的变化很小,近似于匀速直线运动.因此,如果把时间间隔分得很小,那么在一小段时间内,就可以用匀速直线运动的路程作为这一小段时间内变速直线运动路程的近似值.因此,我们可采用与求曲边梯形面积相仿的四个步骤来计算路程 s.

(1) 分割.

在区间 $[T_1,T_2]$ 上任意插入 $n-1$ 个分点:

$$T_1=t_0<t_1<t_2<\cdots<t_{i-1}<t_i<\cdots<t_{n-1}<t_n=T_2,$$

把时间区间 $[T_1,T_2]$ 分成 n 个小区间:

$$[t_0,t_1],[t_1,t_2],\cdots,[t_{i-1},t_i],\cdots,[t_{n-1},t_n],$$

小区间 $[t_{i-1},t_i]$ 的长度记为

$$\Delta t_i=t_i-t_{i-1}(i=1,2,\cdots,n).$$

(2) 取近似.

在每个小区间上任取一点 $\xi_i\in[t_{i-1},t_i]$,把物体在时间区间 $[t_{i-1},t_i]$ 上的运动近似看成以速度 $v(\xi_i)$ 在时间区间 $[t_{i-1},t_i]$ 上做匀速直线运动,得到 Δs_i 的近似值:

$$\Delta s_i\approx v(\xi_i)\Delta t_i.$$

(3) 求和.

把 n 段时间上的路程相加,得和式 $\sum_{i=1}^{n}v(\xi_i)\Delta t_i$,它就是区间 $[T_1,T_2]$ 上的路程 s 的近似值:

$$s\approx\sum_{i=1}^{n}v(\xi_i)\Delta t_i.$$

(4) 取极限.

当这些小区间长度的最大者 λ 趋近于零,即 $\lambda\to 0$ 时,和式 $\sum_{i=1}^{n}v(\xi_i)\Delta t_i$ 的极限就是路程 s,即

$$s=\lim_{\lambda\to 0}\sum_{i=1}^{n}v(\xi_i)\Delta t_i.$$

二、定积分的定义

从上面的两个例子可以看出,虽然问题的实际意义不同,但解决的方法是相同的,都归结为求一个和式的极限.对于这种和式的极限,抛开这些问题的实际意义,从表达式数量关系上的共同特性中抽象出定积分的定义.

定义　设函数 $y=f(x)$ 在闭区间 $[a,b]$ 上有界，在区间内任意插入 $n-1$ 个分点：
$$a=x_0<x_1<x_2<x_3<\cdots<x_{i-1}<x_i<\cdots<x_{n-1}<x_n=b,$$
将区间 $[a,b]$ 分成 n 个小区间 $[x_{i-1},x_i](i=1,2,\cdots,n)$，其长度为
$$\Delta x_i=x_i-x_{i-1}(i=1,2,\cdots,n).$$
在每个小区间 $[x_{i-1},x_i]$ 上任取一点 $\xi_i(x_{i-1}\leqslant\xi_i\leqslant x_i)$，作乘积 $f(\xi_i)\Delta x_i(i=1,2,\cdots,n)$，并作和式：
$$\sum_{i=1}^{n}f(\xi_i)\Delta x_i.$$
记 $\lambda=\max\{\Delta x_1,\Delta x_2,\cdots,\Delta x_n\}$，如果极限 $\lim\limits_{\lambda\to 0}\sum\limits_{i=1}^{n}f(\xi_i)\Delta x_i$ 存在，则称函数 $f(x)$ 在区间 $[a,b]$ 上可积，并称此极限值为函数 $f(x)$ 在区间 $[a,b]$ 上的定积分，记作 $\int_a^b f(x)\mathrm{d}x$，即
$$\lim_{\lambda\to 0}\sum_{i=1}^{n}f(\xi_i)\Delta x_i=\int_a^b f(x)\mathrm{d}x,$$
其中 $f(x)$ 叫作被积函数，$f(x)\mathrm{d}x$ 叫作被积表达式，x 叫作积分变量，a 与 b 分别叫作积分的下限和上限，$[a,b]$ 叫作积分区间，$\int$ 为积分号.

根据定积分的定义，前面两个实例可分别表达如下：

(1) 由曲线 $y=f(x)$，直线 $x=a,x=b$ 及 x 轴所围成的曲边梯形的面积
$$A=\int_a^b f(x)\mathrm{d}x;$$

(2) 变速直线运动的物体从时刻 T_1 到时刻 T_2 这段时间中所经过的路程
$$s=\int_{T_1}^{T_2}v(t)\mathrm{d}t.$$

定理（定积分存在定理）　如果函数 $f(x)$ 在区间 $[a,b]$ 上连续或除有限个第一类间断点外处处连续，则 $f(x)$ 在 $[a,b]$ 上的定积分存在.

证明从略.

 注意

(1) 定积分 $\int_a^b f(x)\mathrm{d}x$ 是和式的极限，它是一个数，其大小与被积函数 $f(x)$ 的表达式有关，与积分区间 $[a,b]$ 有关.

(2) 定积分的值与积分变量用什么字母表示无关，即有
$$\int_a^b f(x)\mathrm{d}x=\int_a^b f(t)\mathrm{d}t=\int_a^b f(u)\mathrm{d}u.$$

(3) 在 $\int_a^b f(x)\mathrm{d}x$ 的定义中，积分下限 a 总是小于积分上限 b，为了以后计算方便，补充定义：
$$\int_b^a f(x)\mathrm{d}x=-\int_a^b f(x)\mathrm{d}x(a<b);$$
$$\int_a^a f(x)\mathrm{d}x=0.$$

三、定积分的几何意义

设函数 $f(x)$ 在 $[a,b]$ 上连续,由定积分的定义可得:

在 $[a,b]$ 上,如果 $f(x) \geqslant 0$,那么定积分 $\int_a^b f(x)\mathrm{d}x$ 在几何上就表示由曲线 $y = f(x)$,直线 $x = a, x = b$ 及 x 轴所围成的曲边梯形的面积,即

$$\int_a^b f(x)\mathrm{d}x = A.$$

在 $[a,b]$ 上,如果 $f(x) \leqslant 0$,那么定积分 $\int_a^b f(x)\mathrm{d}x$ 在几何上表示由曲线 $y = f(x)$,直线 $x = a, x = b$ 及 x 轴所围成曲边梯形(在 x 轴下方)的面积的相反数,即

$$\int_a^b f(x)\mathrm{d}x = -A.$$

在 $[a,b]$ 上,如果 $f(x)$ 有正有负,那么定积分 $\int_a^b f(x)\mathrm{d}x$ 在几何上表示由曲线 $y = f(x)$,直线 $x = a, x = b$ 及 x 轴所围成图形面积的代数和,即 x 轴上方图形面积减去 x 轴下方图形面积,如图 5-6 所示.

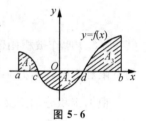

图 5-6

$$\int_a^b f(x)\mathrm{d}x = A_1 + (-A_2) + A_3 = A_1 - A_2 + A_3.$$

根据定积分的几何意义,可得:

(1) 如果 $f(x)$ 是 $[-a,a]$ 上连续的奇函数,则

$$\int_{-a}^a f(x)\mathrm{d}x = 0;$$

(2) 如果 $f(x)$ 是 $[-a,a]$ 上连续的偶函数,则

$$\int_{-a}^a f(x)\mathrm{d}x = 2\int_0^a f(x)\mathrm{d}x.$$

例 1 利用定积分的几何意义求 $\int_0^1 \sqrt{1-x^2}\mathrm{d}x$.

解 定积分 $\int_0^1 \sqrt{1-x^2}\mathrm{d}x$ 表示曲线 $y = \sqrt{1-x^2}$ 与 x 轴及 y 轴所围成图形的面积,而这块面积是单位圆面积的 $\dfrac{1}{4}$,因此

$$\int_0^1 \sqrt{1-x^2}\mathrm{d}x = \frac{\pi}{4}.$$

例 2 求 $\int_{-1}^1 x^3 \cos x\mathrm{d}x$.

解 被积函数 $f(x) = x^3 \cos x$ 在 $[-1,1]$ 上连续且为 $[-1,1]$ 上的奇函数,故

$$\int_{-1}^1 x^3 \cos x\mathrm{d}x = 0.$$

例 3 利用定积分定义计算 $\int_0^1 x^2 \mathrm{d}x$.

解　$f(x) = x^2$ 在 $[0,1]$ 上是连续函数,故可积,因此为方便计算,我们可以对 $[0,1]$ 进行 n 等分,分点 $x_i = \dfrac{i}{n}, i = 1,2,\cdots,n-1.$ ξ_i 取相应小区间的右端点,故

$$\sum_{i=1}^{n} f(\xi_i)\Delta x_i = \sum_{i=1}^{n} \xi_i^2 \Delta x_i = \sum_{i=1}^{n} \left(\frac{i}{n}\right)^2 \frac{1}{n}$$

$$= \frac{1}{n^3} \sum_{i=1}^{n} i^2 = \frac{1}{n^3} \cdot \frac{1}{6} n(n+1)(2n+1)$$

$$= \frac{1}{6}\left(1 + \frac{1}{n}\right)\left(2 + \frac{2}{n}\right).$$

当 $\lambda \to 0$(即 $n \to \infty$) 时,由定积分的定义得

$$\int_0^1 x^2 \,\mathrm{d}x = \lim_{n \to \infty} \frac{1}{6}\left(1 + \frac{1}{n}\right)\left(2 + \frac{2}{n}\right) = \frac{1}{3}.$$

练习题 5.1

1. 利用定积分的几何意义,判断下列定积分的值是正的还是负的(不必计算):

(1) $\displaystyle\int_0^1 x^3 \,\mathrm{d}x$;　　　　　　　　(2) $\displaystyle\int_{-\frac{1}{2}}^1 \ln x \,\mathrm{d}x$.

2. 利用定积分的几何意义计算:

(1) $\displaystyle\int_1^3 1 \,\mathrm{d}x$;　　　　　　　　(2) $\displaystyle\int_{-\frac{\pi}{2}}^{\frac{\pi}{2}} \sin x \,\mathrm{d}x$;

(3) $\displaystyle\int_0^1 x \,\mathrm{d}x$.

3. 用定积分表示由曲线 $y = x^2 + 1$,直线 $x = 1, x = 3$ 及 x 轴所围成的曲边梯形的面积.

§5.2　定积分的性质

在下列各性质中,假设函数在所讨论的闭区间上都是连续的或除有限个第一类间断点外处处连续,积分下限不一定小于积分上限,这些性质在这儿都不作证明.

性质 1　$\displaystyle\int_a^b \mathrm{d}x = b - a.$

如图 5-7 所示,直线 $f(x) = 1$,直线 $x = a, x = b$ 及 x 轴所围成的图形是一个矩形,$\displaystyle\int_a^b \mathrm{d}x$ 在数值上等于这个矩形的面积:

$$1 \times (b - a).$$

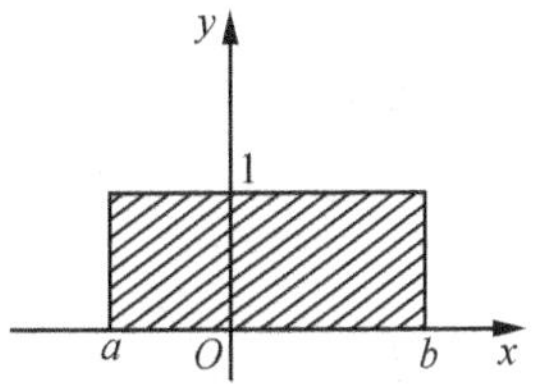

图 5-7

性质 2 $\displaystyle\int_a^b kf(x)\mathrm{d}x = k\int_a^b f(x)\mathrm{d}x$ （k 为常数）.

这就是说，被积函数中的常数因子可以移到定积分号外面去.

性质 3 $\displaystyle\int_a^b [f(x)\pm g(x)]\mathrm{d}x = \int_a^b f(x)\mathrm{d}x \pm \int_a^b g(x)\mathrm{d}x.$

这就是说，函数的代数和的定积分等于它们的定积分的代数和. 这个性质对于有限个连续函数代数和的定积分也是成立的.

性质 4 $\displaystyle\int_a^b f(x)\mathrm{d}x = \int_a^c f(x)\mathrm{d}x + \int_c^b f(x)\mathrm{d}x.$

如果将积分区间分成两部分，则在整个区间上的定积分等于这两部分区间上定积分之和，这个性质称为定积分对于积分区间的可加性.

必须指出：不论 c 点在 $[a,b]$ 内还是在 $[a,b]$ 外，只要上述两个积分存在，性质 4 总是正确的.

性质 5 如果 $f(x)$ 在区间 $[a,b]$ 上满足 $f(x) \leqslant g(x)$，则

$$\int_a^b f(x)\mathrm{d}x \leqslant \int_a^b g(x)\mathrm{d}x.$$

> **注意** 性质 5 的逆命题并不成立.

性质 6 设 M,m 分别为函数 $f(x)$ 在区间 $[a,b]$ 上的最大值和最小值，则

$$m(b-a) \leqslant \int_a^b f(x)\mathrm{d}x \leqslant M(b-a).$$

性质 7（定积分中值定理） 如果函数 $f(x)$ 在区间 $[a,b]$ 上连续，则在积分区间 $[a,b]$ 上至少存在一点 ξ，使

$$\int_a^b f(x)\mathrm{d}x = f(\xi)(b-a) \quad (a \leqslant \xi \leqslant b).$$

如图 5-8 所示，定积分中值定理可以作以下的解释：设函数 $f(x)$ 是 $[a,b]$ 上的连续函数且 $f(x) \geqslant 0$，则在 $[a,b]$ 上至少能找到一点 ξ，使以区间 $[a,b]$ 为底、$f(\xi)$ 为高的矩形面积等于曲边梯形 $abNM$ 的面积.

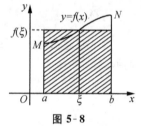

图 5-8

例 1 比较定积分 $\displaystyle\int_1^2 \ln x\,\mathrm{d}x$ 和 $\displaystyle\int_1^2 \ln^2 x\,\mathrm{d}x$ 大小.

解 在区间 $[1,2]$ 上，有

$$0 \leqslant \ln x < 1,$$

所以

$$\ln x \geqslant \ln^2 x.$$

根据性质 5，有

$$\int_1^2 \ln x\,\mathrm{d}x \geqslant \int_1^2 \ln^2 x\,\mathrm{d}x.$$

例 2 求 $\displaystyle\int_{-\frac{\pi}{2}}^{\frac{\pi}{2}} (2 + x^3\cos x)\mathrm{d}x.$

解 $\int_{-\frac{\pi}{2}}^{\frac{\pi}{2}} (2 + x^3 \cos x) \mathrm{d}x = 2 \int_{-\frac{\pi}{2}}^{\frac{\pi}{2}} \mathrm{d}x + \int_{-\frac{\pi}{2}}^{\frac{\pi}{2}} x^3 \cos x \mathrm{d}x$

$$= 2 \times \left[\frac{\pi}{2} - \left(-\frac{\pi}{2} \right) \right] + 0 = 2\pi.$$

例 3 证明: $2 \leqslant \int_{-1}^{1} \mathrm{e}^{x^2} \mathrm{d}x \leqslant 2\mathrm{e}.$

证 先求被积函数 $f(x) = \mathrm{e}^{x^2}$ 在 $[-1,1]$ 上的最大值 M 和最小值 m,然后再利用性质 5 估计. 因为

$$f'(x) = 2x \mathrm{e}^{x^2},$$

令 $f'(x) = 0$,得驻点 $x = 0$.

最大值 $M = \max\{f(-1), f(0), f(1)\} = \mathrm{e}$,最小值 $m = \min\{f(-1), f(0), f(1)\} = 1$. 根据性质 6,有

$$1 \times [1 - (-1)] \leqslant \int_0^1 \mathrm{e}^{x^2} \mathrm{d}x \leqslant \mathrm{e} \times [1 - (-1)],$$

即

$$2 \leqslant \int_0^1 \mathrm{e}^{x^2} \mathrm{d}x \leqslant 2\mathrm{e}.$$

练习题 5.2

1. 计算下列定积分:

(1) $\int_{-1}^{1} 5 \mathrm{d}x$;

(2) $\int_{-1}^{1} (3 + x^2 \sin x) \mathrm{d}x$.

2. 比较下列各对积分值的大小:

(1) $\int_1^2 x^2 \mathrm{d}x$ 和 $\int_1^2 x^3 \mathrm{d}x$;

(2) $\int_1^{\mathrm{e}} x \mathrm{d}x$ 和 $\int_1^{\mathrm{e}} \ln(1 + x) \mathrm{d}x$.

3. 估计积分 $\int_0^2 \mathrm{e}^{x^2 - x} \mathrm{d}x$.

§5.3 微积分基本公式

用定积分的定义计算定积分的值非常麻烦,这就需要通过寻找其他的途径来解决定积分的计算问题,而微积分基本公式将定积分和不定积分有机地结合起来,从而解决定积分的计算问题.

一、微积分基本定理

由定积分的定义已经知道,定积分是一个数,其大小与被积函数的表达式有关,与积

分区间有关. 如果被积函数已经取定, 积分下限也取定, 那么定积分所表示的数大小就与积分上限有关.

例如, 取定被积函数 $f(t) = t$, 积分下限也取定为 0, 用定积分的几何意义可以求出 $\int_0^0 t\mathrm{d}t = 0, \int_0^{\frac{1}{2}} t\mathrm{d}t = \frac{1}{4}, \int_0^1 t\mathrm{d}t = \frac{1}{2}, \int_0^{\frac{3}{2}} t\mathrm{d}t = \frac{9}{8}, \int_0^2 t\mathrm{d}t = 2, \int_0^{\frac{5}{2}} t\mathrm{d}t = \frac{25}{8}, \cdots$, 不难看出, 积分 $\int_0^x t\mathrm{d}t$ 是积分上限 x 的函数.

一般地, 设函数 $f(t)$ 在区间 $[a,b]$ 上连续, x 为区间 $[a,b]$ 上任意一点, 由于 $f(t)$ 在 $[a,b]$ 上连续, 因而在 $[a,x]$ 上也连续. 因此, 由定积分存在定理可知, 定积分 $\int_a^x f(t)\mathrm{d}t$ 存在. 这个变上限的定积分, 对每一个 $x \in [a,b]$ 都有一个确定的值与之相对应, 因此, 它是定义在 $[a,b]$ 上的函数, 记为 $\Phi(x)$, 即

$$\Phi(x) = \int_a^x f(t)\mathrm{d}t \ (a \leqslant x \leqslant b),$$

函数 $\Phi(x)$ 称为定义在区间 $[a,b]$ 上的积分上限函数.

定理 1 如果函数 $f(t)$ 在区间 $[a,b]$ 上连续, 则积分上限函数

$$\Phi(x) = \int_a^x f(t)\mathrm{d}t$$

在 $[a,b]$ 上可导, 且

$$\Phi'(x) = \left[\int_a^x f(t)\mathrm{d}t \right]' = f(x).$$

证 用导数定义来证明.

(1) 求增量:

$$\Delta\Phi(x) = \Phi(x + \Delta x) - \Phi(x) = \int_a^{x+\Delta x} f(t)\mathrm{d}t - \int_a^x f(t)\mathrm{d}t.$$

由积分区间的可加性性质, 得

$$\Delta\Phi(x) = \left[\int_a^x f(t)\mathrm{d}t + \int_x^{x+\Delta x} f(t)\mathrm{d}t \right] - \int_a^x f(t)\mathrm{d}t = \int_x^{x+\Delta x} f(t)\mathrm{d}t.$$

由定积分中值定理, 得

$$\Delta\Phi(x) = \int_x^{x+\Delta x} f(t)\mathrm{d}t = f(\xi)\Delta x.$$

这里, ξ 在 x 与 $x + \Delta x$ 之间.

(2) 算比值:

$$\frac{\Delta\Phi(x)}{\Delta x} = \frac{f(\xi)\Delta x}{\Delta x} = f(\xi).$$

(3) 求极限:

$$\lim_{\Delta x \to 0} \frac{\Delta\Phi(x)}{\Delta x} = \lim_{\Delta x \to 0} f(\xi).$$

因为 $f(x)$ 在 $[a,b]$ 上连续, 又 $\Delta x \to 0$ 时 $\xi \to x$, 所以有

$$\lim_{\Delta x \to 0} f(\xi) = f(x),$$

于是得到

$$\Phi'(x) = f(x).$$

定理 1 也称为微积分基本定理.

由定理 1 可知,$\Phi(x)$ 是连续函数 $f(x)$ 的一个原函数,因此,我们得到如下推论:

推论　连续函数一定具有原函数.

例 1　求 $\dfrac{\mathrm{d}}{\mathrm{d}x}\left(\displaystyle\int_0^x \sqrt{1+t^3}\,\mathrm{d}t\right)$.

解　$\dfrac{\mathrm{d}}{\mathrm{d}x}\left(\displaystyle\int_0^x \sqrt{1+t^3}\,\mathrm{d}t\right) = 1 + x^3$.

例 2　求 $\displaystyle\int_x^1 \mathrm{e}^{2t}\sin^2 t\,\mathrm{d}t$.

解　$\dfrac{\mathrm{d}}{\mathrm{d}x}\left(\displaystyle\int_x^1 \mathrm{e}^{2t}\sin^2 t\,\mathrm{d}t\right) = \dfrac{\mathrm{d}}{\mathrm{d}x}\left(-\displaystyle\int_1^x \mathrm{e}^{2t}\sin^2 t\,\mathrm{d}t\right) = -\mathrm{e}^{2x}\sin^2 x$.

例 3　求 $\dfrac{\mathrm{d}}{\mathrm{d}x}\left(\displaystyle\int_0^{\sin x} \mathrm{e}^{t^2}\,\mathrm{d}t\right)$.

解　令 $u = \sin x$,则 $\displaystyle\int_0^{\sin x} \mathrm{e}^{t^2}\,\mathrm{d}t$ 可以看成是由 $\displaystyle\int_0^u \mathrm{e}^{t^2}\,\mathrm{d}t$ 和 $u = \sin x$ 复合而成,利用复合函数求导法则,得

$$\frac{\mathrm{d}}{\mathrm{d}x}\left(\int_0^{\sin x} \mathrm{e}^{t^2}\,\mathrm{d}t\right) = \left(\int_0^u \mathrm{e}^{t^2}\,\mathrm{d}t\right)'_u \cdot (\sin x)'_x = \mathrm{e}^{u^2}\cos x = \mathrm{e}^{\sin^2 x}\cos x.$$

一般地,如果 $f(x)$ 连续,$u = \varphi(x)$ 可导,有

$$\frac{\mathrm{d}}{\mathrm{d}x}\left[\int_a^{\varphi(x)} f(t)\,\mathrm{d}t\right] = f[\varphi(x)] \cdot \varphi'(x).$$

读者自己可以证明一下.

二、微积分基本公式

定理 2　设函数 $F(x)$ 是连续函数 $f(x)$ 在区间 $[a,b]$ 上的一个原函数,则

$$\int_a^b f(x)\,\mathrm{d}x = F(b) - F(a). \tag{①}$$

证　因为 $\Phi(x) = \displaystyle\int_a^x f(t)\,\mathrm{d}t$ 是 $f(x)$ 的一个原函数,又 $F(x)$ 也是 $f(x)$ 在 $[a,b]$ 上的原函数,所以

$$F(x) - \Phi(x) = C \ (C \text{ 为常数}),$$

即

$$F(x) - \int_a^x f(t)\,\mathrm{d}t = C.$$

令 $x = a$,代入上式,得 $F(a) = C$,于是

$$F(x) = \int_a^x f(t)\,\mathrm{d}t + F(a).$$

再令 $x = b$,代入上式,得

$$\int_a^b f(x)\,\mathrm{d}x = F(b) - F(a).$$

为了使用方便,公式也可以写成下面的形式:
$$F(b) - F(a) = F(x) \mid_a^b.$$
公式 ① 写成下面的形式:
$$\int_a^b f(x)\mathrm{d}x = F(x) \mid_a^b = F(b) - F(a). \tag{②}$$

公式 ② 称为微积分基本公式,又称为牛顿-莱布尼茨(Newton-Leibniz)公式,它揭示了定积分与不定积分之间的内在联系.它表明:计算定积分只要先用不定积分求出被积函数的一个原函数,再将上、下限分别代入求其差即可.这个公式为计算连续函数的定积分提供了有效而简便的方法.

例 4 计算 $\int_1^2 x^3 \mathrm{d}x$.

解 因为
$$\int x^3 \mathrm{d}x = \frac{1}{4}x^4 + C,$$
即 $\frac{1}{4}x^4$ 是 x^3 的一个原函数,所以
$$\int_1^2 x^3 \mathrm{d}x = \frac{1}{4}x^4 \mid_1^2 = \frac{1}{4} \times 2^4 - \frac{1}{4} \times 1^4 = \frac{15}{4}.$$

例 5 计算 $\int_1^{\sqrt{3}} \frac{x^2}{1+x^2} \mathrm{d}x$.

解 因为
$$\int \frac{x^2}{1+x^2} \mathrm{d}x = \int \frac{(1+x^2)-1}{1+x^2} \mathrm{d}x = \int \mathrm{d}x - \int \frac{1}{1+x^2} \mathrm{d}x = x - \arctan x + C,$$
所以
$$\int_1^{\sqrt{3}} \frac{x^2}{1+x^2} \mathrm{d}x = (x - \arctan x) \mid_1^{\sqrt{3}} = (\sqrt{3} - \arctan\sqrt{3}) - (1 - \arctan 1)$$
$$= (\sqrt{3} - 1) - \frac{\pi}{12}.$$

实际解题时,为了书写方便,常常把求不定积分和运用微积分基本公式综合起来,像例 5 中,也可以这样书写:
$$\int_1^{\sqrt{3}} \frac{x^2}{1+x^2} \mathrm{d}x = \int_1^{\sqrt{3}} \frac{(1+x^2)-1}{1+x^2} \mathrm{d}x = \int_1^{\sqrt{3}} 1 \mathrm{d}x - \int_1^{\sqrt{3}} \frac{1}{1+x^2} \mathrm{d}x$$
$$= x \mid_1^{\sqrt{3}} - \arctan x \mid_1^{\sqrt{3}} = (\sqrt{3} - 1) - (\arctan\sqrt{3} - \arctan 1)$$
$$= \sqrt{3} - 1 - \frac{\pi}{12}.$$

例 6 计算 $\int_1^{\sqrt{3}} \frac{\arctan x}{1+x^2} \mathrm{d}x$.

解
$$\int_1^{\sqrt{3}} \frac{\arctan x}{1+x^2} \mathrm{d}x = \int_1^{\sqrt{3}} \arctan x \mathrm{d}(\arctan x)$$
$$= \frac{1}{2}(\arctan x)^2 \mid_1^{\sqrt{3}}$$

$$= \frac{1}{2}\left(\frac{1}{9}\pi^2 - \frac{1}{16}\pi^2\right) = \frac{7}{288}\pi^2.$$

例 7 已知函数 $f(x) = \begin{cases} 2x+1, & x \leqslant 0, \\ x-1, & x > 0, \end{cases}$ 求 $\int_{-1}^{1} f(x)\,\mathrm{d}x$ 的值.

解 由于分段函数 $f(x)$ 在区间 $[-1,1]$ 上只有一个第一类间断点,是表达式的分段点,故

$$\int_{-1}^{1} f(x)\,\mathrm{d}x = \int_{-1}^{0} f(x)\,\mathrm{d}x + \int_{0}^{1} f(x)\,\mathrm{d}x$$

$$= \int_{-1}^{0}(2x+1)\,\mathrm{d}x + \int_{0}^{1}(x-1)\,\mathrm{d}x$$

$$= (x^2+x)\Big|_{-1}^{0} + \left(\frac{1}{2}x^2 - x\right)\Big|_{0}^{1} = -\frac{1}{2}.$$

例 8 求 $\int_{-2}^{1} |2x+1|\,\mathrm{d}x$ 的值.

解 被积函数 $f(x) = |2x+1| = \begin{cases} -(2x+1), & x \leqslant -\frac{1}{2}, \\ 2x+1, & x > -\frac{1}{2} \end{cases}$ 也是一个分段函数,类似

上例,有

$$\int_{-2}^{1} |2x+1|\,\mathrm{d}x = \int_{-2}^{-\frac{1}{2}}[-(2x+1)]\,\mathrm{d}x + \int_{-\frac{1}{2}}^{1}(2x+1)\,\mathrm{d}x$$

$$= -(x^2+x)\Big|_{-2}^{-\frac{1}{2}} + (x^2+x)\Big|_{-\frac{1}{2}}^{1} = \frac{9}{2}.$$

练习题 5.3

1. 求下列函数对 x 的导数:

(1) $\int_{0}^{x} \sin t^2\,\mathrm{d}t$;

(2) $\int_{1}^{\cos x} \mathrm{e}^t \sin t\,\mathrm{d}t$;

(3) $\int_{-3x}^{1} \mathrm{e}^{t^2}\,\mathrm{d}t$;

(4) $\int_{-2x}^{x} \sqrt{1+t^4}\,\mathrm{d}t$.

2. 已知 $\Phi(x) = \int_{0}^{x} t^3 \mathrm{e}^{2t}\,\mathrm{d}t$,求 $\Phi'(x)$,$\Phi'(1)$.

3. 计算下列定积分:

(1) $\int_{1}^{2}\left(x - \frac{1}{x}\right)^2\,\mathrm{d}x$;

(2) $\int_{\frac{1}{\sqrt{3}}}^{\sqrt{3}} \frac{1}{1+x^2}\,\mathrm{d}x$;

(3) $\int_{-\frac{\sqrt{2}}{2}}^{\frac{\sqrt{2}}{2}} \frac{1}{\sqrt{1-x^2}}\,\mathrm{d}x$;

(4) $\int_{0}^{1} x\mathrm{e}^{x^2}\,\mathrm{d}x$;

(5) $\int_{0}^{\frac{\pi}{2}} \sin^2 \frac{x}{2}\,\mathrm{d}x$;

(6) $\int_{0}^{1} \frac{1}{\sqrt[3]{3-2x}}\,\mathrm{d}x$;

(7) $\int_{-1}^{0} \dfrac{2x^4 + 2x^2 + 1}{x^2 + 1} \mathrm{d}x$；

(8) $\int_{1}^{e} \dfrac{2 + 3\ln x}{x} \mathrm{d}x$；

(9) $\int_{-1}^{3} |3x + 2| \mathrm{d}x$；

(10) $\int_{-1}^{3} |x^2 - 2x| \mathrm{d}x$；

(11) $\int_{0}^{\pi} \sqrt{1 + \cos 2x}\, \mathrm{d}x$；

(12) $\int_{0}^{\frac{\pi}{2}} \sqrt{1 - \sin 2x}\, \mathrm{d}x$．

4. 已知 $f(x) = \begin{cases} x^2 + 1, & -1 \leqslant x \leqslant 0, \\ 3x - 1, & 0 < x < 1, \end{cases}$ 计算 $\int_{-1}^{\frac{1}{2}} f(x)\mathrm{d}x$.

§5.4 定积分的换元法

由微积分基本公式知道,通过原函数可以计算出定积分,而求原函数(不定积分)的方法有换元法和分部积分法.定积分也有相应的换元法和分部积分法.

一、定积分的换元法

定理 如果函数 $f(x)$ 在 $[a, b]$ 上连续,函数 $x = \varphi(t)$ 在 $[\alpha, \beta]$ 上单调且具有连续而不为零的导数 $\varphi'(t)$,又 $\varphi(\alpha) = a$,$\varphi(\beta) = b$,那么

$$\int_{b}^{a} f(x)\mathrm{d}x = \int_{\alpha}^{\beta} f[\varphi(t)]\varphi'(t)\mathrm{d}t,$$

这就是定积分的换元积分公式.

注意

(1)"换元要换限",即定积分换元后,积分限要相应转换.

(2)换元后,不需要像不定积分那样还原到原积分变量,只要对新积分变量计算定积分就可以了.

例1 求定积分 $\int_{0}^{4} \dfrac{1}{x + \sqrt{x}} \mathrm{d}x$.

解 设 $\sqrt{x} = t$,则 $x = t^2$,$\mathrm{d}x = 2t\mathrm{d}t$.当 $x = 0$ 时,$t = 0$;当 $x = 4$ 时,$t = 2$.应用上述定理,得

$$\int_{0}^{4} \frac{1}{x + \sqrt{x}} \mathrm{d}x = \int_{0}^{2} \frac{2t}{t^2 + t} \mathrm{d}t = 2\int_{0}^{2} \frac{1}{t + 1} \mathrm{d}t$$

$$= 2\int_{0}^{2} \frac{1}{t + 1} \mathrm{d}(t + 1) = 2\ln(t + 1) \Big|_{0}^{2} = 2\ln 3.$$

例2 求定积分 $\int_{0}^{2} \sqrt{4 - x^2}\, \mathrm{d}x$.

解 设 $x = 2\sin t$,则 $\mathrm{d}x = 2\cos t\mathrm{d}t$.当 $x = 0$ 时,$t = 0$;当 $x = 2$ 时,$t = \dfrac{\pi}{2}$.于是

$$\int_0^2 \sqrt{4-x^2}\,\mathrm{d}x = 4\int_0^{\frac{\pi}{2}} \cos^2 t\,\mathrm{d}t = 2\int_0^{\frac{\pi}{2}} (1+\cos 2t)\,\mathrm{d}t = 2\left(t+\frac{1}{2}\sin 2t\right)\Big|_0^{\frac{\pi}{2}} = \pi.$$

例 3 设 $f(x)$ 为 $[-a,a]$ 上的连续函数,证明:

(1) 若 $f(x)$ 为奇函数,则 $\int_{-a}^{a} f(x)\,\mathrm{d}x = 0$.

(2) 若 $f(x)$ 为偶函数,则 $\int_{-a}^{a} f(x)\,\mathrm{d}x = 2\int_0^a f(x)\,\mathrm{d}x$.

注意 这个例题中的性质前面我们通过定积分的几何意义已经得到了,但那不是严格的证明,这里我们利用定积分的换元法进行证明.

证
$$\int_{-a}^{a} f(x)\,\mathrm{d}x = \int_{-a}^{0} f(x)\,\mathrm{d}x + \int_0^a f(x)\,\mathrm{d}x. \qquad ①$$

在定积分 $\int_{-a}^{0} f(x)\,\mathrm{d}x$ 中,令 $x=-t$,则 $\mathrm{d}x=-\mathrm{d}t$. 当 $x=-a$ 时,$t=a$;当 $x=0$ 时,$t=0$. 于是

$$\int_{-a}^{0} f(x)\,\mathrm{d}x = \int_a^0 f(-t) \cdot (-\mathrm{d}t) = \int_0^a f(-t)\,\mathrm{d}t = \int_0^a f(-x)\,\mathrm{d}x. \qquad ②$$

(1) 当 $f(x)$ 为奇函数时,有 $f(-x)=-f(x)$,从而 $\int_0^a f(-x)\,\mathrm{d}x = -\int_0^a f(x)\,\mathrm{d}x$,结合 ①② 式,得

$$\int_{-a}^{a} f(x)\,\mathrm{d}x = 0.$$

(2) 当 $f(x)$ 为偶函数时,有 $f(-x)=f(x)$,从而 $\int_0^a f(-x)\,\mathrm{d}x = \int_0^a f(x)\,\mathrm{d}x$,结合 ①② 式,得

$$\int_{-a}^{a} f(x)\,\mathrm{d}x = 2\int_0^a f(x)\,\mathrm{d}x.$$

例 4 设函数 $f(x)$ 在 $[a,b]$ 上连续,证明:
$$\int_a^b f(a+b-x)\,\mathrm{d}x = \int_a^b f(x)\,\mathrm{d}x.$$

证 在定积分 $\int_a^b f(a+b-x)\,\mathrm{d}x$ 中,令 $a+b-x=t$,得 $\mathrm{d}x=-\mathrm{d}t$. 当 $x=a$ 时,$t=b$;当 $x=b$ 时,$t=a$. 于是

$$\int_a^b f(a+b-x)\,\mathrm{d}x = \int_b^a f(t) \cdot (-\mathrm{d}t) = \int_a^b f(t)\,\mathrm{d}t = \int_a^b f(x)\,\mathrm{d}x.$$

这一节定理中所讲的定积分换元法,是相应于不定积分中的第二类换元法. 其实相应于不定积分的第一类换元法,定积分也有相应的换元法,但在第一类换元法中,我们通常省略换元和还原的过程. 因此,如果没有特别说明,我们讲定积分的换元法,一般指的是第二类换元法.

例 5 计算 $\int_0^{\frac{\pi}{2}} \cos^3 x \sin x\,\mathrm{d}x$.

解 设 $\cos x = t$,则 $-\sin x\,\mathrm{d}x = \mathrm{d}t$. 当 $x=0$ 时,$t=1$;当 $x=\dfrac{\pi}{2}$ 时,$t=0$. 于是

$$\int_0^{\frac{\pi}{2}} \cos^3 x \sin x \, dx = -\int_1^0 t^3 \, dt = \int_0^1 t^3 \, dt = \frac{1}{4} t^4 \Big|_0^1 = \frac{1}{4}.$$

一般地,我们可以省略换元和还原的过程,按如下格式写:

$$\int_0^{\frac{\pi}{2}} \cos^3 x \sin x \, dx = -\int_0^{\frac{\pi}{2}} \cos^3 x \, d(\cos x) = -\frac{1}{4} \cos^4 x \Big|_0^{\frac{\pi}{2}} = \frac{1}{4}.$$

练习题 5.4

1. 求下列定积分:

(1) $\int_{-1}^{2} \frac{1}{(3x+5)^3} \, dx$;

(2) $\int_1^e \frac{\sqrt{\ln x}}{x} \, dx$;

(3) $\int_0^{\frac{1}{2}} \frac{2x-1}{\sqrt{1-x^2}} \, dx$;

(4) $\int_0^1 \frac{1}{\sqrt{9-x}} \, dx$;

(5) $\int_0^{\frac{3\pi}{4}} \sqrt{\sin x - \sin^3 x} \, dx$;

(6) $\int_0^4 \frac{3x+1}{\sqrt{2x+1}} \, dx$;

(7) $\int_1^{\sqrt{3}} \frac{1}{x^2 \sqrt{1+x^2}} \, dx$;

(8) $\int_1^{\sqrt{2}} \frac{1}{x \sqrt{x^2-1}} \, dx$.

2. 求下列定积分:

(1) $\int_{-\pi}^{\pi} x^4 \tan x \, dx$;

(2) $\int_{-2}^{2} (x^2 + x^3 \sqrt{1-x^2}) \, dx$.

3. 设函数

$$f(x) = \begin{cases} x+3, & x \leqslant 2, \\ x\sqrt{x}, & x > 2, \end{cases}$$

求 $\int_0^{\frac{5}{3}} f(3x-1) \, dx$.

4. 证明: $\int_0^{\frac{\pi}{2}} \sin^n x \, dx = \int_0^{\frac{\pi}{2}} \cos^n x \, dx$.

5. 设 $f(x)$ 在 $[0, \pi]$ 上连续,证明: $\int_0^{\pi} x f(\sin x) \, dx = \frac{\pi}{2} \int_0^{\pi} f(\sin x) \, dx$.

§5.5 定积分的分部积分法

不定积分有分部积分公式,相应地,定积分也有分部积分公式.

定理 如果函数 $u = u(x), v = v(x)$ 在区间 $[a,b]$ 上具有连续导数,那么

$$\int_a^b u \, dv = uv \Big|_a^b - \int_a^b v \, du,$$

这就是定积分的分部积分公式.

例 1　求定积分 $\displaystyle\int_0^{\frac{\pi}{2}} x\cos x\,\mathrm{d}x$ 的值.

解　$\displaystyle\int_0^{\frac{\pi}{2}} x\cos x\,\mathrm{d}x = \int_0^{\frac{\pi}{2}} x\,\mathrm{d}(\sin x) = x\sin x\Big|_0^{\frac{\pi}{2}} - \int_0^{\frac{\pi}{2}} \sin x\,\mathrm{d}x = \frac{\pi}{2} + \cos x\Big|_0^{\frac{\pi}{2}} = \frac{\pi}{2} - 1.$

例 2　求定积分 $\displaystyle\int_1^2 x\ln x\,\mathrm{d}x$ 的值.

解　$\displaystyle\int_1^2 x\ln x\,\mathrm{d}x = \frac{1}{2}\int_1^2 \ln x\,\mathrm{d}(x^2) = \frac{1}{2}x^2\ln x\Big|_1^2 - \frac{1}{2}\int_1^2 x\,\mathrm{d}x$

$$= 2\ln 2 - \frac{1}{4}x^2\Big|_1^2 = 2\ln 2 - \frac{3}{4}.$$

例 3　求定积分 $\displaystyle\int_{-2}^1 \mathrm{e}^{\sqrt{x+3}}\,\mathrm{d}x$ 的值.

解　令 $\sqrt{x+3} = t$，则 $x = t^2 - 3$，$\mathrm{d}x = 2t\,\mathrm{d}t$. 当 $x = -2$ 时，$t = 1$；当 $x = 1$ 时，$t = 2$.
于是

$$\int_{-2}^1 \mathrm{e}^{\sqrt{x+3}}\,\mathrm{d}x = 2\int_1^2 t\mathrm{e}^t\,\mathrm{d}t = 2\left(t\mathrm{e}^t\Big|_1^2 - \int_1^2 \mathrm{e}^t\,\mathrm{d}t\right) = 2\left(t\mathrm{e}^t\Big|_1^2 - \mathrm{e}^t\Big|_1^2\right) = 2\mathrm{e}^2.$$

例 4　求定积分 $\displaystyle\int_{\mathrm{e}^{-1}}^{\mathrm{e}} |\ln x|\,\mathrm{d}x$ 的值.

解　$\displaystyle\int_{\mathrm{e}^{-1}}^{\mathrm{e}} |\ln x|\,\mathrm{d}x = \int_{\mathrm{e}^{-1}}^1 (-\ln x)\,\mathrm{d}x + \int_1^{\mathrm{e}} \ln x\,\mathrm{d}x$

$$= \left(-x\ln x\Big|_{\mathrm{e}^{-1}}^1 + \int_{\mathrm{e}^{-1}}^1 1\,\mathrm{d}x\right) + \left(x\ln x\Big|_1^{\mathrm{e}} - \int_1^{\mathrm{e}} 1\,\mathrm{d}x\right)$$

$$= 2 - \frac{2}{\mathrm{e}}.$$

练习题 5.5

求下列定积分：

(1) $\displaystyle\int_0^1 \arcsin x\,\mathrm{d}x$；

(2) $\displaystyle\int_0^{\frac{\pi}{2}} x\cos 2x\,\mathrm{d}x$；

(3) $\displaystyle\int_{\frac{\pi}{4}}^{\frac{\pi}{3}} \frac{x}{\sin^2 x}\,\mathrm{d}x$；

(4) $\displaystyle\int_0^1 x\mathrm{e}^{3x}\,\mathrm{d}x$；

(5) $\displaystyle\int_1^2 \frac{\ln x}{\sqrt{x}}\,\mathrm{d}x$；

(6) $\displaystyle\int_0^{\frac{\pi^2}{4}} \sin\sqrt{x}\,\mathrm{d}x$；

(7) $\displaystyle\int_0^{\frac{\pi}{2}} \mathrm{e}^x\sin x\,\mathrm{d}x$；

(8) $\displaystyle\int_0^{\mathrm{e}} \ln(x+2)\,\mathrm{d}x.$

*§5.6　无穷区间上的广义积分

在前面所讨论的定积分 $\int_a^b f(x)$ 中,都假定:(1) 积分区间 $[a,b]$ 是有限的;(2) 函数 $f(x)$ 有界.这些都是通常意义下的定积分(常义积分).但在实际问题中,常会遇到积分区间为无限或函数无界的情形,也就是把积分区间从有限推广到无限或者把函数从有界推广到无界,这两种推广意义下的定积分称为广义积分,有时也称反常积分(违反通常意义下的积分).前者称为无穷区间上的广义积分,后者称为无界函数的广义积分.本节将介绍无穷区间上的广义积分的概念和计算方法.

先看下面的例子.

求由曲线 $y=\dfrac{1}{x^2}$,x 轴及直线 $x=1$ 右边所围成的"开口曲边梯形"的面积(图 5-9).

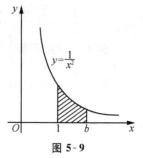

图 5-9

因为这个图形不是封闭的曲边梯形,而在 x 轴的正方向是开口的.也就是说,这时的积分区间是无限区间 $[1,+\infty)$,所以不能用前面所学的定积分来计算它的面积.

我们任取一个大于 1 的数 b,那么在区间 $[1,b]$ 上由曲线 $y=\dfrac{1}{x^2}$,x 轴及直线 $x=1,x=b$ 所围成的曲边梯形的面积为

$$\int_1^b \frac{1}{x^2}\mathrm{d}x = -\frac{1}{x}\Big|_1^b = 1-\frac{1}{b}.$$

显然,当 b 改变时,曲边梯形的面积也随之改变,并且随着 b 趋于无穷而趋近于一个确定的极限,即

$$\lim_{b\to+\infty}\int_1^b \frac{1}{x^2}\mathrm{d}x = \lim_{b\to+\infty}\left(1-\frac{1}{b}\right) = 1.$$

这个极限值就表示了所求"开口曲边梯形"的面积.

定义　设函数 $f(x)$ 在区间 $[a,+\infty)$ 内连续,任取 $b>a$,则 $\int_a^b f(x)\mathrm{d}x$ 存在,称极限

$$\lim_{b\to+\infty}\int_a^b f(x)\mathrm{d}x$$

为 $f(x)$ 在 $[a,+\infty)$ 上的广义积分,记为 $\int_a^{+\infty} f(x)\mathrm{d}x$,即

$$\int_a^{+\infty} f(x)\mathrm{d}x = \lim_{b\to+\infty}\int_a^b f(x)\mathrm{d}x.$$

如果上述极限存在,这时称广义积分 $\int_a^{+\infty} f(x)\mathrm{d}x$ 收敛;如果极限不存在,则称广义积分 $\int_a^{+\infty} f(x)\mathrm{d}x$ 发散.

同样地,可以定义积分下限为负无穷大或上下限都是无穷大的广义积分:

$$\int_{-\infty}^{b} f(x)\mathrm{d}x = \lim_{a \to -\infty} \int_{a}^{b} f(x)\mathrm{d}x;$$

$$\int_{-\infty}^{+\infty} f(x)\mathrm{d}x = \int_{-\infty}^{0} f(x)\mathrm{d}x + \int_{0}^{+\infty} f(x)\mathrm{d}x = \lim_{a \to -\infty} \int_{a}^{0} f(x)\mathrm{d}x + \lim_{b \to +\infty} \int_{0}^{b} f(x)\mathrm{d}x.$$

$\int_{-\infty}^{+\infty} f(x)\mathrm{d}x$ 收敛当且仅当 $\int_{-\infty}^{0} f(x)\mathrm{d}x$ 和 $\int_{0}^{+\infty} f(x)\mathrm{d}x$ 都收敛.

例 1　计算广义积分 $\int_{0}^{+\infty} \mathrm{e}^{-x}\mathrm{d}x$.

解　$\int_{0}^{+\infty} \mathrm{e}^{-x}\mathrm{d}x = \lim_{b \to +\infty} \int_{0}^{b} \mathrm{e}^{-x}\mathrm{d}x = \lim_{b \to +\infty} (-\mathrm{e}^{-x}) \Big|_{0}^{b} = \lim_{b \to +\infty} (1 - \mathrm{e}^{-b}) = 1.$

例 2　计算广义积分 $\int_{-\infty}^{+\infty} \dfrac{1}{x^2 + 2x + 2}\mathrm{d}x$.

解　
$$
\begin{aligned}
\int_{-\infty}^{+\infty} \frac{1}{x^2 + 2x + 2}\mathrm{d}x &= \int_{-\infty}^{0} \frac{1}{x^2 + 2x + 2}\mathrm{d}x + \int_{0}^{+\infty} \frac{1}{x^2 + 2x + 2}\mathrm{d}x \\
&= \lim_{a \to -\infty} \int_{a}^{0} \frac{1}{x^2 + 2x + 2}\mathrm{d}x + \lim_{b \to +\infty} \int_{0}^{b} \frac{1}{x^2 + 2x + 2}\mathrm{d}x \\
&= \lim_{a \to -\infty} \int_{a}^{0} \frac{1}{(x+1)^2 + 1}\mathrm{d}(x+1) + \lim_{b \to +\infty} \int_{0}^{b} \frac{1}{(x+1)^2 + 1}\mathrm{d}(x+1) \\
&= \lim_{a \to -\infty} \arctan(x+1) \Big|_{a}^{0} + \lim_{b \to +\infty} \arctan(x+1) \Big|_{0}^{b} \\
&= \lim_{a \to -\infty} -\arctan(a+1) + \lim_{b \to +\infty} \arctan(b+1) \\
&= -\left(-\frac{\pi}{2}\right) + \frac{\pi}{2} = \pi.
\end{aligned}
$$

设 $F(x)$ 为连续函数 $f(x)$ 的一个原函数,由于

$$\int_{a}^{+\infty} f(x)\mathrm{d}x = \lim_{b \to +\infty} \int_{a}^{b} f(x)\mathrm{d}x = \lim_{b \to +\infty} F(x) \Big|_{a}^{b}, \tag{①}$$

极限 $\lim\limits_{b \to +\infty} F(x) \Big|_{a}^{b}$ 用记号 $F(x) \Big|_{a}^{+\infty}$ 表示,即 $\lim\limits_{b \to +\infty} F(x) \Big|_{a}^{b} = F(x) \Big|_{a}^{+\infty}$. 这样,①式可以简化书写为

$$\int_{a}^{+\infty} f(x)\mathrm{d}x = F(x) \Big|_{a}^{+\infty}. \tag{②}$$

同样我们用记号 $F(x) \Big|_{-\infty}^{b}$ 表示极限 $\lim\limits_{a \to -\infty} F(x) \Big|_{a}^{b}$,于是有简化的书写

$$\int_{-\infty}^{b} f(x)\mathrm{d}x = F(x) \Big|_{-\infty}^{b}. \tag{③}$$

用记号 $F(x) \Big|_{-\infty}^{+\infty}$ 表示 $F(x) \Big|_{-\infty}^{b} + F(x) \Big|_{a}^{+\infty}$,于是有简化的书写

$$\int_{-\infty}^{+\infty} f(x)\mathrm{d}x = F(x) \Big|_{-\infty}^{+\infty}. \tag{④}$$

②③④ 式是广义积分形式上的牛顿-莱布尼茨公式(注意仅仅是形式上).

这样,例 1 的计算过程可以简化书写为

$$\int_{0}^{+\infty} \mathrm{e}^{-x}\mathrm{d}x = -\int_{0}^{+\infty} \mathrm{e}^{-x}\mathrm{d}(-x) = -\mathrm{e}^{-x} \Big|_{0}^{+\infty} = 1.$$

注意　$\mathrm{e}^{-x} \Big|_{0}^{+\infty}$ 是一个极限过程,不能写成 $\mathrm{e}^{-x} \Big|_{0}^{+\infty} = \mathrm{e}^{-\infty} - 1$,不能出现 $\mathrm{e}^{-\infty}$.

同样例 2 的计算过程可简化写成为

$$\int_{-\infty}^{+\infty} \frac{1}{x^2+2x+2}dx = \int_{-\infty}^{+\infty} \frac{1}{(x+1)^2+1}d(x+1) = \arctan(x+1)\Big|_{-\infty}^{+\infty} = \frac{\pi}{2} - \left(-\frac{\pi}{2}\right) = \pi.$$

例 3 计算广义积分 $\int_1^{+\infty} xe^{-x^2}dx$.

解 $\int_1^{+\infty} xe^{-x^2}dx = -\frac{1}{2}\int_1^{+\infty} e^{-x^2}d(-x^2) = -\frac{1}{2}e^{-x^2}\Big|_1^{+\infty} = -\frac{1}{2}(0-e^{-1}) = \frac{e^{-1}}{2}.$

例 4 试讨论广义积分 $\int_1^{+\infty} \frac{1}{x^p}dx\,(p>0)$ 在 p 取什么值时收敛,取什么值时发散.

解 当 $p \neq 1$ 时,有

$$\int_1^{+\infty} \frac{dx}{x^p} = \left(\frac{x^{1-p}}{1-p}\right)\Big|_1^{+\infty} = \begin{cases} \dfrac{1}{p-1}, & p > 1, \\ +\infty, & 0 < p < 1. \end{cases}$$

当 $p = 1$ 时,有

$$\int_1^{+\infty} \frac{dx}{x} = \ln x\Big|_1^{+\infty} = +\infty.$$

综上所述,广义积分 $\int_1^{+\infty} \frac{dx}{x^p}$,当 $p > 1$ 时收敛,当 $p \leqslant 1$ 时发散.

练习题 5.6

下列广义积分是否收敛?若收敛,求其值:

(1) $\int_1^{+\infty} \frac{1}{x^3}dx$;

(2) $\int_{-\infty}^{0} e^{3x}dx$;

(3) $\int_1^{+\infty} \frac{\ln x}{x}dx$;

(4) $\int_0^{+\infty} \frac{1}{(x+1)(x+2)}dx$;

(5) $\int_{-\infty}^{+\infty} \frac{1}{1+x^2}dx$;

(6) $\int_1^{+\infty} e^{-\sqrt{x}}dx$;

(7) $\int_{-\infty}^{+\infty} xe^{-\frac{x^2}{2}}dx$;

(8) $\int_0^{+\infty} e^{-x}\sin x\,dx$.

**§ 5.7 用 MATLAB 求定积分

一、定积分的符号解法

MATLAB 中使用 int 函数来求解积分问题,可以是不定积分,也可以是定积分,可以

得到解析解,无任何误差. MATLAB 也提供了其他求解定积分的数值方法函数,主要有cumsum,trapz,quad 和 quad8 等,有计算精度的限制.下面主要讨论用 int 函数来求解定积分问题.

求定积分的运算命令如表 5-1 所示:

表 5-1

输入命令	对应数学公式
int(f(x),a,b)或 int(f(x),x,a,b)	$\int_a^b f(x)\mathrm{d}x$

注意 如果被积分函数的符号表中只有一个符号变量,命令中的积分变量可以省略;如果被积函数的符号表中有两个及两个以上符号变量,命令中的积分变量不可以省略.

例 1 计算定积分 $\int_0^2 x^3\mathrm{d}x$.

解 在命令窗口中输入:

>> clear

>> syms x

>> y＝x^3;

>> int(y,x,0,2)   % 也可以省略积分变量 x,输入 int(y,x,2).

结果显示:

ans ＝

    4

例 2 计算定积分 $\int_0^1 e^{a^2 x}\mathrm{d}x$.

解 在命令窗口中输入:

>> syms x y

>> y＝exp(a^2 * x);

>> int(y,x,0,1)   %积分变量 x 不能省略

结果显示:

ans ＝

    (−1＋exp(a^2))/a^2

例 3 计算定积分 $\int_0^{\frac{\pi}{2}} e^x \sin ax\,\mathrm{d}x$.

解 在命令窗口中输入:

>> syms x a

>> y＝exp(x) * sin(a * x);

>> int(y,x,0,1)   % 积分变量 x 不能省略

结果显示:

ans ＝

    −(−a＋exp(1) * a * cos(a)−exp(1) * sin(a))/(1＋a^2)

例 4 求 $\int_0^a x^2 \sin x \, dx$.

解 在命令窗口中输入：

```
>> clear
>> syms x a
>> y=x^2 * sin(x);
>> int(y,0,a)
```

结果显示：

ans =

$$-2-a^2 * \cos(a)+2 * \cos(a)+2 * a * \sin(a)$$

三、广义积分

求广义积分的运算命令如表 5-2 所示：

表 5-2

输入命令	对应数学公式	备　注
int(f(x),a,inf) 或 int(f(x),x,a,inf)	$\int_a^{+\infty} f(x)dx$	无穷区间上的广义积分
int(f(x),−inf,b) 或 int(f(x),x,−inf,b)	$\int_{-\infty}^b f(x)dx$	
int(f(x),−inf,inf) 或 int(f(x),x,−inf,inf)	$\int_{-\infty}^{+\infty} f(x)dx$	
int(f(x),a,b) 或 int(f(x),x,a,b)	$\int_a^b f(x)dx$	无界函数的广义积分

例 5 求广义积分 $\int_{-\infty}^0 x e^{3x} dx$.

解 在命令窗口中输入：

```
>> clear
>> syms x
>> y=x * exp(3 * x);
>> int(y,-inf,0)
```

结果显示：

ans =

$$-1/9$$

例 6 求广义积分 $\int_{-\infty}^{+\infty} \frac{a\,dx}{1+x^2}$.

解 在命令窗口中输入：

```
>> clear
>> syms x a
>> y=a/(1+x^2);
>> int(y,x,-inf,inf)
```

结果显示：

ans =

a * pi

练习题 5.7

用 MATLAB 求解下列定积分的精确解：

(1) $\int_0^1 x^3 \arcsin x \, dx$；

(2) $\int_0^1 \sqrt{\dfrac{1+x}{2-x}} \, dx$；

(3) $\int_0^1 \dfrac{x^2}{\sqrt{a^2+x^2}} \, dx$；

(4) $\int_a^b x \, e^{2x} \, dx$；

(5) $\int_{-\frac{\pi}{2}}^{\frac{\pi}{2}} \dfrac{x+\cos x}{1+\sin^2 x} \, dx$；

(10) $\int_{-\infty}^{+\infty} \dfrac{1}{x^2+2x+2} \, dx$.

复习题五

一、选择题

1. 定积分 $\int_a^b f(x) \, dx$ 是 　　　　　　　　　　　　　　　（　　）

A. $f(x)$ 的一个原函数　　　　　　B. $f(x)$ 的全体原函数

C. 任意常数　　　　　　　　　　　D. 确定的常数

2. 设 $f(x)$ 在区间 $[a,b]$ 上连续，则 $\int_a^b f(x) \, dx - \int_a^b f(t) \, dt$ 的值 　（　　）

A. 小于 0　　　　B. 大于 0　　　　C. 等于 0　　　　D. 不能确定

3. 下列不等式成立的是 　　　　　　　　　　　　　　　　　　（　　）

A. $\int_0^1 x^2 \, dx \leqslant \int_0^1 x^3 \, dx$　　　　　B. $\int_0^1 x^2 \, dx \geqslant \int_0^1 x^3 \, dx$

C. $\int_1^2 x^3 \, dx \leqslant \int_1^2 x^2 \, dx$　　　　　D. $\int_1^2 \ln x \, dx \leqslant \int_1^2 (\ln x)^2 \, dx$

4. $\dfrac{d}{dx} \int_a^b \arctan x \, dx =$ 　　　　　　　　　　　　　（　　）

A. $\arctan x$　　　　　　　　　　B. $\dfrac{1}{1+x^2}$

C. $\arctan b - \arctan a$　　　　　D. 0

5. 下列等式正确的是 　　　　　　　　　　　　　　　　　　　（　　）

A. $\dfrac{d}{dx} \int_a^b f(x) \, dx = f(x)$　　　　　B. $\dfrac{d}{dx} \int f(x) \, dx = f(x) + C$

C. $\dfrac{\mathrm{d}}{\mathrm{d}x}\displaystyle\int_{a}^{x}f(t)\,\mathrm{d}t=f(x)$ D. $\displaystyle\int f'(x)\,\mathrm{d}x=f(x)$

6. 设 $\displaystyle\int_{0}^{x}f(t)\,\mathrm{d}t=\ln(5-x^{2})$，则 $f(x)=$ (   )

A. $\dfrac{5}{5-x^{2}}$ B. $\dfrac{2x}{5-x^{2}}$ C. $\dfrac{-2x}{5-x^{2}}$ D. $5x$

7. 极限 $\displaystyle\lim_{x\to0}\dfrac{\displaystyle\int_{0}^{x}\sin t\,\mathrm{d}t}{\displaystyle\int_{0}^{x}t\,\mathrm{d}t}$ 的值等于 (   )

A. -1 B. 0 C. 1 D. 2

8. 下列定积分的值为 0 的是 (   )

A. $\displaystyle\int_{-2}^{2}x\sin x\,\mathrm{d}x$ B. $\displaystyle\int_{-2}^{2}x^{2}\cos x\,\mathrm{d}x$

C. $\displaystyle\int_{-2}^{2}(x^{3}+x^{5})\,\mathrm{d}x$ D. $\displaystyle\int_{-2}^{2}(x^{3}+5x^{5}+1)\,\mathrm{d}x$

二、填空题

1. 比较积分大小：$\displaystyle\int_{0}^{1}x^{2}\,\mathrm{d}x$ ＿＿＿＿＿ $\displaystyle\int_{0}^{1}x^{3}\,\mathrm{d}x$，$\displaystyle\int_{1}^{2}x^{2}\,\mathrm{d}x$ ＿＿＿＿＿ $\displaystyle\int_{1}^{2}x^{3}\,\mathrm{d}x$.

2. 估计积分的值：＿＿＿＿ $\leqslant\displaystyle\int_{0}^{1}\mathrm{e}^{x^{2}}\,\mathrm{d}x\leqslant$ ＿＿＿＿＿.

3. $\dfrac{\mathrm{d}}{\mathrm{d}x}\displaystyle\int_{0}^{1}\dfrac{\sin x}{x+1}\,\mathrm{d}x=$ ＿＿＿＿＿.

4. $\displaystyle\lim_{x\to0}\dfrac{\displaystyle\int_{0}^{x}\sin t\,\mathrm{d}t}{x^{2}}=$ ＿＿＿＿＿.

5. 设 $\displaystyle\int_{0}^{a}x(2-3x)\,\mathrm{d}x=2$，则 $a=$ ＿＿＿＿＿.

6. 若 $\displaystyle\int_{0}^{1}(2x+k)\,\mathrm{d}x=2$，则 $k=$ ＿＿＿＿＿.

7. $\displaystyle\int_{4}^{9}\sqrt{x}(1+\sqrt{x})\,\mathrm{d}x=$ ＿＿＿＿＿.

8. $\displaystyle\int_{-1}^{1}|x|\,\mathrm{d}x=$ ＿＿＿＿＿.

9. $\displaystyle\int_{-\pi}^{\pi}\sin x\,\mathrm{d}x=$ ＿＿＿＿＿.

10. $\displaystyle\int_{-3}^{3}\dfrac{x\sin^{2}x}{(x^{4}+4x^{2}+1)^{2}}\,\mathrm{d}x=$ ＿＿＿＿＿.

11. $\displaystyle\int_{-1}^{1}(x^{4}\sin x+x^{2})\,\mathrm{d}x=$ ＿＿＿＿＿.

三、解答题

1. 计算下列定积分：

(1) $\displaystyle\int_{0}^{\frac{\pi}{2}}\cos^{2}\dfrac{x}{2}\,\mathrm{d}x$； (2) $\displaystyle\int_{1}^{2}\dfrac{\mathrm{d}x}{x+x^{3}}$；

（3）$\int_1^e \dfrac{2+\ln x}{x}\mathrm{d}x$；

（4）$\int_1^4 \dfrac{\mathrm{d}x}{1+\sqrt{x}}$；

（5）$\int_1^4 \dfrac{\ln x}{\sqrt{x}}\mathrm{d}x$；

（6）$\int_1^2 x^2\ln x\mathrm{d}x$；

（7）$\int_{-\infty}^{+\infty} \dfrac{1}{x^2+2x+2}\mathrm{d}x$.

2. 已知 $\int_{-\infty}^0 \dfrac{k}{1+x^2}\mathrm{d}x=\dfrac{1}{2}$，求常数 k 的值.

阅读材料五　数学家简介4

祖冲之和圆周率

祖冲之(429—500)，我国南北朝时期人．其祖父祖昌任刘宋朝大匠卿，是朝廷管理土木工程的官吏，父亲祖朔之学识渊博，常被邀请参加皇室的典礼、宴会．

祖冲之从小就受到良好的家庭教育．家庭的熏陶，耳濡目染，加之自己的勤奋，使他对自然科学和文学、哲学，特别是天文学产生了浓厚的兴趣，在青年时代就有了博学的名声．

在中国古代，人们从实践中认识到，圆的周长是"圆径一而周三有余"，也就是圆的周长是圆直径的三倍多，但是多多少，意见不一．在祖冲之之前，中国数学家刘徽提出了计算圆周率的科学方法——"割圆术"，计算圆周率到小数点后4位数．祖冲之在前人的基础上，经过刻苦钻研，反复演算，将圆周率推算至小数点后7位数（即 3.1415926 至 3.1415927），并得出了圆周率分数形式的近似值．祖冲之究竟用什么方法得出这一结果，现在无从查考．如果设想他按刘徽的"割圆术"方法去求的话，就要计算到圆内接16000多边形．

祖冲之计算得出的圆周率，外国数学家获得同样结果，已是1000多年以后的事了．为了纪念祖冲之的杰出贡献，有些外国数学史家建议把圆周率 π 叫作"祖率"．除了在计算圆周率方面的成就，祖冲之还与他的儿子一起，用巧妙的方法解决了球体体积的计算．他们当时采用的计算原理，在西方被称为"卡瓦列利"(Cavalieri)原理，但这是在祖冲之以后1000多年才由意大利数学家卡瓦列利发现．为了纪念祖氏父子发现这一原理的重大贡献，数学上也称这一原理为"祖原理"．

第 6 章

定积分的应用

本章以定积分的知识为基础,讨论定积分的微元法和定积分在几何、经济中的应用.

§6.1 微元法

在引入定积分概念时,我们通过"分割、取近似、求和、取极限"四个步骤,建立了曲边梯形的面积及变速直线运动路程的数学模型,即分别把曲边梯形的面积及变速直线运动的路程表示成定积分.综合这两个问题可以看出,用定积分计算的问题一般有如下特点:

(1) 所求量 A 与某个函数 $f(x)$ 和区间 $[a,b]$ 有关.

(2) 当把区间分成许多小区间时,整体量等于各部分分量之和,即 $A = \sum\limits_{i=1}^{n} \Delta A_i$,如曲边梯形的面积等于小曲边梯形面积之和.

(3) 对每个小区间上的部分量 ΔA_i 的近似值可以用 $f(\xi_i)\Delta x_i$ 表示.

在几何、物理、工程技术以及经济学中,符合这三个特点的量 A 有很多,如平面图形的面积、空间立体的体积、转动惯量及可变成本等.下面先介绍如何化所求量为定积分的一般思路和方法,这就是所谓的微元法.

我们先回顾把曲边梯形的面积及变速直线运动的路程表示成定积分的四个步骤:

(1) 分割:将所求量 A 分为部分量之和,即 $A = \sum\limits_{i=1}^{n} \Delta A_i$;

(2) 取近似:求出每个部分量的近似值,即 $\Delta A_i \approx f(\xi_i)\Delta x_i (i = 1,2,\cdots,n)$;

(3) 求和:写出所求量 A 的近似值,即 $A = \sum\limits_{i=1}^{n} \Delta A_i \approx \sum\limits_{i=1}^{n} f(\xi_i)\Delta x_i$;

(4) 求极限:通过求极限求出所求量 A,

$$A = \lim_{\lambda \to 0} \sum_{i=1}^{n} f(\xi_i)\Delta x_i = \int_a^b f(x)\mathrm{d}x,$$

其中 $\lambda = \max\{\Delta x_1, \Delta x_2, \cdots, \Delta x_n\}$.

观察上面四步发现,把第一步和第四步综合起来,把 A 分成有限份之和推广为分成无限份之和,且每一份都分得很"细"(每个 Δx_i 都无限小,记为 $\mathrm{d}x$),我们称它为"无限细分".在上面第二步中,分成有限份情况下是部分量取近似;在"无限细分"情况下,第二步中每个部分量取等号,部分量记为 $\mathrm{d}A$,$\mathrm{d}A = f(x)\mathrm{d}x$,称为微元.第三步求和,在"无限细分"情况下,有限个部分量近似求和推广为无限个微元求和,也就是求定积分.

根据上述分析,可以将四个步骤简化为两步来做,我们称之为微元法.

(1) 无限细分,求微元:

把区间$[a,b]$分割成无限个微分区间,求出每个微分区间$[x,x+\mathrm{d}x]$上的部分量,记为$\mathrm{d}A$(称之为所求量A的微元),即

$$\mathrm{d}A = f(x)\mathrm{d}x;$$

(2) 无限求和,求积分:

将微元$\mathrm{d}A$在区间$[a,b]$上积分(无限个微元累加),即

$$A = \int_a^b f(x)\mathrm{d}x.$$

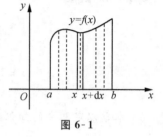

图 6-1

如果用微元法来描述求曲边梯形的面积,过程如下(图6-1):

(1) 无限细分曲边梯形,得面积微元

$$\mathrm{d}A = f(x)\mathrm{d}x.$$

(2) 无限求和,求积分,得曲边梯形的面积

$$A = \int_a^b f(x)\mathrm{d}x.$$

练习题 6.1

用微元法求由$x=a$,$x=b$,x轴及曲线$y=f(x)$($f(x)\leqslant 0$)所围成图形的面积.

§6.2 定积分在几何中的应用

运用微元法可以推导出用定积分求平面图形的面积公式以及旋转体的体积公式.

一、平面图形的面积

求由曲线$y=f(x)$,$y=g(x)$($f(x)\geqslant g(x)$)与直线$x=a$,$x=b$($a<b$)所围成平面图形的面积A(图6-2).

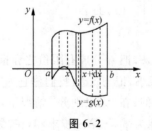

图 6-2

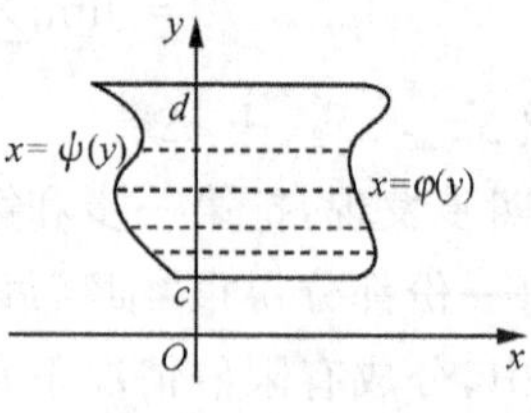

图 6-3

取 x 为积分变量,其变化区间为 $[a,b]$,在 $[a,b]$ 上任取一微元区间 $[x,x+\mathrm{d}x]$,微元区间 $[x,x+\mathrm{d}x]$ 上相应的面积微元 $\mathrm{d}A$ 看成以 $\mathrm{d}x$ 为底、$f(x)-g(x)$ 为高的矩形面积(图 6-2).

(1) 无限细分,求面积微元:
$$\mathrm{d}A=[f(x)-g(x)]\mathrm{d}x;$$

(2) 无限求和,求积分,得面积:
$$A=\int_a^b[f(x)-g(x)]\mathrm{d}x. \tag{①}$$

类似地,若平面图形是由左、右两条连续曲线 $x=\varphi(y),x=\psi(y)(\varphi(y)\geqslant\psi(y))$,直线 $y=c,y=d(c<d)$ 所围成的(图 6-3),则平面图形的面积为
$$A=\int_c^d[\varphi(y)-\psi(y)]\mathrm{d}y. \tag{②}$$

例 1 求由 $y=\sqrt{x}$ 与 $y=x$ 围成的平面图形的面积.

解法 1 画出平面图形(图 6-4),求交点,解方程组
$$\begin{cases} y=\sqrt{x}, \\ y=x, \end{cases}$$

得交点 $(0,0)$ 及 $(1,1)$.取 x 为积分变量,则应用公式 ①,得
$$A=\int_0^1(\sqrt{x}-x)\mathrm{d}x=\left(\frac{2}{3}x^{\frac{3}{2}}-\frac{1}{2}x^2\right)\Big|_0^1=\frac{1}{6}.$$

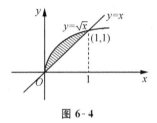

图 6-4

解法 2 取 y 为积分变量,则应用公式 ②,得
$$A=\int_0^1(y-y^2)\mathrm{d}y=\left(\frac{1}{2}y^2-\frac{1}{3}y^3\right)\Big|_0^1=\frac{1}{6}.$$

例 2 求由 $y^2=2x$ 与 $y=x-4$ 所围成的平面图形的面积.

解法 1 画出图形(图 6-5),求交点,解方程组
$$\begin{cases} y^2=2x, \\ y=x-4, \end{cases}$$

得交点 $(8,4)$ 及 $(2,-2)$.取 y 为积分变量,则应用公式 ②,得
$$A=\int_{-2}^4\left[(y+4)-\frac{1}{2}y^2\right]\mathrm{d}y=\left(\frac{1}{2}y^2+4y-\frac{1}{6}y^3\right)\Big|_{-2}^4=18.$$

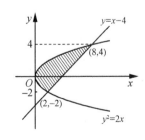

图 6-5

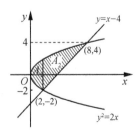

图 6-6

解法 2 取 x 为积分变量,将平面图形 A 的面积分成两部分 A_1 与 A_2 的面积之和(图 6-6).

$$A = A_1 + A_2 = \int_0^2 \left[\sqrt{2x} - (-\sqrt{2x}) \right] \mathrm{d}x + \int_2^8 \left(\sqrt{2x} - (x-4) \right) \mathrm{d}x$$

$$= \frac{16}{3} + \frac{38}{3} = 18.$$

例 3 求由 $\begin{cases} x = a\cos t, \\ y = b\sin t \end{cases} (a > 0, b > 0, 0 \leqslant t < 2\pi)$ 所围图形的面积 A.

解 画出图形(图 6-7),由图形的对称性知,所求图形面积为其在第一象限面积 A_1 的 4 倍.

$$A = 4A_1 = 4\int_0^a y\mathrm{d}x.$$

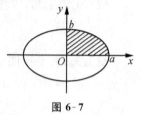

图 6-7

将 $x = a\cos t, y = b\sin t$ 代入上述积分公式,应用定积分的换元法,$\mathrm{d}x = -a\sin t\mathrm{d}t$. 换限:当 $x = 0$ 时,对应 $t = \frac{\pi}{2}$(实际上是曲线上点 $(0,b)$ 对应 $t = \frac{\pi}{2}$);当 $x = a$ 时,对应 $t = 0$(实际上是曲线上点 $(a,0)$ 对应 $t = 0$). 所以

$$A = 4\int_{\frac{\pi}{2}}^0 b\sin t \cdot (-a\sin t)\mathrm{d}t = 4ab\int_0^{\frac{\pi}{2}} \sin^2 t\mathrm{d}t = \pi ab.$$

一般地,设曲线 $y = f(x)$ 由参数方程 $\begin{cases} x = \varphi(t) \\ y = \psi(t) \end{cases} (\alpha \leqslant t \leqslant \beta)$ 给出,其中 $\varphi(\alpha) = a$, $\varphi(\beta) = b$,$\psi(t)$ 和 $\varphi(t)$ 连续,则该曲线和直线 $x = a, x = b$ 及 x 轴所围成图形的面积

$$A = \int_a^b f(x)\mathrm{d}x = \int_\alpha^\beta \psi(t) \cdot \varphi'(t)\mathrm{d}t.$$

二、旋转体的体积

将一个平面图形绕着同一平面内一条直线 L 旋转一周而成的立体图形称为旋转体,称直线 L 为旋转轴. 中学里学过的圆柱体、圆锥体、球等都是旋转体. 为了方便讨论旋转体的体积,我们把平面图形放入直角坐标系,旋转轴 L 作为坐标轴.

我们先讨论曲边梯形绕底边旋转一周而成的旋转体体积.

设旋转体是由曲线 $y = f(x)$,直线 $x = a, x = b$ 及 x 轴围成的曲边梯形(图 6-8)绕 x 轴旋转一周而形成的,计算它的体积.

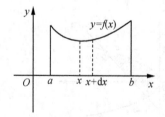

图 6-8

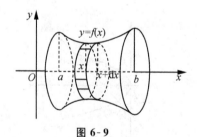

图 6-9

(1) 无限细分,求体积微元 $\mathrm{d}V$:

取 x 为积分变量,其变化区间为 $[a,b]$,把区间 $[a,b]$ 无限细分成无数个小区间,过区间 $[a,b]$ 上点 x 的无数个垂直于 x 轴的平面把旋转体分成无数个小薄片(小旋转体),在微元区

间 $[x, x+\mathrm{d}x]$ 上将小薄片看成小圆柱体，小圆柱体的底半径为 $|f(x)|$，高为 $\mathrm{d}x$(图 6-9). 因此，体积微元

$$\mathrm{d}V = \pi[f(x)]^2\mathrm{d}x.$$

(2) 无限求和，求积分，得旋转体的体积

$$V_x = \pi\int_a^b [f(x)]^2\mathrm{d}x. \tag{③}$$

类似地，由连续曲线 $x=\varphi(y)$ 与直线 $y=c, y=d(c\leqslant d)$ 及 y 轴所围成曲边梯形绕 y 轴旋转一周而成的旋转体体积为

$$V_y = \pi\int_c^d [\varphi(y)]^2\mathrm{d}y. \tag{④}$$

从 ③ 和 ④ 可以看出，在旋转体体积公式里，积分变量总是和旋转轴的同名变量是一致的. 在被积函数表达式里的自变量也一定是旋转轴的同名变量.

例 4　证明：底面半径为 r、高为 h 的圆锥的体积为 $V=\dfrac{1}{3}\pi r^2 h$.

证　如图 6-10 所示，设圆锥的旋转轴重合于 x 轴，即圆锥是由直角三角形 ABO 绕 OB 旋转而成，直线 OA 的方程为

$$y = \frac{r}{h}x.$$

根据公式 ③，得圆锥的体积

$$V = \pi\int_0^h \left(\frac{r}{h}x\right)^2\mathrm{d}x = \frac{1}{3}\pi r^2 h.$$

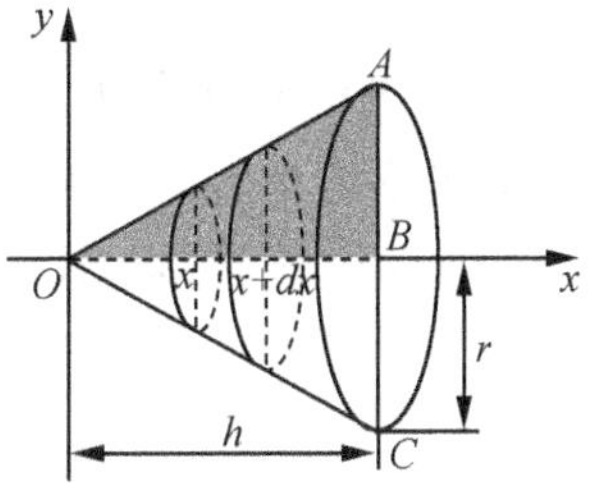

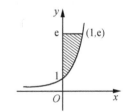

图 6-10

例 5　求由曲线 $y=\mathrm{e}^x$，直线 $y=\mathrm{e}$ 及 y 轴所围成的平面图形绕 y 轴旋转一周所得旋转体的体积.

解　画出平面图形(图 6-11)，求交点.

解方程组

$$\begin{cases} y = \mathrm{e}^x, \\ y = \mathrm{e}, \end{cases}$$

得交点 $(1,\mathrm{e})$.

图 6-11

旋转轴为 y 轴，取 y 为积分变量，由 $y=\mathrm{e}^x$ 得 $x=\ln y$. 应用公式 ④，得旋转体的体积

$$\begin{aligned} V_y &= \pi\int_1^{\mathrm{e}} (\ln y)^2\mathrm{d}y = \pi\left[y(\ln y)^2\Big|_1^{\mathrm{e}} - \pi\int_1^{\mathrm{e}} y\mathrm{d}(\ln y)^2\right] \\ &= \pi\left(\mathrm{e} - 2\int_1^{\mathrm{e}} \ln y\mathrm{d}y\right) = \pi\mathrm{e} - 2\pi\left(y\ln y\Big|_1^{\mathrm{e}} - \int_1^{\mathrm{e}} y\cdot\frac{1}{y}\mathrm{d}y\right) \\ &= \pi(\mathrm{e}-2). \end{aligned}$$

注意　公式 ③ 和 ④ 都是曲边梯形绕底边旋转而成的旋转体体积，如果平面图形不是曲边梯形，要把所求体积转化为上述类型，也可以直接用微元法.

例 6　求由曲线 $y^2=x, x^2=y$ 所围成的平面图形绕 x 轴旋转而成的旋转体的

体积 V.

解 画出图形(图 6-12),求交点.

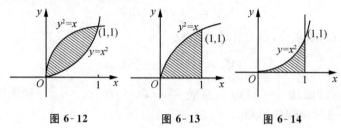

图 6-12　　　　图 6-13　　　　图 6-14

解方程组

$$\begin{cases} y^2 = x, \\ x^2 = y, \end{cases}$$

得两条抛物线的交点为

$$\begin{cases} x = 1, \\ y = 1; \end{cases} \quad \begin{cases} x = 0, \\ y = 0. \end{cases}$$

如图 6-12 所示的平面图形绕 x 轴旋转而成的旋转体的体积 V,可以看成如图 6-13 所示的平面图形绕 x 轴旋转而成的旋转体的体积 V_1 减去如图 6-14 所示的平面图形绕 x 轴旋转而成的旋转体的体积 V_2.应用公式 ③,得

$$V = V_1 - V_2 = \pi \int_0^1 (\sqrt{x})^2 \, dx - \pi \int_0^1 (x^2)^2 \, dx$$

$$= \frac{1}{2} \pi x^2 \Big|_0^1 - \frac{1}{5} \pi x^5 \Big|_0^1 = \frac{3}{10} \pi.$$

三、平面曲线的弧长

设平面曲线弧 $\overparen{AB}$ 的方程为 $y = f(x)$,$x \in [a, b]$,其中 $f(x)$ 在 $[a, b]$ 上有连续导数,$x = a$ 对应于弧上点 A,$x = b$ 对应于弧上点 B,求弧长 $\overparen{AB}$(图 6-15).

(1) 无限细分,求弧长微元:

取 x 为积分变量,其变化区间为 $[a, b]$,把区间 $[a, b]$ 无限细分成无数个小区间,无数条垂直于 x 轴的直线把平面曲线弧 $\overparen{AB}$ 分成无数段小曲线弧,在微元区间 $[x, x+dx]$ 上小曲线弧 $\overparen{PQ}$ 的弧长看成曲线在点 $(x, f(x))$ 处的切线上相应的一小线段 PT 的长度(图 6-15),由于 $PR = dx$,故弧长微元

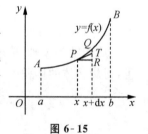

图 6-15

$$ds = PT = \sqrt{(dx)^2 + (dy)^2} = \sqrt{1 + (y')^2} \, dx.$$

(2) 无限求和,求积分,得曲线 $\overparen{AB}$ 的弧长为

$$s = \int_a^b \sqrt{1 + (y')^2} \, dx.$$

若曲线由参数方程 $\begin{cases} x = \varphi(t), \\ y = \psi(t) \end{cases}$ $(\alpha \leqslant t \leqslant \beta)$ 给出,则弧长微元为

$$ds = \sqrt{(dx)^2 + (dy)^2} = \sqrt{[\varphi'(t)dt]^2 + [\psi'(t)dt]^2} = \sqrt{[\varphi'(t)]^2 + [\psi'(t)]^2} \, dt,$$

所以,所求弧长为

$$s = \int_a^\beta \sqrt{[\varphi'(t)]^2 + [\psi'(t)]^2}\, dt.$$

例 7 计算曲线 $y = \dfrac{2}{3}x^{\frac{3}{2}}$ 上相应于 x 从 a 到 b 的一段弧的长度.

解 曲线以直角坐标方程给出,由于 $y' = x^{\frac{1}{2}}$,则

$$\sqrt{1 + (y')^2} = \sqrt{1 + (x^{\frac{1}{2}})^2} = \sqrt{1 + x}.$$

因此,所求弧长为

$$s = \int_a^b \sqrt{1+x}\, dx = \left[\frac{2}{3}(1+x)^{\frac{3}{2}}\right]\Big|_a^b = \frac{2}{3}\left[(1+b)^{\frac{3}{2}} - (1+a)^{\frac{3}{2}}\right].$$

练习题 6.2

1. 求由下列各曲线所围成的平面图形的面积:

(1) 曲线 $y = x^2$ 与 $y^2 = x$ 所围成的图形;

(2) 曲线 $y^2 = \dfrac{1}{2}x$ 与直线 $x - y = 1$ 所围成的图形;

(3) 曲线 $y = 2 - x^2$ 与直线 $y = x$ 所围成的图形;

(4) 曲线 $y = \dfrac{1}{x}$ 与直线 $y = x$ 及 $x = 2$ 所围成的图形;

(5) 曲线 $y = x^2$ 与 $y = 2 - x^2$ 所围成的图形.

2. 求下列由平面图形按指定的坐标轴旋转产生的立体的体积:

(1) 曲线 $y = x^3$,直线 $x = 2$ 及 $y = 0$ 所围的图形绕 x 轴;

(2) 曲线 $y = x^2 - 1$ 及 $y = 0$ 所围的图形绕 y 轴;

(3) 曲线 $y = (x-2)^2$ 与直线 $x = 0$,$x = 1$ 及 x 轴所围的图形绕 y 轴旋转;

(4) 圆 $x^2 + (y-2)^2 = 1$ 所围的图形绕 x 轴.

3. 由 $y = x^2$,$x = 2$,$y = 0$ 所围成的平面图形,分别绕 x 轴及 y 轴旋转,计算所得两个旋转体的体积.

4. 在曲线 $y = x^2 (x \geqslant 0)$ 上某点 A 处作一条切线,使之与该曲线及 x 轴所围成图形的面积为 $\dfrac{1}{12}$,试求:

(1) 切点 A 的坐标;

(2) 过切点 A 的切线方程;

(3) 由上述平面图形绕 x 轴旋转而成的旋转体的体积.

5. 计算 $y = \dfrac{1}{4}x^2 - \dfrac{1}{2}\ln x$ 上相应于 $1 \leqslant x \leqslant e$ 的一段弧的长.

*§6.3 定积分在经济上的应用

定积分在经济上有着广泛的应用,下面介绍一些定积分在经济上常见的应用实例.

一、由边际函数求总函数

我们已经知道,经济总函数(如总成本函数、总收入函数、总利润函数等)的导数就是边际函数(如边际成本函数、边际收入函数、边际总利润函数等),则可以用定积分求出总函数.

设某经济活动的边际成本函数为 $MC(q)$,固定成本为 C_0,总成本函数 $C(q)$. 因 $C'(q) = MC(q)$,故

$$\int_0^q MC(q)\mathrm{d}q = \int_0^q C'(q)\mathrm{d}q = C(q)\Big|_0^q = C(q) - C(0),$$

得到

$$C(q) = \int_0^q MC(q)\mathrm{d}q + C(0).$$

由固定成本为 C_0,得

$$C(0) = C_0,$$

故总成本函数

$$C(q) = \int_0^q MC(q)\mathrm{d}q + C_0.$$

例 1 经调查研究,某物品运输量为 q 单位时的边际成本(单位:万元 / 单位)为 $MC(q) = 2q + 3$,已知固定成本为 2 万元,求总成本函数 $C(q)$.

解 总成本函数

$$C(q) = \int_0^q (2q + 3)\mathrm{d}q + 2$$
$$= q^2 + 3q + 2.$$

类似地,设某经济活动的边际收入为 $MR(q)$,一般都有 $R(0) = 0$,则收入函数 $R(q)$ 为

$$R(q) = \int_0^q MR(q)\mathrm{d}q.$$

设某经济活动的边际利润为 $ML(q)$,总利润函数为 $L(q)$,因为 $L(q) = R(q) - C(q)$,所以

$$L(0) = R(0) - C(0) = 0 - C_0 = -C_0.$$

因 $L'(q) = ML(q)$,故

$$\int_0^q ML(q)\mathrm{d}q = \int_0^q L'(q)\mathrm{d}q = L(q)\Big|_0^q = L(q) - L(0) = L(q) + C_0,$$

则总利润函数

$$L(q) = \int_0^q ML(q)\mathrm{d}q - C_0.$$

二、由边际函数求总量函数的改变量

若已知边际成本为 $MC(q)$，则在产量 $q = q_0$ 的基础上，多生产 Δq 个单位的产品，所需增加的成本为

$$\Delta C = \int_{q_0}^{q_0 + \Delta q} MC(q)\mathrm{d}q.$$

若已知边际收入为 $MR(q)$，则在产量 $q = q_0$ 的基础上，多生产 Δq 个单位的产品，所增加的收入为

$$\Delta R = \int_{q_0}^{q_0 + \Delta q} MR(q)\mathrm{d}q.$$

若已知边际利润为 $ML(q)$，则在产量 $q = q_0$ 的基础上，多生产 Δq 个单位的产品，所增加的利润为

$$\Delta L = \int_{q_0}^{q_0 + \Delta q} ML(q)\mathrm{d}q.$$

例 2 设运输某物品的边际收入函数为 $MR(q) = 9 - q$（单位：万元／万台），边际成本函数为 $MC(q) = 4 + 0.25q$（单位：万元／万台），其中运输量 q 以万台为单位.

（1）求运输量由 4 万台增加到 5 万台时利润的变化量；

（2）当运输量为多少时，利润最大？

解 （1）先求边际利润函数
$$\begin{aligned}
ML(q) &= MR(q) - MC(q) \\
&= (9 - q) - (4 + 0.25q) = 5 - 1.25q.
\end{aligned}$$

由利润增量公式，有
$$\Delta L = \int_4^5 (5 - 1.25q)\mathrm{d}q = (5q - 0.625q^2)\Big|_4^5 = -0.625（万元），$$
即当运输量由 4 万台增加到 5 万台时利润减少了 0.625 万元.

（2）令 $ML(q) = 0$，得唯一驻点：
$$q = 4（万台），$$
故当运输量为 4 万台时利润最大.

练习题 6.3

1. 已知某产品生产 q 个单位时,边际收入为

$$MR(q) = 200\frac{q}{100}(q \geqslant 0).$$

(1) 求生产 50 个单位时的总收入;

(2) 如果已经生产了 50 个单位,求再生产 50 个单位时的总收入.

*2. 设某种产品生产 q 吨时,边际成本为

$$MC(q) = 4 + 0.25q \,(万元 / 吨),$$

边际收入为

$$MR(q) = 80 - q\,(万元 / 吨).$$

(1) 求产量从 10 吨增加到 50 吨时,总成本和总收入各增加多少.

(2) 设固定成本为 $C(0) = 10\,(万元)$,求总成本函数、总收入函数和总利润函数.

*3. 设某产品的总成本 C(单位:元)的变化率(边际成本)是产量 q(单位:件)的函数

$$MC(q) = 200 + \frac{1}{20}q,$$

固定成本为 25000 元.

(1) 求总成本与产量的函数关系;

(2) 生产多少件时平均成本最低?最低平均成本是多少?

复习题六

一、选择题

1. 曲线 $y = \sqrt{x}$ 与 $y = x^2$ 所围成平面图形的面积为 （ ）

A. $\frac{1}{3}$ 　　　　B. $-\frac{1}{3}$ 　　　　C. 1 　　　　D. -1

2. 由 x 轴、y 轴及曲线 $y = (x+1)^2$ 所围成平面图形的面积为定积分 （ ）

A. $\int_0^1 (x+1)^2 \mathrm{d}x$ 　　　　　　　　B. $\int_1^0 (x+1)^2 \mathrm{d}x$

C. $\int_0^{-1} (x+1)^2 \mathrm{d}x$ 　　　　　　　　D. $\int_{-1}^0 (x+1)^2 \mathrm{d}x$

3. 由曲边梯形 $D: a \leqslant x \leqslant b, 0 \leqslant y \leqslant f(x)$ 绕 x 轴旋转一周所产生的旋转体的体积是定积分 （ ）

A. $\int_a^b f^2(x)\mathrm{d}x$ 　　B. $\int_b^a f^2(x)\mathrm{d}x$ 　　C. $\int_a^b \pi f^2(x)\mathrm{d}x$ 　　D. $\int_b^a \pi f^2(x)\mathrm{d}x$

二、计算题

1. 计算由抛物线 $y^2 = 2x$ 与直线 $y = x - 4$ 所围图形的面积.

2. 求由双曲线 $xy = 1$ 与直线 $y = x, y = 2$ 所围图形的面积.

3. 计算由抛物线 $y = x^2, y = (x-2)^2$ 及 x 轴所围图形的面积.

4. 求由曲线 $y = e^x, y = \sin x$ 及直线 $x = 0, x = 1$ 所围图形绕 x 轴旋转一周所生成的旋转体的体积.

5. 求由曲线 $y = x^2$ 及 $x = y^2$ 所围图形绕 y 轴旋转一周所生成的旋转体的体积.

6. 求由曲线 $y = \ln x$ 及直线 $y = 0, x = e$ 所围图形绕 y 轴旋转一周所生成的旋转体的体积.

7. 求由曲线 $y = e^x$ 及直线 $y = e, x = 0$ 所围图形绕 x 轴旋转一周所生成的旋转体的体积.

8. 求由直线 $y = 2x, y = x, x = 2, x = 4$ 所围图形绕 x 轴旋转一周所生成的旋转体的体积.

9. 生产某产品 q 件时边际收入函数为

$$MR(q) = 100 - \frac{q}{20}(元／件).$$

(1) 生产该产品 100 件时的总收入为 10000 元, 求总收入函数 $R(q)$;

(2) 求从生产 1000 件到 2000 件所增加的收入.

10. 设某产品的总成本 C(单位:万元) 的边际成本是产量 q(单位:百台) 的函数

$$MC(q) = 12 + q,$$

且边际收入也是产量 q 的函数

$$MR(q) = 24 - 2q.$$

(1) 问产量从 100 台增加到 300 台时, 总收入增加多少?

(2) 已知固定成本为 10 万元, 求总成本 C 与产量 q 的关系式.

阅读材料六　数学家简介5

陈省身——现代微分几何之父

陈省身(1911—2004),祖籍浙江嘉兴,是 20 世纪最伟大的几何学家之一,被誉为"现代微分几何之父". 在数学领域,沃尔夫奖与菲尔兹奖是公认的能与诺贝尔奖相媲美的数学大奖.1984 年,陈省身获得了沃尔夫奖,成为唯一获此殊荣的华人数学家.

陈省身先生是美国科学院院士,中国、法国、意大利、俄罗斯、英国等国科学院或皇家学会外籍院士与会员.先后获美国国家科学奖章、以色列沃尔夫奖、中国国际科技合作奖及首届邵逸夫数学科学奖等多项荣誉.

陈省身发展了 Gauss-Bonnet(高斯-博内)公式,被命名为"Gauss-Bonnet-陈省身公式",提出了"陈氏示性类";他发展了微分纤维丛理论,其影响遍及数学的各个领域;他创立复流形上的值分布理论,包括 Bott-陈定理,影响涉及代数论;他为广义的积分几何奠定基础,获得基本运动学公式;他所引入的陈氏示性类与陈-Simons 微分式,已深入到数学以外的其他领域,成为理论物理的重要工具.

改革开放以来,陈省身先生非常关心中国数学事业的复兴,亲自参与、组织和指导我国数学界开展学术交流和学术活动.1972 年后,他多次回到祖国进行访问讲学,慨言"为祖国工作,是我崇高的荣誉".特别是 1985 年,他创办了南开数学研究所,以南开为基地,亲自主持举办学术活动.在我国数学界的支持下,培养了大批优秀的青年数学家,对改革开放后我国数学事业的迅速崛起发挥了重要作用.2000 年,他与夫人回南开定居,亲自为本科生讲课,指导研究生,广招人才,推动南开数学学科的发展,为我国的数学事业做出了重大贡献.

第7章

空间解析几何

我们已经学习过平面解析几何,用代数的方法研究平面几何问题.这一章我们继续用这种思想研究空间几何问题.首先建立空间直角坐标系,并引入在物理学以及在其他工程技术上有着广泛应用的向量概念及其代数运算,再以向量为工具讨论空间平面与直线方程,最后介绍空间曲线和曲面以及利用 MATLAB 作空间曲线和曲面图形.

§7.1　空间直角坐标系与空间向量

一、空间直角坐标系的概念

为了用代数的方法研究空间几何问题,就要建立空间几何图形和方程间的关系.为此我们引入空间直角坐标系.

在空间任取一定点 O,作三条两两相互垂直且相交于 O 点的数轴,它们具有相同的长度单位,这样就建立了一个空间直角坐标系.这三条数轴分别称为 x 轴(横轴)、y 轴(纵轴)、z 轴(竖轴),它们的方向符合右手法则(图7-1),即右手握住 z 轴,并拢的四指从 x 轴的正方向旋转,指向 y 轴正方向,这时大拇指所指方向就是 z 轴的正方向.三条数轴统称为坐标轴,点 O 称为坐标原点.

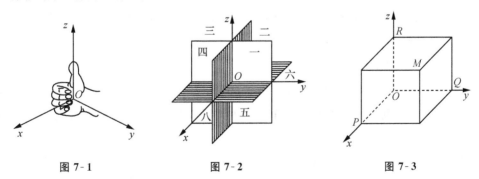

图7-1　　　　　　图7-2　　　　　　图7-3

在空间直角坐标系 $O\text{-}xyz$ 中,每两条坐标轴所确定的平面称为坐标平面,简称坐标面.空间直角坐标系共有 xOy,yOz,zOx 三个坐标面,这三个坐标面相互垂直且相交于原点 O.它们把空间分成八个部分,每一部分称为一个卦限,各卦限的位置如图7-2所示.建立了空间直角坐标系后,就可以像平面直角坐标系那样在空间确立点的直角坐标.

设 M 是空间的任一点(图 7-3),过点 M 作三个平面分别垂直于三条坐标轴,并与三条坐标轴分别交于点 $P,Q,R.$ 若这三点在三条坐标轴上的坐标依次为 x,y,z,则点 M 就唯一确定了一个三元有序数组 (x,y,z);反过来,任给一个三元有序数组 (x,y,z),在 x 轴上取坐标为 x 的点 P,在 y 轴上取坐标为 y 的点 Q,在 z 轴上取坐标为 z 的点 R,然后过 P,Q,R 分别作三个垂直于相应坐标轴的平面,这三个平面的交点 M 就是空间对应于这个三元有序数组 (x,y,z) 的点.由此可见,空间中的点 M 与三元有序数组 (x,y,z) 之间具有一一对应关系.(x,y,z) 称为点 M 的坐标,记作 $M(x,y,z).$ x,y,z 分别称为点 M 的横坐标、纵坐标和竖坐标.

容易看出,坐标原点 O 的坐标为 $(0,0,0)$;x 轴、y 轴、z 轴上任意一点的坐标分别为 $(x,0,0),(0,y,0),(0,0,z)$,xOy 坐标面、yOz 坐标面、xOz 坐标面上任意一点的坐标分别为 $(x,y,0),(0,y,z),(x,0,z).$

二、向量的概念和线性运算

1. 向量的概念

定义 1 既有大小又有方向的量,如力、位移、速度、加速度等,这类量称为向量,或称为矢量.

向量的表示方法有:用黑粗体小写字母表示,如 a,i;有时也用上方加箭头的字母表示,如 $\vec{a},\vec{i},\overrightarrow{OM}$ 等.我们考虑的向量都是自由向量,即不考虑向量的起点位置,只考虑大小和方向.

向量 a 的大小称为向量的模,记为 $|a|$,模为 1 的向量称为单位向量,模为零的向量称为零向量.零向量的方向是任意的.

如果两个向量大小相等、方向相同,则称这两个向量相等,记为 $a=b$(即经过平移后能完全重合的向量).

已知两个非零向量 a,b,如果它们的方向相同或相反,则称向量 a 平行于向量 b,记为 $a /\!/ b.$ 特别地,规定零向量 $\mathbf{0}$ 与任何向量都平行.

与向量 a 大小相等但方向相反的向量称为 a 的负向量,记为 $-a.$

2. 向量的运算

(1) 向量的加法和减法.

当向量 a 与 b 不平行时,平移向量使 a 与 b 的起点重合,以 a,b 为邻边作一平行四边形,如图 7-4 所示,称从公共起点到对角顶点的向量 $\overrightarrow{AC}$ 为向量 a 与 b 的和,记为 $a+b$;称向量 $\overrightarrow{DB}$ 为向量 a 与 b 的差,记为 $a-b.$

向量加法满足如下运算规律:

① 交换律 $a+b=b+a$;

② 结合律 $(a+b)+c=a+(b+c).$

(2) 数与向量的乘积.

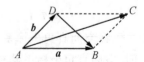

图 7-4 向量的加减法图

设 λ 是一个数,向量 a 与 λ 的乘积是一个向量,记为 λa,规定:

① 当 $\lambda>0$ 时,λa 与 a 同向,且 $|\lambda a|=|\lambda|\cdot|a|$;

② 当 $\lambda=0$ 时,$\lambda a=0$;

③ 当 $\lambda<0$ 时,λa 与 a 反向,且 $|\lambda a|=|\lambda|\cdot|a|$.

数与向量的乘法满足如下运算规律(其中 λ,μ 都是实数):

① 结合律　$\lambda(\mu a)=(\lambda\mu)a$;

② 分配律　$(\lambda+\mu)a=\lambda a+\mu a,\lambda(a+b)=\lambda a+\lambda b$;

③ 交换律　$\lambda a=a\lambda$.

特别地,e_a 表示与非零向量 a 同方向的单位向量,那么

$$e_a=\frac{1}{|a|}a.$$

在空间直角坐标系中,与 x 轴同方向的单位向量记为 i,与 y 轴同方向的单位向量记为 j,与 z 轴同方向的单位向量记为 k,并称 i,j,k 为空间直角坐标系中的基本单位向量.

前面我们介绍了向量的概念、向量的加减和数乘运算.现建立向量与有序数组之间的对应关系,给出向量的坐标表示.

三、向量的坐标表示

1. 向径及其坐标表示式

起点在坐标原点 O,终点为 $M(x,y,z)$ 的向量 $\overrightarrow{OM}$(图 7-5)称为向径,记为 $r(M)$,即 $r(M)=\overrightarrow{OM}$.

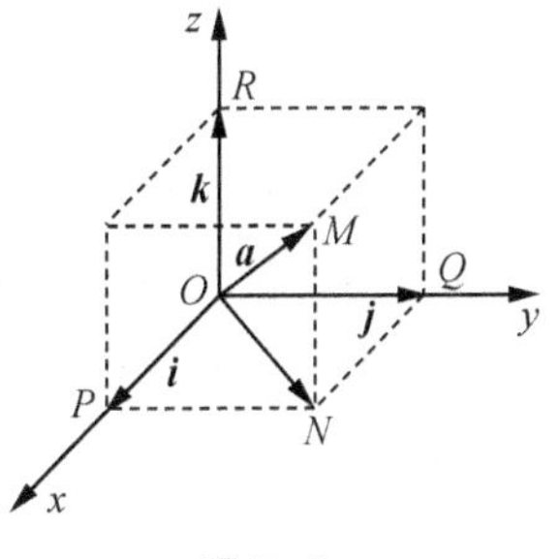

由向量的加法,得

$$\overrightarrow{OM}=\overrightarrow{ON}+\overrightarrow{NM}=\overrightarrow{OP}+\overrightarrow{OQ}+\overrightarrow{OR}.$$

由向量的数乘,知

$$\overrightarrow{OP}=xi,\overrightarrow{OQ}=yj,\overrightarrow{OR}=zk,$$

于是

$$\overrightarrow{OM}=xi+yj+zk,\qquad\qquad ①$$

①式称为向径 $\overrightarrow{OM}$ 的坐标表示式,①式也可以简记为

$$\overrightarrow{OM}=\{x,y,z\}.$$

特别地,$0,i,j,k$ 的坐标表示式分别为

$$0=\{0,0,0\},i=\{1,0,0\},j=\{0,1,0\},k=\{0,0,1\}.$$

图 7-5

2. 向量的坐标表示式

下面我们讨论对于起点不在原点的向量 a,如何用基本单位向量来线性表示.

设向量 a 的起点为 $M_1(x_1,y_1,z_1)$,终点为 $M_2(x_2,y_2,z_2)$,如图 7-6 所示.

由向量加法的三角形法则,得

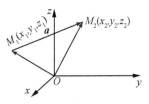

图 7-6

$$\overrightarrow{OM_2} = \overrightarrow{OM_1} + \overrightarrow{M_1M_2},$$

移项,得

$$\overrightarrow{M_1M_2} = \overrightarrow{OM_2} - \overrightarrow{OM_1} = (x_2\boldsymbol{i} + y_2\boldsymbol{j} + z_2\boldsymbol{k}) - (x_1\boldsymbol{i} + y_1\boldsymbol{j} + z_1\boldsymbol{k})$$
$$= (x_2 - x_1)\boldsymbol{i} + (y_2 - y_1)\boldsymbol{j} + (z_2 - z_1)\boldsymbol{k},$$

即

$$\overrightarrow{M_1M_2} = (x_2 - x_1)\boldsymbol{i} + (y_2 - y_1)\boldsymbol{j} + (z_2 - z_1)\boldsymbol{k}, \qquad ②$$

②式称为向量 $\overrightarrow{M_1M_2}$ 的坐标表示式,②式也可以简记为

$$\overrightarrow{M_1M_2} = \{x_2 - x_1, y_2 - y_1, z_2 - z_1\}.$$

四、向量的加、减及数乘运算的坐标表示

利用向量的坐标表示,可以将向量加、减及数乘的运算转化为坐标之间的代数运算.

设向量 $\boldsymbol{a} = \{a_x, a_y, a_z\}, \boldsymbol{b} = \{b_x, b_y, b_z\}$,则

$$\boldsymbol{a} + \boldsymbol{b} = (a_x\boldsymbol{i} + a_y\boldsymbol{j} + a_z\boldsymbol{k}) + (b_x\boldsymbol{i} + b_y\boldsymbol{j} + b_z\boldsymbol{k})$$
$$= (a_x + b_x)\boldsymbol{i} + (a_y + b_y)\boldsymbol{j} + (a_z + b_z)\boldsymbol{k}$$
$$= \{a_x + b_x, a_y + b_y, a_z + b_z\};$$
$$\boldsymbol{a} - \boldsymbol{b} = (a_x - b_x)\boldsymbol{i} + (a_y - b_y)\boldsymbol{j} + (a_z - b_z)\boldsymbol{k}$$
$$= \{a_x - b_x, a_y - b_y, a_z - b_z\};$$
$$\lambda\boldsymbol{a} = \lambda(a_x\boldsymbol{i} + a_y\boldsymbol{j} + a_z\boldsymbol{k}) = (\lambda a_x\boldsymbol{i} + \lambda a_y\boldsymbol{j} + \lambda a_z\boldsymbol{k})$$
$$= \{\lambda a_x, \lambda a_y, \lambda a_z\}.$$

即向量和(差)的坐标等于它们对应坐标的和(差);向量与实数的乘积的坐标等于该实数乘以向量的每个坐标.

例1 设向量 $\boldsymbol{a} = 2\boldsymbol{i} - 3\boldsymbol{j} + \boldsymbol{k}, \boldsymbol{b} = -3\boldsymbol{i} - \boldsymbol{j} + 2\boldsymbol{k}$,求 $\boldsymbol{a} + \boldsymbol{b}, \boldsymbol{a} - 3\boldsymbol{b}$.

解 $\boldsymbol{a} + \boldsymbol{b} = (2\boldsymbol{i} - 3\boldsymbol{j} + \boldsymbol{k}) + (-3\boldsymbol{i} - \boldsymbol{j} + 2\boldsymbol{k})$
$$= (2 - 3)\boldsymbol{i} + (-3 - 1)\boldsymbol{j} + (1 + 2)\boldsymbol{k}$$
$$= -\boldsymbol{i} - 4\boldsymbol{j} + 3\boldsymbol{k} = \{-1, -4, 3\};$$
$$\boldsymbol{a} - 3\boldsymbol{b} = (2\boldsymbol{i} - 3\boldsymbol{j} + \boldsymbol{k}) - 3(-3\boldsymbol{i} - \boldsymbol{j} + 2\boldsymbol{k})$$
$$= (2\boldsymbol{i} - 3\boldsymbol{j} + \boldsymbol{k}) - (-9\boldsymbol{i} - 3\boldsymbol{j} + 6\boldsymbol{k})$$
$$= 11\boldsymbol{i} + 0\boldsymbol{j} - 5\boldsymbol{k} = 11\boldsymbol{i} - 5\boldsymbol{k} = \{11, 0, -5\}.$$

五、向量的模和方向余弦的坐标表示

1. 向量的模的坐标表示

设向量 $\boldsymbol{a} = \{a_x, a_y, a_z\}$,将它的起点移到原点 O 时,设它的终点为 M,如图 7-7 所示,则点 M 的坐标为 (a_x, a_y, a_z).

$$|\boldsymbol{a}| = |\overrightarrow{OM}| = \sqrt{|OD|^2 + |DM|^2}$$
$$= \sqrt{|OA|^2 + |OB|^2 + |DM|^2}$$

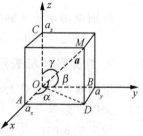

图 7-7

$$= \sqrt{a_x^2 + a_y^2 + a_z^2}, \qquad \text{③}$$

称 $|\boldsymbol{a}| = \sqrt{a_x^2 + a_y^2 + a_z^2}$ 为向量模的坐标表示式.

设向量 $\boldsymbol{a}$ 的起点 $M_1(x_1, y_1, z_1)$,终点 $M_2(x_2, y_2, z_2)$,则 $\boldsymbol{a} = \overrightarrow{M_1M_2} = \{x_2 - x_1, y_2 - y_1, z_2 - z_1\}$,即 $a_x = x_2 - x_1$,$a_y = y_2 - y_1$,$a_z = z_2 - z_1$,代入向量的坐标表示式③,得

$$|\boldsymbol{a}| = |\overrightarrow{M_1M_2}| = \sqrt{(x_2 - x_1)^2 + (y_2 - y_1)^2 + (z_2 - z_1)^2}. \qquad \text{④}$$

④就是空间任意两点 $M_1(x_1, y_1, z_1)$ 和 $M_2(x_2, y_2, z_2)$ 间的距离公式.

2. 向量方向余弦的坐标表示

向量 $\boldsymbol{a}$ 的方向可用 $\boldsymbol{a}$ 分别与 x 轴、y 轴、z 轴的正向的夹角来确定.

定义 2 非零向量 $\boldsymbol{a}$ 分别与 x 轴、y 轴、z 轴正向的夹角 α, β, γ 称为向量 $\boldsymbol{a}$ 的方向角(图 7-7). 规定它们的取值范围为 $0 \leqslant \alpha \leqslant \pi, 0 \leqslant \beta \leqslant \pi, 0 \leqslant \gamma \leqslant \pi$.

向量的方向角的余弦 $\cos\alpha, \cos\beta, \cos\gamma$ 称为该向量的方向余弦.

由余弦函数的定义,得

$$\cos\alpha = \frac{a_x}{|\boldsymbol{a}|}, \cos\beta = \frac{a_y}{|\boldsymbol{a}|}, \cos\gamma = \frac{a_z}{|\boldsymbol{a}|},$$

因此

$$\cos\alpha = \frac{a_x}{\sqrt{a_x^2 + a_y^2 + a_z^2}}, \cos\beta = \frac{a_y}{\sqrt{a_x^2 + a_y^2 + a_z^2}}, \cos\gamma = \frac{a_z}{\sqrt{a_x^2 + a_y^2 + a_z^2}}. \qquad \text{⑤}$$

公式⑤称为向量 $\boldsymbol{a}$ 的方向余弦的坐标表示式. 显然

$$\cos^2\alpha + \cos^2\beta + \cos^2\gamma = 1,$$

即任何一个非零向量的三个方向余弦的平方和等于 1. 我们亦可用向量的模和方向余弦表示向量的坐标,即

$$\boldsymbol{a} = \{a_x, a_y, a_z\} = |\boldsymbol{a}|\{\cos\alpha, \cos\beta, \cos\gamma\},$$

进一步可得

$$\boldsymbol{e}_a = \frac{\boldsymbol{a}}{|\boldsymbol{a}|} = \left\{\frac{a_x}{|\boldsymbol{a}|}, \frac{a_y}{|\boldsymbol{a}|}, \frac{a_z}{|\boldsymbol{a}|}\right\} = \{\cos\alpha, \cos\beta, \cos\gamma\},$$

也就是说,与 $\boldsymbol{a}$ 同方向的单位向量 $\boldsymbol{e}_a$ 的坐标就是向量 $\boldsymbol{a}$ 的方向余弦.

例 2 已知点 $M_1(1, 2\sqrt{2}, 2)$ 和 $M_2(2, 3\sqrt{2}, 3)$,计算向量 $\overrightarrow{M_1M_2}$ 的模、方向余弦和方向角.

解 因 $\overrightarrow{M_1M_2} = \{2-1, 3\sqrt{2}-2\sqrt{2}, 3-2\} = \{1, \sqrt{2}, 1\}$,故

$$|\overrightarrow{M_1M_2}| = \sqrt{1^2 + (\sqrt{2})^2 + 1^2} = 2,$$

于是

$$\cos\alpha = \frac{1}{2}, \cos\beta = \frac{\sqrt{2}}{2}, \cos\gamma = \frac{1}{2},$$

则

$$\alpha = \frac{\pi}{3}, \beta = \frac{\pi}{4}, \gamma = \frac{\pi}{3}.$$

例 3 设 $M_1(x_1, y_1, z_1)$,$M_2(x_2, y_2, z_2)$,求 M_1M_2 的中点 M 的坐标.

解 设中点 M 的坐标为 (x,y,z).

向量 $\overrightarrow{M_1M_2}$ 和向量 $\overrightarrow{M_1M}$ 的方向是一致的,也就是说它们的方向角是一样的,设为 α,β,γ.

$$\overrightarrow{M_1M_2}=\{x_2-x_1,y_2-y_1,z_2-z_1\},\overrightarrow{M_1M}=\{x-x_1,y-y_1,z-z_1\}.$$

因 M 是 M_1M_2 的中点,故 $|\overrightarrow{M_1M}|=\dfrac{1}{2}|\overrightarrow{M_1M_2}|$,而 $\cos\alpha=\dfrac{x_2-x_1}{|\overrightarrow{M_1M_2}|}=\dfrac{x-x_1}{|\overrightarrow{M_1M}|}$,因此可得 $x=\dfrac{x_1+x_2}{2}$,同样可得 $y=\dfrac{y_1+y_2}{2}$,$z=\dfrac{z_1+z_2}{2}$,这就是线段的中点坐标公式.

练习题 7.1

1. 已知向量 $a=\{1,2,-1\}$,$b=\{3,1,0\}$,$c=\{1,-1,4\}$,求下列各向量的坐标:

(1) $a+b-c$;   (2) $a-2b$.

2. 向量 $\overrightarrow{MN}=\{1,2,0\}$,其终点在点 $N(3,-1,2)$,求这个向量的起点 M 的坐标.

3. 已知两点 $M_1(1,1,3)$ 和 $M_2(2,-1,4)$,求:

(1) 向量 $\overrightarrow{M_1M_2}$ 的坐标表示式;

(2) 求向量 $\overrightarrow{M_1M_2}$ 的模;

(3) 求与向量 $\overrightarrow{M_1M_2}$ 方向一致的单位向量.

4. 求向量 $a=2i+3j-k$ 的模、方向余弦以及与它同方向的单位向量.

5. 已知向量 a 的模为 $|a|=2$,它与 x 轴、y 轴的正向的夹角分别为 $\dfrac{\pi}{3}$,$\dfrac{3\pi}{4}$,求此向量与 z 轴的正向的夹角及它的坐标表示式.

§7.2 两个向量的数量积与向量积

一、两个向量的数量积

1. 向量数量积的概念

设一个物体在恒力 F 的作用下沿直线从点 M_1 移动到点 M_2,则力 F 所做的功为

$$W=|F|\cdot|\overrightarrow{M_1M_2}|\cos\alpha,$$

其中 α 为 F 与 $\overrightarrow{M_1M_2}$ 的夹角(图 7-8).

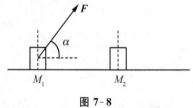

图 7-8

定义 1　设向量 a 与 b 之间的夹角为 $\theta(0 \leqslant \theta \leqslant \pi)$,则称 $|a||b|\cos\theta$ 为向量 a 与 b 的数量积,记作 $a \cdot b$,即

$$a \cdot b = |a||b|\cos\theta.$$

数量积有时也称为点积.

一般地,两个向量 a,b 正方向间的夹角记作 $(\widehat{a,b})$,且规定 $0 \leqslant (\widehat{a,b}) \leqslant \pi$. 那么数量积为

$$a \cdot b = |a||b|\cos(\widehat{a,b}). \qquad\qquad ①$$

由数量积的定义,上述做功问题可以表示为

$$W = F \cdot \overrightarrow{M_1 M_2}.$$

从两个向量的数量积定义容易得出两个向量的数量积有以下运算性质:

(1) $a \cdot a = |a|^2$ 或 $|a| = \sqrt{a \cdot a}$;

(2) $i^2 = j^2 = k^2 = 1, i \cdot j = j \cdot k = k \cdot i = 0.$

向量的数量积有以下运算规律:

(1) 交换律　$a \cdot b = b \cdot a$;

(2) 结合律　$(\lambda a) \cdot b = a \cdot (\lambda b) = \lambda(a \cdot b)$,其中 λ 为实数;

(3) 分配律　$(a+b) \cdot c = a \cdot c + b \cdot c.$

2. 向量的数量积的坐标表示

设向量 $a = a_x i + a_y j + a_z k, b = b_x i + b_y j + b_z k$,根据数量积的运算规律,有

$$\begin{aligned}
a \cdot b &= (a_x i + a_y j + a_z k) \cdot (b_x i + b_y j + b_z k) \\
&= a_x i \cdot (b_x i + b_y j + b_z k) + a_y j \cdot (b_x i + b_y j + b_z k) + a_z k \cdot (b_x i + b_y j + b_z k) \\
&= a_x b_x (i \cdot i) + a_x b_y (i \cdot j) + a_x b_z (i \cdot k) + a_y b_x (j \cdot i) + a_y b_y (j \cdot j) + a_y b_z (j \cdot k) + \\
&\quad\ a_z b_x (k \cdot i) + a_z b_y (k \cdot j) + a_z b_z (k \cdot k),
\end{aligned}$$

故

$$a \cdot b = a_x b_x + a_y b_y + a_z b_z, \qquad\qquad ②$$

公式②称为向量的数量积的坐标表示式.

例 1　设 $a = 2i + j + 3k, b = 3i - 2j + k$,求 $(2a) \cdot b.$

解　$(2a) \cdot b = 2(a \cdot b) = 2 \times [2 \times 3 + 1 \times (-2) + 3 \times 1] = 14.$

3. 两个向量夹角余弦的坐标表示

设 $a = a_x i + a_y j + a_z k, b = b_x i + b_y j + b_z k$,由①式得

$$\cos(\widehat{a,b}) = \frac{a \cdot b}{|a||b|} = \frac{a_x b_x + a_y b_y + a_z b_z}{\sqrt{a_x^2 + a_y^2 + a_z^2}\sqrt{b_x^2 + b_y^2 + b_z^2}},$$

这就是两个向量夹角余弦的坐标表示式.

例 2　已知向量 $a = \{1, 1, -\sqrt{2}\}, b = \{1, -1, \sqrt{2}\}$,求:

(1) $a \cdot b$;　　　　(2) a 与 b 的夹角.

解　(1) $a \cdot b = 1 \times 1 + 1 \times (-1) + (-\sqrt{2}) \times \sqrt{2} = -2.$

(2) a 与 b 夹角的余弦为

$$\cos(\widehat{a,b})=\frac{a\cdot b}{|a||b|}=\frac{-2}{\sqrt{1^2+1^2+(-\sqrt{2})^2}\cdot\sqrt{1^2+1^2+(\sqrt{2})^2}}=\frac{-2}{2\times 2}=-\frac{1}{2},$$

故 a 与 b 的夹角为 $(\widehat{a,b})=\frac{2\pi}{3}$.

例3 已知 $|a|=2$，$|b|=4$，$(\widehat{a,b})=\frac{2\pi}{3}$，求：

(1) $a\cdot b$； (2) $|a+b|$.

解 (1) $a\cdot b=|a||b|\cos(\widehat{a,b})=2\times 4\times\cos\frac{2\pi}{3}=-4$.

(2) $|a+b|=\sqrt{(a+b)\cdot(a+b)}=\sqrt{a\cdot a+a\cdot b+b\cdot a+b\cdot b}$
$$=\sqrt{|a|^2+2a\cdot b+|b|^2}=\sqrt{4+2\times(-4)+16}=\sqrt{12}=2\sqrt{3}.$$

定理1 两个向量 a，b 垂直的充要条件是 $a\cdot b=0$.

证 **必要性** 若 $a\perp b$，则 $\theta=(\widehat{a,b})=\frac{\pi}{2}$，由向量数量积的定义，得

$$a\cdot b=|a||b|\cos\frac{\pi}{2}=0.$$

充分性 若 $a\cdot b=0$，则由向量数量积的定义，知

$$\theta=(\widehat{a,b})=\frac{\pi}{2}\ \text{或}\ a=0\ \text{或}\ b=0.$$

因为零向量方向任意，可以认为它与任何向量垂直，所以由上式得 $a\perp b$.

定理 1′ 设 $a=a_x i+a_y j+a_z k$，$b=b_x i+b_y j+b_z k$，则
$$a\perp b\Leftrightarrow a_x b_x+a_y b_y+a_z b_z=0.$$

例4 求 m 的值，使向量 $a=i-2j+3k$ 与向量 $b=4i-mj+2k$ 垂直.

解 $a\perp b\Rightarrow a\cdot b=0\Rightarrow 1\times 4-2\times(-m)+3\times 2=0\Rightarrow m=-5$.

二、两个向量的向量积

1. 向量积的定义及其性质

设 O 点为一杠杆的支点，力 F 作用于杠杆上点 P 处，求力 F 对支点 O 的力矩.

根据物理学知识，在如图 7-9 所示的力矩图中，设力 F 对点 O 的力矩是向量 M，其大小为

$$|M|=|F|\cdot d=|F||\overrightarrow{OP}|\sin\theta.$$

力矩 M 的方向同时垂直于 F 和 $\overrightarrow{OP}$，当右手的四个手指从 $\overrightarrow{OP}$ 抱拳握向 F 时，大拇指所指的方向即为力矩 M 的方向.

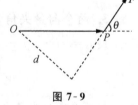

图 7-9

两个向量按上述方法确定出另一个向量，这样的问题在力学中经常遇到. 为此我们引入两个向量的向量积.

定义2 两个向量 a 与 b 的向量积规定为一个向量，记为 $a\times b$，其中满足

(1) 向量 $a\times b$ 的模：$|a\times b|=|a||b|\sin(\widehat{a,b})$；

（2）向量 $a \times b$ 的方向：$(a \times b) \perp a, (a \times b) \perp b$，且 $a, b, a \times b$ 满足右手法则（图 7-10）.
即用右手四指由 a 转向 b，大拇指所指方向就是 $a \times b$ 的方向.

两个向量的向量积又称叉积. 有了向量积定义，力矩 M 可表示为 $M = \overrightarrow{OP} \times F$.

向量积模的几何意义如图 7-11 所示，表示以向量 a 与 b 为边所构成的平行四边形的面积.

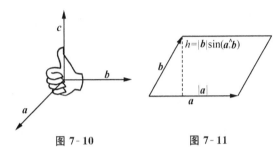

图 7-10   图 7-11

向量积有以下运算性质：

（1）$a \times a = 0$.

特例：$i \times i = 0, j \times j = 0, k \times k = 0$.

（2）$a \times 0 = 0$；

（3）$i \times j = k, j \times k = i, k \times i = j, j \times i = -k, k \times j = -i, i \times k = -j$.

（4）反交换律　$b \times a = -a \times b$.

（5）结合律　$(\lambda a) \times b = a \times (\lambda b) = \lambda(a \times b)$（$\lambda$ 为实数）.

（6）对向量加法的左、右分配律：

左分配律　$(a + b) \times c = a \times c + b \times c$；

右分配律　$a \times (b + c) = a \times b + a \times c$.

由向量积的定义我们还可以得出两个向量平行的充要条件.

定理 2　两个向量 a, b 平行的充要条件是 $a \times b = 0$.

2. 向量的向量积的坐标表示

设向量 $a = a_x i + a_y j + a_z k, b = b_x i + b_y j + b_z k$，由向量积的运算性质，得

$$a \times b = (a_x i + a_y j + a_z k) \times (b_x i + b_y j + b_z k)$$
$$= a_x b_x (i \times i) + a_x b_y (i \times j) + a_x b_z (i \times k) +$$
$$a_y b_x (j \times i) + a_y b_y (j \times j) + a_y b_z (j \times k) +$$
$$a_z b_x (k \times j) + a_z b_y (k \times j) + a_z b_z (k \times k),$$

所以

$$a \times b = (a_y b_z - a_z b_y) i - (a_x b_z - a_z b_x) j + (a_x b_y - a_y b_x) k. \qquad ③$$

为了便于记忆，借用三阶行列式的记号，上式③可表示为

$$a \times b = \begin{vmatrix} i & j & k \\ a_x & a_y & a_z \\ b_x & b_y & b_z \end{vmatrix}.$$

③式称为向量积的坐标表示式.

利用两个向量的向量积坐标表示式可得以下重要结果：

设 $a=\{a_x,a_y,a_z\},b=\{b_x,b_y,b_z\}$，则

$$a/\!/b\Leftrightarrow a\times b=\mathbf{0}\Leftrightarrow\begin{cases}a_yb_z-a_zb_y=0,\\a_xb_z-a_zb_x=0,\Leftrightarrow\dfrac{a_x}{b_x}=\dfrac{a_y}{b_y}=\dfrac{a_z}{b_z}.\\a_xb_y-a_yb_x=0\end{cases}$$

我们约定分母为零时分子为零.例如，

$$\frac{a_x}{2}=\frac{a_y}{0}=\frac{a_z}{3},$$

实质为

$$\frac{a_x}{2}=\frac{a_z}{3},a_y=0.$$

由此可知,两个向量平行的充要条件是它们的对应坐标成比例.

例 5 已知向量 $a=\{1,1,-1\},b=\{1,-1,2\}$,求 $a\times b$.

解 $a\times b=\begin{vmatrix}i & j & k\\1 & 1 & -1\\1 & -1 & 2\end{vmatrix}=i-3j-2k.$

例 6 求同时垂直于向量 $a=\{-1,2,-1\},b=\{2,-1,1\}$ 的单位向量 e.

解 由向量积定义可知,$a\times b$ 同时垂直于 a 和 b,且

$$a\times b=\begin{vmatrix}i & j & k\\-1 & 2 & -1\\2 & -1 & 1\end{vmatrix}=i-j-3k,$$

则所求单位向量 e 有两个:

$$e=\pm\frac{a\times b}{|a\times b|}=\pm\frac{1}{\sqrt{1^2+(-1)^2+(-3)^2}}(i-j-3k)=\pm\frac{\sqrt{11}}{11}(i-j-3k).$$

例 7 求以 $M_1(1,2,3),M_2(3,4,5),M_3(-1,-2,7)$ 为顶点的三角形的面积 A.

解 $\overrightarrow{M_1M_2}=2i+2j+2k,\overrightarrow{M_1M_3}=-2i-4j+4k,$

$$\overrightarrow{M_1M_2}\times\overrightarrow{M_1M_3}=\begin{vmatrix}i & j & k\\2 & 2 & 2\\-2 & -4 & 4\end{vmatrix}=16i-12j-4k.$$

根据向量积的几何意义,得所求三角形的面积

$$A=\frac{1}{2}|\overrightarrow{M_1M_2}\times\overrightarrow{M_1M_3}|=\frac{1}{2}\sqrt{16^2+(-12)^2+(-4)^2}=2\sqrt{26}.$$

例 8 求与 $a=2i+j+k$ 平行且满足 $a\cdot b=6$ 的向量 b.

解 设 $b=\{b_x,b_y,b_z\}$,则

$$a/\!/b\Rightarrow\frac{b_x}{2}=\frac{b_y}{1}=\frac{b_z}{1},$$

$$a\cdot b=6\Rightarrow2b_x+b_y+b_z=6,$$

联立方程组,解得

$$\begin{cases} b_x = 2, \\ b_y = 1, \\ b_z = 1, \end{cases}$$

故所求向量 $\boldsymbol{b} = \{2, 1, 1\}$.

练习题 7.2

1. 已知向量 $\boldsymbol{a} = 3\boldsymbol{i} + 2\boldsymbol{j} - \boldsymbol{k}$ 与 $\boldsymbol{b} = \boldsymbol{i} - \boldsymbol{j} + 2\boldsymbol{k}$.

(1) 求 $\boldsymbol{a}$ 与 $\boldsymbol{b}$ 的数量积;

(2) 分别求出数量积 $\boldsymbol{a} \cdot \boldsymbol{i}, \boldsymbol{a} \cdot \boldsymbol{j}, \boldsymbol{a} \cdot \boldsymbol{k}$.

2. 已知向量 $\boldsymbol{a} = \{1, 1, -4\}, \boldsymbol{b} = \{2, -2, 1\}$.

(1) 计算 $\boldsymbol{a} \cdot \boldsymbol{b}$;　(2) 求 $|\boldsymbol{a}|, |\boldsymbol{b}|$ 和 $(\widehat{\boldsymbol{a}, \boldsymbol{b}})$.

3. 已知三角形三个顶点的坐标是 $A(-1, 2, 3), B(1, 1, 1)$ 和 $C(0, 0, 5)$. 试证三角形 ABC 是直角三角形, 并求角 B.

4. 已知向量 $\boldsymbol{a} = 2\boldsymbol{i} + \boldsymbol{j} - \boldsymbol{k}$ 与 $\boldsymbol{b} = \boldsymbol{i} - 2\boldsymbol{j} + 2\boldsymbol{k}$, 求:

(1) $\boldsymbol{a} \cdot \boldsymbol{b}$;

(2) $\boldsymbol{a} \times \boldsymbol{b}$;

(3) 同时垂直于向量 $\boldsymbol{a}, \boldsymbol{b}$ 的单位向量 $\boldsymbol{e}$.

5. 求以 $M_1(1, 2, 1), M_2(2, 1, 3), M_3(1, -1, 4)$ 为顶点的三角形的面积 A.

6. 求与向量 $\boldsymbol{a} = \{1, -1, 2\}$ 平行且满足 $\boldsymbol{a} \cdot \boldsymbol{b} = -12$ 的向量 $\boldsymbol{b}$.

7. 已知 $|\boldsymbol{a}| = 3, |\boldsymbol{b}| = 2, (\widehat{\boldsymbol{a}, \boldsymbol{b}}) = \dfrac{\pi}{3}$, 求以 $(2\boldsymbol{a} - \boldsymbol{b}), (2\boldsymbol{a} + \boldsymbol{b})$ 为邻边的平行四边形的面积.

§7.3　平面及其方程

我们以向量为工具研究空间的一些图形, 空间图形中最简单的就是平面与空间直线, 因此我们先建立平面和空间直线的方程.

一、平面的点法式方程

由立体几何知, 过空间一定点和一条已知直线垂直的平面有且仅有一个. 和一条已知直线垂直, 就是和一个已知非零向量垂直, 因此, 确定一个平面, 需要平面上的一个点以及和这个平面垂直的一个非零向量. 现根据这个条件来建立平面方程.

定义　如果一个非零向量 $n=\{A,B,C\}$ 垂直于一个平面 Π，则称 n 为这个平面 Π 的一个法向量.

一个平面有无数个法向量，这些法向量相互平行.

设平面过点 $M_0(x_0,y_0,z_0)$，且有法向量 $n=\{A,B,C\}$（A,B,C 不全为 0），求平面 Π 的方程.

在平面 Π 上任取一点 $M(x,y,z)$（图 7-12），则 $n\perp\overrightarrow{M_0M}$，从而 $n\cdot\overrightarrow{M_0M}=0$. 又因为 $n=\{A,B,C\}$，$\overrightarrow{M_0M}=\{x-x_0,y-y_0,z-z_0\}$，所以有

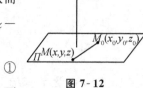

$$A(x-x_0)+B(y-y_0)+C(z-z_0)=0. \qquad ①$$

反之，空间任一点 $M(x,y,z)$ 满足①式，有 $n\cdot\overrightarrow{M_0M}=0$，从而 $n\perp\overrightarrow{M_0M}$，由于点 $M_0(x_0,y_0,z_0)$ 在平面 Π 内，因此点 M 也在平面 Π 内.

图 7-12

综上所述，①是平面 Π 的方程，我们称①式为平面的点法式方程.

二、平面的一般式方程

将平面的点法式方程①变形，得
$$Ax+By+Cz-(Ax_0+By_0+Cz_0)=0.$$
令 $-(Ax_0+By_0+Cz_0)=D$，得
$$Ax+By+Cz+D=0（A,B,C\text{ 不全为零}）. \qquad ②$$

②式是一个三元一次方程，说明一个平面方程一定是三元一次方程. 反之，任取一点 (x_0,y_0,z_0) 满足②式，即
$$Ax_0+By_0+Cz_0+D=0. \qquad ③$$
用②式减去③式，得
$$A(x-x_0)+B(y-y_0)+C(z-z_0)=0.$$
这个方程表示的是以 $n=\{A,B,C\}$ 为法向量，过点 $M_0(x_0,y_0,z_0)$ 的平面方程. 因此，三元一次方程 $Ax+By+Cz+D=0$（A,B,C 不全为零）在空间表示的是一个平面.

方程 $Ax+By+Cz+D=0$（A,B,C 不全为零）称为平面的一般式方程.

特别地，当一般式方程 $Ax+By+Cz+D=0$（A,B,C 不全为零）中某些系数或常数项为零时，平面相对于坐标系具有特殊的位置关系：

若 $D=0$，方程 $Ax+By+Cz=0$ 表示通过原点的平面；

若 $A=0$，方程 $By+Cz+D=0$（不含 x）表示平行于 x 轴的平面；

若 $B=0$，方程 $Ax+Cz+D=0$（不含 y）表示平行于 y 轴的平面；

若 $C=0$，方程 $Ax+By+D=0$（不含 z）表示平行于 z 轴的平面；

若 $A=B=0$，方程 $Cz+D=0$（不含 x,y）表示平行于 xOy 坐标面的平面；

若 $A=D=0$，方程 $By+Cz=0$（不含 x，且 $D=0$）表示过 x 轴的平面.

还有其他情形，请读者思考. 必须指出，在平面解析几何中，一次方程表示一条直线；在空间解析几何中，一次方程表示一个平面.

例 1　设一平面经过点 $(1,-2,3)$，且与向量 $n=\{2,1,2\}$ 垂直，求此平面 Π 的方程.

解 向量 $n=\{2,1,2\}$ 垂直于所求平面 Π，因此可取 n 为平面的法向量，可得平面的方程为

$$2(x-1)+(y+2)+2(z-3)=0,$$

即

$$2x+y+2z-6=0.$$

例 2 求过三点 $M_1(1,2,1)$，$M_2(2,0,1)$，$M_3(1,-1,2)$ 的平面方程.

解 设所求平面为 Π，$\overrightarrow{M_1M_2}=\{1,-2,0\}$，$\overrightarrow{M_1M_3}=\{0,-3,1\}$，由向量积的定义可知

$$(\overrightarrow{M_1M_2}\times\overrightarrow{M_1M_3})\perp\overrightarrow{M_1M_2},(\overrightarrow{M_1M_2}\times\overrightarrow{M_1M_3})\perp\overrightarrow{M_1M_3}.$$

又由于点 M_1,M_2,M_3 在平面 Π 上，从而线段 M_1M_2,M_1M_3 所在直线也在平面 Π 上.

因此，向量 $(\overrightarrow{M_1M_2}\times\overrightarrow{M_1M_3})\perp\Pi$，即 $\overrightarrow{M_1M_2}\times\overrightarrow{M_1M_3}$ 是平面 Π 的一个法向量，故

$$n=\overrightarrow{M_1M_2}\times\overrightarrow{M_1M_3}=\begin{vmatrix} i & j & k \\ 1 & -2 & 0 \\ 0 & -3 & 1 \end{vmatrix}=\{-2,-1,-3\}.$$

由点法式方程得所求的平面方程为

$$-2(x-1)-(y-2)-3(z-1)=0,$$

即

$$2x+y+3z-7=0.$$

一般地，要求一个平面的方程，关键是求平面上的一个点的坐标和平面的一个法向量. 对于平面的法向量有下面的一个定理.

定理 设 n 是平面 Π 的一个法向量，如果存在非零 a,b，满足：

(1) $a\times b\neq 0$，

(2) $n\perp a,n\perp b$，

则 $a\times b$ 也是平面 Π 的一个法向量.

对于一些特殊的平面方程，用平面的一般方程更方便.

例 3 求过点 $M(1,2,3)$ 且通过 x 轴的平面方程.

解 因为所求平面过 x 轴，所以可设所求平面方程为 $By+Cz=0$（B,C 不全为 0）.

因为平面过点 $M(1,2,3)$，所以有 $2B+3C=0$，可得 $B=-\frac{3}{2}C$，从而所求平面方程为

$$-\frac{3}{2}Cy+Cz=0,$$

即

$$-\frac{3}{2}y+z=0.$$

三、平面的截距式方程

例 4 求通过三点 $M_1(a,0,0)$，$M_2(0,b,0)$，$M_3(0,0,c)$ 的平面方程（其中 $abc\neq 0$）.

解 设所求平面方程为

$$Ax+By+Cz+D=0,$$

把点 $M_1(a,0,0)$，$M_2(0,b,0)$，$M_3(0,0,c)$ 的坐标代入，得

$$\begin{cases} Aa+D=0, \\ Bb+D=0, \\ Cc+D=0, \end{cases}$$

解之得

$$A=-\frac{D}{a}, B=-\frac{D}{b}, C=-\frac{D}{c},$$

代入平面方程，有

$$-\frac{D}{a}x-\frac{D}{b}y-\frac{D}{c}z+D=0.$$

又 $D\neq0$，故

$$\frac{x}{a}+\frac{y}{b}+\frac{z}{c}=1 \ (a,b,c \text{ 都不为 } 0).$$

这个方程称为平面的截距式方程. 其中 a,b,c 分别称为平面在 x 轴、y 轴、z 轴上的截距（图 7-13）.

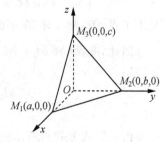

图 7-13

四、点到平面的距离

设点 $P_0(x_0,y_0,z_0)$ 是平面 $\Pi: Ax+By+Cz+D=0$ 外的一点（图 7-14）. 设 d 为点 P_0 到平面 Π 的距离，可以证明下面的等式成立：

$$d=\frac{|Ax_0+By_0+Cz_0+D|}{\sqrt{A^2+B^2+C^2}},$$

这个公式称为点到平面的距离公式.

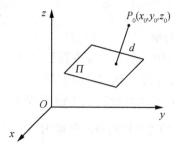

图 7-14

例 5 求点 $(1,-1,3)$ 到平面 $x+3y-3z+2=0$ 的距离 d.

解 $d=\frac{|1\times1+3\times(-1)+(-3)\times3+2|}{\sqrt{1^2+3^2+(-3)^2}}=\frac{9\sqrt{19}}{19}$.

五、两平面平行、垂直的判定及夹角的计算

设有平面 Π_1：

$$A_1x+B_1y+C_1z+D_1=0$$

和平面 Π_2：

$$A_2 x + B_2 y + C_2 z + D_2 = 0,$$

平面 Π_1 有法向量 $\boldsymbol{n}_1 = \{A_1, B_1, C_1\}$，平面 Π_2 有法向量 $\boldsymbol{n}_2 = \{A_2, B_2, C_2\}$，平面间的关系可以从法向量 $\boldsymbol{n}_1, \boldsymbol{n}_2$ 之间的关系导出：

(1) 平面 $\Pi_1 \parallel \Pi_2 \Leftrightarrow \boldsymbol{n}_1 \parallel \boldsymbol{n}_2 \Leftrightarrow \dfrac{A_1}{A_2} = \dfrac{B_1}{B_2} = \dfrac{C_1}{C_2}$.

（重合作为平行的特例）

(2) 平面 $\Pi_1 \perp \Pi_2 \Leftrightarrow \boldsymbol{n}_1 \perp \boldsymbol{n}_2 \Leftrightarrow A_1 A_2 + B_1 B_2 + C_1 C_2 = 0$.

(3) 如果平面 Π_1 和 Π_2 既不平行也不垂直，记 $(\widehat{\Pi_1, \Pi_2})$ 为 Π_1 与 Π_2 的夹角 $\left(0 < (\widehat{\Pi_1, \Pi_2}) < \dfrac{\pi}{2}\right)$，有

$$\cos(\widehat{\Pi_1, \Pi_2}) = |\cos(\widehat{\boldsymbol{n}_1, \boldsymbol{n}_2})| = \frac{|\boldsymbol{n}_1 \cdot \boldsymbol{n}_2|}{|\boldsymbol{n}_1| |\boldsymbol{n}_2|} = \frac{|A_1 A_2 + B_1 B_2 + C_1 C_2|}{\sqrt{A_1^2 + B_1^2 + C_1^2} \sqrt{A_2^2 + B_2^2 + C_2^2}}.$$

例 6 已知平面 Π 过点 $M(1,1,1)$ 且垂直于平面 $\Pi_1 : x + 2z = 0$ 和 $\Pi_2 : x + y + z = 0$，求平面 Π 的方程.

解 设平面 Π_1 的法向量 $\boldsymbol{n}_1 = \{1, 0, 2\}$ 和平面 Π_2 的法向量 $\boldsymbol{n}_2 = \{1, 1, 1\}$，$\boldsymbol{n}$ 是平面 Π 的一个法向量，由平面 $\Pi \perp \Pi_1$，$\Pi \perp \Pi_2$ （图 7-15），可得 $\boldsymbol{n} \perp \boldsymbol{n}_1$，$\boldsymbol{n} \perp \boldsymbol{n}_2$，因此 $\boldsymbol{n}_1 \times \boldsymbol{n}_2$ 也是平面 Π 的一个法向量，我们就取

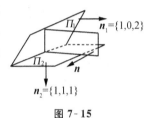

图 7-15

$$\boldsymbol{n} = \boldsymbol{n}_1 \times \boldsymbol{n}_2 = \begin{vmatrix} \boldsymbol{i} & \boldsymbol{j} & \boldsymbol{k} \\ 1 & 0 & 2 \\ 1 & 1 & 1 \end{vmatrix} = -2\boldsymbol{i} + \boldsymbol{j} + \boldsymbol{k}.$$

由平面的点法式方程得平面 Π 的方程

$$-2(x-1) + (y-0) + (z-2) = 0,$$

即

$$2x - y - z = 0.$$

练习题 7.3

1. 求过点 $(3, -1, 2)$ 且以 $\boldsymbol{n} = \{1, -2, 2\}$ 为法向量的平面方程.

2. 求过点 $(3, -1, 2)$ 和 y 轴的平面方程.

3. 求点 $(1, 1, 2)$ 到平面 $2x - y - z + 1 = 0$ 的距离.

4. 求过点 $(2, 1, 0)$ 且平面 $2x + y - z + 1 = 0$ 平行的平面.

5. 求过三点 $M_1(2, 1, 0)$，$M_2(0, 1, 0)$，$M_3(2, 1, -1)$ 的平面方程.

6. 求过点 $M_1(1, 1, 1)$，$M_2(0, 1, -1)$，且垂直于平面 $x + y + z + 3 = 0$ 的平面方程.

§7.4 空间直线及其方程

由立体几何知,过空间一个定点和一条已知直线平行的直线有且仅有一条. 和一条已知直线平行,就是和一个已知非零向量平行,因此,确定一条直线需要直线上的一个点以及和这条直线平行的一个非零向量. 现根据这个条件来建立直线方程.

一、点向式方程

定义 如果一个非零向量 $s=\{m,n,p\}$ 平行于某条直线 L,则称 s 为这条直线 L 的一个方向向量(图 7-16). m,n,p 称为直线的方向数.

一条直线的方向向量有无数个,它们相互平行.

设直线 L 过点 $M_0(x_0,y_0,z_0)$,且方向向量 $s=\{m,n,p\}$ (m,n,p 不全为 0),求直线 L 的方程.

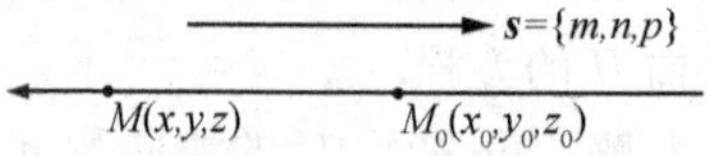

图 7-16

如图 7-16 所示,设 $M(x,y,z)$ 是直线 L 上任意一点,则 $\overrightarrow{M_0M}=\{x-x_0,y-y_0,z-z_0\}$,由于点 M 和 M_0 都在直线 L 上,所以有 $\overrightarrow{M_0M}\ /\!/\ s$. 由两直线平行的充要条件,得

$$\frac{x-x_0}{m}=\frac{y-y_0}{n}=\frac{z-z_0}{p}. \tag{①}$$

反之,若点 $M(x,y,z)$ 满足①式,则有 $\overrightarrow{M_0M}\ /\!/\ s$,即 $M_0M\ /\!/\ L$,又因点 M_0 在直线 L 上,所以点 $M(x,y,z)$ 在直线 L 上.

称①式为直线 L 的点向式方程(也称标准式或对称式).

注意 若 m,n,p 中有一个或两个为零时,应理解为相应的分子也为 0.

例 1 求过点 $M_1(1,2,1)$,$M_2(2,0,1)$ 的直线方程.

解 取直线的一个方向向量 $s=\overrightarrow{M_1M_2}=\{1,-2,0\}$,所求直线方程为

$$\frac{x-1}{1}=\frac{y-2}{-2}=\frac{z-1}{0}.$$

从直线的点向式方程可以看出,要确定一条直线方程,关键是在直线上找到一个点的坐标和直线的一个方向向量. 对直线的方向向量有下面一个定理.

定理 设 s 是直线 L 的一个方向向量,如果存在非零向量 a,b,满足:

(1) $a\times b\neq 0$,

(2) $s\perp a$,$s\perp b$,

则 $a\times b$ 也是直线 L 的一个方向向量.

例 2 求过点 $A(2,-1,1)$,且平行于两平面 $\Pi_1:2x-3y+z-4=0$,$\Pi_2:x+y-z-6=0$ 的直线 L 方程.

解　设 s 为直线 L 的一个方向向量，$n_1 = \{2, -3, 1\}$，$n_2 = \{1, 1, -1\}$，由 $L /\!/ \Pi_1$ 和 $n_1 \perp \Pi_1$，得 $n_1 \perp s$，同理 $n_2 \perp s$，因此，$n_1 \times n_2$ 也是直线 L 的一个方向向量. 取它作为直线的一个方向向量，

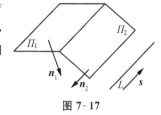

图 7-17

$$s = n_1 \times n_2 = \begin{vmatrix} i & j & k \\ 2 & -3 & 1 \\ 1 & 1 & -1 \end{vmatrix} = 2i + 3j + 5k.$$

所求直线 L 的方程为

$$\frac{x-2}{2} = \frac{y+1}{3} = \frac{z-1}{5}.$$

二、参数式方程

在直线的点向式方程中，用 t 表示比值，即

$$\frac{x-x_0}{m} = \frac{y-y_0}{n} = \frac{z-z_0}{p} = t \Longleftrightarrow \begin{cases} x = x_0 + mt, \\ y = y_0 + nt, \\ z = z_0 + pt, \end{cases}$$

上式称为直线的参数式方程.

例 3　求直线

$$\frac{x-3}{5} = \frac{y+2}{1} = \frac{z+1}{4}$$

与平面 $x - y + z - 6 = 0$ 的交点.

解　所给直线的参数方程为

$$\begin{cases} x = 3 + 5t, \\ y = -2 + t, \\ z = -1 + 4t, \end{cases}$$

代入平面方程，得

$$(3 + 5t) - (-2 + t) + (-1 + 4t) - 6 = 0,$$

解得 $t = \dfrac{1}{2}$，因此所求交点坐标为

$$x = \frac{11}{2}, \quad y = -\frac{3}{2}, \quad z = 1.$$

三、直线的一般式方程

空间直线可以看成两个不平行平面的交线，设平面 Π_1 的方程为 $A_1 x + B_1 y + C_1 z + D_1 = 0$，平面 Π_2 的方程为 $A_2 x + B_2 y + C_2 z + D_2 = 0$. 如果 Π_1 与 Π_2 相交，则它们的交线是一条直线，且交线方程为

$$\begin{cases} A_1 x + B_1 y + C_1 z + D_1 = 0, \\ A_2 x + B_2 y + C_2 z + D_2 = 0, \end{cases}$$

上式就称为直线的一般式方程.

四、两条直线的夹角和直线与平面的夹角

1. 两条直线间的位置关系

设直线 L_1 的方程为 $\dfrac{x-x_1}{m_1}=\dfrac{y-y_1}{n_1}=\dfrac{z-z_1}{p_1}$，方向向量为 $s_1=\{m_1,n_1,p_1\}$；直线 L_2 的

方程为 $\dfrac{x-x_2}{m_2}=\dfrac{y-y_2}{n_2}=\dfrac{z-z_2}{p_2}$，方向向量为 $s_2=\{m_2,n_2,p_2\}$.

(1) 直线 $L_1 /\!/ L_2 \Leftrightarrow s_1 /\!/ s_2 \Leftrightarrow \dfrac{m_1}{m_2}=\dfrac{n_1}{n_2}=\dfrac{p_1}{p_2}$.

(若某个分母为 0，则对应分子也为 0，重合作为平行的特例)

(2) 直线 $L_1 \perp L_2 \Leftrightarrow s_1 \perp s_2 \Leftrightarrow m_1 m_2 + n_1 n_2 + p_1 p_2 = 0$.

(3) 若 L_1 与 L_2 既不平行也不垂直，记 $(\widehat{L_1,L_2})$ 为 L_1，L_2 所成的角，简称为夹角，且

$0 \leqslant (\widehat{L_1,L_2}) \leqslant \dfrac{\pi}{2}$，则

$$\cos(\widehat{L_1,L_2}) = |\cos(s_1,s_2)| = \frac{|s_1 \cdot s_2|}{|s_1||s_2|} = \frac{|m_1 m_2 + n_1 n_2 + p_1 p_2|}{\sqrt{m_1^2+n_1^2+p_1^2}\sqrt{m_2^2+n_2^2+p_2^2}}.$$

2. 直线与平面的位置关系

设平面 $\Pi: Ax+By+Cz+D=0$，法向量 $n=\{A,B,C\}$，直线 $L:\dfrac{x-x_0}{m}=\dfrac{y-y_0}{n}=$

$\dfrac{z-z_0}{p}$，方向向量 $s=\{m,n,p\}$.

(1) $L /\!/ \Pi$ 或 $L \in \Pi \Leftrightarrow n \perp s \Leftrightarrow n \cdot s = 0 \Leftrightarrow Am+Bn+Cp=0$.

> **注意** 如果已经知道 $L /\!/ \Pi$ 或 $L \in \Pi$ 的情况下，如何区分 $L /\!/ \Pi$ 与 $L \in \Pi$：在直线上取
> 点 $M_0(x_0,y_0,z_0)$ 代入平面方程，如果满足 $Ax_0+By_0+Cz_0+D=0$，则 L 在平面上；如
> 果满足 $Ax_0+By_0+Cz_0+D \neq 0$，则 $L /\!/ \Pi$.

(2) $L \perp \Pi \Leftrightarrow n /\!/ s \Leftrightarrow \dfrac{A}{m}=\dfrac{B}{n}=\dfrac{C}{p}$（分母为 0，表示分子也为 0）.

(3) 记直线 L 与平面 Π 的交角为 $\varphi\left(0 \leqslant \varphi \leqslant \dfrac{\pi}{2}\right)$（图 7-18），则

$$\varphi = \frac{\pi}{2} - (\widehat{n,s}) \quad \text{或} \quad \varphi = (\widehat{n,s}) - \frac{\pi}{2}.$$

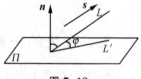

图 7-18

1. 求过点 $M(-1,2,4)$ 且和直线 $\dfrac{x-1}{3}=\dfrac{y-2}{1}=\dfrac{z-2}{-4}$ 平行的直线方程.

2. 求过点 $M(-1,3,2)$ 且和平面 $x+2y-3z+6=0$ 垂直的直线方程.

3. 求过点 $M(1,2,1)$ 且和直线 $\begin{cases} x-y+2z-4=0,\\ 3x+y-z+2=0 \end{cases}$ 平行的直线方程.

4. 求过直线 $\dfrac{x+1}{2}=\dfrac{y-1}{1}=\dfrac{z+2}{5}$ 与平面 $3x+2y+z-10=0$ 的交点,且与直线 $\begin{cases} x-y+2z-4=0,\\ 2x+y-z+2=0 \end{cases}$ 平行的直线方程.

5. 求过点 $M(-1,2,1)$ 和直线 $\dfrac{x+1}{2}=\dfrac{y-1}{1}=\dfrac{z+2}{2}$ 的平面方程.

§7.5 曲面、空间曲线及其方程

在日常生活中,一般物体的表面都是曲面.例如,生物界的各种蛋壳、贝壳、乌龟壳和人的头盖骨等,都是曲度均匀、质地轻巧的"薄壳结构"(图 7-19),这些"薄壳结构"很薄,但非常耐压,"薄壳结构"的表面都是曲面.又如,我们实际看到的卫星天线普遍采用的就是旋转抛物面天线(图 7-20).在航空航天、汽车制造、造船、机械制造、电子、电器、玩具等行业的产品设计与制造领域,绝大多数产品的外观设计都离不开曲面造型,机械加工过程是用机、电、光等加工手段形成所要求的零件表面形状的过程.如今,随着社会生活水平的不断提高,产品外观的精美程度已成为人们选购商品的重要参考依据之一.例如,汽车车身覆盖面通常是由一系列复杂的空间曲面构成的,在汽车表面与结构的设计中,也经常要用到各种各样的曲面.

图 7-19

图 7-20

一、曲面及其方程

定义 1　如果曲面 Σ 和三元方程 $F(x,y,z)=0$ 满足下列条件关系：

(1) 曲面 Σ 上每个点的坐标都满足方程 $F(x,y,z)=0$；

(2) 以方程 $F(x,y,z)=0$ 的每组解为坐标的点都在曲面 Σ 上，

那么，称曲面 Σ 为方程 $F(x,y,z)=0$ 的曲面，方程 $F(x,y,z)=0$ 为曲面 Σ 的方程.

用平面解析几何中求平面曲线方程相类似的步骤，可以建立满足一定条件的曲面方程.

定义 2　由一个三元二次方程表示的曲面称为二次曲面.

下面介绍几种二次曲面.

1. 球面

与一定点的距离为定长的空间点的轨迹叫作球面.这个定点叫作这个球面的球心，定长叫作这个球面的半径.

设一个球面的球心在点 $M_0(x_0,y_0,z_0)$，半径为 R，下面建立这个球面的方程.

设 $M(x,y,z)$ 是该球面上的任意一点.因为球面上各点到球心的距离都等于半径 R，所以有 $|\overrightarrow{M_0M}|=R$，即有

$$\sqrt{(x-x_0)^2+(y-y_0)^2+(z-z_0)^2}=R,$$

等式两边平方，得

$$(x-x_0)^2+(y-y_0)^2+(z-z_0)^2=R^2. \qquad ①$$

反之，以方程①的每组解为坐标的点都在球面上.

方程①称为球心在点 $M_0(x_0,y_0,z_0)$、半径为 R 的球面方程.特别地，球心在原点 $O(0,0,0)$、半径为 R 的球面方程为

$$x^2+y^2+z^2=R^2.$$

例 1　方程 $x^2+y^2+z^2-4x+4y=8$ 表示什么样的曲面？

解　将方程配方，得

$$(x-2)^2+(y+2)^2+z^2=4^2,$$

故方程表示球心在点 $M_0(2,-2,0)$、半径为 4 的球面.

2. 柱面

一条动直线 L 沿已知曲线 C 移动，且始终与某一条定直线平行，这样形成的曲面称为柱面.其中 L 称为柱面的母线，C 称为柱面的准线.

下面讨论准线 C 在 xOy 面内、母线 L 平行于 z 轴的柱面方程（图 7-21）.

设准线 C 是 xOy 面内的曲线 $f(x,y)=0$，$M(x,y,z)$ 是该柱面上的任意一点（图 7-21），过点 M 作平行于 z 轴的直线交 xOy 坐标面于点 $M_0(x,y,0)$.由柱面定义知，M_0 在准线 C 上，即 M_0 点坐标满足方程 $f(x,y)=0$.因为 $f(x,y)=0$ 中不含 z，所以 M 点坐标也满足方程 $f(x,y)=0$.反之，不在柱面上点的坐标不满足方程 $f(x,y)=0$.所以不含变量 z 的方程

$$f(x,y)=0 \text{（不含 } z\text{）}$$

在空间表示以 xOy 坐标面上曲线 C 为准线、母线 L 平行于 z 轴的柱面方程.

同样,我们可以得到:不含变量 x 的方程 $g(y,z)=0$ 在空间表示以 yOz 坐标面上曲线 $g(y,z)=0$ 为准线、母线 L 平行于 x 轴的柱面方程.不含变量 y 的方程 $h(x,z)=0$ 在空间表示以 xOz 坐标面上曲线 $h(x,z)=0$ 为准线、母线 L 平行于 y 轴的柱面方程.

母线平行于某坐标轴的柱面方程的特点是:母线平行于哪条坐标轴,方程中就不含有该坐标变量.

准线是二次曲线的柱面称为二次柱面.

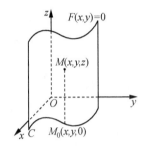

图 7-21

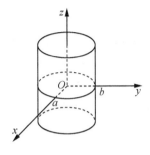

图 7-22

常见的二次柱面有以下几种.

（1）椭圆柱面（图 7-22）：$\dfrac{x^2}{a^2}+\dfrac{y^2}{b^2}=1$（不含 z,母线平行于 z 轴）.

特别地,当 $a=b$ 时为圆柱面：$x^2+y^2=a^2$.

（2）双曲柱面：$\dfrac{x^2}{a^2}-\dfrac{y^2}{b^2}=1$（图 7-23）或 $-\dfrac{x^2}{a^2}+\dfrac{y^2}{b^2}=1$.

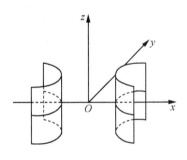

图 7-23

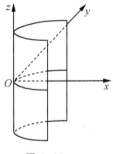

图 7-24

（3）抛物柱面（图 7-24）：$y^2=2px$（$p>0$）.

3. 旋转曲面

一条平面曲线 C 绕其平面上的一条定直线 L 旋转一周所成的曲面称为旋转曲面.曲线 C 称为旋转曲面的母线,定直线 L 称为旋转曲面的旋转轴.球面、圆柱面都是旋转曲面.

设在 yOz 面上有一条曲线 C,其方程为 $f(y,z)=0$.将曲线 C 绕 z 轴旋转一周,就得到一个以 z 轴为轴的旋转曲面（图 7-25）,其方程为

$$f(\pm\sqrt{x^2+y^2},z)=0.$$

同样，yOz 面上的曲线 C：$f(y,z)=0$，绕 y 轴旋转一周得到的旋转曲面的方程为

$$f(y,\pm\sqrt{x^2+z^2})=0.$$

以坐标面上的曲线为母线、以坐标轴为旋转轴的旋转曲面方程的一般求法：已知某坐标面上的曲线 C 绕某坐标轴旋转，为了求此旋转曲面的方程，只要使曲线方程中与旋转轴同名的坐标变量保持不变，而以其他两个坐标变量平方和的平方根来代替方程中的另一个坐标变量.

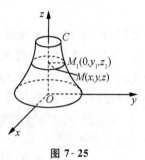

图 7-25

例 2 求 xOy 坐标面上的曲线 $y=3x^2$ 绕 y 轴旋转所得的旋转曲面方程.

解 在方程 $y=3x^2$ 中，使 y 保持不变，x 换成 $\pm\sqrt{x^2+z^2}$，即得旋转曲面的方程：$y=3(x^2+z^2)$.

例 3 求 yOz 面内的直线 $z=ay$（常数 $a>0$）绕 z 轴旋转所得的旋转曲面方程，并画出它的图形.

解 在方程 $z=ay$ 中，使 z 保持不变，将 y 换成 $\pm\sqrt{x^2+y^2}$，即得旋转曲面方程 $z=\pm a\sqrt{x^2+y^2}$. 两边平方得 $z^2=a^2(x^2+y^2)$. 该曲面称为圆锥面，其图形如图 7-26 所示. 其中，方程 $z=a\sqrt{x^2+y^2}$ 表示上半圆锥面；方程 $z=-a\sqrt{x^2+y^2}$ 表示下半圆锥面；点 O 称为圆锥面的顶点.

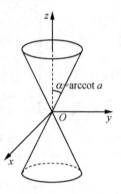

图 7-26

4. 椭球面

方程

$$\frac{x^2}{a^2}+\frac{y^2}{b^2}+\frac{z^2}{c^2}=1$$

所表示的曲面称为椭球面（图 7-27）.

例 4 将 xOz 面上的椭圆 $\dfrac{x^2}{a^2}+\dfrac{z^2}{b^2}=1$ 分别绕 x 轴和 z 轴旋转，求形成的旋转曲面的方程.

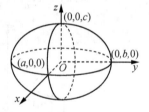

图 7-27

解 给定的椭圆绕 x 轴旋转所形成的旋转曲面的方程为

$$\frac{x^2}{a^2}+\frac{y^2+z^2}{b^2}=1,$$

绕 z 轴旋转所形成的旋转曲面的方程为

$$\frac{x^2+y^2}{a^2}+\frac{z^2}{b^2}=1.$$

这两种旋转曲面都称为旋转椭球面.

5. 椭圆抛物面

方程

$$\frac{x^2}{a^2}+\frac{y^2}{b^2}=z \ \left(或 \frac{x^2}{a^2}+\frac{y^2}{b^2}=-z\right)$$

所表示的曲面称为椭圆抛物面.

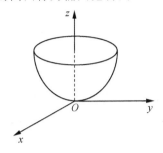

图 7-28

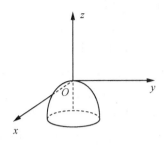

图 7-29

方程$\dfrac{x^2}{a^2}+\dfrac{y^2}{b^2}=z$ 表示的椭圆抛物面开口向上(图 7-28),方程$\dfrac{x^2}{a^2}+\dfrac{y^2}{b^2}=-z$ 表示的椭圆抛物面开口向下(图 7-29).

6. 双曲面

方程$\dfrac{x^2}{a^2}+\dfrac{y^2}{b^2}-\dfrac{z^2}{c^2}=1$ 所表示的曲面称为单叶双曲面(图 7-30).

方程$\dfrac{x^2}{a^2}+\dfrac{y^2}{b^2}-\dfrac{z^2}{c^2}=-1$ 所表示的曲面称为双叶双曲面(图 7-31).

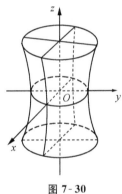

图 7-30

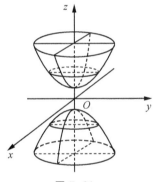

图 7-31

　　双曲面在实际生活中有着广泛的应用.例如,在环保、化工、能源等行业经常用到的双曲面搅拌机,其叶轮体表面是双曲面结构(图 7-32).再如,化工厂和热电厂的冷却塔常采用的是旋转单叶双曲面(图 7-33).

图 7-32

图 7-33

二、空间曲线

1. 空间曲线的一般方程

空间曲线 C 可看成空间两个曲面的交线.设空间两个曲面的方程分别为 $F(x,y,z)=0$ 和 $G(x,y,z)=0$.两曲面交线 C 上任意点的坐标必同时满足这两个曲面的方程;反过来,坐标同时满足这两个曲面方程的点,就是这两个曲面的公共点,一定在它们的交线 C 上.因此,交线 C 的方程为两曲面的方程所组成的方程组

$$\begin{cases} F(x,y,z)=0, \\ G(x,y,z)=0, \end{cases}$$

这个方程组称为空间曲线的一般方程.

平面是特殊的空间曲面,空间直线是特殊的空间曲线.

例如,在空间直角坐标系中,两个坐标面的交线为坐标轴,因此坐标轴的方程分别为:

$$x\text{ 轴的方程}\begin{cases} y=0, \\ z=0; \end{cases} \quad y\text{ 轴的方程}\begin{cases} x=0, \\ z=0; \end{cases} \quad z\text{ 轴的方程}\begin{cases} x=0, \\ y=0. \end{cases}$$

通过一条空间曲线可以作多个曲面时,其中任意两个曲面方程联立均可以表示这条曲线.例如,方程组

$$(1)\begin{cases} x^2+y^2=1, \\ x^2+y^2+z^2=1; \end{cases} \qquad (2)\begin{cases} x^2+y^2=1, \\ z=0; \end{cases}$$

$$(3)\begin{cases} x^2+y^2+z^2=1, \\ z=0; \end{cases} \qquad (4)\begin{cases} z+1=x^2+y^2, \\ 1=x^2+y^2 \end{cases}$$

都表示在 xOy 面上以原点为圆心、以 1 为半径的圆.

例 5 方程组

$$\begin{cases} x^2+y^2+z^2=9, \\ z=1 \end{cases}$$

表示怎样的曲线?

解 方程 $x^2+y^2+z^2=9$ 表示以原点为球心、以 3 为半径的球面;$z=1$ 表示平行于 xOy 面的平面,方程组

$$\begin{cases} x^2+y^2+z^2=9, \\ z=1 \end{cases}$$

表示球面 $x^2+y^2+z^2=9$ 与平面 $z=1$ 的交线,这是平面 $z=1$ 上的一个圆.将这个方程组等价变形,得

$$\begin{cases} x^2+y^2=(2\sqrt{2})^2, \\ z=1, \end{cases}$$

由此可见,此圆是平面 $z=1$ 上圆心为 $(0,0,1)$、半径为 $2\sqrt{2}$ 的一个圆.

2. 空间曲线在坐标面上的投影

以空间曲线 C 为准线、母线平行于 z 轴的柱面,称为空间曲线 C 关于 xOy 面的投影

柱面. 投影柱面与 xOy 面的交线 C' 称为 C 在 xOy 面上的投影曲线, 简称投影(图 7-34).

设空间曲线 C 的一般方程为

$$\begin{cases} F(x,y,z)=0, \\ G(x,y,z)=0, \end{cases}$$

消去 z 后所得的方程为

$$H(x,y)=0,$$

这个方程称为空间曲线 C 关于 xOy 面的投影柱面方程.

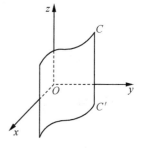

图 7-34

曲线 C 在 xOy 面上的投影曲线 C' 的方程为

$$\begin{cases} H(x,y)=0, \\ z=0. \end{cases}$$

类似地, 从曲线 C 的方程中分别消去 x 和 y, 可分别求得曲线 C 关于 yOz 面和 zOx 面的投影柱面方程 $R(y,z)=0$ 和 $S(z,x)=0$. 曲线 C 在 yOz 面和 zOx 面上的投影曲线方程分别为

$$\begin{cases} R(y,z)=0, \\ x=0; \end{cases} \qquad \begin{cases} S(z,x)=0, \\ y=0. \end{cases}$$

例 6 求空间曲线

$$\begin{cases} z=2x^2+y^2, \\ 27-z=x^2+2y^2 \end{cases}$$

在 xOy 面上的投影曲线.

解 由方程组

$$\begin{cases} z=2x^2+y^2, \\ 27-z=x^2+2y^2 \end{cases}$$

消去 z 得曲线关于 xOy 面的投影柱面方程为 $x^2+y^2=9$, 因此已知曲线在 xOy 面上的投影曲线为

$$\begin{cases} x^2+y^2=9, \\ z=0, \end{cases}$$

它是 xOy 面上的一个圆.

练习题 7.5

1. 方程 $x^2+y^2+z^2-2x+4y-2z-18=0$ 表示怎样的曲面?

2. 指出下列方程所表示的曲面:

(1) $3x+y+1=0$;   (2) $(x-1)^2+z^2=4$;

(3) $y=x^2$;   (4) $x^2-y^2=1$.

3. 求满足下列条件的旋转曲面方程:

(1) 曲线 $\begin{cases} x^2 + 3y^2 = 12, \\ z = 0 \end{cases}$ 绕 x 轴旋转所得的旋转椭球面方程;

(2) 曲线 $\begin{cases} z^2 = 3x, \\ y = 0 \end{cases}$ 绕 x 轴旋转所得的旋转抛物面方程;

(3) 曲线 $\begin{cases} x^2 + y^2 = 16, \\ z = 0 \end{cases}$ 绕 x 轴旋转所得的球面方程.

4. 求曲线 $\begin{cases} 2x^2 + y^2 + z^2 = 36, \\ x^2 + z^2 - y^2 = 0 \end{cases}$ 在 xOy 面上的投影方程.

**§ 7.6   用 MATLAB 绘制空间曲线与曲面图形

一、空间曲线的绘制

绘制空间曲线时一般使用曲线的参数式方程,利用命令"plot3".调用命令格式为
$$\text{plot3}(X, Y, Z).$$
要用 plot3 作空间曲线的图形,必须先求出曲线的参数方程.

例1   绘出三维螺旋线 $\begin{cases} x = 2t\sin t, \\ y = 2t\cos t, \\ z = 4t. \end{cases}$

解   在命令窗口中输入如下命令:

>> clear

>> t=linspace(0,10*pi,500);   %在区间$[0,10\pi]$上均匀地生成 500 个点

>> plot3(2*t*sin(t),2*t*cos(t),4*t)

>> title('三维螺旋线')   %添加标题三维螺旋线

>> grid   %绘制出网格线

运行即得曲线,如图 7-35 所示.

二、空间曲面 $z = f(x, y)$ 的绘制

绘制空间曲面可以调用 meshgrid、mesh、surf 命令.

$[x,y]$=meshgrid($a:h_1:b,c:h_2:d$),把区域$[a,b] \times [c,d]$生成平面网格,其中分割$[a,b]$的步长为h_1,分割$[c,d]$的步长为h_2.

mesh(z)、mesh(x,y,z)实际上就是三维空间的描点法作图,图形中的每一个已知点和附近的点用直线连接.

surf(x,y,z)和 mesh 用法类似,但它可以画出着色表面图,图形中的每一个已知点和附近的点用平面连接.

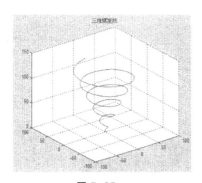

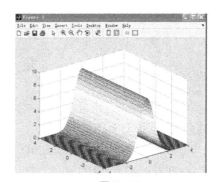

图 7-35　　　　　　　　　　　　图 7-36

例 2　绘制三维曲面

$$z = (x^2 - 2x)e^{-(x^2+y^2)}.$$

解法 1　（网格图）在命令窗口中输入如下命令：

>> clear

>> [x,y]＝meshgrid(-4:0.1:4,-4:0.1:4);

>> z＝(x^2-2*x)*exp(-x^2-y^2);

>> mesh(x,y,z)

运行即得曲面的网格图形，如图 7-36 所示.

解法 2　（表面图）在命令窗口中输入如下命令：

>> clear

>> [x,y]＝meshgrid(-4:0.1:4, -4:0.1:4);

>> z＝(x^2-2*x)*exp(-x^2-y^2);

>> surf(x,y,z)

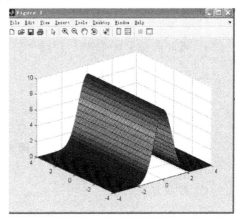

图 7-37

运行即得曲面的图形，如图 7-37 所示.

练习题 7.6

1. 绘出双曲抛物面 $z = xy$ 的三维曲面.

2. 绘出函数 $z = \dfrac{4}{1+x^2+y^2}$ 的图形.

3. 绘出抛物柱面 $z = 2 - x^2$ 的图形.

复习题七

一、选择题

1. 设三个向量 a,b,c 满足关系式 $a \cdot b = a \cdot c$,则 (　　)

  A. 有 $a=0$ 或必有 $b=0$ B. 必有 $a=b-c=0$

  C. 当 $a \neq 0$ 时,必有 $b=c$ D. 必有 $a \perp (b-c)$

2. 已知向量 $a=xi+3j+2k$,$b=-i+yj+4k$,若 $a /\!/ b$,则 (　　)

  A. $x=-1,y=-3$ B. $x=1,y=-\dfrac{7}{3}$

  C. $x=-\dfrac{1}{2},y=-6$ D. $x=-\dfrac{1}{2},y=6$

3. 设 $a=\{-1,1,2\}$,$b=\{2,01\}$,则向量 a 与 b 的夹角为 (　　)

  A. 0 B. $\dfrac{\pi}{6}$ C. $\dfrac{\pi}{4}$ D. $\dfrac{\pi}{2}$

4. 同时与向量 $a=\{3,1,4\}$,$b=\{1,0,1\}$ 垂直的单位向量是 (　　)

  A. $\dfrac{1}{\sqrt{3}}i+\dfrac{1}{\sqrt{3}}j-\dfrac{1}{\sqrt{3}}k$ B. $i+j-k$

  C. $\dfrac{1}{\sqrt{3}}i-\dfrac{1}{\sqrt{3}}j+\dfrac{1}{\sqrt{3}}k$ D. $i-j+k$

5. 直线 $L:2x=5y=z-1$ 与平面 $\Pi:4x-2z=5$ 的位置关系是 (　　)

  A. $L /\!/ \Pi$ B. $L \perp \Pi$

  C. L 在 Π 上   D. L 与 Π 只有一个交点,但不垂直

6. 平面 $2x+2y-z+3=0$ 与直线 $\dfrac{x-1}{3}=\dfrac{y+1}{-1}=\dfrac{z-2}{1}$ 的位置关系是 (　　)

  A. 互相平行   B. 互相平行,但直线不在平面上

  C. 既不平行也不垂直   D. 直线在平面上

7. 平面 $x+2y-z-6=0$ 与直线 $\dfrac{x-1}{1}=\dfrac{y+2}{-1}=\dfrac{z}{-1}$ 的位置关系是 (　　)

  A. 平行   B. 垂直

  C. 既不平行也不垂直   D. 直线在平面上

8. 设有直线 $\begin{cases} x=0, \\ \dfrac{y}{4}=\dfrac{z}{-3}, \end{cases}$ 则该直线必定 (　　)

  A. 过原点且垂直于 x 轴   B. 过原点且平行于 x 轴

  C. 不过原点,但垂直于 x 轴   D. 不过原点,但平行于 x 轴

9. 在空间直角坐标系中,$x^2-4(y-1)^2=0$ 表示 (　　)

  A. 平面   B. 双曲柱面   C. 椭圆柱面   D. 圆柱面

10. 方程 $x^2+y^2=4x$ 在空间直角坐标系中表示为 （　　）

A. 圆柱面 　　　　 B. 点 　　　　 C. 圆 　　　　 D. 旋转抛物面

11. 在下列曲面方程中,表示旋转曲面的方程有 （　　）

A. $\dfrac{x^2}{9}+\dfrac{y^2}{4}-z^2=1$ 　　　　　　 B. $x^2-y^2=1$

C. $x^2-\dfrac{y^2}{2}+z^2=1$ 　　　　　　 D. $x^2+\dfrac{y^2}{2}+\dfrac{z^2}{3}=1$

12. 旋转曲面 $\dfrac{x^2}{2}+\dfrac{y^2}{2}-\dfrac{z^2}{3}=1$ 的旋转轴是 （　　）

A. x 轴 　　　　 B. y 轴 　　　　 C. z 轴 　　　　 D. 直线 $x=y=z$

二、填空题

1. 若 $a=\{1,2,-1\}$,$b=\{3,1,2\}$,则 $a \cdot b=$ _____.

2. 当 $m=$ _____ 时,向量 $a=\{2,m,7\}$ 和 $b=\{m,4,5\}$ 垂直.

3. 已知 $|a|=3$,$|b|=2$,a,b 的夹角为 $\dfrac{\pi}{3}$,则 $|a+b|=$ _____.

4. $i \times j=$ _____,$k \times j=$ _____,$i \times k=$ _____.

5. 过点 $(2,-3,0)$,且法向量 $n=\{1,-2,3\}$ 的平面方程为 _____.

6. 过点 $(1,2,3)$ 且与直线 $\begin{cases} x=3t+2, \\ y=2t, \\ z=t-1 \end{cases}$ 垂直的平面方程为 _____.

7. 过点 $(3,0,-5)$ 且平行于平面 $2x-8y+z-2=0$ 的平面方程为 _____.

8. 过点 $(1,2,3)$ 且和直线 $\dfrac{x-2}{3}=\dfrac{y-1}{4}=\dfrac{z-6}{5}$ 平行的直线方程为 _____.

9. n 是平面 Π 的法向量,s 是直线 l 的方向向量,则当 $n=-2s$ 时,Π _____ l(填 "⊥"或"//").

10. 已知直线 $\dfrac{x+5}{A}=\dfrac{y-7}{B}=\dfrac{z}{2}$ 与 $\dfrac{x-2}{4}=\dfrac{y+1}{0}=\dfrac{z-5}{1}$ 平行,则 $A=$ _____,$B=$ _____.

11. 球心在点 $(0,1,2)$、半径为 2 的球面方程为 _____.

12. 方程 $x^2+(z-1)^2=9$ 在空间表示 _____.

13. 曲面 $9x^2+4y^2+4z^2-36=0$ 是由 xOy 平面上的平面曲线 _____ 绕 ____ 轴旋转而成.

14. yOz 平面上的曲线 $z^2=4y$ 绕 y 轴旋转一周而成的曲面方程为 _____.

15. 将 xOy 坐标面上的椭圆 $\dfrac{x^2}{16}+\dfrac{y^2}{9}=1$ 绕 x 轴旋转一周,所生成的曲面方程为 _____.

三、解答题

1. 已知点 $M_1(2,-1,4)$,$M_2(-1,3,-2)$,求向量 $\overrightarrow{M_1M_2}$ 和它的方向余弦.

2. 已知两点 $A(4,0,5)$,$B(7,1,3)$,求和 $\overrightarrow{AB}$ 方向一致的单位向量.

3. 设 $|a|=3$,$|b|=5$,求 k 使 $a+kb$ 垂直于 $a-kb$.

4. 求一向量, 其模为 $\sqrt{2}$, 与 x 轴垂直, 且与向量 $\boldsymbol{a}=\{1,2,-1\}$ 的数量积为 -3.

5. 求与 $\boldsymbol{a}=\{1,1,5\}$ 平行且满足 $\boldsymbol{a} \cdot \boldsymbol{b}=-18$ 的向量 $\boldsymbol{b}$.

6. 已知 $\boldsymbol{a}=\{2,4,-1\}, \boldsymbol{b}=\{0,-2,2\}$, 求同时垂直于 $\boldsymbol{a}, \boldsymbol{b}$ 的单位向量.

7. 已知 $A(0,1,1), B(1,2,1), C(2,1,-3)$, 求三角形 ABC 的面积.

8. 求以 $\overrightarrow{OA}=2\boldsymbol{a}+3\boldsymbol{b}, \overrightarrow{OB}=-2\boldsymbol{a}+4\boldsymbol{b}$ 为邻边的平行四边形的面积, 其中 $|\boldsymbol{a}|=1$, $|\boldsymbol{b}|=3, \boldsymbol{a}, \boldsymbol{b}$ 的夹角为 $\dfrac{3\pi}{4}$.

9. 求过点 $A(-1,2,0), B(1,2,-1)$, 且平行于向量 $\boldsymbol{a}=\{0,2,-3\}$ 的平面方程.

10. 求过点 $M_1(2,-1,4), M_2(-1,3,-2)$ 和 $M_3(0,2,3)$ 的平面方程.

11. 求过点 $P(2,1,1), Q(3,2,1)$, 且垂直于平面 $x+2y+3z=6$ 的平面方程.

12. 求过点 $P(2,-1,-1), Q(1,2,3)$, 且垂直于平面 $2x+3y-5z+6=0$ 的平面方程.

13. 已知直线 $L_1: \dfrac{x-1}{1}=\dfrac{y+1}{1}=\dfrac{z-1}{2}, L_2: \dfrac{x-1}{-1}=\dfrac{y+1}{2}=z-1$, 求过这两条直线的平面的方程.

14. 求过点 $(1,1,1)$ 且与两个平面 $2x-3y+z=4, x+y-z=6$ 平行的直线方程.

15. 求过点 $(1,2,3)$ 且与两个平面 $x+y+2z=1, 3x+2y+z=3$ 平行的直线方程.

16. 设某条直线过点 $(1,1,1)$, 且和直线 $\dfrac{x}{1}=\dfrac{y}{2}=\dfrac{z}{3}$ 垂直相交, 求该直线方程.

阅读材料七 数学家简介 6

笛卡儿——解析几何之父

勒内·笛卡儿(1596—1650),出生于法国安德尔-卢瓦尔省的图赖讷拉海(现改名为笛卡儿,以纪念这位伟人),逝世于瑞典斯德哥尔摩.

笛卡儿是法国著名的哲学家、物理学家、数学家、神学家,他对现代数学的发展做出了重要的贡献,他因将几何坐标体系公式化而被认为是解析几何之父.他与英国哲学家弗兰西斯·培根一同开启了近代西方哲学的认识论转向.

笛卡儿是二元论的代表,留下名言"我思故我在"(或译为"思考是唯一确定的存在"),提出了"普遍怀疑"的主张,是欧洲近代哲学的奠基人之一,黑格尔称他为"近代哲学之父".

他的哲学思想深深影响了几代欧洲人,开拓了所谓"欧陆理性主义"哲学.笛卡儿自成体系,融唯物主义与唯心主义于一体,在哲学史上产生了深远的影响.同时,他又是一位勇于探索的科学家,他所建立的解析几何在数学史上具有划时代的意义.

笛卡儿创立了著名的平面直角坐标系,堪称 17 世纪欧洲哲学界和科学界最有影响的巨匠之一,被誉为"近代科学的始祖".

第 8 章

多元函数微分学

以前接触到的函数 $y=f(x)$ 有一个特点,就是只有一个自变量,称为一元函数,如 $y=\sin3x,y=x+3\ln x$ 等.但是在实践中要经常遇到关于两个或更多个自变量的函数,即多元函数,本章主要介绍二元函数的极限与连续、偏导数、全微分、极值的概念和运算.

§8.1 多元函数

一、多元函数的概念

例如,圆柱体的体积 V 和它的底半径 r、高 h 之间的关系是

$$V=\pi r^2 h.$$

这里,V 随着 r 和 h 的变化而变化,当 r,h 在一定范围内($r>0,h>0$)取定一组值时,V 的对应值就随之确定.

例如,理想气体的体积与绝对温度 T 成正比,与压强成反比,它们间的关系是 $V=\dfrac{RT}{P}$(R 是常数).这里,V 随着 T 和 P 的变化而变化,当 T,P 在一定范围内取定一组值时,V 的对应值就随之确定.

这两个例子有一些共同的性质,抽出其共性就可得以下二元函数的定义.

定义 1 设在某个变化过程中有三个变量 x,y,z,如果对于变量 x,y 在它们的变化范围 D 内所取的每一组值 (x,y),按照某种对应法则 f,变量 z 总有唯一确定的值与之对应,则称 z 是 x,y 的二元函数,记作 $z=f(x,y)$.其中 x,y 称为自变量,z 称为因变量.自变量 x,y 的变化范围 D 称为函数的定义域,函数值的全体称为值域.

类似地,可以定义三元函数 $u=f(x,y,z)$ 以及三元以上的函数.

一般地,可用平面上的点 $P(x,y)$ 来表示数组 (x,y),这样二元函数的定义域可以看成平面上的点集.二元函数 $z=f(x,y)$ 可看成是平面上点 P 的函数,并记作 $z=f(P)$.

二元函数在点 $P_0(x_0,y_0)$ 所取得的函数值记作 $z\Big|_{\substack{x=x_0\\y=y_0}}$,$f(x_0,y_0)$ 或 $f(P_0)$.

例 1 函数 $z=\ln(x+y)$ 的定义域 $D=\{(x,y)\,|\,x+y>0\}$,它是一个平面点集,即直线的上侧半平面(不含直线本身,图 8-1).

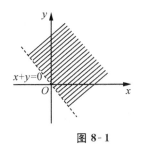

图 8-1

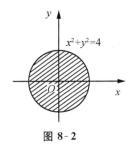

图 8-2

例 2 函数 $z=\sqrt{4-x^2-y^2}$ 的定义域 $D=\{(x,y)\,|\,x^2+y^2\leqslant 4\}$，它是一个平面点集，即圆 $x^2+y^2=4$ 及其内部所有点的集合（图 8-2）.

从上面的例子可以看出，二元函数的定义域通常是平面上的一个区域，常用 D 表示. 围成区域 D 的曲线称为边界. 包含边界的区域为闭区域（图 8-2），不包括边界的区域为开区域（图 8-1）. 如果区域延伸到无限远处，就称这样的区域为无界区域；否则，它总可以被包围在一个以原点 O 为圆心而半径适当大的圆内，这样的区域称为有界区域.

例 1 中的定义域是无界的开区域，例 2 中的定义域是有界的闭区域.

二元函数在平面上的点 $P_0(x_0,y_0)$ 也有邻域，是指以 P_0 为圆心、以 δ 为半径的圆内部（开区域）.

点集 $\{(x,y)\,|\,(x-x_0)^2+(y-y_0)^2<\delta\}$ 称为点 P_0 的 δ 邻域.

点集 $\{(x,y)\,|\,0<(x-x_0)^2+(y-y_0)^2<\delta\}$ 称为点 P_0 的去心 δ 邻域.

设二元函数 $z=f(x,y)$ 的定义域是 xOy 面上的区域 D. 对于任意 $P(x,y)\in D$，把它所对应的函数值 $z=f(x,y)$ 作为竖坐标，就有空间中的一点 $M(x,y,z)$ 相对应. 当 $P(x,y)$ 在 D 内变动时，点 $M(x,y,z)$ 就在空间变动，点 M 的轨迹就是二元函数 $z=f(x,y)$ 的图形. 一般说来，它是一个曲面，该曲面在 xOy 面上的投影即为函数的定义域 D（图 8-3）.

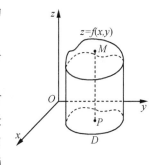

图 8-3

二、二元函数的极限

定义 2 设函数 $z=f(x,y)$ 的定义域为 D，如果当点 $P(x,y)$ 在 D 内以任意方式无限接近于点 $P_0(x_0,y_0)$ 时，对应的函数值 $f(x,y)$ 无限地接近于某个确定的常数 A，则称 A 为函数 $z=f(x,y)$ 当 $P(x,y)$ 趋近于 $P_0(x_0,y_0)$ 时的极限，记作

$$\lim_{\substack{x\to x_0\\y\to y_0}}f(x,y)=A \quad 或 \quad \lim_{P\to P_0}f(P)=A.$$

必须指出：（1）$\lim\limits_{P\to P_0}f(P)=A$ 是指 P 点以任意方式趋近于点 P_0 时，$f(P)$ 趋近于 A. 二元函数中点 P 趋近于点 P_0 的方式有无数种，而一元函数的极限 $\lim\limits_{x\to x_0}f(x)$ 中，点 x 只是沿着 x 轴无限趋近于 x_0.

（2）若点 P 以两种不同方式趋近于点 P_0 时，函数 $f(x,y)$ 趋近于不同的值，则可断定

函数 $f(x,y)$ 在点 $P_0(x_0,y_0)$ 的极限不存在.

例 3 求极限：$\lim\limits_{\substack{x\to 0 \\ y\to 0}}\dfrac{1-\sqrt{1+xy}}{xy}$.

解 作变量代换 $u=xy$，且当 $x\to 0,y\to 0$ 时，$u=xy\to 0$，于是有

$$\lim_{\substack{x\to 0 \\ y\to 0}}\frac{1-\sqrt{1+xy}}{xy}=\lim_{u\to 0}\frac{1-\sqrt{1+u}}{u}=\lim_{u\to 0}\frac{(1-\sqrt{1+u})(1+\sqrt{1+u})}{u(1+\sqrt{1+u})}=\lim_{u\to 0}\frac{-u}{u(1+\sqrt{1+u})}=-\frac{1}{2}.$$

根据极限的四则运算法则，得

$$\lim_{\substack{x\to 0 \\ y\to 0}}\frac{\sin(xy)}{y}=\lim_{\substack{x\to 0 \\ y\to 0}}x\cdot\lim_{\substack{x\to 0 \\ y\to 0}}\frac{\sin(xy)}{xy}=0\times 1=0.$$

例 4 证明：函数

$$f(x,y)=\begin{cases}\dfrac{xy}{x^2+y^2}, & x^2+y^2\neq 0, \\ 0, & x=y=0\end{cases}$$

当 $(x,y)\to(0,0)$ 时极限不存在.

证 当点 $P(x,y)$ 沿直线 $y=kx$ 趋近于点 $O(0,0)$ 时，则有

$$\lim_{\substack{x\to 0 \\ y=kx}}f(x,y)=\lim_{x\to 0}\frac{kx^2}{x^2(1+k^2)}=\frac{k}{1+k^2}.$$

显然，它随着 k 的取值不同而不同. 这说明，当点 $P(x,y)$ 沿着不同的直线趋近于点 $O(0,0)$ 时，函数 $f(x,y)$ 的对应值趋近于不同的数，因此 $\lim\limits_{\substack{x\to 0 \\ y\to kx}}f(x,y)$ 不存在.

二元函数的极限具有与一元函数类似的四则运算：

定理 1 设 $\lim\limits_{\substack{x\to x_0 \\ y\to y_0}}f(x,y)=A$，$\lim\limits_{\substack{x\to x_0 \\ y\to y_0}}g(x,y)=B$，且 A 和 B 为有限数，则

(1) $\lim\limits_{\substack{x\to x_0 \\ y\to y_0}}[f(x,y)\pm g(x,y)]=\lim\limits_{\substack{x\to x_0 \\ y\to y_0}}f(x,y)\pm\lim\limits_{\substack{x\to x_0 \\ y\to y_0}}g(x,y)=A\pm B$；

(2) $\lim\limits_{\substack{x\to x_0 \\ y\to y_0}}[f(x,y)\cdot g(x,y)]=\lim\limits_{\substack{x\to x_0 \\ y\to y_0}}f(x,y)\cdot\lim\limits_{\substack{x\to x_0 \\ y\to y_0}}g(x,y)=A\cdot B$；

(3) 当 $B\neq 0$ 时，$\lim\limits_{\substack{x\to x_0 \\ y\to y_0}}\dfrac{f(x,y)}{g(x,y)}=\dfrac{\lim\limits_{\substack{x\to x_0 \\ y\to y_0}}f(x,y)}{\lim\limits_{\substack{x\to x_0 \\ y\to y_0}}g(x,y)}=\dfrac{A}{B}$.

三、二元函数的连续性

定义 3 设函数 $z=f(x,y)$ 在点 $P_0(x_0,y_0)$ 的某个邻域内有定义. 如果

$$\lim_{\substack{x\to x_0 \\ y\to y_0}}f(x,y)=f(x_0,y_0)\text{ 或 }\lim_{P\to P_0}f(P)=f(P_0),$$

则称函数 $z=f(x,y)$ 在点 $P_0(x_0,y_0)$ 处连续，并且点 $P_0(x_0,y_0)$ 称为函数 $z=f(x,y)$ 的连续点.

如果二元函数 $z=f(x,y)$ 在区域 D 上每一点处都连续，则称函数 $z=f(x,y)$ 在区域

D 上连续. 二元连续函数的图形是一个没有任何空隙和裂缝的曲面.

二元连续函数有类似于一元连续函数的一些性质.

定理 2　二元连续函数的和、差、积、商(分母为零的点除外)在其公共定义区域内仍是连续函数;二元连续函数的复合函数仍是连续函数.

由常数及基本初等函数经过有限次四则运算和复合运算,并用一个解析式表示的函数,称为二元初等函数.

定理 3　一切二元初等函数在其定义区域内都是连续的.

利用定理 3,可以求二元初等函数在其定义区域内的点 $P_0(x_0, y_0)$ 处的极限. 这时,该点的函数值就是极限值.

例 5　求 $\lim\limits_{\substack{x \to 2 \\ y \to 3}}(3x + y^2 - 1)$.

解　函数 $f(x, y) = 3x + y^2 - 1$ 是初等函数,点 $P_0(2, 3)$ 在其定义域内,故

$$\lim\limits_{\substack{x \to 2 \\ y \to 3}}(3x + y^2 - 1) = f(2, 3) = 6 + 9 - 1 = 14.$$

定理 4(最大值和最小值定理)　如果二元函数 $f(x, y)$ 在有界闭区域 D 上连续,那么 $f(x, y)$ 在 D 上必能取得最大值和最小值.

定理 5(介值定理)　若二元函数 $f(x, y)$ 在有界闭区域 D 上连续,则函数 $f(x, y)$ 在 D 上必能取到介于它的最小值与最大值之间的任何数值.

上述性质对于 $n(n \geqslant 2)$ 元函数也正确.

练习题 8.1

1. 设函数 $f(x, y) = x^2 - 2xy + 2$,试求:

(1) $f(1, 2)$;　　　　　　　　　　(2) $f(tx, ty)$.

2. 确定并画出下列函数的定义域 D,并用图形表示:

(1) $f(x, y) = \sqrt{x^2 + y^2 - 1} + \ln(16 - x^2 - y^2)$;　　(2) $z = \sqrt{1 - \dfrac{x^2}{2^2} - \dfrac{y^2}{3^2}}$.

3. 求下列极限:

(1) $\lim\limits_{\substack{x \to 0 \\ y \to 0}} \dfrac{\sin xy}{x}$;　　　(2) $\lim\limits_{\substack{x \to 0 \\ y \to 0}} \dfrac{2 - \sqrt{x^2 + y^2 + 4}}{x^2 + y^2}$;　　　(3) $\lim\limits_{\substack{x \to \frac{\pi}{2} \\ y \to 1}} \dfrac{\sin xy}{x}$.

4. 设 $f(x, y) = \dfrac{3x^2 y^2}{2x^2 y^2 + (x - y)^4}$,证明: $\lim\limits_{\substack{x \to 0 \\ y \to 0}} f(x, y)$ 不存在.

$$\S 8.2 \quad \text{偏导数}$$

一、二元函数的偏导数

一元函数中有导数的概念,二元函数中也有类似的概念.

对于二元函数 $z=f(x,y)$,如果只有自变量 x 变化,而自变量 y 固定,这时它就是关于 x 的一元函数,它对于 x 的增量,

$$\Delta_x z=f(x_0+\Delta x,y_0)-f(x_0,y_0),$$

就称为二元函数 $z=f(x,y)$ 对 x 的偏增量.对于 x 的导数,就称为二元函数 $z=f(x,y)$ 对 x 的偏导数.

定义 设函数 $z=f(x,y)$ 在点 $P_0(x_0,y_0)$ 的某邻域内有定义,如果极限

$$\lim_{\Delta x\to 0}\frac{\Delta_x z}{\Delta x}=\lim_{\Delta x\to 0}\frac{f(x_0+\Delta x,y_0)-f(x_0,y_0)}{\Delta x}$$

存在,那么称这个极限值为函数 $f(x,y)$ 在点 P_0 处对 x 的偏导数,记作

$$\frac{\partial z}{\partial x}\Big|_{\substack{x=x_0\\y=y_0}},\ \frac{\partial f}{\partial x}\Big|_{\substack{x=x_0\\y=y_0}},\ f'_x(x_0,y_0)\text{ 或 }z'_x(x_0,y_0).$$

类似地,可以定义函数 $f(x,y)$ 在点 P_0 处对 y 的偏导数为

$$\frac{\partial z}{\partial y}\Big|_{\substack{x=x_0\\y=y_0}}=\lim_{\Delta y\to 0}\frac{\Delta_y z}{\Delta y}=\lim_{\Delta y\to 0}\frac{f(x_0,y_0+\Delta y)-f(x_0,y_0)}{\Delta y}.$$

如果函数 $z=f(x,y)$ 在区域 D 内每一点 $P(x,y)$ 处对 x 的偏导数都存在,那么这个偏导数仍是 x,y 的函数,称为函数 $z=f(x,y)$ 在区域 D 内对自变量 x 的偏导函数,记作

$$\frac{\partial z}{\partial x},\frac{\partial f}{\partial x},z'_x\text{ 或 }f'_x(x,y).$$

同样地,可以定义函数 $z=f(x,y)$ 在区域 D 内对自变量 y 的偏导函数,记作

$$\frac{\partial z}{\partial y},\frac{\partial f}{\partial y},z'_y\text{ 或 }f'_y(x,y).$$

类似地,可以定义二元以上的多元函数的偏导数.由定义可见,求二元函数的偏导数问题,实质上就是求一元函数的导数问题.因此,可用一元函数求导数的方法求二元函数的偏导数.求二元函数 $z=f(x,y)$ 对 x 的偏导数,即求 $\frac{\partial z}{\partial x}$ 时,只要把 y 暂时看成常数而对 x 求导数;在求 $\frac{\partial z}{\partial y}$ 时,只要把 x 暂时看成常数而对 y 求导数.函数 $z=f(x,y)$ 在点 (x_0,y_0) 处对 x 的偏导数 $f'_x(x_0,y_0)$ 就是偏导数 $f'_x(x,y)$ 在点 (x_0,y_0) 处的函数值.

例 1 求函数 $z=x^2+3xy+y^3$ 在点 $(1,2)$ 处的两个偏导数.

解 因 $\frac{\partial z}{\partial x}=2x+3y,\frac{\partial z}{\partial y}=3x+3y^2$,将 $x=1,y=2$ 代入,得

$$\frac{\partial z}{\partial x}\Big|_{\substack{x=1 \\ y=2}}=2\times1+3\times2=8,\frac{\partial z}{\partial y}\Big|_{\substack{x=1 \\ y=2}}=3\times1+3\times2^{2}=15.$$

例 2　求函数 $z=\sin(x^{2}y)$ 的偏导数.

解　利用一元复合函数求导法则,得

$$\frac{\partial z}{\partial x}=\big[\sin(x^{2}y)\big]'_{x}=\big[\cos(x^{2}y)\big]\cdot\big[(x^{2}y)\big]'_{x}=2xy\cos(x^{2}y),$$

$$\frac{\partial z}{\partial y}=\big[\sin(x^{2}y)\big]'_{y}=\big[\cos(x^{2}y)\big]\cdot\big[(x^{2}y)\big]'_{y}=x^{2}\cos(x^{2}y).$$

对三元函数求偏导数,只要把另外两个自变量看成常数,利用一元函数求导方法.

例 3　求函数 $u=x^{2}+y^{2}+z^{2}+3xyz$ 的偏导数.

解　分别对 x,y,z 求偏导数,得

$$\frac{\partial u}{\partial x}=2x+3yz,\frac{\partial u}{\partial y}=2y+3xz,\frac{\partial u}{\partial z}=2z+3xy.$$

二、高阶偏导数

一般地,二元函数 $z=f(x,y)$ 在区域 D 内的两个偏导数 $f'_x(x,y),f'_y(x,y)$ 的偏导数仍旧是 x,y 的二元函数,如果在区域 D 内的两个偏导数 $f'_x(x,y),f'_y(x,y)$ 的偏导数仍然存在,则称它们是函数 $z=f(x,y)$ 的二阶偏导数.依照对变量求偏导数的次序不同而有下列四个二阶偏导数:

$$(z'_x)'_x=\frac{\partial}{\partial x}\left(\frac{\partial z}{\partial x}\right)=\frac{\partial^{2}z}{\partial x^{2}}=f''_{xx}(x,y),$$

$$(z'_x)'_y=\frac{\partial}{\partial y}\left(\frac{\partial z}{\partial x}\right)=\frac{\partial^{2}z}{\partial x\partial y}=f''_{xy}(x,y),$$

$$(z'_y)'_x=\frac{\partial}{\partial x}\left(\frac{\partial z}{\partial y}\right)=\frac{\partial^{2}z}{\partial y\partial x}=f''_{yx}(x,y),$$

$$(z'_y)'_y=\frac{\partial}{\partial y}\left(\frac{\partial z}{\partial y}\right)=\frac{\partial^{2}z}{\partial y^{2}}=f''_{yy}(x,y).$$

其中 $f''_{xy}(x,y),f''_{yx}(x,y)$ 称为函数 $f(x,y)$ 的二阶混合偏导数.

类似地,可以定义三阶,四阶,$\cdots$,n 阶偏导数,记为 $\dfrac{\partial^{3}z}{\partial x^{3}},\dfrac{\partial^{3}z}{\partial x^{2}\partial y},\dfrac{\partial^{3}z}{\partial x\partial y^{2}}$ 等.二阶及二阶以上的偏导数称为高阶偏导数.

例 4　求函数 $z=x^{4}+3x^{2}y^{3}+y^{3}$ 的二阶偏导数.

解　因为 $\dfrac{\partial z}{\partial x}=4x^{3}+6xy^{3},\dfrac{\partial z}{\partial y}=9x^{2}y^{2}+3y^{2}$,于是得

$$\frac{\partial^{2}z}{\partial x^{2}}=\left(\frac{\partial z}{\partial x}\right)'_x=(4x^{3}+6xy^{3})'_x=12x^{2}+6y^{3},$$

$$\frac{\partial^{2}z}{\partial x\partial y}=\left(\frac{\partial z}{\partial x}\right)'_y=(4x^{3}+6xy^{3})'_y=18xy^{2},$$

$$\frac{\partial^{2}z}{\partial y\partial x}=\left(\frac{\partial z}{\partial y}\right)'_x=(9x^{2}y^{2}+3y^{2})'_x=18xy^{2},$$

$$\frac{\partial^2 z}{\partial y^2} = \left(\frac{\partial z}{\partial y}\right)'_y = (9x^2y^2 + 3y^2)'_y = 18x^2y + 6y.$$

从例 4 可以看到

$$\frac{\partial^2 z}{\partial x \partial y} = \frac{\partial^2 z}{\partial y \partial x}.$$

这个结论不是偶然的,一般有下面的定理:

定理 如果函数 $z = f(x, y)$ 在区域 D 上的偏导数 z'_x, z'_y 连续,且 z''_{xy} 连续,则在 D 上 z''_{yx} 也存在,且

$$z''_{xy} = z''_{yx}.$$

例 5 设函数 $z = \ln\sqrt{x^2 + y^2}$,求 $\frac{\partial^2 z}{\partial x \partial y}, \frac{\partial^2 z}{\partial y \partial x}$.

解 因为

$$z = \ln\sqrt{x^2 + y^2} = \frac{1}{2}\ln(x^2 + y^2),$$

所以

$$\frac{\partial z}{\partial x} = \frac{x}{x^2 + y^2}, \frac{\partial z}{\partial y} = \frac{y}{x^2 + y^2}, \frac{\partial^2 z}{\partial x \partial y} = \left(\frac{x}{x^2 + y^2}\right)'_y = -\frac{2xy}{(x^2 + y^2)^2},$$

它们都是初等函数,在定义域上连续,所以

$$\frac{\partial^2 z}{\partial y \partial x} = \frac{\partial^2 z}{\partial x \partial y} = -\frac{2xy}{(x^2 + y^2)^2}.$$

练习题 8.2

1. 求函数 $f(x, y) = x^3 + xy - y^2$ 在点 $(1, 2)$ 处对 x, y 的偏导数.

2. 求下列函数对 x, y 的偏导数:

(1) $z = \sin(x^2 y)$;　　　　　　　　　(2) $z = \ln\dfrac{y}{x}$;

(3) $z = \arctan\dfrac{y}{x}$;　　　　　　　(4) $z = x^y$.

3. 设 $z = \ln(\sqrt{x} + \sqrt{y})$,求证:$x\dfrac{\partial z}{\partial x} + y\dfrac{\partial z}{\partial y} = \dfrac{1}{2}$.

4. 求下列函数的二阶偏导数:

(1) $z = 3x^2y^3 + x^3 + 2y^2$;　　　　　(2) $z = \ln(x^2 + y^2)$;

(3) $z = y\ln(xy)$;　　　　　　　　　(4) $z = \arctan\dfrac{y}{x}$.

§8.3　多元复合函数求导法则

在一元函数微分学中,复合函数求导法则是最重要的求导法则之一,它解决了很多比较复杂的函数的求导问题.在多元函数中同样如此,下面讨论二元复合函数的求导法则.

定理　如果函数 $u=\varphi(x,y)$,$v=\psi(x,y)$ 都在点 (x,y) 处具有对 x 及 y 的偏导数,而函数 $z=f(u,v)$ 在对应点 (u,v) 处可微,则复合函数 $z=f[\varphi(x,y),\psi(x,y)]$ 在点 (x,y) 处的两个偏导数也存在,且有

$$\frac{\partial z}{\partial x}=\frac{\partial z}{\partial u}\cdot\frac{\partial u}{\partial x}+\frac{\partial z}{\partial v}\cdot\frac{\partial v}{\partial x}, \qquad ①$$

$$\frac{\partial z}{\partial y}=\frac{\partial z}{\partial u}\cdot\frac{\partial u}{\partial y}+\frac{\partial z}{\partial v}\cdot\frac{\partial v}{\partial y}. \qquad ②$$

证明从略.

为了方便记忆上述复合公式,可以根据链式图(图 8-4)先找出关系,如求 $\frac{\partial z}{\partial x}$ 时,可看到从 z 到 x 的所有线路,只要每条线路如同一元复合函数求复合函数的导数(这儿是求偏导数)再相加,就可以得到 $\frac{\partial z}{\partial x}$,这种方法叫作二元复合函数求导的链式法则.

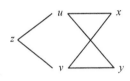

图 8-4

例 1　设 $z=e^u\ln v$,$u=xy$,$v=x+y$,求 $\frac{\partial z}{\partial x}$,$\frac{\partial z}{\partial y}$.

解法 1　先把 $u=xy$,$v=x+y$ 代入 $z=e^u\ln v$,得
$$z=e^{xy}\ln(x+y).$$

$$\frac{\partial z}{\partial x}=[e^{xy}\ln(x+y)]'_x=(e^{xy})'_x\ln(x+y)+e^{xy}[\ln(x+y)]'_x$$

$$=ye^{xy}\ln(x+y)+\frac{e^{xy}}{x+y}=e^{xy}\left[y\ln(x+y)+\frac{1}{x+y}\right].$$

同理可得

$$\frac{\partial z}{\partial y}=e^{xy}\left[x\ln(x+y)+\frac{1}{x+y}\right].$$

解法 2　先用复合函数求导法则,得

$$\frac{\partial z}{\partial x}=\frac{\partial z}{\partial u}\cdot\frac{\partial u}{\partial x}+\frac{\partial z}{\partial v}\cdot\frac{\partial v}{\partial x}$$

$$=(e^u\ln v)'_u\cdot(xy)'_x+(e^u\ln v)'_v\cdot(x+y)'_x$$

$$=ye^u\ln v+e^u\cdot\frac{1}{v}.$$

再把 $u=xy$,$v=x+y$ 代入上式,得

$$\frac{\partial z}{\partial x}=e^{xy}\left[y\ln(x+y)+\frac{1}{x+y}\right].$$

同理可得

$$\frac{\partial z}{\partial y}=\mathrm{e}^{xy}\left[x\ln(x+y)+\frac{1}{x+y}\right].$$

定理中的链式法则①②式可以推广到其他情形. 例如:

(1) 如果函数 $u=\varphi(x,y),v=\psi(x,y),w=w(x,y)$ 都在点 (x,y) 处具有对 x 及 y 的偏导数, 而函数 $z=f(u,v,w)$ 在对应点 (u,v,w) 处可微, 则复合函数 $z=f[\varphi(x,y),\psi(x,y),w(x,y)]$ 在点 (x,y) 处的两个偏导数也存在, 且有

$$\frac{\partial z}{\partial x}=\frac{\partial z}{\partial u}\cdot\frac{\partial u}{\partial x}+\frac{\partial z}{\partial v}\cdot\frac{\partial v}{\partial x}+\frac{\partial z}{\partial w}\cdot\frac{\partial w}{\partial x},$$

$$\frac{\partial z}{\partial y}=\frac{\partial z}{\partial u}\cdot\frac{\partial u}{\partial y}+\frac{\partial z}{\partial v}\cdot\frac{\partial v}{\partial y}+\frac{\partial z}{\partial w}\cdot\frac{\partial w}{\partial y}.$$

变量之间的关系可用链式图表示, 如图 8-5 所示.

(2) 如果函数 $u=\varphi(x),v=\psi(x)$ 都在点 x 处可导, 而函数 $z=f(u,v)$ 在对应点 (u,v) 处可微, 则复合函数 $z=f[\varphi(x),\psi(x)]$ 在点 x 处的导数也存在, 且有

$$\frac{\mathrm{d}z}{\mathrm{d}x}=\frac{\partial z}{\partial u}\cdot\frac{\mathrm{d}u}{\mathrm{d}x}+\frac{\partial z}{\partial v}\cdot\frac{\mathrm{d}v}{\mathrm{d}x}.$$

注意 一元函数的导数称为全导数, 多元函数的导数称为偏导数.

变量之间的关系可用链式图表示, 如图 8-6 所示.

(3) 如果函数 $u=\varphi(x,y)$ 在点 (x,y) 处具有对 x 及 y 的偏导数, 而函数 $z=f(u)$ 在对应点 u 处可微, 则复合函数 $z=f[\varphi(x,y)]$ 在点 (x,y) 处的两个偏导数也存在, 且有

$$\frac{\partial z}{\partial x}=\frac{\mathrm{d}z}{\mathrm{d}u}\cdot\frac{\partial u}{\partial x},\frac{\partial z}{\partial y}=\frac{\mathrm{d}z}{\mathrm{d}u}\cdot\frac{\partial u}{\partial y}.$$

变量之间的关系可用链式图表示, 如图 8-7 所示.

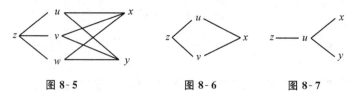

图 8-5   图 8-6   图 8-7

(4) 如果函数 $u=\varphi(x,y)$ 在点 (x,y) 处具有对 x 及 y 的偏导数, 而函数 $z=f(u,y)$ 在对应点 (u,y) 处可微, 则复合函数 $z=f[\varphi(x,y),y]$ 在点 (x,y) 处的两个偏导数也存在, 且有

$$\frac{\partial z}{\partial x}=\frac{\partial f}{\partial u}\cdot\frac{\partial u}{\partial x},\frac{\partial z}{\partial y}=\frac{\partial f}{\partial u}\cdot\frac{\partial u}{\partial y}+\frac{\partial f}{\partial y}.$$

这里相当于定理中的特殊情形.

注意 上式中的 $\frac{\partial z}{\partial y}$ 和 $\frac{\partial f}{\partial y}$ 是不同的, $\frac{\partial z}{\partial y}$ 是复合函数 $z=f[\varphi(x,y),y]$ 对自变量 y 的偏导数, x 看成常数; 但 $\frac{\partial f}{\partial y}$ 是函数 $z=f(u,y)$ 对中间变量 y 求偏导数, u 看成常数.

例 2 设 $z=uv,u=\mathrm{e}^x,v=\sin2x$, 求 $\frac{\mathrm{d}z}{\mathrm{d}x}$.

解　$\dfrac{\mathrm{d}z}{\mathrm{d}x}=\dfrac{\partial z}{\partial u}\cdot\dfrac{\mathrm{d}u}{\mathrm{d}x}+\dfrac{\partial z}{\partial v}\cdot\dfrac{\mathrm{d}v}{\mathrm{d}x}=(uv)'_u\cdot(\mathrm{e}^x)'+(uv)'_v\cdot(\sin 2x)'$

$\qquad\quad=v\mathrm{e}^x+u\cdot 2\cos 2x=\mathrm{e}^x\sin 2x+2\mathrm{e}^x\cos 2x.$

例 3　设函数 $z=f(xy,2x+3y)$，其中 f 具有二阶连续的偏导数，求 $\dfrac{\partial z}{\partial x},\dfrac{\partial z}{\partial y},\dfrac{\partial^2 z}{\partial x\partial y}.$

解　令 $u=xy,v=2x+3y$，则 $z=f(u,v)$，利用公式①和②，得

$$\frac{\partial z}{\partial x}=\frac{\partial z}{\partial u}\cdot\frac{\partial u}{\partial x}+\frac{\partial z}{\partial v}\cdot\frac{\partial v}{\partial x}=f'_u\cdot(xy)'_x+f'_v\cdot(2x+3y)'_x=yf'_u+2f'_v,$$

$$\frac{\partial z}{\partial y}=\frac{\partial z}{\partial u}\cdot\frac{\partial u}{\partial y}+\frac{\partial z}{\partial v}\cdot\frac{\partial v}{\partial y}=f'_u\cdot(xy)'_y+f'_v\cdot(2x+3y)'_y=xf'_u+3f'_v,$$

$$\frac{\partial^2 z}{\partial x\partial y}=\left(\frac{\partial z}{\partial x}\right)'_y=(yf'_u+2f'_v)'_y=f'_u+y(f'_u)'_y+2(f'_v)'_y$$

$$\qquad\qquad=f'_u+y(xf''_{uu}+3f''_{uv})+2(xf''_{vu}+3f''_{vv}).$$

因为 f 具有二阶连续的偏导数，有 $f''_{uv}=f''_{vu}$，因此

$$\frac{\partial^2 z}{\partial x\partial y}=f'_u+xyf''_{uu}+(2x+3y)f''_{uv}+6f''_{vv}.$$

在例 3 中，为了书写方便，可以不写出中间变量 u 和 v，记 $f'_u=f'_1,f'_v=f'_2,f''_{uu}=f''_{11},f''_{uv}=f''_{12},f''_{vv}=f''_{22}$，下标"1"表示对第一个中间变量求偏导，下标"2"表示对第二个中间变量求偏导．在例 3 中，f'_u 和 f'_v 仍是 u,v 的函数，是以 u,v 为中间变量的复合函数，因此

$$(f'_u)'_y=[f'_u(xy,2x+3y)]'_y=f''_{uu}\cdot(xy)'_y+f''_{uv}\cdot(2x+3y)'_y=xf''_{uu}+3f''_{uv}.$$

练习题 8.3

1. 设 $z=\mathrm{e}^{uv},u=3x+2y,v=3x-2y$，求 $\dfrac{\partial z}{\partial x},\dfrac{\partial z}{\partial y}.$

2. 设 $z=uv,u=\mathrm{e}^{2x},v=\sin x$，求 $\dfrac{\mathrm{d}z}{\mathrm{d}x}.$

3. 证明：可微函数 $z=\varphi(x^2+y^2)$ 满足

$$y\frac{\partial z}{\partial x}-x\frac{\partial z}{\partial y}=0.$$

4. 设 $z=\dfrac{y}{f(x^2-y^2)}$，其中 f 具有连续的偏导数，求 $\dfrac{\partial z}{\partial x},\dfrac{\partial z}{\partial y}.$

5. 设 $z=f(\mathrm{e}^{xy},2x)$，其中 f 具有连续的偏导数，求 $\dfrac{\partial z}{\partial x},\dfrac{\partial z}{\partial y}.$

6. 设函数 $z=xf\left(\dfrac{y}{x},y\right)$，其中 f 具有二阶连续的偏导数，求 $\dfrac{\partial z}{\partial x},\dfrac{\partial z}{\partial y},\dfrac{\partial^2 z}{\partial x\partial y}.$

§8.4 隐函数求导与全微分

一、隐函数的求导公式

在一元函数微分中,我们已经讨论了一元隐函数的求导问题,并给出了求导方法,但没有给出一般的求导公式.下面我们根据多元复合函数的求导法则,给出一元和二元隐函数的求导公式.

定理 1 设二元函数 $F(x,y)$ 可微,且 $F'_y(x,y)\neq 0$,函数 $y=y(x)$ 由方程 $F(x,y)=0$ 所确定,则函数 $y=y(x)$ 可导,且

$$\frac{\mathrm{d}y}{\mathrm{d}x}=-\frac{F'_x}{F'_y}.$$

定理 2 设三元函数 $F(x,y,z)$ 可微,且 $F'_z(x,y,z)\neq 0$,函数 $z=z(x,y)$ 由方程 $F(x,y,z)=0$ 确定,则函数 $z=z(x,y)$ 的两个一阶偏导数 $\frac{\partial z}{\partial x},\frac{\partial z}{\partial y}$ 存在,且

$$\frac{\partial z}{\partial x}=-\frac{F'_x}{F'_z},\frac{\partial z}{\partial y}=-\frac{F'_y}{F'_z}.$$

证明从略.

例 1 求由方程 $y=1+x\mathrm{e}^y$ 所确定的函数 $y=f(x)$ 的导数 $\frac{\mathrm{d}y}{\mathrm{d}x}$.

解 令 $F(x,y)=y-1-x\mathrm{e}^y$,则

$$F'_x=-\mathrm{e}^y,F'_y=1-x\mathrm{e}^y.$$

由于 $F'_x=-\mathrm{e}^y,F'_y=1-x\mathrm{e}^y$ 连续,从而 $F(x,y)=y-1-x\mathrm{e}^y$ 可微.

当 $F'_y=1-x\mathrm{e}^y\neq 0$ 时,

$$\frac{\mathrm{d}y}{\mathrm{d}x}=-\frac{F'_x}{F'_y}=-\frac{-\mathrm{e}^y}{1-x\mathrm{e}^y}=\frac{\mathrm{e}^y}{1-x\mathrm{e}^y}.$$

例 2 已知函数 $z=z(x,y)$ 由方程 $z^3-3yz+x^3-2=0$ 确定,求 $\frac{\partial z}{\partial x}\Big|_{\substack{x=1\\y=0}},\frac{\partial z}{\partial y}\Big|_{\substack{x=1\\y=0}}$.

解 令 $F(x,y,z)=z^3-3yz+x^3-2$,则

$$F'_x=3x^2,F'_y=-3z,F'_z=3z^2-3y,$$

故

$$\frac{\partial z}{\partial x}=-\frac{F'_x}{F'_z}=\frac{x^2}{y-z^2},\frac{\partial z}{\partial y}=-\frac{F'_y}{F'_z}=\frac{z}{z^2-y}.$$

把 $x=1,y=0$ 代入方程 $z^3-3yz+x^3-2=0$,得 $z=1$,这样就可以求出

$$\frac{\partial z}{\partial x}\Big|_{\substack{x=1\\y=0}}=-1,\frac{\partial z}{\partial y}\Big|_{\substack{x=1\\y=0}}=1.$$

二、全微分

我们知道,一元函数 $y=f(x)$ 的微分 $\mathrm{d}y=f'(x)\mathrm{d}x$,它可以用来近似代替函数增量 Δy,即 $\Delta y\approx\mathrm{d}y$.对于二元函数 $z=f(x,y)$,当两个自变量 x,y 分别有增量 Δx 和 Δy 时,计算函数在点 (x,y) 处的全增量 $\Delta z=f(x_0+\Delta x,y_0+\Delta y)-f(x_0,y_0)$ 也是比较复杂的,因此,我们希望如同一元函数一样,能用自变量的增量 $\Delta x,\Delta y$ 的线性函数来近似代替全增量 Δz.这就是下面要引入的二元函数全微分的概念.

定义　如果函数 $z=f(x,y)$ 在点 $P_0(x_0,y_0)$ 的某邻域内有定义,在点 $P_0(x_0,y_0)$ 处自变量 x,y 分别有增量 $\Delta x,\Delta y$,在该邻域内函数 $z=f(x,y)$ 的两个一阶偏导数存在且连续,则称

$$f'_x(x_0,y_0)\Delta x+f'_y(x_0,y_0)\Delta y$$

为函数 $z=f(x,y)$ 在点 $P_0(x_0,y_0)$ 处的全微分,记为 $\mathrm{d}z\Big|_{\substack{x=x_0\\y=y_0}}$,即

$$\mathrm{d}z\Big|_{\substack{x=x_0\\y=y_0}}=f'_x(x_0,y_0)\Delta x+f'_y(x_0,y_0)\Delta y. \qquad ①$$

此时,也称函数 $z=f(x,y)$ 在点 $P_0(x_0,y_0)$ 处可微,习惯上将自变量的增量 $\Delta x,\Delta y$ 分别记为 $\mathrm{d}x,\mathrm{d}y$.因此,函数 $z=f(x,y)$ 在点 $P_0(x_0,y_0)$ 处的全微分可表示为

$$\mathrm{d}z\Big|_{\substack{x=x_0\\y=y_0}}=f'_x(x_0,y_0)\mathrm{d}x+f'_y(x_0,y_0)\mathrm{d}y.$$

如果函数 $z=f(x,y)$ 在区域 D 内每一点都可微,则称函数 $z=f(x,y)$ 在区域 D 内可微.函数 $z=f(x,y)$ 在任意点 $P(x,y)$ 处的微分可表示为

$$\mathrm{d}z=f'_x(x,y)\mathrm{d}x+f'_y(x,y)\mathrm{d}y.$$

二元函数全微分的定义及上述有关结论都可以推广到三元或三元以上的函数.例如,三元函数 $u=f(x,y,z)$ 的全微分为

$$\mathrm{d}u=\frac{\partial u}{\partial x}\mathrm{d}x+\frac{\partial u}{\partial y}\mathrm{d}y+\frac{\partial u}{\partial z}\mathrm{d}z.$$

例 3　求函数 $z=x^3y+y^2$ 在点 $(1,2)$ 处的微分.

解　$\dfrac{\partial z}{\partial x}=3x^2y,\dfrac{\partial z}{\partial y}=x^3+2y$,故

$$\frac{\partial z}{\partial x}\Big|_{\substack{x=1\\y=2}}=6,\frac{\partial z}{\partial y}\Big|_{\substack{x=1\\y=2}}=5,$$

从而

$$\mathrm{d}z\Big|_{\substack{x=1\\y=2}}=6\mathrm{d}x+5\mathrm{d}y.$$

例 4　求函数 $z=\mathrm{e}^{xy^2}$ 的全微分.

解　因为

$$\frac{\partial z}{\partial x}=(\mathrm{e}^{xy^2})'_x=\mathrm{e}^{xy^2}\cdot(xy^2)'_x=y^2\mathrm{e}^{xy^2},$$

$$\frac{\partial z}{\partial y}=(\mathrm{e}^{xy^2})'_y=\mathrm{e}^{xy^2}\cdot(xy^2)'_y=2xy\mathrm{e}^{xy^2},$$

所以

$$\mathrm{d}z=y^2\mathrm{e}^{xy^2}\mathrm{d}x+2xy\mathrm{e}^{xy^2}\mathrm{d}y.$$

必须说明,一元函数在某点处可导是函数在该点处可微的充要条件,但对于二元函数来说,情形就大不一样.二元函数在某点处两个偏导数存在只是二元函数在该点处可微的必要条件,而非充分条件.

练习题 8.4

1. 设函数 $y=y(x)$ 由方程 $y+e^{x+y}=2x$ 确定,求 $\dfrac{dy}{dx}$, $\dfrac{d^2y}{dx^2}$.

2. 设函数 $z=z(x,y)$ 由方程 $e^x=xyz$ 确定,求 $\dfrac{\partial z}{\partial x}$, $\dfrac{\partial z}{\partial y}$.

3. 设函数 $z=z(x,y)$ 由方程 $2\sin(x+2y-3z)=x+2y-3z$ 确定,证明:

$$\frac{\partial z}{\partial x}+\frac{\partial z}{\partial y}=1.$$

4. 设函数 $z=z(x,y)$ 由方程 $y+z=xf(y^2-z^2)$ 确定,其中 f 为可导函数,证明:

$$x\frac{\partial z}{\partial x}+z\frac{\partial z}{\partial y}=y.$$

5. 求函数 $z=\ln\sqrt{x^2+4y^2}$ 在点 $(1,0)$ 处的全微分.

6. 求函数 $z=x^3y^2$ 在点 $(1,2)$ 处,当 $\Delta x=0.01$, $\Delta y=0.03$ 时的全微分.

7. 求下列各函数的全微分:

(1) $z=\arctan\dfrac{y}{x}$;   (2) $z=e^{2x}\sin y$;

(3) $z=\ln\left(2x+\dfrac{3}{y}\right)$;   (4) $u=y^x$.

8. 设 $z=f(x^2,e^{2x+3y})$,其中 f 具有连续的偏导数,求 dz.

9. 设函数 z 由方程 $z^3-3yz+3x=4$ 确定,求 $dz\Big|_{\substack{x=1\\y=0}}$.

§8.5 多元函数的极值

一、二元函数的极值

在实际问题中,我们经常涉及多元函数的最大值和最小值问题.与一元函数类似,多元函数的最大值和最小值也与极值密切相关,下面我们先讨论二元函数的极值问题.

定义 设函数 $z=f(x,y)$ 在点 $P_0(x_0,y_0)$ 的某个邻域内有定义,如果对于该邻域内所有异于点 P_0 的点 $P(x,y)$,均有

$$f(x,y) < f(x_0, y_0)(\text{或 } f(x,y) > f(x_0, y_0)),$$

则称函数 $f(x,y)$ 在点 $P_0(x_0, y_0)$ 处取得极大值(或极小值) $f(x_0, y_0)$. 极大值和极小值统称为函数的极值. 相应地,称点 P_0 为函数 $f(x,y)$ 极大值点(或极小值点). 极大值点和极小值点统称为极值点.

按照定义可以直接求出一些简单函数的极值和极值点,或者判断出有没有极值.

例如,函数 $f(x,y) = 3x^2 + y^2$ 在点 $(0,0)$ 处有极小值 0;函数 $z = -\sqrt{3x^2 + 2y^2}$ 在点 $(0,0)$ 处有极大值 0;函数 $z = xy$ 在点 $(0,0)$ 处没有极值,因为在点 $(0,0)$ 的任何邻域内函数值不可能都是正值或都是负值.

和一元函数类似,二元函数也有极值存在的必要条件.

定理 1(极值存在的必要条件)　设函数 $z = f(x,y)$ 在点 $P_0(x_0, y_0)$ 处的偏导数存在,如果 $z = f(x,y)$ 在点 $P_0(x_0, y_0)$ 处有极值,则必有 $f'_x(x_0, y_0) = 0, f'_y(x_0, y_0) = 0$.

类似于一元函数,凡是满足方程组

$$\begin{cases} f'_x(x,y) = 0, \\ f'_y(x,y) = 0 \end{cases}$$

的点 (x_0, y_0),都称为函数 $z = f(x,y)$ 的驻点. 定理 1 说明,只要函数 $z = f(x,y)$ 的偏导数存在,那么它的极值点一定是驻点. 但是,函数的驻点不一定是极值点. 例如,函数 $z = xy$ 在点 $(0,0)$ 处的两个偏导数为 $f'_x(0,0) = 0, f'_y(0,0) = 0$,所以点 $(0,0)$ 是函数 $z = xy$ 的驻点,但由上述分析知点 $(0,0)$ 不是极值点.

定理 1 可以推广到一般的多元函数.

定理 2(极值存在的充分条件)　设函数 $z = f(x,y)$ 在点 $P_0(x_0, y_0)$ 的某一邻域内具有连续的一阶、二阶偏导数,又 $f'_x(x_0, y_0) = 0, f'_y(x_0, y_0) = 0$. 记

$$\Delta = \begin{vmatrix} f''_{xx}(x_0, y_0) & f''_{xy}(x_0, y_0) \\ f''_{yx}(x_0, y_0) & f''_{yy}(x_0, y_0) \end{vmatrix},$$

则

(1) 当 $\Delta > 0$ 时,函数 $z = f(x,y)$ 在 $P_0(x_0, y_0)$ 处有极值,并且若 $f''_{xx}(x_0, y_0) > 0$,则点 $P_0(x_0, y_0)$ 为极小值点;若 $f''_{xx}(x_0, y_0) < 0$,则点 $P_0(x_0, y_0)$ 为极大值点.

(2) 当 $\Delta < 0$ 时,点 $P_0(x_0, y_0)$ 不是极值点.

(3) 当 $\Delta = 0$ 时,点 $P_0(x_0, y_0)$ 可能是极值点,也可能不是极值点.

利用定理 1 和定理 2,可以把求函数 $z = f(x,y)$ 极值的主要步骤归纳如下:

第一步　解方程组 $\begin{cases} f'_x(x,y) = 0, \\ f'_y(x,y) = 0, \end{cases}$ 求出所有驻点;

第二步　对于每一个驻点 (x_0, y_0),求出二阶偏导数的值;

第三步　确定符号,按定理 2 的结论判定点 $P_0(x_0, y_0)$ 是否为极值点,是极大值点还是极小值点,并求出极值 $f(x_0, y_0)$.

例 1　求函数 $f(x,y) = 3xy - x^3 - y^3$ 的极值.

解　求偏导数,得

$$f'_x(x,y) = 3y - 3x^2, \quad f'_y(x,y) = 3x - 3y^2.$$

解方程组

$$\begin{cases} 3y-3x^2=0, \\ 3x-3y^2=0, \end{cases}$$

得驻点 $P_1(0,0)$ 和 $P_2(1,1)$.

求二阶偏导数,得

$$f''_{xx}(x,y)=-6x,f''_{xy}=f''_{yx}=3,f''_{yy}=-6y.$$

在点 $P_1(0,0)$ 处, $f''_{xx}(0,0)=0,f''_{xy}(0,0)=f''_{yx}(0,0)=3,f''_{yy}(0,0)=0,\Delta=\begin{vmatrix} 0 & 3 \\ 3 & 0 \end{vmatrix}=-9<0$. 因此点 $P_1(0,0)$ 不是极值点.

在点 $P_2(1,1)$ 处, $f''_{xx}(1,1)=-6,f''_{xy}(1,1)=f''_{yx}(1,1)=3,f''_{yy}(1,1)=-6,\Delta=\begin{vmatrix} -6 & 3 \\ 3 & -6 \end{vmatrix}=27>0$,点 $P_2(1,1)$ 是极值点,且 $f''_{xx}(1,1)=-6<0$,故点 $P_2(1,1)$ 是极大值点,且极大值为 $f(1,1)=3\times1\times1-1-1=1$.

像一元函数一样,可以利用函数的极值来求函数的最大值和最小值. 一般来说,如果函数 $f(x,y)$ 在闭区域 D 上连续,则 $f(x,y)$ 在 D 上必定能取得它的最大值和最小值.

例 2 欲做一个容积为 V_0 的无盖长方体不锈钢水池,问应选择怎样的尺寸,才能使做此水池的材料最省?

解 设水池的长、宽、高分别为 x,y,z,则 $V_0=xyz$,水池的表面积为 $S=xy+2yz+2zx$,要使所用的材料最少,则应求 S 的最小值. 由于 $z=\dfrac{V_0}{xy}$,所以

$$S=xy+2yz+2zx=xy+2y\cdot\frac{V_0}{xy}+2x\cdot\frac{V_0}{xy}=xy+\frac{2V_0}{x}+\frac{2V_0}{y}\ (x>0,y>0),$$

它是 x,y 的二元函数. 令

$$\begin{cases} S'_x(x,y)=y-\dfrac{2V_0}{x^2}=0, \\ S'_y(x,y)=x-\dfrac{2V_0}{y^2}=0, \end{cases}$$

求得唯一的驻点 $P(\sqrt[3]{2V_0},\sqrt[3]{2V_0})$. 根据问题的实际意义可知, S 一定存在最小值,所以可以断定 P 是使 S 取得最小值的点,此时 $z=\dfrac{V_0}{xy}=\dfrac{\sqrt[3]{2V_0}}{2}$,即当

$$x=y=\sqrt[3]{2V_0},\ z=\frac{\sqrt[3]{2V_0}}{2}$$

时,函数 S 取得最小值.

对于多元函数的最大值、最小值问题,在实际问题中,如果函数 $f(x,y)$ 在区域 D 内一定能取得最大值(或最小值),而 $f(x,y)$ 在 D 内只有唯一驻点,那么可以肯定该驻点处的函数值就是函数 $f(x,y)$ 在区域 D 上的最大值(或最小值).

二、条件极值、拉格朗日乘数法

前面所讨论的极值问题,自变量的变化是在函数的定义域范围内,除此之外没有其他

附加条件的限制,因此这种极值有时又称为无条件极值.但在许多实际问题中,函数的自变量还要满足某些附加条件,这种对自变量有附加条件的极值称为条件极值.条件极值有以下两种求法.

1. 转化为无条件极值

如果约束条件比较简单,如例 2 中那样的条件极值问题,利用附加条件,消去函数中的某些自变量,将条件极值转化为无条件极值.但是,一般的条件极值并不是都容易转化成无条件极值,下面介绍一种直接求条件极值的方法——拉格朗日乘数法.

2. 拉格朗日乘数法

求函数 $z=f(x,y)$ 在条件 $\varphi(x,y)=0$ 下的可能极值点的方法——拉格朗日乘数法,步骤如下:

(1) 构造拉格朗日函数

$$F(x,y,\lambda)=f(x,y)+\lambda\varphi(x,y),$$

其中 λ 是某个常数.

(2) 将函数 $F(x,y)$ 分别对 x,y,λ 求偏导数,并令它们都为 0,组成方程组

$$\begin{cases} F'_x(x,y,\lambda)=f'_x(x,y)+\lambda\varphi'_x(x,y)=0, \\ F'_y(x,y,\lambda)=f'_y(x,y)+\lambda\varphi'_y(x,y)=0, \\ F'_\lambda(x,y,\lambda)=\varphi(x,y)=0. \end{cases}$$

(3) 求出方程组的解

$$\begin{cases} x=x_0, \\ y=y_0, \\ \lambda=\lambda_0 \end{cases} \quad (\text{解可能多于一组}).$$

则点 (x_0,y_0) 就是使函数 $z=f(x,y)$ 可能取得极值且满足条件 $\varphi(x_0,y_0)=0$ 的可能极值点.

至于如何确定所求得的点是否为极值点,在实际问题中往往根据问题本身的性质加以确定.

上述方法可以推广到自变量多于两个,或附加条件多于一个的情形.

例 3 我们把易拉罐看成圆柱体,体积为 $355\mathrm{mL}$,问如何设计才能使用料最省?(因为要拉开易拉罐,而不把旁边拉坏,顶盖厚度为其他地方 3 倍,利用拉格朗日乘数法求解)

解 设圆柱体的底半径为 r,高为 h,表面积 $S=2\pi rh+4\pi r^2$(顶盖相当于三个底),容积 $V=355=\pi r^2h$,这就是求函数 $S(r,h)=2\pi rh+4\pi r^2$ $(r>0,h>0)$ 在条件 $355=\pi r^2h$ 下的最小值.

构造拉格朗日函数

$$F(r,h,\lambda)=2\pi rh+4\pi r^2+\lambda(\pi r^2h-355).$$

求出函数 $F(r,h,\lambda)$ 的三个偏导数,并令它们都为 0,组成方程组

$$\begin{cases} F'_r(r,h,\lambda)=2\pi h+8\pi r+2\pi\lambda rh=0, \\ F'_h(r,h,\lambda)=2\pi r+\pi\lambda r^2=0, \\ F'_\lambda(r,h,\lambda)=\pi r^2h-355=0, \end{cases}$$

解此方程组,得

$$r_0 = \sqrt[3]{\frac{710}{8\pi}}, h = 4\sqrt[3]{\frac{710}{8\pi}}.$$

因为点 $\left(\sqrt[3]{\frac{710}{8\pi}}, 4\sqrt[3]{\frac{710}{8\pi}}\right)$ 是函数 $S(r,h) = 2\pi rh + 4\pi r^2$ $(r > 0, h > 0)$ 满足条件 $355 = \pi r^2 h$ 的可能极值点,而由问题本身可知表面积 S 一定存在最小值,所以点 $\left(\sqrt[3]{\frac{710}{8\pi}}, 4\sqrt[3]{\frac{710}{8\pi}}\right)$ 就是所求的最小值点,即易拉罐的高是底直径的两倍.

练习题 8.5

1. 求函数 $f(x,y) = x^3 - y^3 + 3x^2 + 3y^2 - 9x$ 的极值.

2. 求函数 $z = xy$ 在条件 $x + y = 1$ 下的极值.

3. 求内接于半径为 9 的球且有最大体积的长方体.

4. 求点 $(2,8)$ 到抛物线 $y^2 = 4x$ 的最短距离.

复习题八

一、选择题

1. 二元函数 $z = \dfrac{xy}{\sqrt{\ln(x+y)}}$ 的定义域是 ( )

A. $\{(x,y) | xy > 0\}$　　　　　　　B. $\{(x,y) | x+y > 0\}$

C. $\{(x,y) | x+y > 1\}$　　　　　　　D. $\{(x,y) | x+y \neq 1\}$

2. 二元函数 $z = \ln(xy)$ 的定义域是 ( )

A. $\{(x,y) | x \geqslant 0, y \geqslant 0\}$　　　　　B. $\{(x,y) | x \leqslant 0, y \leqslant 0 \text{ 或 } x \geqslant 0, y \geqslant 0\}$

C. $\{(x,y) | x < 0, y < 0\}$　　　　　D. $\{(x,y) | x < 0, y < 0 \text{ 或 } x > 0, y > 0\}$

3. 若 $f\left(x+y, \dfrac{y}{x}\right) = x^2 - y^2$,则 $f(x,y) =$ ( )

A. $(x+y)^2 - \left(\dfrac{y}{x}\right)^2$　　　　　　B. $x^2 \dfrac{1-y}{1+y}$

C. $x \dfrac{1-y}{1+x}$　　　　　　　　　D. $x^2 - y^2$

4. 若 $f(x,y) = \dfrac{xy}{x^2+y^2}$,则 $f\left(\dfrac{y}{x}, 1\right) =$ ( )

A. $\dfrac{xy}{x^2+y^2}$　　B. $\dfrac{x^2+y^2}{xy}$　　C. $\dfrac{x}{1+x^2}$　　D. $\dfrac{x^2}{1+x^2}$

5. 设 $f(x,y)$ 在点 (a,b) 处偏导数存在,则 $\lim\limits_{x\to 0}\dfrac{f(a+x,b)-f(a-x,b)}{x}=$ 　　(　)

A. $f'_x(a,b)$ 　　　B. $f'_x(2a,b)$ 　　　C. $2f'_x(a,b)$ 　　　D. $\dfrac{1}{2}f'_x(a,b)$

6. 已知函数 $z=f(x,y)$,则 $f(x,y)$ 在点 (x,y) 处 $f_x(x,y),f_y(x,y)$ 均存在是 $f(x,y)$ 在点 (x,y) 处可微的 　　(　)

A. 充分不必要条件 　　　　　　　B. 必要不充分条件

C. 充要条件 　　　　　　　　　　　D. 无关条件

7. 设函数 $f(x,y)$ 在点 (x,y) 处不连续,则该函数在点 (x,y) 处 　　(　)

A. 偏导数一定不存在 　　　　　　B. 全微分一定不存在

C. 偏导数存在 　　　　　　　　　　D. 三种说法都不对

8. 设函数 $u(x,y)=\arctan\dfrac{y}{x},v(x,y)=\ln\sqrt{x^2+y^2}$,则下列等式成立的是 　　(　)

A. $\dfrac{\partial u}{\partial x}=\dfrac{\partial v}{\partial x}$ 　　B. $\dfrac{\partial u}{\partial x}=\dfrac{\partial v}{\partial y}$ 　　C. $\dfrac{\partial u}{\partial y}=\dfrac{\partial v}{\partial x}$ 　　D. $\dfrac{\partial u}{\partial y}=\dfrac{\partial v}{\partial y}$

9. 设 $z=\dfrac{1}{xy}$,则 $\dfrac{\partial z}{\partial x}=$ 　　(　)

A. $-\dfrac{1}{x^2 y}$ 　　　B. $\dfrac{1}{y}$ 　　　C. $-\dfrac{y}{x^2}$ 　　　D. $\dfrac{1}{x^2 y}$

10. 若 $z=x\mathrm{e}^{xy}$,则 $\dfrac{\partial z}{\partial x}=$ 　　(　)

A. $xy\mathrm{e}^{xy}$ 　　　B. $x^x\mathrm{e}^{xy}$ 　　　C. e^{xy} 　　　D. $(1+xy)\mathrm{e}^{xy}$

11. 若 $z=f\left(x,\dfrac{y}{x}\right),f$ 可微,则 $\dfrac{\partial z}{\partial x}=$ 　　(　)

A. f'_1 　　　B. f'_2 　　　C. $f'_1-\dfrac{y}{x^2}f'_2$ 　　　D. $\dfrac{1}{y}f'_2$

12. 若 $z=\mathrm{e}^{xy}$,则 $\mathrm{d}z\big|_{(1,1)}=$ 　　(　)

A. $\mathrm{e}(\mathrm{d}x+\mathrm{d}y)$ 　　B. $2\mathrm{e}$ 　　C. $\mathrm{d}x+\mathrm{d}y$ 　　D. 2

13. 若函数 $y=f(x)$ 是由方程 $\mathrm{e}^y=\mathrm{e}^x-xy$ 确定的,则 $\dfrac{\mathrm{d}y}{\mathrm{d}x}=$ 　　(　)

A. $\dfrac{\mathrm{e}^y+x}{\mathrm{e}^x-y}$ 　　　B. $\dfrac{y-\mathrm{e}^x}{\mathrm{e}^y+x}$ 　　　C. $\dfrac{\mathrm{e}^x-y}{\mathrm{e}^y+x}$ 　　　D. $\dfrac{\mathrm{e}^y+x}{y-\mathrm{e}^x}$

14. 下列哪种情况下,函数 $z=f(x,y)$ 有 $\dfrac{\partial^2 z}{\partial x\partial y}=\dfrac{\partial^2 z}{\partial y\partial x}$ 　　(　)

A. $\dfrac{\partial^2 z}{\partial x\partial y},\dfrac{\partial^2 z}{\partial y\partial x}$ 存在 　　　　B. $\dfrac{\partial^2 z}{\partial x\partial y},\dfrac{\partial^2 z}{\partial y\partial x}$ 在点 (x,y) 连续

C. $\dfrac{\partial^2 z}{\partial x\partial y},\dfrac{\partial^2 z}{\partial y\partial x}$ 在点 (x,y) 极限存在 　　D. 任何情况下都不可能相等

15. 函数 $f(x,y)=x^3-12xy+8y^3$ 在驻点 $(2,1)$ 处 　　(　)

A. 取得极大值 　　　　　　　　　　B. 取得极小值

C. 取不到极值 　　　　　　　　　　D. 无法判断是否取得极值

16. 函数 $z=x^3+y^3-3xy$ 的驻点为   (   )

A. $(1,0),(0,1)$ B. $(1,1),(0,0)$ C. $(1,1)$ D. $(0,0)$

17. $(2,-2)$ 是函数 $z=4(x-y)-x^2-y^2$ 的哪种极值点   (   )

A. 极大值点   B. 极小值点   C. 不是极值点   D. 无法判断

二、填空题

1. 函数 $z=\sqrt{5^2-x^2-y^2}+\dfrac{1}{\sqrt{x^2+y^2-3^2}}$ 的定义域为_____.

2. 函数 $z=\ln(xy)$ 的定义域为_____.

3. 函数 $z=\arcsin\dfrac{x}{3}+\sqrt{xy}$ 的定义域为_____.

4. 设函数 $f(x,y)=xy-\dfrac{x}{y}$,则 $f(1,-1)=$_____.

5. 若 $z=x^3+\sqrt{1+y^2}$,则 $z\big|_{(\sqrt{2},1)}=$_____.

6. 设函数 $f(x,y)=xy+\dfrac{x}{y}$,则 $f\left(\dfrac{1}{2},3\right)=$_____.

7. 设函数 $f(x,y)=x^y$,则 $f(xy,x+y)=$_____.

8. 设函数 $f(x+y,x-y)=xy+y^2$,则 $f(x,y)=$_____.

9. 设 $z=xy+x^3$,则 $\dfrac{\partial z}{\partial x}+\dfrac{\partial z}{\partial y}=$_____.

10. 设函数 $z=x^2+3xy+y^2$,则 $\dfrac{\partial z}{\partial x}=$_____,$\dfrac{\partial z}{\partial y}=$_____.

11. 设函数 $z=e^x\sin y$,则 $\dfrac{\partial z}{\partial x}=$_____,$\dfrac{\partial z}{\partial y}=$_____.

12. 设函数 $z=\arcsin(xy)$,则 $\dfrac{\partial z}{\partial x}=$_____,$\dfrac{\partial z}{\partial y}=$_____.

13. 设函数 $z=x^2+y$,则当 $x_0=1,y_0=2,\Delta x=0.1,\Delta y=-0.2$ 时的全改变量(全增量)$\Delta z=$_____,全微分 $dz=$_____.

14. 设函数 $z=xy+\dfrac{x}{y}$,则全微分 $dz=$_____.

15. 设函数 $z=e^{xy}$,则全微分 $dz=$_____.

16. 设函数 $u=\ln(x^2+y^2+z^2)$,则全微分 $du=$_____.

17. 设 $f(x,y)$ 在点 (a,b) 处偏导数存在,则 $\lim\limits_{h\to0}\dfrac{f(a+h,b)-f(a,b)}{h}=$_____,
$\lim\limits_{h\to0}\dfrac{f(a,b+h)-f(a,b)}{h}=$_____.

18. 设函数 $z=f(x,y)$ 在点 (x_0,y_0) 的某邻域内有定义,如果对于在该邻域内任意异于 (x_0,y_0) 的点 (x,y),都有 $f(x,y)$_____$f(x_0,y_0)$,则称 (x_0,y_0) 为函数的极大值点.

三、解答题

1. 设 $f(x,y)=\ln(x+2y)$,求 $f_x(1,1),f_y(1,1)$.

2. 设 $z=y^x$,求 $\dfrac{\partial z}{\partial x},\dfrac{\partial^2 z}{\partial x^2},\dfrac{\partial^2 z}{\partial y\partial x}$.

3. 设 $z = x\ln(xy)$，求 $\dfrac{\partial z}{\partial x}, \dfrac{\partial^2 z}{\partial y^2}, \dfrac{\partial^2 z}{\partial x \partial y}$.

4. 设 $z = \arctan\dfrac{x}{y}$，求 $\mathrm{d}z$.

5. 设 $z = \arctan(xy), y = \mathrm{e}^x$，求 $\dfrac{\mathrm{d}z}{\mathrm{d}x}$.

6. 设 $z = f(\mathrm{e}^{2x+3y}, x^2 + y)$，其中 $f(u,v)$ 有连续偏导数，求 $\mathrm{d}z$.

7. 设 $z = f(x^2 - y^2, \mathrm{e}^{xy})$，求 $\dfrac{\partial z}{\partial x}, \dfrac{\partial z}{\partial y}$.

8. 设 $z = u^2 \mathrm{e}^v, u = x\cos y, v = 2x + 3y$，求 $\dfrac{\partial z}{\partial x}, \dfrac{\partial z}{\partial y}$.

9. 设 $z = \dfrac{\sin u}{\cos v}, u = \mathrm{e}^t, v = \ln t$，求 $\dfrac{\mathrm{d}z}{\mathrm{d}t}$.

10. 设函数 $z = f(x,y)$ 由方程 $\sin(xy) - xy^2z^3 = 0$ 所确定，求 $\dfrac{\partial z}{\partial x}, \dfrac{\partial z}{\partial y}$.

11. 设函数 $z = f(x,y)$ 由方程 $\dfrac{x}{z} = \ln\dfrac{z}{y}$ 所确定，求 $\dfrac{\partial z}{\partial x}, \dfrac{\partial z}{\partial y}$.

12. 设函数 $z = f(x,y)$ 由方程 $\mathrm{e}^z - xyz = 0$ 所确定，求 $\dfrac{\partial z}{\partial x}, \dfrac{\partial z}{\partial y}$.

13. 设 $z = \ln(\sqrt{x} + \sqrt{y})$，证明：$x\dfrac{\partial z}{\partial x} + y\dfrac{\partial z}{\partial y} = \dfrac{1}{2}$.

14. 验证 $u = \varphi(x^2 + y^2)$（其中 φ 可导）满足方程 $y\dfrac{\partial u}{\partial x} - x\dfrac{\partial u}{\partial y} = 0$.

15. 设函数 $z = f(x, xy) + \varphi(x^2 + y^2)$，其中 f 具有二阶连续的偏导数，φ 具有二阶连续的导数，求 $\dfrac{\partial^2 z}{\partial x \partial y}$.

16. 设 $z = \dfrac{y^2}{3x} + \varphi(xy)$，其中 φ 有连续偏导数，验证：$x^2\dfrac{\partial z}{\partial x} - xy\dfrac{\partial z}{\partial y} + y^2 = 0$.

17. 求函数 $f(x,y) = x^3 - y^3 + 3x^2 + 3y^2 - 9x$ 的极值.

18. 求函数 $f(x,y) = x^3 - 4x^2 + 2xy - y^2 + 3$ 的极值.

19. 在所有对角线为 $2\sqrt{3}$ 的长方体中，求最大体积的长方体.

阅读材料八　数学家简介7

牛顿——人类有史以来最杰出的三大数学家之一

　　艾萨克·牛顿(1643—1727),英国皇家学会会长,英国著名的物理学家,百科全书式的"全才",著有《自然哲学的数学原理》《光学》.

　　在力学上,牛顿阐明了动量和角动量守恒的原理,提出牛顿运动定律.在光学上,他发明了反射望远镜,并基于对三棱镜将白光发散成可见光谱的观察,发展出了颜色理论.他还系统地表述了冷却定律,并研究了音速.

　　在数学上,牛顿与莱布尼茨分享了发现微积分学的荣誉.他也证明了广义二项式定理,提出了"牛顿法"以趋近函数的零点,并为幂级数的研究做出了贡献.

　　在经济学上,牛顿提出金本位制度.

　　他在1687年发表的著作《自然哲学的数学原理》里,对万有引力和三大运动定律进行了描述,他发现的三个定律和万有引力定律,为近代物理学和力学奠定了基础,并成为现代工程学的基础.他通过论证开普勒行星运动定律与他的引力理论间的一致性,展示了地面物体与天体的运动都遵循着相同的自然定律,从而消除了对太阳中心说的最后一丝疑虑,并推动了科学革命.

　　他的万有引力定律和哥白尼的日心说奠定了现代天文学的理论基础.直到今天,人造地球卫星、火箭、宇宙飞船的发射升空和运行轨道的计算,都仍以此作为理论根据.

　　牛顿是最有影响的科学家,被誉为"物理学之父".在2005年,英国皇家学会进行了一场名为"谁是科学史上最有影响力的人"的民意调查,牛顿被认为比爱因斯坦更具影响力.单就数学方面的成就,他和古希腊的阿基米德、德国的"数学王子"高斯,被称为人类有史以来最杰出的三大数学家.

第 9 章

二重积分

在一元函数积分学中,我们知道定积分是一种和式的极限,把这种和式的极限推广到二元函数,就是二重积分.

§9.1 二重积分的概念与性质

一、二重积分的概念

1. 引例

设有一个立体,它的底是 xOy 面上的有界闭区域 D,它的侧面是以 D 的边界曲线为准线而母线平行于 z 轴的柱面,它的顶是曲面 $z=f(x,y)\geqslant0$ 且 $f(x,y)$ 在 D 上连续(图 9-1).这种立体叫作曲顶柱体.

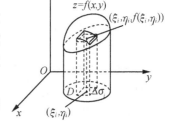

图 9-1

求曲顶柱体的体积可以像求曲边梯形的面积那样采用"分割、取近似、求和、取极限"的方法来解决,步骤如下:

(1) 分割.

用有限条曲线将区域 D 分割为 n 个小区域 $\Delta\sigma_1,\Delta\sigma_2,\cdots,\Delta\sigma_n$(同时表示各小区域的面积),相应地把曲顶柱体分为 n 个以 $\Delta\sigma_i$ 为底面、母线平行于 z 轴的小曲顶柱体,其体积记为 $\Delta V_i(i=1,2,\cdots,n)$,则

$$V = \sum_{i=1}^{n} \Delta V_i.$$

(2) 取近似.

在每个小区域 $\Delta\sigma_i$ 上任取一点 (ξ_i,η_i),用高为 $f(\xi_i,\eta_i)$、底为 $\Delta\sigma_i$ 的小平顶柱体的体积来近似小曲顶柱体的体积,即

$$\Delta V_i \approx f(\xi_i,\eta_i)\Delta\sigma_i(i=1,2,\cdots,n).$$

(3) 求和,得曲顶柱体体积的近似值,即

$$V = \sum_{i=1}^{n} \Delta V_i \approx \sum_{i=1}^{n} \Delta f(\xi_i,\eta_i)\Delta\sigma_i.$$

（4）取极限.

为了得出 V 的精确值，令 n 个小区域的直径（区域的直径是指有界闭区域上任意两点间的距离最大者）中最大值 $\lambda \to 0$，和式 $\sum\limits_{i=1}^{n} f(\xi_i, \eta_i) \Delta \sigma_i$ 的极限就是曲顶柱体的体积 V，即

$$V = \lim_{\lambda \to 0} \sum_{i=1}^{n} f(\xi_i, \eta_i) \Delta \sigma_i.$$

与求曲顶柱体体积相类似，实际中许多问题都可以归结为这种和式的极限.

2. 二重积分的定义

定义 设 $f(x, y)$ 是定义在有界闭区域 D 上的二元有界函数，将区域 D 任意分割成 n 个小区域 $\Delta \sigma_1, \Delta \sigma_2, \cdots, \Delta \sigma_n$（同时也用这些记号表示它们的面积），在每个小区域 $\Delta \sigma_i$ 上任取一点 (ξ_i, η_i)，作乘积 $f(\xi_i, \eta_i) \Delta \sigma_i (i=1,2,\cdots,n)$，作和式 $\sum\limits_{i=1}^{n} f(\xi_i, \eta_i) \Delta \sigma_i$. 用 λ 表示 n 个小区域的直径中最大值，如果和式的极限

$$\lim_{\lambda \to 0} \sum_{i=1}^{n} f(\xi_i, \eta_i) \Delta \sigma_i$$

存在，则称函数 $f(x, y)$ 在区域 D 上可积，并称此极限值为函数 $f(x, y)$ 在区域 D 上的二重积分，记作 $\iint\limits_{D} f(x, y) \mathrm{d}\sigma$（或 $\iint\limits_{D} f(x, y) \mathrm{d}x\mathrm{d}y$），即

$$\iint\limits_{D} f(x, y) \mathrm{d}\sigma = \lim_{\lambda \to 0} \sum_{i=1}^{n} f(\xi_i, \eta_i) \Delta \sigma_i,$$

其中 D 称为积分区域，$f(x, y)$ 称为被积函数，$\mathrm{d}\sigma$ 称为面积元素，$f(x, y) \mathrm{d}\sigma$ 称为被积表达式，x, y 称为积分变量.

定理（二重积分存在定理） 若函数 $f(x, y)$ 在有界闭区域 D 上连续，则函数 $f(x, y)$ 在 D 上的二重积分存在.

由二重积分的定义可知，曲顶柱体的体积

$$V = \iint\limits_{D} f(x, y) \mathrm{d}\sigma.$$

3. 二重积分的几何意义

由二重积分的定义及前面曲顶柱体体积的求解过程，可得二重积分的几何意义为：

（1）如果在区域 D 上 $f(x, y) \geqslant 0$，则 $\iint\limits_{D} f(x, y) \mathrm{d}\sigma$ 表示曲顶柱体的体积.

（2）如果在区域 D 上 $f(x, y) \leqslant 0$，二重积分的值是负的，曲顶柱体在 xOy 面的下方，则 $-\iint\limits_{D} f(x, y) \mathrm{d}\sigma$ 表示曲顶柱体的体积.

4. 二重积分的性质

设二元函数 $f(x, y), g(x, y)$ 在有界闭区域 D 上可积，与定积分类似，二重积分有以下性质：

性质 1 $\iint\limits_{D} \mathrm{d}\sigma = \iint\limits_{D} 1 \mathrm{d}\sigma = \sigma$（$\sigma$ 表示区域 D 的面积）.

性质 2　$\displaystyle\iint\limits_{D}kf(x,y)\mathrm{d}\sigma=k\iint\limits_{D}f(x,y)\mathrm{d}\sigma(k\text{ 为常数}).$

性质 3　$\displaystyle\iint\limits_{D}\big[f(x,y)\pm g(x,y)\big]\mathrm{d}\sigma=\iint\limits_{D}f(x,y)\mathrm{d}\sigma\pm\iint\limits_{D}g(x,y)\mathrm{d}\sigma.$

性质 2 和性质 3 称为二重积分的线性性质.

性质 4　如果闭区域 D 分成两个互不重叠的闭区域 D_1,D_2 $(D=D_1+D_2,$ 如图 9-2 所示$)$,则

$$\iint\limits_{D}f(x,y)\mathrm{d}\sigma=\iint\limits_{D_1}f(x,y)\mathrm{d}\sigma+\iint\limits_{D_2}f(x,y)\mathrm{d}\sigma.$$

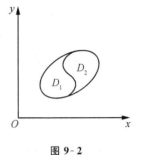

图 9-2

这个性质也称为二重积分对积分区域的可加性.

性质 5　如果在 D 上 $f(x,y)\leqslant g(x,y)$,则

$$\iint\limits_{D}f(x,y)\mathrm{d}\sigma\leqslant\iint\limits_{D}g(x,y)\mathrm{d}\sigma.$$

注意　这个性质的逆命题不成立.

性质 6　设 M 和 m 分别是 $z=f(x,y)$ 在区域 D 上的最大值和最小值,δ 表示区域 D 的面积,则

$$m\delta\leqslant\iint\limits_{D}f(x,y)\mathrm{d}\sigma\leqslant M\delta.$$

练习题 9.1

根据二重积分的几何意义,确定下列积分的值:

(1) $\displaystyle\iint\limits_{D}1\mathrm{d}\sigma$,其中 D 为 $x^2+y^2\leqslant16$;

(2) $\displaystyle\iint\limits_{D}\sqrt{R^2-x^2-y^2}\mathrm{d}\sigma$,其中 D 为 $x^2+y^2\leqslant R^2$.

§9.2　二重积分的计算

按照二重积分的定义计算二重积分通常比较困难.下面分别介绍在直角坐标系中和极坐标系中把二重积分化为两次定积分的计算方法.

一、在直角坐标系下计算二重积分

在直角坐标系中,用平行于 x 轴和 y 轴的两族直线分割 D 时,面积元素 $\mathrm{d}\sigma=\mathrm{d}x\mathrm{d}y$,这

时二重积分可表示为

$$\iint\limits_{D} f(x,y)\mathrm{d}\sigma = \iint\limits_{D} f(x,y)\mathrm{d}x\mathrm{d}y.$$

现在先假定 $f(x,y) \geqslant 0$，从二重积分的几何意义来讨论它的计算问题，所得到的结论对于一般的二重积分也适用. 下面按照积分区域的三种情况分别来讨论.

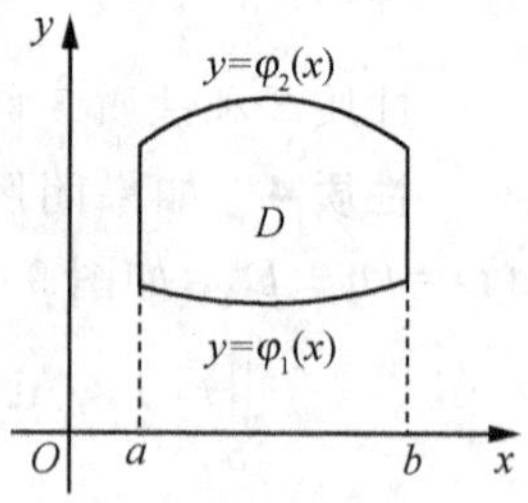

1. X-型区域

设平面区域 D 由直线 $x=a$，$x=b$ 和连续曲线 $y=\varphi_1(x)$，$y=\varphi_2(x)$ $(\varphi_1(x) \leqslant \varphi_2(x))$ 所围成，这样的区域称为 X-型区域 (图 9-3).

图 9-3

X-型区域可用不等式组

$$\begin{cases} \varphi_1(x) \leqslant y \leqslant \varphi_2(x), \\ a \leqslant x \leqslant b \end{cases}$$

表示.

X-型区域的特点：平行于 y 轴的直线穿过区域 D 的内部时至多与边界有两个交点.

按照二重积分的几何意义，$\iint\limits_{D} f(x,y)\mathrm{d}\sigma$ 的值等于以 D 为底、以曲面 $z=f(x,y)$ 为顶的曲顶柱体的体积(图 9-4). 我们用微元法来求这样一个曲顶柱体的体积，用垂直于 x 轴的一组平行平面把曲顶柱体分割成无数个薄片.

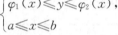

在区间 $[a,b]$ 上任意取定一点 x_0，过 x_0 作垂直于 x 轴的平面 $x=x_0$ 去切割曲顶柱体，所得的截面是以 $z=f(x_0,y)$ $(\varphi_1(x_0) \leqslant y \leqslant \varphi_2(x_0))$ 为曲边的曲边梯形(图 9-4 中的阴影部分)，由定积分的几何意义可得它的面积为

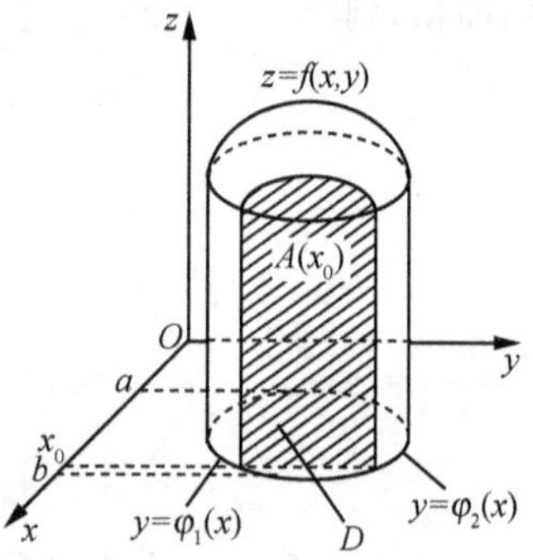

图 9-4

$$A(x_0) = \int_{\varphi_1(x_0)}^{\varphi_2(x_0)} f(x_0,y)\mathrm{d}y.$$

因为 x_0 是在 a 与 b 之间任取的一个值，所以可把 x_0 仍记为 x，于是过区间 $[a,b]$ 上任一点 x 且平行于 yOz 面的平面截曲顶柱体所得截面的面积为

$$A(x) = \int_{\varphi_1(x)}^{\varphi_2(x)} f(x,y)\mathrm{d}y.$$

注意 该式在积分过程中，x 是常量，y 是积分变量.

(1) 无限细分，求体积微元 $\mathrm{d}V$.

在区间 $[a,b]$ 上，用垂直于 x 轴的一组平行平面把曲顶柱体分割成无数个薄片，我们把在每个微小区间 $[x,x+\mathrm{d}x]$ 上的小薄片体积看成以 $A(x)$ 为底、以 $\mathrm{d}x$ 为高的柱体，即得体积微元

$$\mathrm{d}V = A(x)\mathrm{d}x = \left[\int_{\varphi_1(x)}^{\varphi_2(x)} f(x,y)\mathrm{d}y\right]\mathrm{d}x.$$

(2) 无限求和，求积分.

由于 x 的变化区间为 $[a,b]$,所以整个曲顶柱体的体积 V 可由这样的薄片体积 $A(x)\mathrm{d}x$ 从 $x=a$ 到 $x=b$ 无限累加而得,故

$$V = \int_a^b A(x)\mathrm{d}x = \int_a^b \left[\int_{\varphi_1(x)}^{\varphi_2(x)} f(x,y)\mathrm{d}y \right] \mathrm{d}x. \qquad ①$$

这个体积就是所求的二重积分的值,简记为

$$\int_a^b \mathrm{d}x \int_{\varphi_1(x)}^{\varphi_2(x)} f(x,y)\mathrm{d}y,$$

从而有

$$\iint\limits_D f(x,y)\mathrm{d}x\mathrm{d}y = \int_a^b \mathrm{d}x \int_{\varphi_1(x)}^{\varphi_2(x)} f(x,y)\mathrm{d}y. \qquad ①'$$

公式①(或①′)右端的积分称为先对 y 后对 x 的二次积分.就是说,先把 x 看作常数,把 $f(x,y)$ 只看作 y 的函数,并对 y 计算从 $\varphi_1(x)$ 到 $\varphi_2(x)$ 的定积分,然后把算得的结果(为 x 的函数)再对 x 计算在区间 $[a,b]$ 上的定积分.这样对积分区域 D 为 X-型区域的二重积分的计算就转化为计算二次定积分.

2. Y-型区域

设平面区域 D 由直线 $y=c$,$y=d$ 和连续曲线 $x=\varphi_1(y)$,$x=\varphi_2(y)$($\varphi_1(y)\leqslant\varphi_2(y)$)所围成,则称区域 D 为 Y-型区域(图 9-5).

Y-型区域 D 可用不等式组

$$\begin{cases} \varphi_1(y)\leqslant x\leqslant\varphi_2(y), \\ c\leqslant y\leqslant d \end{cases}$$

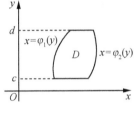

图 9-5

表示.

Y-型区域特点:平行于 x 轴的直线穿过区域 D 内部时至多与边界有两个交点.

同 X-型区域类似,可以得到在 Y-型区域上的二重积分的计算公式为

$$\iint\limits_D f(x,y)\mathrm{d}x\mathrm{d}y = \int_c^d \mathrm{d}y \int_{\varphi_1(y)}^{\varphi_2(y)} f(x,y)\mathrm{d}x. \qquad ②$$

公式②右端的积分称为先对 x 后对 y 的二次积分,先对 x 积分时,应把 y 暂时看成常数.

3. 既不是 X-型,又不是 Y-型的区域

如果区域 D 既不是 X-型,又不是 Y-型区域,那么可以把区域 D 分成若干个 X-型或 Y-型小区域,再利用二重积分对积分区域可加性的性质进行计算.如图 9-6 所示,把区域 D 分成三个闭区域 D_1,D_2,D_3,即得

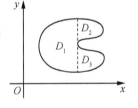

图 9-6

$$\iint\limits_D f(x,y)\mathrm{d}\sigma = \iint\limits_{D_1} f(x,y)\mathrm{d}\sigma + \iint\limits_{D_2} f(x,y)\mathrm{d}\sigma + \iint\limits_{D_3} f(x,y)\mathrm{d}\sigma,$$

从而归结为上述 X-型(Y-型)区域的情况.

二重积分化为二次积分的关键在于确定积分限.为此可先画出积分区域 D 的图形,根据被积函数和积分区域的特点,选择适当的积分次序.

计算二重积分的步骤归纳如下:

（1）画出积分区域 D 的图形.

（2）考察区域 D 是否为 X-型或 Y-型区域. 如果既不是 X-型，也不是 Y-型区域，将区域 D 分块，并用不等式组表示每个区域.

（3）选择积分次序，确定二次积分的上、下限.

（4）计算二次积分，得出积分结果.

把二重积分化为二次积分的关键在于把区域 D 用不等式组表示，也就是确定二次积分的上、下限. 下面介绍一种比较直观的方法，我们称它为"油漆工方法". 我们首先考虑这样一个问题，油漆工要把图 9-3 或图 9-5 中的区域涂成红色，如何去涂颜色最方便？

对于图 9-3，先在平行于 y 轴的方向把棒涂成红色（如图 9-7 中的 AB 棒），棒 AB 从 $\varphi_1(x)$ 涂到 $\varphi_2(x)$，也就是积分变量 y 的积分下限为 $\varphi_1(x)$，积分上限为 $\varphi_2(x)$；然后把棒 AB 沿着 x 轴方向从 a 平行移动到 b，也就是积分变量 x 的积分下限为 a，积分上限为 b，这样区域 D 很方便地涂成红色. 把区域 D 涂成红色的过程，就是把二重积分化为二次积分的过程. 二重积分化为先对 y、再对 x 的二次积分，先对 y 积分就是颜色先涂 y 轴方向的棒 AB，再对 x 积分就是再涂 x 轴方向，即把棒 AB 从 a 平行移动到 b.

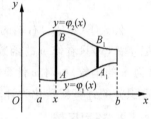

图 9-7

例 1 计算二重积分 $\iint\limits_{D} x^2 y\mathrm{d}x\mathrm{d}y$，其中 D 由直线 $y=x$ 与抛物线 $y=x^2$ 围成.

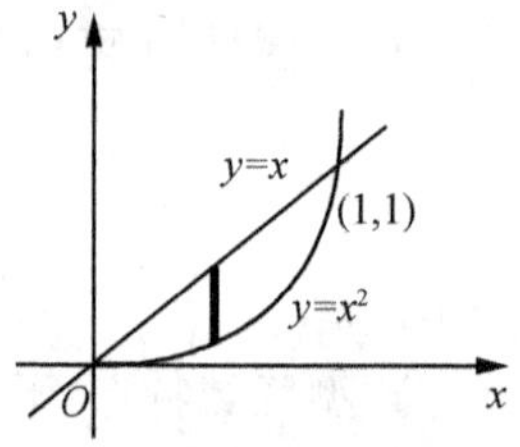

解法 1 画出积分区域 D 的图形（图 9-8），由方程组
$$\begin{cases} y=x^2, \\ y=x \end{cases}$$
得两曲线的交点坐标为 $(0,0)$，$(1,1)$.

化为先对 y、再对 x 的二次积分（图 9-8）：
$$\iint\limits_{D} x^2 y\mathrm{d}x\mathrm{d}y = \int_0^1 \mathrm{d}x \int_{x^2}^{x} x^2 y\mathrm{d}y = \int_0^1 x^2 \left(\frac{1}{2}y^2\right)\Big|_{x^2}^{x} \mathrm{d}x$$
$$= \frac{1}{2}\int_0^1 (x^4 - x^6)\mathrm{d}x = \frac{1}{35}.$$

解法 2 化为先对 x、再对 y 的二次积分（图 9-9）：
$$\iint\limits_{D} x^2 y\mathrm{d}x\mathrm{d}y = \int_0^1 \mathrm{d}y \int_{y}^{\sqrt{y}} x^2 y\mathrm{d}x = \int_0^1 y\left(\frac{1}{3}x^3\right)\Big|_{y}^{\sqrt{y}} \mathrm{d}y$$
$$= \frac{1}{3}\int_0^1 (y^{\frac{5}{2}} - y^4)\mathrm{d}y = \frac{1}{3}\left(\frac{2}{7}y^{\frac{7}{2}} - \frac{1}{5}y^5\right) = \frac{1}{35}.$$

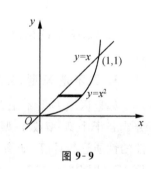

图 9-8

图 9-9

例 2 计算二重积分 $\iint\limits_{D} (2y-x)\mathrm{d}x\mathrm{d}y$，其中 D 由抛物线 $y=x^2$ 和直线 $y=x+2$ 围成.

解法 1 画出区域 D 的图形（图 9-10），解方程组
$$\begin{cases} y=x^2, \\ y=x+2 \end{cases}$$

得
$$\begin{cases} x_1=-1, \\ y_2=1, \end{cases} \text{或} \begin{cases} x_2=2, \\ y_2=4, \end{cases}$$

于是得交点 $A(-1,1),B(2,4)$.

化为先对 y，再对 x 的二次积分（图 9-10）：

$$\iint\limits_D (2y-x)\mathrm{d}x\mathrm{d}y = \int_{-1}^{2}\mathrm{d}x\int_{x^2}^{x+2}(2y-x)\mathrm{d}y$$

$$= \int_{-1}^{2}(y^2-xy)\Big|_{x^2}^{x+2}\mathrm{d}x$$

$$= \int_{-1}^{2}\big[(x+2)^2-x(x+2)-x^4+x^3\big]\mathrm{d}x$$

$$= \frac{243}{20}.$$

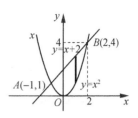

图 9-10

解法 2　化为先对 x、再对 y 的二次积分（图 9-11）：

$$\iint\limits_D (2y-x)\mathrm{d}x\mathrm{d}y = \iint\limits_{D_1}(2y-x)\mathrm{d}x\mathrm{d}y + \iint\limits_{D_2}(2y-x)\mathrm{d}x\mathrm{d}y$$

$$= \int_{0}^{1}\mathrm{d}y\int_{-\sqrt{y}}^{\sqrt{y}}(2y-x)\mathrm{d}x + \int_{1}^{4}\mathrm{d}y\int_{y-2}^{\sqrt{y}}(2y-x)\mathrm{d}x$$

$$= \frac{243}{20}.$$

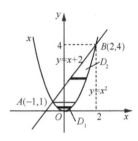

图 9-11

*例 3　计算二重积分 $\iint\limits_D \mathrm{e}^{x^2}\mathrm{d}x\mathrm{d}y$，其中 D 由直线 $y=x,y=0$ 和 $x=1$ 所围成.

解　画出区域 D 的图形（图 9-12）.

若化为先对 x、再对 y 的二次积分（图 9-12）：

$$\iint\limits_D \mathrm{e}^{x^2}\mathrm{d}x\mathrm{d}y = \int_{0}^{1}\mathrm{d}y\int_{y}^{1}\mathrm{e}^{x^2}\mathrm{d}x.$$

由于函数是不可积函数，所以上述积分无法进行计算.

若化为先对 y、再对 x 的二次积分（图 9-13）：

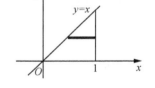

图 9-12

$$\iint\limits_D \mathrm{e}^{x^2}\mathrm{d}x\mathrm{d}y = \int_{0}^{1}\mathrm{d}x\int_{0}^{x}\mathrm{e}^{x^2}\mathrm{d}y = \int_{0}^{1}x\mathrm{e}^{x^2}\mathrm{d}x = \frac{1}{2}\mathrm{e}^{x^2}\Big|_{0}^{1} = \frac{1}{2}(\mathrm{e}-1).$$

例 4　交换二次积分

$$\int_{0}^{1}\mathrm{d}y\int_{0}^{\sqrt{y}}f(x,y)\mathrm{d}x + \int_{1}^{2}\mathrm{d}y\int_{0}^{2-y}f(x,y)\mathrm{d}x$$

的积分次序.

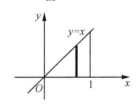

图 9-13

解　根据所给的二次积分的积分限，用不等式组表示区域 D_1 和 D_2，则有

$$D_1:\begin{cases} 0\leqslant x\leqslant\sqrt{y}, \\ 0\leqslant y\leqslant 1, \end{cases} \quad D_2:\begin{cases} 0\leqslant x\leqslant 2-y, \\ 1\leqslant y\leqslant 2, \end{cases}$$

并画出区域 D_1,D_2 的图形（图 9-14）. D_1 和 D_2 可合并成一个区域 D. 于是有

$$\int_{0}^{1}\mathrm{d}y\int_{0}^{\sqrt{y}}f(x,y)\mathrm{d}x + \int_{1}^{2}\mathrm{d}y\int_{0}^{2-y}f(x,y)\mathrm{d}x$$

$$= \iint\limits_{D_1} f(x,y)\mathrm{d}x\mathrm{d}y + \iint\limits_{D_2} f(x,y)\mathrm{d}x\mathrm{d}y$$

$$= \iint\limits_{D} f(x,y)\mathrm{d}x\mathrm{d}y,$$

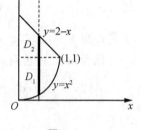

再把二重积分化为先对 y、再对 x 的二次积分：

$$\iint\limits_{D} f(x,y)\mathrm{d}x\mathrm{d}y = \int_0^1 \mathrm{d}x \int_{x^2}^{2-x} f(x,y)\mathrm{d}y.$$

因此,有

图 9-14

$$\int_0^1 \mathrm{d}y \int_0^{\sqrt{y}} f(x,y)\mathrm{d}x + \int_1^2 \mathrm{d}y \int_0^{2-y} f(x,y)\mathrm{d}x = \int_0^1 \mathrm{d}x \int_{x^2}^{2-x} f(x,y)\mathrm{d}y.$$

例 5 求两个半径相同的直交圆柱体公共部分的体积.

解 建立如图 9-15 所示的坐标系.

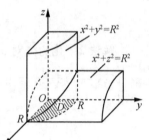

设两个圆柱体底半径为 R,其圆柱面方程分别为

$$x^2+y^2=R^2,\ x^2+z^2=R^2.$$

利用对称性,只要求出两个直交圆柱体公共部分在第一象限(即 $x\geqslant 0,y\geqslant 0,z\geqslant 0$)部分的体积,然后乘以 8 即可.

圆柱面 $x^2+y^2=R^2$ 与 $x^2+z^2=R^2$ 的交线在 xOy 面上的投

图 9-15

影线为

$$\begin{cases} x^2+y^2=R^2, \\ z=0, \end{cases}$$

所以,以 $z=\sqrt{R^2-x^2}$ 为曲顶、以

$$D:\begin{cases} 0\leqslant y\leqslant \sqrt{R^2-x^2}, \\ 0\leqslant x\leqslant R \end{cases}$$

为底的曲顶柱体的体积为

$$\iint\limits_{D} \sqrt{R^2-x^2}\mathrm{d}x\mathrm{d}y,$$

故所求公共部分的体积为

$$V = 8\iint\limits_{D} \sqrt{R^2-x^2}\mathrm{d}x\mathrm{d}y = 8\int_0^R \mathrm{d}x \int_0^{\sqrt{R^2-x^2}} \sqrt{R^2-x^2}\mathrm{d}y$$

$$= 8\int_0^R \sqrt{R^2-x^2}\sqrt{R^2-x^2}\mathrm{d}x = 8\left(R^2 x - \frac{1}{3}x^3\right)\Big|_0^R = \frac{16}{3}R^3.$$

二、在极坐标系下计算二重积分

当区域 D 是圆形区域、扇形区域、环形区域或它们的一部分时,利用直角坐标系计算这类区域上的二重积分往往比较困难.而在极坐标系下计算则比较方便.下面介绍如何在极坐标系下计算二重积分 $\iint\limits_{D} f(x,y)\mathrm{d}x\mathrm{d}y$.

在极坐标系下计算二重积分 $\iint\limits_{D} f(x,y)\mathrm{d}x\mathrm{d}y$,我们分成两大步.

第一步　把直角坐标系下的二重积分转化为极坐标系下的二重积分.

性质　设 $z=f(x,y)$ 在区域 D 上的二重积分 $\iint\limits_D f(x,y)\mathrm{d}x\mathrm{d}y$ 存在,则

$$\iint\limits_D f(x,y)\mathrm{d}x\mathrm{d}y=\iint\limits_D f(r\cos\theta,r\sin\theta)r\mathrm{d}r\mathrm{d}\theta,$$

其中 $\iint\limits_D f(r\cos\theta,r\sin\theta)r\mathrm{d}r\mathrm{d}\theta$ 是极坐标系下的二重积分.

第二步　我们考虑如何将极坐标系下的二重积分

$$\iint\limits_D f(x,y)\mathrm{d}x\mathrm{d}y=\iint\limits_D f(r\cos\theta,r\sin\theta)r\mathrm{d}r\mathrm{d}\theta$$

转变为二次积分,从而计算出二重积分.

由于积分区域 D 的边界曲线一般用 $r=r(\theta)$ 表示,因此我们通常将二重积分 $\iint\limits_D f(r\cos\theta,r\sin\theta)r\mathrm{d}r\mathrm{d}\theta$ 转变为"先积 r 再积 θ"的二次积分.

图 9-16

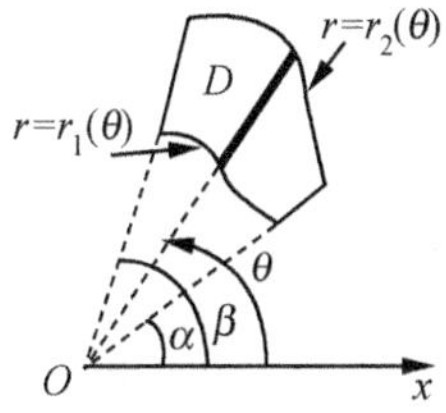

(1) 若极点 O 在区域 D 之外(图 9-16),设区域 D 是由两条射线 $\theta=\alpha,\theta=\beta$ 及两条曲线 $r=r_1(\theta),r=r_2(\theta)$ 围成的,此时,D 可以表示为

$$\begin{cases}r_1(\theta)\leqslant r\leqslant r_2(\theta),\\ \alpha\leqslant\theta\leqslant\beta,\end{cases}$$

于是

$$\begin{aligned}\iint\limits_D f(x,y)\mathrm{d}x\mathrm{d}y&=\iint\limits_D f(r\cos\theta,r\sin\theta)r\mathrm{d}r\mathrm{d}\theta\\&=\int_\alpha^\beta\mathrm{d}\theta\int_{r_1(\theta)}^{r_2(\theta)}f(r\cos\theta,r\sin\theta)r\mathrm{d}r.\end{aligned}$$

图 9-17

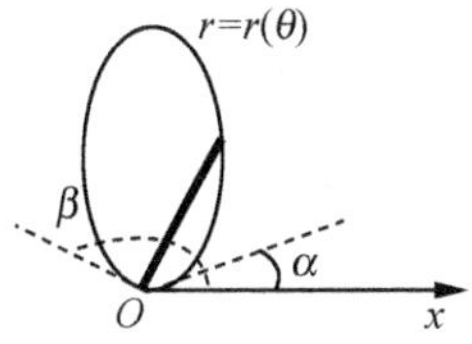

(2) 若极点 O 在区域 D 的边界上(图 9-17),此时,

$$\iint\limits_D f(x,y)\mathrm{d}x\mathrm{d}y=\iint\limits_D f(r\cos\theta,r\sin\theta)r\mathrm{d}r\mathrm{d}\theta=\int_\alpha^\beta\mathrm{d}\theta\int_0^{r(\theta)}f(r\cos\theta,r\sin\theta)r\mathrm{d}r.$$

(3) 若极点 O 在积分区域 D 的内部(图 9-18),则积分区域 D 可以表示为

$$\begin{cases}0\leqslant r\leqslant r(\theta),\\ 0\leqslant\theta\leqslant 2\pi,\end{cases}$$

对应的二次积分可以表示为

$$\begin{aligned}\iint\limits_D f(x,y)\mathrm{d}x\mathrm{d}y&=\iint\limits_D f(r\cos\theta,r\sin\theta)r\mathrm{d}r\mathrm{d}\theta\\&=\int_0^{2\pi}\mathrm{d}\theta\int_0^{r(\theta)}f(r\cos\theta,r\sin\theta)r\mathrm{d}r.\end{aligned}$$

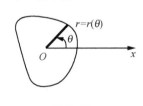

图 9-18

例 6　将二重积分 $\iint\limits_D f(x,y)\mathrm{d}x\mathrm{d}y$ 化为极坐标系下的二次积分,其中 D 由曲线 $y=\sqrt{9-x^2}$ 和直线 $y=\pm x$ 围成.

解　画出积分区域 D 的图形,如图 9-19 所示.在极坐标系下,积分区域 D 可表示为

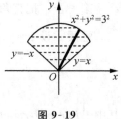

$$\begin{cases} 0 \leqslant r \leqslant 3, \\ \dfrac{\pi}{4} \leqslant \theta \leqslant \dfrac{3\pi}{4}, \end{cases}$$

因此

$$\iint\limits_{D} f(x,y)\mathrm{d}x\mathrm{d}y = \int_{\frac{\pi}{4}}^{\frac{3\pi}{4}} \mathrm{d}\theta \int_{0}^{3} f(r\cos\theta, r\sin\theta) r\mathrm{d}r.$$

图 9-19

例7 求二重积分 $\iint\limits_{D} xy\mathrm{d}x\mathrm{d}y$，其中 D 为圆周 $x^2+y^2=2x$ 与 x 轴在第一象限所围部分.

解 画出区域 D 的图形，如图 9-20 所示. 在极坐标系下，积分区域 D 可表示为

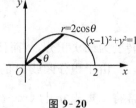

$$\begin{cases} 0 \leqslant r \leqslant 2\cos\theta, \\ 0 \leqslant \theta \leqslant \dfrac{\pi}{2}, \end{cases}$$

图 9-20

因此

$$\iint\limits_{D} xy\mathrm{d}x\mathrm{d}y = \int_{0}^{\frac{\pi}{2}} \mathrm{d}\theta \int_{0}^{2\cos\theta} (r\cos\theta)(r\sin\theta) r\mathrm{d}r = \int_{0}^{\frac{\pi}{2}} \mathrm{d}\theta \int_{0}^{2\cos\theta} r^3 \sin\theta\cos\theta \mathrm{d}r$$

$$= \int_{0}^{\frac{\pi}{2}} \sin\theta\cos\theta \cdot \frac{1}{4} r^4 \Big|_{0}^{2\cos\theta} \mathrm{d}\theta$$

$$= 4\int_{0}^{\frac{\pi}{2}} \sin\theta\cos^5\theta \mathrm{d}\theta = -\frac{4}{6}\cos^6\theta \Big|_{0}^{\frac{\pi}{2}} = \frac{2}{3}.$$

例8 计算二重积分 $\iint\limits_{D} \arctan\dfrac{y}{x}\mathrm{d}x\mathrm{d}y$，其中 D 为 $1\leqslant x^2+y^2\leqslant 4$ 围成的区域.

解 先画出积分区域 D(图 9-21)，在极坐标系下，D 可以表示为

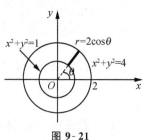

$$\begin{cases} 1 \leqslant r \leqslant 2, \\ 0 \leqslant \theta \leqslant 2\pi, \end{cases}$$

则

图 9-21

$$\iint\limits_{D} \arctan\frac{y}{x}\mathrm{d}x\mathrm{d}y = \int_{0}^{2\pi} \mathrm{d}\theta \int_{1}^{2} \arctan\frac{r\sin\theta}{r\cos\theta} \cdot r\mathrm{d}r = \int_{0}^{2\pi} \mathrm{d}\theta \int_{1}^{2} \theta \cdot r\mathrm{d}r$$

$$= \int_{0}^{2\pi} \theta \cdot \left(\frac{1}{2}r^2\right) \Big|_{1}^{2} \mathrm{d}\theta = \frac{3}{2}\int_{0}^{2\pi} \theta\mathrm{d}\theta = 3\pi^2.$$

练习题 9.2

1. 计算 $\iint\limits_{D} xy\mathrm{d}\sigma$,其中 D 是由直线 $y=1,x=2$ 及 $y=x$ 所围成的闭区域.

2. 计算 $\iint\limits_{D} \dfrac{x^2}{y^2}\mathrm{d}\sigma$,其中 D 是由直线 $x=2,y=x$ 及双曲线 $xy=1$ 所围成的闭区域.

3. 计算 $\iint\limits_{D} \dfrac{\sin y}{y}\mathrm{d}x\mathrm{d}y$,其中 D 是由直线 $y=x$ 及曲线 $y=\sqrt{x}$ 所围成的闭区域.

4. 计算 $\iint\limits_{D} y\mathrm{d}x\mathrm{d}y$,其中 D 是由 $x^2+y^2\leqslant x$ 所确定的闭区域.

5. 计算 $\iint\limits_{D} xy\mathrm{d}x\mathrm{d}y$,其中 D 是由 $x^2+y^2\geqslant 1$ 与 $x^2+y^2\leqslant 2x$ 所围成的在第一、第四象限内的区域.

6. 计算 $\iint\limits_{D} xy\mathrm{d}x\mathrm{d}y$,其中 D 是由直线 $y=x,y=2$ 及曲线 $y=\sqrt{4-x^2}$ 所围成的闭区域.

7. 交换下列二次积分的积分次序:

(1) $\displaystyle\int_0^1 \mathrm{d}x\int_0^x f(x,y)\mathrm{d}y + \int_1^2 \mathrm{d}x\int_0^{2-x} f(x,y)\mathrm{d}y$;

(2) $\displaystyle\int_1^e \mathrm{d}y\int_{\ln y}^1 yf(x,y)\mathrm{d}x$;

(3) $\displaystyle\int_0^2 \mathrm{d}y\int_{y^2}^{2y} f(x,y)\mathrm{d}x$;

(4) $\displaystyle\int_{-1}^2 \mathrm{d}x\int_{x^2}^{x+2} f(x,y)\mathrm{d}y$.

8. 求由平面 $x=0,y=0,z=0,x+y=1$ 及曲面 $z=x^2+y^2$ 所围成的立体的体积.

复习题九

一、选择题

1. 设 $I_1=\iint\limits_{D}\ln(x+y)\mathrm{d}\sigma$,$I_2=\iint\limits_{D}[\ln(x+y)]^2\mathrm{d}\sigma$,其中 D 是以 $(2,0),(1,0),(1,1)$ 为顶点所围成的三角形区域,则 （　　）

A. $I_1=I_2$ 　　　B. $I_1<I_2<2I_1$ 　　　C. $I_1>I_2$ 　　　D. $I_2\geqslant 2I_1$

2. 设 D 是 xOy 平面上的一个三角形区域,其面积为 S,则二重积分 $\iint\limits_{D}\mathrm{d}x\mathrm{d}y$ 等于

( )

A. 0   B. $\dfrac{1}{2}S$ C. S D. $2S$

3. 设 D 是由直线 $x=0,x=1,y=1$ 及 x 轴围成的平面区域,则二重积分 $\iint\limits_{D}\mathrm{d}x\mathrm{d}y$ 等于

( )

A. 4   B. 2   C. 1   D. $\dfrac{1}{2}$

4. 设 D 是矩形 $0 \leqslant x \leqslant 1,0 \leqslant y \leqslant 2$,且 $f(x,y)$ 在 D 上的最大和最小值分别为 4 和 1,则估计 $\iint\limits_{D}f(x,y)\mathrm{d}\sigma$ 的值所属范围为 ( )

A. $[1,4]$ B. $[2,4]$ C. $[2,8]$ D. $[1,8]$

5. 设 D 是由 x 轴、y 轴与直线 $x+y=1$ 所围成的,利用二重积分的性质,下列式子成立的是 ( )

A. $\iint\limits_{D}(x+y)^{2}\mathrm{d}\sigma < \iint\limits_{D}(x+y)^{3}\mathrm{d}\sigma$ B. $\iint\limits_{D}xy\mathrm{d}\sigma < \iint\limits_{D}xy^{3}\mathrm{d}\sigma$

C. $\iint\limits_{D}(x+y)^{2}\mathrm{d}\sigma > \iint\limits_{D}(x+y)^{3}\mathrm{d}\sigma$ D. $\iint\limits_{D}\ln(xy)\mathrm{d}\sigma < \iint\limits_{D}\ln(xy^{3})\mathrm{d}\sigma$

6. 设 D 是矩形 $0 \leqslant x \leqslant 1,-1 \leqslant y \leqslant 1$,则利用二重积分的几何意义,确定积分 $\iint\limits_{D}\mathrm{d}\sigma$ 的值为 ( )

A. -2 B. 2   C. 1   D. 0

7. 设 D 由 x 轴、y 轴与直线 $x=2$、$y=1$ 所围成,且 $I_{1}=\iint\limits_{D}x\mathrm{e}^{y}\mathrm{d}\sigma,I_{2}=\int_{0}^{2}x\mathrm{d}x \cdot \int_{0}^{1}\mathrm{e}^{y}\mathrm{d}y$,则 ( )

A. $I_{1} < I_{2}$ B. $I_{1}=I_{2}$ C. $I_{1} > I_{2}$ D. 无法比较

8. 设 D 是由 x 轴、y 轴与直线 $x+y=1$ 所围成,则 $\iint\limits_{D}xy\mathrm{d}x\mathrm{d}y$ 等于 ( )

A. $\dfrac{1}{4}$ B. $\dfrac{1}{8}$ C. $\dfrac{1}{12}$ D. $\dfrac{1}{24}$

9. 设 D 是由 $y=0,y=x$ 以及 $x^{2}+y^{2}=1$ 在第一象限内围成的区域,则 $\iint\limits_{D}(1-x^{2}-y^{2})\mathrm{d}\sigma$ 等于 ( )

A. $\dfrac{\pi}{4}$ B. $\dfrac{\pi}{8}$ C. $\dfrac{\pi}{16}$ D. $\dfrac{\pi}{24}$

10. 设 D 为圆域 $x^{2}+y^{2} \leqslant 1$,则 $\iint\limits_{D}\mathrm{e}^{-x^{2}-y^{2}}\mathrm{d}\sigma$ 等于 ( )

A. π 　　　　　 B. $\dfrac{\pi}{e}$ 　　　　　 C. $\pi + \dfrac{\pi}{e}$ 　　　 D. $\pi - \dfrac{\pi}{e}$

11. 利用极坐标计算 $\displaystyle\int_{-R}^{R} dx \int_{0}^{\sqrt{R^2 - x^2}} (x^2 + y^2) dy$ 为　　　　　　　　　（　　）

A. πR^4 　　　　 B. $\dfrac{\pi R^4}{3}$ 　　　　 C. $\dfrac{\pi R^4}{4}$ 　　　 D. $\dfrac{\pi R^4}{5}$

12. 设 D 是由 y 轴与直线 $y = x, y = 1$ 所围成，则 $\displaystyle\iint_{D} y^2 e^{xy} d\sigma$ 等于　　　（　　）

A. $\dfrac{e}{2}$ 　　　　 B. -1 　　　　 C. $\dfrac{e}{2} - 1$ 　　 D. 1

13. 设 D 为圆域 $x^2 + y^2 \leqslant a^2$，则使 $\displaystyle\iint_{D} \sqrt{a^2 - x^2 - y^2} d\sigma = \pi$ 成立的 $a =$　　（　　）

A. 1 　　　　 B. $\sqrt[3]{\dfrac{3}{2}}$ 　　　　 C. $\sqrt[3]{\dfrac{3}{4}}$ 　　 D. $\sqrt[3]{\dfrac{1}{2}}$

14. 二次积分 $\displaystyle\int_{0}^{1} dx \int_{0}^{1-x} f(x,y) dy =$　　　　　　　　　　（　　）

A. $\displaystyle\int_{0}^{1} dy \int_{0}^{1} f(x,y) dx$ 　　　　　　　 B. $\displaystyle\int_{0}^{1} dy \int_{0}^{1-x} f(x,y) dx$

C. $\displaystyle\int_{0}^{1-x} dy \int_{0}^{1} f(x,y) dx$ 　　　　　　 D. $\displaystyle\int_{0}^{1} dy \int_{0}^{1-y} f(x,y) dx$

15. 设 $I = \displaystyle\int_{0}^{1} dx \int_{0}^{1-x} f(x,y) dy$，则交换积分次序后为　　　　（　　）

A. $\displaystyle\int_{0}^{1} dy \int_{0}^{1-y} f(x,y) dx$ 　　　　　　 B. $\displaystyle\int_{0}^{1} dy \int_{0}^{1-x} f(x,y) dx$

C. $\displaystyle\int_{0}^{1-x} dy \int_{0}^{1} f(x,y) dx$ 　　　　　　 D. $\displaystyle\int_{0}^{1} dy \int_{0}^{1} f(x,y) dx$

16. 设 D 是由直线 $y = x, x = 2$ 及曲线 $xy = 1$ 所围成的区域，则 $\displaystyle\iint_{D} f(x,y) d\sigma$ 等于

（　　）

A. $\displaystyle\int_{1}^{2} dx \int_{\frac{1}{x}}^{x} f(x,y) dy$ 　　　　　　　 B. $\displaystyle\int_{1}^{2} dx \int_{x}^{\frac{1}{x}} f(x,y) dy$

C. $\displaystyle\int_{0}^{1} dx \int_{0}^{x} f(x,y) dy + \int_{1}^{2} dx \int_{0}^{\frac{1}{x}} f(x,y) dy$ 　　 D. $\displaystyle\int_{0}^{1} dx \int_{0}^{x} f(x,y) dy + \int_{1}^{2} dx \int_{0}^{x} f(x,y) dy$

17. 二重积分 $\displaystyle\int_{0}^{1} dx \int_{0}^{\sqrt{x - x^2}} f(x,y) dy$ 可以化为　　　　　　（　　）

A. $\displaystyle\int_{0}^{\frac{\pi}{2}} d\theta \int_{0}^{\sin\theta} f(r\cos\theta, r\sin\theta) r dr$ 　　　　 B. $\displaystyle\int_{0}^{\frac{\pi}{2}} d\theta \int_{0}^{\sin\theta} f(r\cos\theta, r\sin\theta) dr$

C. $\displaystyle\int_{0}^{\frac{\pi}{2}} d\theta \int_{0}^{\cos\theta} f(r\cos\theta, r\sin\theta) dr$ 　　　　 D. $\displaystyle\int_{0}^{\frac{\pi}{2}} d\theta \int_{0}^{\cos\theta} f(r\cos\theta, r\sin\theta) r dr$

18. 二重积分可以用来计算　　　　　　　　　　　　　　　　　（　　）

A. 平面区域的面积　　　　　　　　　 B. 空间立体的体积

C. 空间曲面的面积　　　　　　　　　 D. 前面三个都可以

二、填空题

1. 二重积分 $\iint\limits_{D} f(x,y)\mathrm{d}\sigma$（当 $f(x,y) > 0$ 时）的几何意义是 _____.

2. 设 D 是由 $|x| = \dfrac{1}{2}$ 和 $|y| = \dfrac{1}{2}$ 围成的区域，则 $\iint\limits_{D}\mathrm{d}\sigma = $ _____.

3. 设 $D = \{(x,y) \mid 1 \leqslant x^2 + y^2 \leqslant 4\}$，则 $\iint\limits_{D}\mathrm{d}\sigma = $ _____.

4. 设 $D = \{(x,y) \mid x^2 + y^2 \leqslant 9, x \geqslant 0, y \geqslant 0\}$，则 $\iint\limits_{D}\mathrm{d}\sigma = $ _____.

5. 设 $D = \{(x,y) \mid x^2 + y^2 \leqslant a^2\}$，且 $\iint\limits_{D}(x^2 + y^2)\mathrm{d}\sigma = 8\pi$，则 $a = $ _____.

6. 设 M 和 m 分别为函数 $f(x,y)$ 在有界闭区域 D 上的最大值和最小值，且 D 的面积为 δ，则估计二重积分的值为

$$\underline{\hspace{3cm}} \leqslant \iint\limits_{D} f(x,y)\mathrm{d}\sigma \leqslant \underline{\hspace{2cm}}.$$

7. 设 D 是由 $1 \leqslant x^2 + y^2 \leqslant 4$ 所围成，则估计二重积分的值为

$$\underline{\hspace{3cm}} \leqslant \iint\limits_{D} \mathrm{e}^{x^2 + y^2}\mathrm{d}\sigma \leqslant \underline{\hspace{2cm}}.$$

8. 交换积分次序：

(1) $\displaystyle\int_{1}^{e}\mathrm{d}x\int_{0}^{\ln x} f(x,y)\mathrm{d}y = $ _____.

(2) $\displaystyle\int_{0}^{2}\mathrm{d}y\int_{y^2}^{2y} f(x,y)\mathrm{d}x = $ _____.

(3) $\displaystyle\int_{0}^{2}\mathrm{d}y\int_{\frac{y}{2}}^{y} f(x,y)\mathrm{d}x + \int_{2}^{4}\mathrm{d}y\int_{\frac{y}{2}}^{2} f(x,y)\mathrm{d}x = $ _____.

(4) $\displaystyle\int_{0}^{1}\mathrm{d}x\int_{x}^{1} f(x,y)\mathrm{d}y = $ _____.

(5) $\displaystyle\int_{0}^{1}\mathrm{d}y\int_{-\sqrt{y}}^{\sqrt{y}} f(x,y)\mathrm{d}x + \int_{1}^{4}\mathrm{d}y\int_{y-2}^{\sqrt{y}} f(x,y)\mathrm{d}x = $ _____.

9. 把二重积分 $\iint\limits_{D} f(x,y)\mathrm{d}\sigma$（其中 $1 \leqslant x^2 + y^2 \leqslant 4$）化为极坐标系下的累次积分为

_____

10. 把二重积分 $\displaystyle\int_{0}^{R}\mathrm{d}x\int_{0}^{\sqrt{R^2-x^2}} f(x^2 + y^2)\mathrm{d}y$ 化为极坐标系下的累次积分为

_____

11. $\displaystyle\int_{0}^{1}\mathrm{d}x\int_{0}^{\frac{\pi}{2}} \sqrt{x}\cos y\mathrm{d}y = $ _____.

12. 由曲线 $xy = 4$ 和直线 $x + y = 5$ 围成的平面图形的面积为 _____.

13. 由 $x + y + z = 3, x = 2, y = 1$ 以及第一卦限的坐标面所围成的立体的体积用二重积分表示为 _____，其中 D 由 _____ 围成.

14. 由曲面 $z = 4 - x^2, 2x + y = 4$ 以及三个坐标面围成的第一卦限部分的立体的体积

用二重积分表示为＿＿＿＿＿＿＿＿,其中 D 由＿＿＿＿＿＿＿＿围成.

三、解答题

1. 求 $\iint\limits_{D}\dfrac{y^2}{x^2}\mathrm{d}\sigma$,其中 D 是由直线 $y=x,y=2$ 及双曲线 $xy=1$ 所围成的区域.

2. 求 $\iint\limits_{D}\mathrm{e}^{-y^2}\mathrm{d}\sigma$,其中 D 是由直线 $y=x,y=1$ 及 y 轴所围成的区域.

3. 求 $\iint\limits_{D}(2y-x)\mathrm{d}\sigma$,其中 D 是由直线 $y=x+2$ 及抛物线 $y=x^2$ 所围成的区域.

4. 求 $\iint\limits_{D}10y\mathrm{d}\sigma$,其中 D 是由直线 $y=x^2-1$ 及 $y=x+1$ 所围成的区域.

5. 求 $\iint\limits_{D}\dfrac{\sin x}{x}\mathrm{d}\sigma$,其中 D 是由直线 $y=x,x=\pi$ 及 $y=0$ 所围成的区域.

6. 求 $\iint\limits_{D}\dfrac{\sin y}{y}\mathrm{d}\sigma$,其中 D 是由直线 $y=x,y=\pi$ 及 $x=0$ 所围成的区域.

7. 求 $\iint\limits_{D}\ln(x^2+y^2+1)\mathrm{d}\sigma$,其中 D 是由 $x^2+y^2=1$ 所围成的区域.

8. 求 $\iint\limits_{D}\dfrac{y}{\sqrt{x^2+y^2}}\mathrm{d}\sigma$,其中 D 是由 $x^2+y^2=4$ 所围成的区域.

9. 求 $\iint\limits_{D}\sqrt{x^2+y^2-9}\mathrm{d}\sigma$,其中 D 是由 $9\leqslant x^2+y^2\leqslant 25$ 所围成的区域.

10. 求 $\iint\limits_{D}x^2\mathrm{d}\sigma$,其中 D 是由 $1\leqslant x^2+y^2\leqslant 4$ 所围成的区域.

11. 求 $\iint\limits_{D}y\mathrm{d}\sigma$,其中 D 是由 $a^2\leqslant x^2+y^2\leqslant b^2(b>a>0)$ 所围成的区域.

12. 求 $\iint\limits_{D}\mathrm{e}^{x^2+y^2}\mathrm{d}\sigma$,其中 D 是由 $x^2+y^2\leqslant 1$ 所围成的区域.

13. 求 $\iint\limits_{D}\cos(x+y)\mathrm{d}\sigma$,其中 D 是由直线 $y=x,y=\pi$ 及 $x=0$ 所围成的区域.

14. 求由曲面 $z=6-2x^2-y^2$ 与 $z=x^2+2y^2$ 所围成的立体的体积.

15. 求由曲面 $z=2-\sqrt{x^2+y^2}$ 与 $z=x^2+y^2$ 所围成的立体的体积.

16. 求由曲面 $z=2-y^2$ 与 $z=2x^2+y^2$ 所围成的立体的体积.

17. 求球面 $x^2+y^2+z^2=16$ 被平面 $z=1,z=2$ 所夹部分的立体的体积.

阅读材料九 数学家简介8

柯召——中国近代数论的创始人

柯召(1910—2002)，浙江温岭人，被称为中国"近代数论和组合论的创始人之一""二次型研究的开拓者""一代数学宗师"。

1935年，他考上了公费留学生，去英国曼彻斯特大学深造，1937年，柯召获得博士学位。接着，他在曼彻斯特大学数学系工作一年。在英国3年，柯召学习刻苦、工作勤奋，为他毕生从事数学教学和研究打下了坚实的基础。截至1938年，才华横溢的柯召已在《数论学报》《牛津数学季刊》《伦敦数学会杂志》《伦敦数学会会报》等国际一流杂志上发表了10多篇极为出色的论文。除了包括二次型方面的一系列工作外，还包括了中国最早的代数数论和几何方面的研究成果。

1938年夏，柯召满怀报国之心，毅然回到祖国。他到了成都，受聘为四川大学教授，讲授代数和几何方面的课程。翌年夏，他任四川大学数学系主任。在此期间，他与李华宗合作，进行了矩阵代数方面的研究。特别是他主持数学系工作之后，很注意科研工作和学生能力的培养，除课堂教学外，还定期举办全系的学术讨论会。在四川大学校史上有这样一段记载：1938—1942年在峨嵋期间，数学系每周设专题研究课，召集全系师生作集体研究，各人阐述自己的研究心得，共同讨论，这种专题研究十分吸引人，它造就了一批在数学上锐意进取的人才。他和李华宗合作的论文，以及他和学生朱福祖合作的二次型方面的论文，都是这个专题研究课的产物。

1955年，他带领一些青年教师和学生，在"线性型的最大不可表数"的问题上，做了大量工作。同时，他在二次型方面继续发表了一些优秀论文。特别在20世纪60年代，他在不定方程方面，取得了一系列极为出色的成果。他长期参加并指导有多名中青年教师参加的数论讨论班，鼓励大家敢于向难度大的问题挑战。他用袁枚的一首诗来表达他对科学研究的深切体会：但肯寻诗便有诗，灵犀一点是吾师，夕阳芳草寻常物，解用都为绝妙词。他说："对科学研究确有此种境界，肯下功夫，总会有收获，灵感之来源于刻苦，能灵活运用，可以得出很好的结果。"

1961年，柯召先生与匈牙利数学家爱尔特希、英国数学家拉多在组合论方面得出有限集组的相交定理,这就是被称为里程碑式的"爱尔特希-柯-拉多定理",大大推动了极值集论的发展.正如弗兰克尔和格拉厄姆所指出的:爱尔特希-柯-拉多定理是组合数学中一个主要结果,这个定理开辟了极值集论迅速发展的道路.

1962 年,柯召终于以精湛的方法解决了卡特兰猜想的二次情形,并获一系列重要成果,被世界数学界誉为"柯氏定理",它所运用的方法被称为"柯召方法",被应用在不定方程研究中.1977 年法国数学家特尔加尼亚运用柯召方法证明了偶指数费马大定理第一情形成立,国际数学界对柯召方法的精妙惊讶不已.

20 世纪 80 年代初,他又积极带领四川大学数论组的教师从事国防应用数学的研究,开拓数论应用的新领域,为社会主义现代化服务,取得了丰硕的成果.

第 10 章

常微分方程

§10.1 常微分方程的基本概念

请看例题:已知一条曲线过点 $P_0(1,1)$,且该曲线上任一点 $P(x,y)$ 处的切线斜率为 $x+1$,求该曲线方程.

解 设所求曲线方程为 $y=f(x)$,$P(x,y)$ 为曲线上任意一点,曲线在该点的切线斜率为 y',根据题意有

$$y'=x+1$$

像这种含有未知函数导数的方程,我们称为微分方程.

定义 1 我们将含有未知函数的导数(或微分)的方程称为微分方程.未知函数是一元函数的微分方程称为常微分方程;未知函数是多元函数,并且在方程中出现偏导数的方程称为偏微分方程.

方程 $y'=x+1$,$y'+2xy=x^2$,$y''=3$,$(y')^2+2y+x=0$,$m\dfrac{\mathrm{d}^2s}{\mathrm{d}t^2}=g$,这些都是常微分方程;方程 $\dfrac{\partial^2 u}{\partial x^2}+\dfrac{\partial^2 u}{\partial y^2}=1$ 是偏微分方程.本章只讨论常微分方程,简称为微分方程.

> **注意** 微分方程可以不显含未知函数自身,也可以不出现自变量,但必须显含未知函数的导数或微分.

定义 2 在一个微分方程中,将未知函数导数的最高阶数定义为微分方程的阶.

$y'=x+1$,$y'+2xy=x^2$,$y(y')^2+2y+x=0$ 是一阶微分方程,$y''=3$,$m\dfrac{\mathrm{d}^2s}{\mathrm{d}t^2}=g$ 是二阶微分方程,$y^{(4)}+2xy=x^2$ 是四阶微分方程.

定义 3 将一个已知函数代入微分方程后,能使方程成为恒等式,我们就将这个已知函数定义为微分方程的解.

例如,函数 $y=\dfrac{1}{2}x^2+x$ 是微分方程 $y'=x+1$ 的解,函数 $y=\dfrac{1}{2}x^2+x+1$,$y=\dfrac{1}{2}x^2+x+2$ 也是微分方程 $y'=x+1$ 的解.更一般地,函数 $y=\dfrac{1}{2}x^2+x+C$(C 为任意常数)也是

微分方程 $y'=x+1$ 的解.

将 n 阶常微分方程中含有 n 个相互独立的任意常数(即这些常数不能相互合并)的解定义为该常微分方程的通解. 若通解以隐函数形式给出,这种通解我们也称为通积分.

将不含任意常数的微分方程的解,称为微分方程的特解.

例 1　验证函数 $y=C_1\sin x+C_2\cos x$(C_1,C_2 为任意常数)为二阶微分方程 $y''+y=0$ 的通解.

解　$y=C_1\sin x+C_2\cos x$,$y'=C_1\cos x-C_2\sin x$,$y''=-C_1\sin x-C_2\cos x$,分别代入微分方程 $y''+y=0$ 得

$$左边=y''+y=(-C_1\sin x-C_2\cos x)+(C_1\sin x+C_2\cos x)=0=右边.$$

所以函数 $y=C_1\sin x+C_2\cos x$ 是微分方程 $y''+y=0$ 的解,且解中含两个独立的任意常数,与微分方程的阶数相同,所以它是该微分方程的通解.

何谓独立的任意常数? 函数 $y=C_1\sin x-C_2\cos x-2C_3\cos x$ 也是微分方程 $y''+y=0$ 的解,这时的 C_2,C_3 就不是独立的两个任意常数,因为 $C_2\cos x+2C_3\cos x=(C_1+2C_2)\cos x=C\cos x$(设 $C_1+2C_2=C$),这种能合并成一个任意常数的只能算一个任意常数.

为了精确描述这个问题,我们引入函数的线性相关和线性无关的概念.

定义 4　设函数 $y_1(x)$ 和 $y_2(x)$ 是定义在区间 I 内的函数,若存在两个不全为 0 的常数 k_1 和 k_2,使得

$$k_1y_1(x)+k_2y_2(x)\equiv0,$$

则称 $y_1(x)$ 和 $y_2(x)$ 在区间 I 内线性相关,否则称 $y_1(x)$ 和 $y_2(x)$ 在区间 I 内线性无关.

从线性相关和线性无关的定义可得到:

$y_1(x)$ 和 $y_2(x)$ 线性相关的充要条件是 $\dfrac{y_1(x)}{y_2(x)}\equiv$ 常数;

$y_1(x)$ 和 $y_2(x)$ 线性无关的充要条件是 $\dfrac{y_1(x)}{y_2(x)}\neq$ 常数.

例如,$\dfrac{\sin2x}{\sin x\cos x}\equiv2$,因此函数 $\sin2x$ 和 $\sin x\cos x$ 是线性相关的.

$\dfrac{\sin x}{\cos x}=\tan x\neq$ 常数,故 $\sin x$ 和 $\cos x$ 是线性无关的.

当 $y_1(x)$ 和 $y_2(x)$ 线性无关时,函数 $y=C_1y_1(x)+C_2y_2(x)$ 含有两个独立的任意常数 C_1,C_2;当 $y_1(x)$ 和 $y_2(x)$ 线性相关时,函数 $y=C_1y_1(x)+C_2y_2(x)$ 中两个任意常数是不独立的.

因为当 $\dfrac{y_1(x)}{y_2(x)}\equiv$ 常数 $=k$ 时,有 $y_1(x)=ky_2(x)$,从而有

$$y=C_1y_1(x)+C_2y_2(x)=C_1ky_2(x)+C_2y_2(x)=(C_1k+C_2)y_2(x)=Cy_2(x),$$

可以合并成一个任意常数,所以此时 C_1,C_2 不独立.

定义 5　n 阶微分方程的通解中有 n 个独立的任意常数,将用来确定这 n 个任意常数的 n 个数值条件定义为微分方程的初始条件. 将求解带有初始条件的微分方程定义为微分方程的初值问题,对应求出的解定义为方程满足初始条件的特解.

一阶微分方程的初始条件为 $y(x_0)=y_0$，二阶微分方程的初始条件为 $\begin{cases} y(x_0)=y_0, \\ y'(x_0)=y'_0, \end{cases}$

其中 y'_0 表示 $y=y(x)$ 在点 $x=x_0$ 的导数值.

上面引入了常微分方程的基本概念，利用常微分方程解决实际问题的一般方法有：

(1) 根据实际问题建立微分方程；

(2) 如果存在初始状态，根据实际问题写出满足初始状态的初始条件，否则省略；

(3) 由微分方程求出通解；

(4) 如果存在初始条件，则由初始条件求出特解.

例 2 （简谐振动问题）将一根弹性系数为 k 的弹簧固定，竖直悬挂着，下端挂一个质量为 m 的物体 M. 假设物体在一个外力的作用下离开平衡位置，并使物体获得初速度后撤去外力，之后物体仅仅受到弹簧的恢复力的作用，没有外力和阻力的作用，那么物体将会在平衡位置附近上下运动，试求弹簧的运动规律.

解 如图 10-1 所示，取垂直向下方向为 x 轴的正方向，物体的平衡位置为原点 O.

设物体在时刻 t 的位移函数为 $s=s(t)$. 于是物体获得的加速度为

$$\frac{\mathrm{d}^2 s}{\mathrm{d}t^2}=a.$$

由胡克定律知：在弹性限度内，弹性恢复力 $f=-ks$（$k>0$ 为弹性系数）.

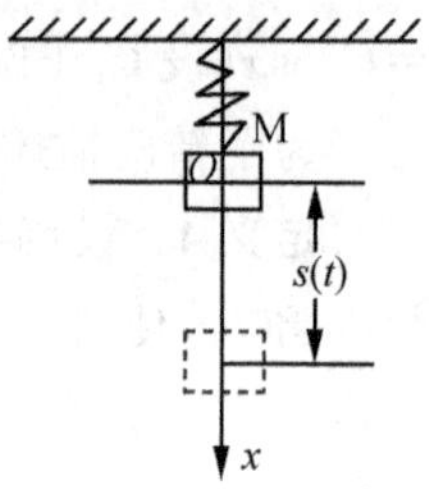

综合牛顿第二定律，得 $m\dfrac{\mathrm{d}^2 s}{\mathrm{d}t^2}+ks=0$，这是一个二阶常系数线性齐次微分方程，其通解为

$$s(t)=C_1\sin(wt)+C_2\cos(wt),$$

其中 $w^2=\dfrac{k}{m}$.

图 10-1

此即为所求物体的运动规律. 可见，物体在上述假设条件下的振动是简谐振动，其振幅为 $\sqrt{C_1^2+C_2^2}$.

例 3 列车在轨道上以 25m/s 的速度沿直线行驶，现以 $-0.5\mathrm{m/s^2}$ 的加速度制动列车，问开始制动后经过多长时间才能将火车刹住？这段时间火车行驶了多少距离？

解 设列车初始制动的时刻为 $t=0$，制动后，行驶的路程为 s，它是时间 t 的函数. 由题意知，制动的加速度为 $\dfrac{\mathrm{d}^2 s}{\mathrm{d}t^2}=-0.5$，初始条件为 $s(0)=0, s'(0)=25$.

方程 $\dfrac{\mathrm{d}^2 s}{\mathrm{d}t^2}=-0.5$ 是一个二阶常系数线性非齐次微分方程，其通解为

$$s(t)=-0.25t^2+C_1 t+C_2.$$

将初始条件 $s(0)=0, s'(0)=25$ 代入，得到列车制动后的运动方程

$$s(t)=-0.25t^2+25t.$$

列车开始制动后，将列车完全刹住，意味着 $\dfrac{\mathrm{d}s}{\mathrm{d}t}=0$，即 $0=-0.5t+25$，解得列车从开始

制动到完全刹住所需要的时间为

$$t=50(\text{s}).$$

将 $t=50$ 代入列车制动后的运动方程,可解得列车在制动后所行使的距离为

$$s(t)=-0.25\times 50^2+25\times 50=625(\text{m}).$$

定义 6　在微分方程中,如果未知函数及未知函数的各阶导数的总次数是一次的,则称该微分方程为线性微分方程;将未知函数及其各阶导数前的系数均为常数的线性微分方程定义为常系数线性微分方程.

例如,方程 $xy''+2y^2-\mathrm{e}^x=y$ 就不是线性微分方程,因为 y^2 不是一次.

方程 $y\cdot y'=x$ 就不是线性微分方程,因为 $y\cdot y'$ 不是一次,总次数是二次.

方程 $y'+2x^2y=\sin x$ 是线性微分方程,因为 y' 是一次,$2x^2y$ 中的 y 是一次.

方程 $(y')^2+2xy=x^3$ 就不是线性微分方程,因为 $(y')^2$ 是 y' 的二次.

方程 $\dfrac{\mathrm{d}^2y}{\mathrm{d}x^2}+2\dfrac{\mathrm{d}y}{\mathrm{d}x}+3y=\sin x$ 是线性微分方程,因为 $\dfrac{\mathrm{d}^2y}{\mathrm{d}x^2}$ 是二阶导数的一次,$\dfrac{\mathrm{d}y}{\mathrm{d}x}$ 是一阶导数的一次,$3y$ 是一次.

方程 $y'+2xy=\mathrm{e}^y$ 不是线性微分方程,因为 e^y 不是一次,

$$\mathrm{e}^y=1+y+\frac{1}{2!}y^2+\cdots+\frac{1}{n!}y^n+\cdots.$$

下面我们介绍一阶线性微分方程和二阶线性微分方程的标准形式.

形如

$$y'+p(x)y=Q(x)$$

的一阶线性微分方程,称为一阶线性微分方程的标准形式,其中 $p(x),Q(x)$ 为已知函数.它的特点是 y' 前面系数为 1,含未知函数 y 和含未知函数导数 y' 的项放在等号左边,其余项放等号右边.

例如,$y'+2x^2y=\sin x$ 就是一个标准的一阶线性微分方程.

此外,对微分方程 $(x-y)y'=1$,y 作为未知函数,x 作为自变量,是一阶非线性方程,但是如果我们把此微分方程改写为

$$\frac{\mathrm{d}x}{\mathrm{d}y}-x=-y,$$

此时,x 作为未知函数,y 作为自变量,就是一阶线性微分方程.

因此,判别一个一阶微分方程是否为线性微分方程,要考查两个方面:

(1) y 作为未知函数,x 作为自变量,是否为一阶线性微分方程?

(2) x 作为未知函数,y 作为自变量,是否为一阶线性微分方程?

形如

$$y''+p(x)y'+q(x)y=f(x)$$

的二阶线性微分方程,称为二阶线性微分方程的标准形式,其中 $p(x),q(x),f(x)$ 为已知函数.它的特点是 y'' 前面系数为 1,含未知函数 y 和含未知函数导数 y',y'' 的项放在等号左边,其余项放等号右边.

例如,$\dfrac{\mathrm{d}^2y}{\mathrm{d}x^2}+2\dfrac{\mathrm{d}y}{\mathrm{d}x}+3y=\sin x$ 就是二阶线性微分方程的标准形式.

练习题 10.1

1. 单项选择题.

(1) 下列是线性微分方程的是 （　　）

A. $y'-y^2=3x$ 　　　　　　　　B. $y'-\sin y=x$

C. $y^2\mathrm{d}x-(2y^2+3xy+x)\mathrm{d}y=0$ 　　D. $y'-2xy=\mathrm{e}^y$

(2) $y=C_1\cos 2x+C_2\sin 2x$ 为下列哪个微分方程的通解？ （　　）

A. $y''+4y=0$ 　　B. $y''-4y=0$ 　　C. $y''+4y'=0$ 　　D. $y''-4y'=0$

(3) 微分方程 $F(x,y'',y)=0$ 的通解中含有多少个独立任意常数？ （　　）

A. 4 　　　　B. 3 　　　　C. 2 　　　　D. 1

(4) 设有微分方程：a. $y''+xy^2=x\sin x$，b. $y^{(4)}+3y''-2y'y=x^3$，c. $(1+\mathrm{e}^x)\mathrm{d}y=y\mathrm{e}^x\mathrm{d}x$，d. $y'+y^2=x$. 其中有多少个是线性微分方程？ （　　）

A. 4 　　　　B. 3 　　　　C. 2 　　　　D. 1

(5) 设有微分方程：$y''+2xy'=3x^2$，$(y')^2+3xy=\sin x$，$yy''-x^2y=x^2$，$y''+2xy'=\sin y$，$\dfrac{2}{x}y'-3y=2\mathrm{e}^x$，则有多少个是二阶线性微分方程？ （　　）

A. 4 　　　　B. 3 　　　　C. 2 　　　　D. 1

(6) 下列微分方程中,是线性微分方程的是 （　　）

A. $y''-xy'+3y^2=x^2$ 　　　　　　B. $(\sin x)y'''+y\cos x=x^2$

C. $y''x-2xy=\cos y$ 　　　　　　D. $y'-y'y=\sin x$

2. 问下列微分方程是几阶方程？是否是线性方程？

(1) $(x^2-xy)\mathrm{d}y+(y+3xy)\mathrm{d}x=0$；　　(2) $\dfrac{\mathrm{d}^3y}{\mathrm{d}x^3}+2xy=\mathrm{e}^{-x}$；

(3) $y''+3x^2y'+y=x^3$；　　　　　　(4) $xy'+2y+\mathrm{e}^x=0$；

(5) $x^2y''+2yy'+x^3=0$；　　　　　(6) $y'''-3y''+2y'+3y+\sin x=0$；

(7) $(y'')^3+3(y')^2-2y^2-x^2=0$；　　(8) $\left(\dfrac{\mathrm{d}y}{\mathrm{d}x}\right)^3+3xy^2=0$；

(9) $y''-2(y''')^2=\mathrm{e}^y$；　　　　　(10) $y'=\dfrac{1}{x+2y^2}$.

3. 验证下列函数是否是对应微分方程的解. 若是的话,是否是通解？

(1) $x^2-xy+y^2=C$，$(x-2y)y'=2x-y$；

(2) $y=2\mathrm{e}^{-x}+x\mathrm{e}^{-x}$，$y''+2y'+y=0$；

(3) $y=C_1\mathrm{e}^x+C_2\mathrm{e}^{-x}$，$\dfrac{\mathrm{d}^2y}{\mathrm{d}x^2}-y=0$；

(4) $y=2+C\sqrt{1-x^2}$，$(1-x^2)y'+xy=2x$.

4. 验证函数 $y=C\mathrm{e}^{-x}+x-1$ 是微分方程 $y'+y=x$ 的通解,并求满足初始条件 $y(0)=1$ 的特解.

§10.2 可分离变量的一阶微分方程

一、可分离变量的一阶微分方程

定义 1 形如

$$\frac{\mathrm{d}y}{\mathrm{d}x}=P(x)Q(y)$$

的微分方程称为可分离变量的一阶方程,该微分方程的特点是等式右边可以分解成两个函数之积,其中一个仅是 x 的函数,另一个仅是 y 的函数.

可分离变量微分方程的求解步骤:

(1) 将方程两边分离变量,变形为

$$\frac{1}{Q(y)}\mathrm{d}y=P(x)\mathrm{d}x;$$

(2) 将等式两边同时积分,即

$$\int \frac{1}{Q(y)}\,\mathrm{d}y=\int P(x)\mathrm{d}x.$$

求解微分方程时,通常约定不定积分式只表示被积函数的一个原函数,而将上述两个不定积分所隐含的两个任意常数合并,所以只要写出一个任意常数.

例 1 求解微分方程 $y'=\mathrm{e}^{-x}\sqrt{1-y^2}$.

解 原方程变形为 $\dfrac{\mathrm{d}y}{\mathrm{d}x}=\mathrm{e}^{-x}\sqrt{1-y^2}$,是一个可分离变量方程.

分离变量
$$\frac{1}{\sqrt{1-y^2}}\mathrm{d}y=\mathrm{e}^{-x}\mathrm{d}x,$$

两边分别积分

$$\int \frac{1}{\sqrt{1-y^2}}\,\mathrm{d}y=\int \mathrm{e}^{-x}\,\mathrm{d}x,$$

得通解

$$\arcsin y=-\mathrm{e}^{-x}+C.$$

需要注意的是,只有当 $\sqrt{1-y^2}\neq 0$ 时,才可以用分离变量法求解上述方程,但我们发现 $\sqrt{1-y^2}=0$,即 $y=\pm 1$ 也是原方程的两个特解,但这样的特解一般不包含在通解中,这题说明了方程的通解与全部解是两个不同的概念.

例 2 求解微分方程 $(x+1)\mathrm{d}y+y\mathrm{d}x=0$.

解 原方程变形为 $\dfrac{\mathrm{d}y}{\mathrm{d}x}=-\dfrac{y}{x+1}$,是可分离变量方程.

分离变量
$$\frac{1}{y}\mathrm{d}y=-\frac{1}{x+1}\mathrm{d}x,$$

两边分别积分

$$\int \frac{1}{y} dy = -\int \frac{1}{x+1} dx,$$

即

$$\ln|y| = -\ln|x+1| + C_1 (或 \ln|y| = -\ln|x+1| + \ln|C|).$$

变形整理有 $(x+1)y = \pm e^{C_1}$，其中 $\pm e^{C_1}$ 仍是任意常数，故可用任意常数 C 表示，于是得方程的通解为

$$(x+1)y = C 或 y = \frac{C}{x+1}.$$

解微分方程时，如果积分后出现对数，理应都需要作类似上述的讨论，为了方便起见，例 2 可作简化处理：

分离变量

$$\frac{1}{y} dy = -\frac{1}{x+1} dx,$$

两边分别积分

$$\int \frac{1}{y} dy = -\int \frac{1}{x+1} dx,$$

$$\ln y = -\ln(x+1) + \ln C,$$

有

$$y = \frac{C}{x+1} （C 为任意常数）.$$

例 3 （世界人口问题）设世界人口在时刻 t 的数量为 $p(t)$，排除意外情况，如自然条件和自然灾害等的约束，世界人口数量的增长率与世界现存人口数量成正比，求世界人口数量的变化规律.

解 设世界人口数量的增长率与世界现存人口数量成正比，比例系数为 $k(>0)$，则有

$$\frac{dp}{dt} = kp.$$

用分离变量法解得 $p(t) = p_0 e^{kt}$，其中 p_0 表示 $t=0$ 时世界人口数量.

这就是著名的马尔萨斯人口模型，它反映了世界人口是以指数函数式增加的. 随着时间的推移，世界人口将会大爆发. 但这一模型与实际情况不符，问题的关键在于人口的增长受食物的供应、生存的环境、自然灾害等诸多因素的制约.

例 4 （微生物的繁衍问题）某微生物繁衍率与其现存量成正比. 实验测得开始时该微生物的量为 1g，2h 后为 3g，求该微生物的量增加 8 倍所需的时间.

解 设 t 时刻该微生物的量为 $M = M(t)$，由题设知，

$$\frac{dM}{dt} = kM, M(0) = 1, M(2) = 3.$$

对 $\frac{dM}{dt} = kM$ 分离变量，求解得 $M(t) = Ce^{kt}$. 将 $M(0) = 1, M(2) = 3$ 代入通解中，有

$$\begin{cases} 1 = Ce^0, \\ 3 = Ce^{2k}, \end{cases}$$

解得 $C = 1, k = \frac{1}{2}\ln 3$.

现假设该微生物从时刻 t_1 到时刻 t_2，其量增加 8 倍，则有 $Ce^{kt_2}=9Ce^{kt_1}$，即 $t_2-t_1=\dfrac{2\ln3}{k}$，将 $k=\dfrac{1}{2}\ln3$ 代入，得 $t_2-t_1=4$，故该微生物的量增加 8 倍所需的时间为 4h.

例 5　（国民生产总值问题）若我国的国民生产总值（GDP）能保持每年 7.8% 的相对增长率，问多少年后我国的国民生产总值能翻一番？

解　设 $t=0$ 代表初始年份，P_0 表示我国初始年份的 GDP，$P(t)$ 表示第 t 年我国的 GDP. 由题意可建立如下的微分方程

$$\frac{\dfrac{\mathrm{d}P(t)}{\mathrm{d}t}}{P(t)}=7.8\%,$$

上述方程分离变量

$$\frac{\mathrm{d}P(t)}{P(t)}=7.8\%\,\mathrm{d}t,$$

两边同时积分

$$P(t)=Ce^{0.078t}.$$

将 $t=0$，$P(t)=P_0$ 代入，得 $C=P_0$，即从初始年份起，第 t 年我国的 GDP 为

$$P(t)=P_0e^{0.078t}.$$

将 $P(t)=2P_0$ 代入上式，解得 $t\approx8.89$，即约 9 年的时间能使我国的 GDP 翻一番.

二、可化为可分离变量的微分方程

有的微分方程不是可分离变量的，但通过适当的变量代换，使新变量的微分方程是可分离变量的微分方程，然后用上面的方法求解.

下面介绍一种可化为可分离变量的一阶微分方程.

定义 2　如果一阶微分方程 $\dfrac{\mathrm{d}y}{\mathrm{d}x}=f(x,y)$ 中的 $f(x,y)$ 可以改写成 $\dfrac{y}{x}$ 的函数 $\varphi\left(\dfrac{y}{x}\right)$，则称此方程为齐次微分方程.

例如，微分方程 $xy'=y(1+\ln y-\ln x)$ 可变形为

$$y'=f(x,y)=\frac{y}{x}(1+\ln y-\ln x)=\frac{y}{x}\left(1+\ln\frac{y}{x}\right)=\varphi\left(\frac{y}{x}\right),$$

微分方程 $xy'=y(1+\ln y-\ln x)$ 就是齐次微分方程.

我们介绍齐次微分方程的一种解法，将其化为可分离变量微分方程：

首先把齐次微分方程化为齐次微分方程的一般形式 $y'=\varphi\left(\dfrac{y}{x}\right)$.

令 $u(x)=\dfrac{y}{x}$，则 $y=xu$，将 $\dfrac{\mathrm{d}y}{\mathrm{d}x}=u+x\dfrac{\mathrm{d}u}{\mathrm{d}x}$ 代入方程 $y'=\varphi\left(\dfrac{y}{x}\right)$ 得

$$u+x\frac{\mathrm{d}u}{\mathrm{d}x}=\varphi(u),$$

这是一个以 u 为未知函数，x 为自变量的微分方程，是可分离变量的.

分离变量

$$\frac{1}{\varphi(u)-u}\mathrm{d}u=\frac{1}{x}\mathrm{d}x,$$

两边积分 $$\int \frac{1}{\varphi(u)-u}\,du = \int \frac{1}{x}\,dx,$$

求出积分后,再用 $\frac{y}{x}$ 代替 u.

例 6 求微分方程 $(x-2y)y'=2x-y$ 的通解.

解 将方程化为 $y'=\dfrac{2x-y}{x-2y}=\dfrac{2-\dfrac{y}{x}}{1-2\dfrac{y}{x}}$,这是齐次方程.

令 $u(x)=\dfrac{y}{x}$,则 $y=xu$,将 $\dfrac{dy}{dx}=u+x\dfrac{du}{dx}$ 代入方程

$$y'=\frac{2-\dfrac{y}{x}}{1-2\dfrac{y}{x}},$$

得

$$u+x\frac{du}{dx}=\frac{2-u}{1-2u},$$

分离变量 $$\frac{1-2u}{2-2u+2u^2}\,du=\frac{1}{x}\,dx,$$

两边积分 $$\int \frac{1-2u}{2-2u+2u^2}\,du = \int \frac{1}{x}\,dx,$$

即 $$-\frac{1}{2}\ln(1-u+u^2)=\ln x-\frac{1}{2}\ln C,$$

化简得到 $$1-u+u^2=\frac{C}{x^2},$$

还原,将 $u=\dfrac{y}{x}$ 代入 $1-u+u^2=\dfrac{C}{x^2}$,得原方程通解为

$$x^2-xy+y^2=C.$$

练习题 10.2

1. 求下列微分方程的通解:

(1) $3x^2+5x-5y'=0$; (2) $\dfrac{dy}{dx}=\dfrac{y}{x}$;

(3) $y'=e^{x-y}$; (4) $(1+e^x)yy'=e^x$;

(5) $x(1+y^2)dx-y(1+x^2)dy=0$; (6) $x\sqrt{1-y^2}dx+ydy=0$.

2. 求方程 $xdy-3ydx=0$ 满足初始条件 $y(1)=1$ 的特解.

3. 求解下列微分方程:

(1) $y' = \dfrac{y}{x} + \tan\dfrac{y}{x}$； (2) $y^2\,\mathrm{d}x + (x^2 - xy)\,\mathrm{d}y = 0$；

(3) $y' = \mathrm{e}^{\frac{y}{x}} + \dfrac{y}{x}$； (4) $x^2 y' = xy - y^2$.

4．求微分方程 $xy\dfrac{\mathrm{d}y}{\mathrm{d}x} = y^2 + x^2$ 满足初始条件 $y(1) = 0$ 的特解.

5．一条曲线过点 $(1,2)$ 满足初始条件，它在两个坐标轴间的任意切线段均被切点所平分，求这条曲线的方程.

§10.3　一阶线性微分方程

形如

$$y' + P(x)y = Q(x) \qquad\qquad ①$$

的方程，称为一阶线性微分方程，其中 $P(x)$ 与 $Q(x)$ 是已知的连续函数. 如果 $Q(x) \equiv 0$，即

$$y' + P(x)y = 0, \qquad\qquad ②$$

称其为一阶线性齐次微分方程. 如果 $Q(x) \neq 0$，则称式①为一阶线性非齐次微分方程，$Q(x)$ 称为"自由项". 此时，称式②和式①分别是相对应的齐次和非齐次线性微分方程.

一、一阶线性齐次微分方程的解法（分离变量法）

一阶线性齐次微分方程

$$y' + P(x)y = 0$$

是一个可分离变量方程.

分离变量　　　　　　　　$\dfrac{1}{y}\mathrm{d}y = -P(x)\mathrm{d}x$，

两边分别积分　　　　　　$\ln y = -\displaystyle\int P(x)\mathrm{d}x + \ln c$，

于是得到通解

$$y(x) = C\mathrm{e}^{-\int P(x)\mathrm{d}x}. \qquad\qquad ③$$

因此，对于一阶线性齐次微分方程，既可用分离变量法求解，也可以直接用公式③求解，不过此时先要将方程写成式②，找到 $P(x)$，再用公式③求解. 另外，用公式解时，求解 $\displaystyle\int P(x)\mathrm{d}x$ 不用加积分常数.

例 1　求微分方程 $y' + x^2 y = 0$ 的通解.

解　方法 1（分离变量法）：

分离变量　　　　　　　　$\dfrac{1}{y}\mathrm{d}y = -x^2\mathrm{d}x$，

两边积分
$$\int \frac{\mathrm{d}y}{y} = \int -x^2 \mathrm{d}x,$$

$$\ln y = -\frac{1}{3}x^3 + \ln c,$$

故所求通解为
$$y = Ce^{-\frac{1}{3}x^3}.$$

方法2(公式法):

该方程为一阶线性齐次微分方程,$P(x) = x^2$,则代入公式③得方程的通解为

$$y = Ce^{-\int P(x)\mathrm{d}x} = Ce^{-\int x^2 \mathrm{d}x} = Ce^{-\frac{1}{3}x^3}.$$

二、一阶线性非齐次微分方程的解法(常数变易法)

接下来利用常数变易法求线性非齐次微分方程的解. 其思想是:非齐次微分方程与齐次微分方程有着相同的系数,仅多一个自由项 $Q(x)$,而式③是方程②的解,因此要求非齐次微分方程①的解函数的导数比式②的导数多增加一个等于 $Q(x)$ 的项,联想到乘积求导公式,设想将式③的常数 C 变易为函数 $C(x)$,即令

$$y(x) = C(x)e^{-\int P(x)\mathrm{d}x} \tag{④}$$

为非齐次微分方程①的解. 将式④代入方程①,有

$$C'(x)e^{-\int P(x)\mathrm{d}x} + C(x)e^{-\int P(x)\mathrm{d}x}[-P(x)] + P(x)C(x)e^{-\int P(x)\mathrm{d}x} = Q(x),$$

化简并积分得
$$C(x) = \int Q(x) \, e^{\int P(x)\mathrm{d}x}\mathrm{d}x + C.$$

将其代入式④,得到 $y' + P(x)y = Q(x)$ 的通解公式为

$$y = e^{-\int P(x)\mathrm{d}x}\left[C + \int Q(x)e^{\int P(x)\mathrm{d}x}\mathrm{d}x\right]. \tag{⑤}$$

由此可归纳出用常数变易法求解线性非齐次微分方程 $y' + P(x)y = Q(x)$ 的步骤:

(1) 先求解对应的线性齐次微分方程 $y' + P(x)y = 0$,得到通解 $y(x) = Ce^{-\int P(x)\mathrm{d}x}$.

(2) 将常数变易. 将 $y(x) = Ce^{-\int P(x)\mathrm{d}x}$ 中的任意常数 C 改为待定函数 $C(x)$,即用 $y(x) = C(x)e^{-\int P(x)\mathrm{d}x}$ 表示方程 $y' + P(x)y = Q(x)$ 的形式解,把这个形式解代入方程 $y' + P(x)y = Q(x)$ 来确定待定系数 $C(x)$.

仔细观察方程①的解⑤,可以发现它由两部分之和构成,第一部分是对应的齐次方程②的通解,第二部分是非齐次微分方程①自身的一个特解(当 $C=0$ 时所对应的特解),这是一阶线性非齐次微分方程通解的结构,即一阶线性非齐次微分方程的通解为其对应的齐次方程的通解与自身的一个特解之和.

与一阶线性齐次微分方程类似,我们既可用常数变易法求解一阶线性非齐次微分方程,也可以直接用公式⑤求解,此时要将方程写成式①,找到 $P(x)$ 与 $Q(x)$,先求出 $\int P(x)\mathrm{d}x$,再求 $\int e^{\int P(x)\mathrm{d}x}Q(x)\mathrm{d}x$,最后代入式 ⑤ 求解.

例2 求微分方程 $y' + x^2 y = x^2$ 的通解 .

解 方法1(常数变易法):

由例1知,对应的齐次方程的通解为

$$y = Ce^{-\frac{1}{3}x^3}.$$

将常数 C 变易为 $C(x)$ 得 $y = C(x)e^{-\frac{1}{3}x^3}$，代入原方程得

$$C'(x)e^{-\frac{1}{3}x^3} + C(x)(-x^2 e^{-\frac{1}{3}x^3}) + x^2 C(x)e^{-\frac{1}{3}x^3} = x^2,$$

则 $C'(x)e^{-\frac{1}{3}x^3} = x^2$，于是 $C'(x) = x^2 e^{\frac{1}{3}x^3}$，两边积分得

$$C(x) = \int x^2 e^{\frac{1}{3}x^3} dx + C = e^{\frac{1}{3}x^3} + C,$$

代回 $y = C(x)e^{-\frac{1}{3}x^3}$ 得到原方程的通解为

$$y = 1 + Ce^{-\frac{1}{3}x^3}.$$

方法 2（公式法）：

该方程为一阶线性非齐次微分方程，$P(x) = x^2$，$Q(x) = x^2$，因此，原方程的通解为

$$y = e^{-\int P(x)dx}\left[C + \int Q(x)e^{\int P(x)dx} dx\right] = e^{-\int x^2 dx}(C + \int x^2 e^{\int x^2 dx} dx)$$

$$= e^{-\frac{1}{3}x^3}(C + e^{\frac{1}{3}x^3}) = 1 + Ce^{-\frac{1}{3}x^3}.$$

例 3 求微分方程 $(\cos x)y' + (\sin x)y = 1$ 的通解.

解 原方程化为

$$y' + (\tan x)y = \sec x,$$

为一阶线性非齐次微分方程，$P(x) = \tan x$，$Q(x) = \sec x$，因此，原方程的通解为

$$y = e^{-\int P(x)dx}\left[C + \int Q(x)e^{\int P(x)dx} dx\right] = e^{-\int \tan x dx}\left[C + \int \sec x e^{\int \tan x dx} dx\right]$$

$$= e^{\ln\cos x}(\int \sec x e^{-\ln\cos x} dx + C) = \cos x(\int \sec^2 x dx + C) = (\tan x + C)\cos x.$$

例 4 求微分方程 $y' = \dfrac{1}{x-y}$ 的通解.

解 初看上去，此题似乎无法入手，但若将 x 与 y 的自变量与应变量的身份对调一下，即

$$\frac{dx}{dy} - x = -y, \tag{⑥}$$

这就是一个以 x 为未知函数的一阶线性微分方程.

式⑥所对应的齐次微分方程为 $\dfrac{dx}{dy} - x = 0$，其通解为 $x(y) = Ce^y$.

接下来用常数变易法求非齐次微分方程⑥的通解：

将常数 C 变易为 $C(y)$ 得 $x(y) = C(y)e^y$，将其代入方程⑥，有

$$C'(y)e^y + C(y)e^y - C(y)e^y = -y,$$

化简并积分得 $\quad C(y) = -\displaystyle\int y e^{-y} dy + C = (y+1)e^{-y} + C.$

因此，方程⑥的通解为

$$x(y) = Ce^y + y + 1.$$

需要说明的是，上述解也是原方程的通解，只是以反函数的形式表示而已，也称其为通积分. 例 4 也可以用公式法.

微分方程 $\dfrac{dx}{dy} + P(y)x = Q(y)$ 的通解：

$$x = \mathrm{e}^{-\int P(y)\,\mathrm{d}y}\Big[C + \int Q(y)\mathrm{e}^{\int P(y)\,\mathrm{d}y}\,\mathrm{d}y\Big],$$

此题中 $$P(y) = -1, Q(y) = -y,$$

通解为
$$x = \mathrm{e}^{-\int P(y)\,\mathrm{d}y}\Big[C + \int Q(y)\mathrm{e}^{\int P(y)\,\mathrm{d}y}\,\mathrm{d}y\Big]$$

$$= \mathrm{e}^{-\int(-1)\,\mathrm{d}y}\Big[C + \int(-y)\mathrm{e}^{\int(-1)\,\mathrm{d}y}\,\mathrm{d}y\Big] = C\mathrm{e}^{y} + y - 1.$$

例 5 求微分方程 $x^2\mathrm{d}y + (2xy - x + 1)\mathrm{d}x = 0$ 满足初始条件 $y(1) = 0$ 的特解.

解 将原方程变形为

$$y' + \frac{2}{x}y = \frac{1}{x} - \frac{1}{x^2},$$

这是一阶线性微分方程,我们用公式法求解:

$$P(x) = \frac{2}{x},\ Q(x) = \frac{1}{x} - \frac{1}{x^2},$$

得到通解

$$y = \mathrm{e}^{-\int P(x)\,\mathrm{d}x}\Big[C + \int Q(x)\mathrm{e}^{\int P(x)\,\mathrm{d}x}\,\mathrm{d}x\Big] = \mathrm{e}^{-\int \frac{2}{x}\,\mathrm{d}x}\Big[C + \int\Big(\frac{1}{x} - \frac{1}{x^2}\Big)\mathrm{e}^{\int \frac{2}{x}\,\mathrm{d}x}\,\mathrm{d}x\Big]$$

$$= \frac{1}{2} - \frac{1}{x} + \frac{C}{x^2}.$$

把初始条件 $y(1) = 0$ 代入上式,得

$$C = \frac{1}{2},$$

故所求方程的特解为

$$y = \frac{1}{2} - \frac{1}{x} + \frac{1}{2x^2}.$$

例 6 (物体的冷却问题)已知物体冷却的速度与温度差成正比,当所处环境温度为 $10\,℃$ 时,该物体在 $20\mathrm{min}$ 内由 $100\,℃$ 降到 $40\,℃$.请问要经过多长时间该物体从 $100\,℃$ 降到 $20\,℃$?

解 设 t 时刻物体温度为 $y = y(t)$,根据牛顿定律及题意知

$$\frac{\mathrm{d}y}{\mathrm{d}t} = k(y - 10),\ y(0) = 100,\ y(20) = 40.$$

对 $\dfrac{\mathrm{d}y}{\mathrm{d}t} = k(y - 10)$ 两边分离变量,积分得 $y = 10 + C\mathrm{e}^{kt}$.

将 $y(0) = 100,\ y(20) = 40$ 代入通解得

$$\begin{cases} 100 = 10 + C\mathrm{e}^{0}, \\ 40 = 10 + C\mathrm{e}^{20k}, \end{cases}$$

解之得 $C = 90, k = -\dfrac{\ln 3}{20}$.也即所求物体温度的变化规律为 $y = 10 + 90\mathrm{e}^{-\frac{\ln 3}{20}t}$.

再将 $y = 20$ 代入上式得 $20 = 10 + 90\mathrm{e}^{-\frac{\ln 3}{20}t}$,于是解得 $t = 40$,即要经过 $40\mathrm{min}$ 该物体从 $100\,℃$ 降到 $20\,℃$.

例 7 (流体混合问题)现有一仓库长 $30\mathrm{m}$,宽 $15\mathrm{m}$,高 $8\mathrm{m}$,经测定空气中二氧化碳的

含量为 0.3%，开动通风设备，若以 $280 \text{m}^3/\text{s}$ 的速度输入新鲜空气(假设此时新鲜空气中二氧化碳的含量为 0.05%)，同时又排出同等数量的室内空气. 求 40min 后仓库内二氧化碳的含量.

解　设仓库内二氧化碳在时刻 t 的含量为 $x(t)$%，经过时间 dt 之后，仓库内二氧化碳的改变量为

$$30 \times 15 \times 8 \times dx\% = 280 \times 0.05\% \times dt - 280 \times x\% \times dt,$$

化简为

$$dx = \frac{1}{90}(0.35 - 7x)dt,$$

应用分离变量法积分得

$$x = 0.05 + Ce^{-\frac{7}{90}t}, C \text{ 为任意常数}.$$

代入初值条件 $x(0) = 0.3$，可得

$$x = 0.05 + 0.25e^{-\frac{7}{90}t}.$$

将 $t = 40\text{min} = 2400\text{s}$ 代入上式，得到 $x \approx 0.05$，即开动通风设备 40min 后，仓库内的二氧化碳的含量接近 0.05%，基本上已是新鲜空气了.

例 8　(溶液的混合)容器内盛有 50L 的盐水溶液，其中含有 10g 盐. 现将每升含盐 2g 溶液以每分钟 5L 的速度注入容器，并不断搅拌，使混合液迅速达到均匀，同时混合液以每分钟 3L 的速度流出容器，请问任一时刻 t 容器中的含盐量是多少?

分析　设 t 时刻容器中的含盐量为 $y(g)$，则容器中含盐量的变化率为

$$\frac{dy}{dt} = \text{盐流入容器的速度} - \text{盐流出容器的速度}.$$

由于盐流入的速度 $= 2(\text{g/L}) \times 5(\text{L/min}) = 10(\text{g/min})$，又因为在 t 时刻容器中所含溶液为 $50 + (5t - 3t) = 50 + 2t(\text{L})$，则在 t 时刻容器中盐水的浓度为 $\dfrac{y}{50+2t}(\text{g/L})$，于是盐流出容器的速度 $= \dfrac{y}{50+2t}(\text{g/L}) \times 3(\text{L/min}) = \dfrac{3y}{50+2t}(\text{g/min})$，所以有

$$\frac{dy}{dt} = 10 - \frac{3y}{50+2t},$$

即

$$\frac{dy}{dt} + \frac{3}{50+2t}y = 10.$$

这是一个一阶线性微分方程，而且带有初始条件 $y|_{t=0} = 10$.

解　溶液混合的问题实际上是求一阶线性非齐次微分方程 $\dfrac{dy}{dt} + \dfrac{3}{50+2t}y = 10$ 满足初始条件 $y|_{t=0} = 10$ 的特解.

用公式法. 由于 $P(t) = \dfrac{3}{50+2t}, Q(t) = 10$，则有

$$\int P(t)dt = \int \frac{3}{50+2t}dt = \frac{3}{2}\ln(50+2t),$$

$$\int e^{\int P(t)dt}Q(t)dt = 10\int e^{\frac{3}{2}\ln(50+2t)}dt = 10\int (50+2t)^{\frac{3}{2}}dt = 2(50+2t)^{\frac{5}{2}},$$

于是方程的通解为

$$y = e^{-\int P(t)dt}\left[C + \int e^{\int P(t)dt}Q(t)dt\right]$$
$$= (50+2t)^{-\frac{3}{2}}\left[C + 2(50+2t)^{\frac{5}{2}}\right] = C(50+2t)^{-\frac{3}{2}} + 2(50+2t)$$
$$= C(50+2t)^{-\frac{3}{2}} + 4t + 100.$$

将初始条件 $y|_{t=0} = 10$ 代入，解得 $C = -22500\sqrt{2}$. 所以在时刻 t，容器中的含盐量为

$$y = 100 + 4t - 22500\sqrt{2}(50+2t)^{-\frac{3}{2}}(\text{g}).$$

练习题 10.3

1. 求下列方程的通解：

(1) $y' = y + e^{-x}$;

(2) $y' - 2xy = xe^{x^2}$;

(3) $xy' + y = e^x$;

(4) $\dfrac{dy}{dx} = \dfrac{y}{y+x}$;

(5) $y' + 2y = xe^x$;

(6) $\dfrac{dy}{dx} = \dfrac{2y}{6x-y^2}$.

2. 求下列初值问题的解：

(1) $y' + 2xy = xe^{-x^2}, y(0) = 1$;

(2) $y' - y\tan x = \sec x, y|_{x=0} = 0$.

3. 设函数 $f(x)$ 可导，且满足方程 $\displaystyle\int_0^x tf(t)dt = x^2 + 1 + f(x)$，求 $f(x)$. （提示：方程两边对 x 求导，初始条件为 $y(0) = -1$）

4. 已知曲线 $y = f(x)$ 过原点，且曲线上任意一点 $M(x,y)$ 处切线斜率为 $2x+y$，求该曲线方程.

5. 某公司年利润 L 随广告费 x 的变化而变化，其变化率为 $\dfrac{dL}{dx} = 7 - 3(L+x)$，当 $x = 0$ 时，$L = 14$，求年利润 L 与广告费 x 之间的函数关系.

6. 某容器盛有盐水 100L，其中含盐 10kg. 现以每分钟 3L 的速度注入清水，同时以每分钟 2L 的速度将冲淡的溶液放出. 该容器中装有搅拌器使其溶液始终保持均匀，求过程开始 100min 后溶液的含盐量.

§10.4 可降阶的二阶微分方程

高阶微分方程是指二阶及二阶以上的微分方程. 本节介绍几种比较常见的可用降阶法求解的高阶微分方程.

一、$y^{(n)} = f(x)$ 型微分方程

微分方程

$$y^{(n)} = f(x)$$

的右端是仅含 x 的函数,只要连续积分 n 次就可以了.

例 1　求微分方程 $y''' = x + e^x$ 的通解.

解　两边积分

$$\int y''' \mathrm{d}x = \int (x + e^x) \mathrm{d}x,$$

$$y'' = \frac{1}{2}x^2 + e^x + C_1,$$

两边积分

$$y' = \frac{1}{6}x^3 + e^x + C_1 x + C_2,$$

两边积分得通解

$$y = \frac{1}{24}x^4 + e^x + \frac{1}{2}C_1 x^2 + C_2 x + C_3 (C_1, C_2, C_3 \text{为任意常数}).$$

二、$y'' = f(x, y')$ 型微分方程

这类微分方程的特点是不显含未知函数 y.

方程 $y'' = f(x, y')$ 的解法是:作变量代换,令 $y' = z(x)$,则 $y''(x) = z'(x)$,方程 $y'' = f(x, y')$ 化为 $z' = f(x, z)$,得到一个关于变量 x 与 z 的一阶微分方程,如果这个一微分方程可解,则这个问题解决了.

例 2　求解微分方程 $y'' = \frac{1}{x}y' + x$ 的通解.

解　(1) 变量代换.

令 $y' = z(x)$,则 $y''(x) = z'(x)$,代入原方程得 $z'(x) = \frac{1}{x}z(x) + x$,

这是一阶线性微分方程,化为标准形

$$z'(x) - \frac{1}{x}z = x.$$

使用公式法求解,其中 $P(x) = -\frac{1}{x}, Q(x) = x$,得方程的通解

$$z(x) = e^{-\int P(x)\mathrm{d}x}\left[C + \int Q(x)e^{\int P(x)\mathrm{d}x}\mathrm{d}x\right]$$

$$= e^{-\int\left(-\frac{1}{x}\right)\mathrm{d}x}\left[C + \int x e^{\int\left(-\frac{1}{x}\right)\mathrm{d}x}\mathrm{d}x\right] = x^2 + C_1 x.$$

(2) 回代求解.

因 $y' = z(x)$,所以有

$$y' = x^2 + C_1 x,$$

两边积分,得原方程的通解

$$y = \frac{1}{3}x^3 + \frac{1}{2}C_1 x^2 + C_2.$$

三、$y'' = f(y, y')$ 型微分方程

这类微分方程的特点是不显含自变量 x.

方程 $y'' = f(y, y')$ 的解法是: 令 $y' = z(x)$, 我们将 y 看成自变量, 则

$$y''(x) = [y'(x)]'_x = z'(x) = \frac{dz}{dx} = \frac{dz}{dy} \cdot \frac{dy}{dx} (复合函数求导法则) = z\frac{dz}{dy}.$$

这里我们把函数 $z = z(x)$ 看成是由 $z = z(y)$, $y = y(x)$ 构成的复合函数, 代入原方程化为

$$z\frac{dz}{dy} = f(y, z).$$

这是一个以 y 为自变量、z 为未知函数的一阶微分方程.

例 3 求微分方程 $y'' \cdot y^3 = 1$ 满足初始条件 $y(0) = 1$, $y'(0) = 0$ 的特解.

解 (1) 变量代换.

令 $y' = z(x)$, 则 $y''(x) = z\frac{dz}{dy}$, 代入原方程化为

$$z\frac{dz}{dy} \cdot y^3 = 1. \qquad ①$$

这是一个以 y 为自变量、z 为未知函数的可分离变量的微分方程, 分离变量得

$$z\,dz = \frac{1}{y^3}dy,$$

两边积分

$$\int z\,dz = \int \frac{1}{y^3}\,dy,$$

得方程①的通解

$$\frac{1}{2}z^2 = -\frac{1}{2}y^{-2} + C_1. \qquad ②$$

根据初始条件将 $y(0) = 1$, $z(0) = y'(0) = 0$ 代入方程②, 可得 $C_1 = \frac{1}{2}$.

方程②满足初始条件的解为

$$z^2 = 1 - y^{-2} \ 或 \ z = \pm\frac{1}{y}\sqrt{y^2 - 1}.$$

(2) 回代求解.

将 $y' = z(x)$ 代回, 得 $\frac{dy}{dx} = \pm\frac{1}{y}\sqrt{y^2 - 1}$, 这是一个可分离变量的微分方程, 求解得

通解

$$\sqrt{y^2 - 1} = \pm x + C_2.$$

根据初始条件中 $y(0) = 1$, 得到 $C_2 = 0$, 最后得到原方程满足初始条件的特解为

$$y^2 - x^2 = 1.$$

求下列方程的通解：

(1) $(1+e^x)y''+y'=0$；
　　　　　　　　(2) $y''+(\tan x)\cdot y'=\sin 2x$；

(3) $y''=1+(y')^2$.

§10.5　二阶常系数线性微分方程

二阶线性微分方程的一般形式为

$$y''+p(x)y'+q(x)y=f(x),$$　　　　　①

其中 $p(x),q(x),f(x)$ 为已知函数.

如果 $f(x)\neq 0$，则称①为二阶线性非齐次微分方程；如果 $f(x)\equiv 0$，则称

$$y''+p(x)y'+q(x)y=0$$　　　　　②

为二阶线性齐次微分方程.

一、二阶常系数线性齐次微分方程

二阶常系数线性齐次微分方程的一般形式为

$$y''+py'+qy=0,$$　　　　　③

其中 p,q 为常数.

对于二阶常系数齐次微分方程，我们有下述定理.

定理 1　若 $y_1(x)$ 与 $y_2(x)$ 是齐次线性方程③的两个特解，C_1,C_2 是两个任意常数，则 $y(x)=C_1y_1(x)+C_2y_2(x)$ 也是方程③的解.

若 $y_1(x)$ 与 $y_2(x)$ 是齐次线性方程③的两个线性无关的特解，C_1,C_2 是两个任意常数，则 $y(x)=C_1y_1(x)+C_2y_2(x)$ 是方程③的通解.

接下来，我们来讨论二阶常系数齐次微分方程的求解方法.

当 r 为常数时，函数 $y=e^{rx}$，$y'=(e^{rx})'=re^{rx}$，$y''=(e^{rx})''=r^2e^{rx}$，它们之间只相差一个常数，因此猜想方程③也有形如 e^{rx} 的解（r 为待定系数）. 将这个形式解代入方程③，有

$$e^{rx}(r^2+pr+q)=0,$$

由于 $e^{rx}\neq 0$，故当 r 满足方程 $r^2+pr+q=0$ 时，$y=e^{rx}$ 即为方程③的解.

定义 1　我们称方程 $r^2+pr+q=0$ 为齐次方程③的特征方程，特征方程的两个根 r_1 与 r_2 称为特征根.

我们根据特征根的不同情况来讨论方程③的通解.

1. 特征根是不相等的实根(实单根)

当特征方程有两个相异实根 r_1 与 r_2 时,$e^{r_1 x}$ 与 $e^{r_2 x}$ 是方程③的两个解,且 $\dfrac{e^{r_1(x)}}{e^{r_2(x)}}$ 不是常数,故方程③的通解为 $y(x)=C_1 e^{r_1 x}+C_2 e^{r_2 x}$.

例 1　求方程 $y''-y'-6y=0$ 的通解.

解　该齐次方程的特征方程为 $r^2-r-6=0$,特征根为 $r_1=-2,r_2=3$,所以所求方程的通解为
$$y(x)=C_1 e^{-2x}+C_2 e^{3x}.$$

2. 特征根是相等的两个实根(重根)

当特征方程有实二重根 $r_1=r_2=r$ 时,方程③有解 $y=e^{rx}$,容易验证 $y=x e^{rx}$ 也是方程③的解.故方程③的通解为
$$y(x)=C_1 e^{rx}+C_2 x e^{rx}=e^{rx}(C_1+C_2 x).$$

例 2　求方程 $y''-4y'+4y=0$ 的通解.

解　该齐次方程的特征方程为 $r^2-4r+4=0$,$r=2$ 是实二重特征根,故方程通解为
$$y(x)=C_1 e^{2x}+C_2 x e^{2x}.$$

3. 特征根是一对共轭复根

当特征方程有一对共轭复根,记为 $r=\alpha\pm i\beta(\alpha,\beta$ 均为常数且 $\beta\neq0)$时,可以证明此时方程③的通解为
$$y(x)=e^{\alpha x}(C_1\cos\beta x+C_2\sin\beta x).$$

例 3　求方程 $y''-6y'+11y=0$ 的通解.

解　该齐次方程的特征方程为 $r^2-6r+11=0$,特征根为 $r=3\pm\sqrt{2}i$,所以方程的通解为 $y(x)=e^{3x}(C_1\cos\sqrt{2}x+C_2\sin\sqrt{2}x)$.

综上所述,将二阶常系数线性齐次微分方程的通解归纳如下:

特征方程 $r^2+pr+q=0$	微分方程 $y''+py'+qy=0$ 通解
两个不等实根 r_1,r_2	$y=C_1 e^{r_1 x}+C_2 e^{r_2 x}$
两个相等实根 $r_1=r_2=r$	$y=C_1 e^{rx}+C_2 x e^{rx}$
一对共轭复根 $r_1,r_2=\alpha\pm i\beta$	$y=e^{\alpha x}(C_1\cos\beta x+C_2\sin\beta x)$

根据以上讨论,求二阶常系数线性齐次微分方程的通解的步骤为:

第一步,写出齐次方程对应的特征方程;

第二步,求出特征根;

第三步,根据特征根的情况写出齐次方程的通解.

例 4　求方程 $y''-8y'=0$ 的通解.

解　该齐次方程的特征方程为 $r^2-8r=0$,特征根为 $r_1=0,r_2=8$,所以方程的通解为
$$y(x)=C_1+C_2 e^{8x}.$$

二、二阶常系数线性非齐次微分方程

设 p,q 为常数，$f(x)$ 为某个区间上的已知连续函数，则称形如

$$y'' + py' + qy = f(x) \qquad\qquad ④$$

的方程为二阶常系数线性非齐次方程，$f(x)$ 称为自由项，称方程③为与它对应的线性齐次微分方程.

关于非齐次方程，我们有如下定理：

定理 2　若 $Y(x)$ 是方程③的解，$y^*(x)$ 是方程④的解，则 $y = Y(x) + y^*(x)$ 是方程④的解.

若 $Y(x)$ 是方程③的通解，$y^*(x)$ 是方程④的任意一个特解，则 $y = Y(x) + y^*(x)$ 是方程④的通解.

从定理 2 可见，求解方程④只需求出其对应的齐次方程③的通解和其自身的一个特解. 而方程③的通解前面已经讲过，现在的问题在于如何求出方程④自身的一个特解.

下面就介绍一种求解方法，叫作待定系数法，此种方法仅适用于某些特殊形式的自由项 $f(x)$.

以下我们介绍简单形式的自由项情形.

情形一　自由项 $f(x) = P_m(x)e^{\lambda x}$（$\lambda$ 可为复数），其中 $P_m(x)$ 为 x 的 m 次多项式函数.

定理 3　设自由项 $f(x) = P_m(x)e^{\lambda x}$，$P_m(x)$ 为 m 次多项式，非齐次方程 $y'' + py' + qy = P_m(x)e^{\lambda x}$ 有一个特解 $y^*(x) = x^k Q_m(x)e^{\lambda x}$. 其中，$k$ 的取值为：

$$k = \begin{cases} 0, & \text{当 } \lambda \text{ 不是特征根时,} \\ 1, & \text{当 } \lambda \text{ 是特征单根时,} \\ 2, & \text{当 } \lambda \text{ 是二重特征根时.} \end{cases}$$

$Q_m(x)$ 是与 $P_m(x)$ 同次的系数待定的多项式.

例 5　求方程 $y'' + 2y = 2x^2 - 1$ 的一个特解.

解　该方程对应的齐次方程的特征方程为 $r^2 + 2 = 0$，特征根 $r = \pm\sqrt{2}i$.

自由项 $f(x)$ 属于 $P_m(x)e^{\lambda x}$ 型，即 $2x^2 - 1 = (2x^2 - 1)e^{0 \cdot x}$，可见 $\lambda = 0$ 不是特征根，故取 $k = 0$，同时方程的自由项中 $m = 2$，故可设方程的一个特解为

$$y^*(x) = x^0(Ax^2 + Bx + C)e^{0 \cdot x} = Ax^2 + Bx + C \text{（其中 } A, B, C \text{ 待定）}.$$

将其代入原方程，有 $(Ax^2 + Bx + C)'' + 2(Ax^2 + Bx + C) = 2x^2 - 1$，

于是　　　　　　　　$2Ax^2 + 2Bx + 2A + 2C = 2x^2 - 1$，

由多项式相等的定义可得

$$\begin{cases} 2A = 2, \\ 2B = 0, \\ 2C + 2A = -1, \end{cases}$$

解得 $A = 1, B = 0, C = -\dfrac{3}{2}$. 故该方程的一个特解为 $y^*(x) = x^2 - \dfrac{3}{2}$.

例 6　求方程 $y'' + y' = 2x^2 + x$ 的通解.

解　首先,求出该方程对应的齐次线性微分方程的通解.

因为该方程对应的齐次微分方程的特征方程为 $r^2 + r = 0$,特征根为 0 和 -1,所以方程对应的齐次微分方程的通解为 $Y(x) = C_1 + C_2 e^{-x}$.

其次,求该非齐次线性微分方程的一个特解.

自由项 $f(x) = 2x^2 + x = (2x^2 + x)e^{0x}$ 属于 $P_m(x)e^{\lambda x}$ 型,而 $\lambda = 0$ 是特征方程的单根,同时方程的自由项中 $m = 2$,故可设该方程的一个特解为

$$y^*(x) = x^1(Ax^2 + Bx + C)e^{0x} = Ax^3 + Bx^2 + Cx(其中 A, B, C 待定).$$

将其代入原方程,并由多项式相等的定义可得

$$\begin{cases} 3A = 2, \\ 2B + 6A = 1, \\ C + 2B = 0, \end{cases}$$

解得 $A = \dfrac{2}{3}, B = -\dfrac{3}{2}, C = 3$. 所以,原方程的一个特解为

$$y^*(x) = \frac{2}{3}x^3 - \frac{3}{2}x^2 + 3x.$$

综上可知,原方程的通解为

$$y(x) = Y(x) + y^*(x) = C_1 + C_2 e^{-x} + \frac{2}{3}x^3 - \frac{3}{2}x^2 + 3x.$$

例 7　求方程 $y'' + 2y' - y = 3e^{2x}$ 的一个特解.

解　因为该方程对应齐次方程的特征方程为 $r^2 + 2r - 1 = 0$,特征根 $r = -1 \pm \sqrt{2}$.

自由项 $f(x) = 3e^{2x}$ 属于 $P_m(x)e^{\lambda x}$ 型,其中 $\lambda = 2$ 不是特征根,$P_m(x) = 3$ 是零次多项式(故待定多项式也是一个常数 B),$m = 0$,于是可设原方程的一个特解形式为

$$y^*(x) = Bx^0 e^{2x} = Be^{2x}.$$

将其代入原方程可以确定系数 $B = \dfrac{3}{7}$,所以原方程的一个特解为

$$y^*(x) = \frac{3}{7}e^{2x}.$$

例 8　求满足初始条件 $y(0) = 2, y'(0) = 3$ 的微分方程 $y'' + 4y' + 4y = 3e^{-2x}$ 的特解.

解　首先,求该方程对应齐次方程的通解.

由于方程对应齐次方程的特征方程为 $r^2 + 4r + 4 = 0$,则 $r = -2$ 为二重特征根,所以原方程对应的齐次方程的通解为 $Y(x) = C_1 e^{-2x} + C_2 x e^{-2x}$.

其次,求该非齐次线性微分方程的一个特解.

自由项 $f(x) = 3e^{-2x}$ 属于 $P_m(x)e^{\lambda x}$ 型,其中 $\lambda = -2$ 是二重特征根,$m = 0$,故可设方程的一个特解为

$$y^*(x) = Bx^2 e^{-2x}.$$

将其代入原方程,解得 $B = \dfrac{3}{2}$,所以原方程的一个特解为

$$y^*(x) = \frac{3}{2}x^2 e^{-2x}.$$

由上可得原方程的通解为 $y(x)=Y(x)+y^*(x)=C_1\mathrm{e}^{-2x}+C_2x\mathrm{e}^{-2x}+\dfrac{3}{2}x^2\mathrm{e}^{-2x}$.

最后,求出满足初始条件的特解.

将初始条件 $y(0)=2,y'(0)=3$ 代入原方程的通解,可解得 $C_1=2,C_2=7$,故满足初值问题的特解为 $y(x)=2\mathrm{e}^{-2x}+7x\mathrm{e}^{-2x}+\dfrac{3}{2}x^2\mathrm{e}^{-2x}$.

情形二　自由项 $f(x)=\mathrm{e}^{\alpha x}(A\cos\beta x+B\sin\beta x)$ 型,其中 A,B 与 α,β 均为已知常数.

定理 4　非齐次方程 $y''+py'+qy=\mathrm{e}^{\alpha x}(A\cos\beta x+B\sin\beta x)(A,B$ 与 α,β 均为已知常数)的一个特解形式为

$$y^*(x)=x^k\mathrm{e}^{\alpha x}(C\cos\beta x+D\sin\beta x),$$

其中 C,D 为待定系数,而 k 的取值为

$$k=\begin{cases}0,&\text{当 }\alpha\pm\mathrm{i}\beta\text{ 不是特征根时,}\\1,&\text{当 }\alpha\pm\mathrm{i}\beta\text{ 是特征根时.}\end{cases}$$

(可以证明定理 4 是定理 3 的一种特殊形式,为了解题方便,我们单独列出)

例 9　求方程 $y''+y'=\sin x$ 的一个特解.

解　该方程对应齐次方程的特征方程为 $r^2+r=0$,特征根 $r_1=0,r_2=-1$.

自由项 $f(x)=\sin x=\mathrm{e}^{0x}(0\cdot\cos x+1\cdot\sin x)$,属于自由项 $\mathrm{e}^{\alpha x}(A\cos\beta x+B\sin\beta x)$ 型,其中 $\alpha=0,\beta=1$.

显然 $\alpha\pm\beta\mathrm{i}=\pm\mathrm{i}$ 不是特征根,故可设原方程的一个特解为

$$y^*(x)=x^0(C\cos x+D\sin x)=C\cos x+D\sin x.$$

将其代入原方程化简并确定待定系数,得

$$\begin{cases}D-C=0,\\-C-D=1,\end{cases}$$

解得 $C=-\dfrac{1}{2},D=-\dfrac{1}{2}$,所以原方程的一个特解为

$$y^*(x)=-\dfrac{1}{2}\cos x-\dfrac{1}{2}\sin x.$$

例 10　求方程 $y''-2y'+5y=\mathrm{e}^x\cos 2x$ 的通解.

解　首先,求出该方程对应的齐次线性微分方程的通解.

由于方程对应齐次方程的特征方程为 $r^2-2r+5=0$,特征根为 $1\pm 2\mathrm{i}$,从而方程对应齐次微分方程的通解为 $Y(x)=\mathrm{e}^x(C_1\cos 2x+C_2\sin 2x)$.

其次,求该非齐次线性微分方程的一个特解.

自由项 $f(x)=\mathrm{e}^x\cos 2x=\mathrm{e}^x(\cos 2x+0\cdot\sin 2x)$,属于 $\mathrm{e}^{\alpha x}(A\cos\beta x+B\sin\beta x)$ 型,其中 $\alpha=1,\beta=2,\alpha\pm\beta\mathrm{i}=1\pm 2\mathrm{i}$ 是特征方程的根.

可设原方程的一个特解为

$$y^*(x)=x^1\mathrm{e}^x(C\cos 2x+D\sin 2x),$$

将其代入原方程,可解得

$$C=0,D=\dfrac{1}{4},$$

因此,原方程的一个特解为

$$y^*(x)=\frac{1}{4}xe^x\sin2x.$$

综上所述,原方程的通解为

$$y(x)=Y(x)+y^*(x)=e^x(C_1\cos2x+C_2\sin2x)+\frac{1}{4}xe^x\sin2x,$$

即

$$y(x)=e^x(C_1\cos2x+C_2\sin2x)+\frac{1}{4}xe^x\sin2x.$$

结合前面的讨论,我们可以给出求二阶常系数线性非齐次微分方程的通解的步骤:

第一步,写出对应齐次方程的特征方程,并用特征根法求出对应齐次方程的通解 $Y(x)$;

第二步,根据自由项,参照前面表述,写出非齐次方程的一个特解形式 $y^*(x)$;

第三步,将特解形式代入非齐次方程,找到待定系数的值,从而得到一个特解;

第四步,写出非齐次方程的通解 $y(x)=Y(x)+y^*(x)$.

例 11 (阻尼振动问题)弹簧的左端固定,右端拴一个物体,质量为 m. 弹簧处于水平无伸长状态,物体由光滑平面支撑.将物体向右拉离原始状态 lm 使其处于静止状态放开(如图 10-2 所示),物体便开始运动,假设考虑物体受到的空气阻力,求物体的运动规律.

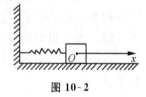

图 10-2

解 设物体所处原始状态位置为坐标原点,向右为 x 轴正方向.物体在时刻 t 的位移函数为 $x(t)$,于是获得物体的加速度为 $\dfrac{d^2x}{dt^2}$.

根据胡克定律,在弹性限度内,弹性恢复力为 $f=-kx(k>0$ 为弹性系数).

物体受到的空气阻力 f_1 与物体的运动速度成正比,与运动方向相反,所以

$$f_1=-k_1\frac{dx}{dt}(k_1>0\ \text{为阻尼系数}).$$

综合牛顿第二定律,得到物体的运动方程 $\dfrac{d^2x}{dt^2}+\dfrac{k_1}{m}\dfrac{dx}{dt}+\dfrac{k}{m}x=0$.

这是一个二阶常系数线性齐次微分方程,其特征方程为 $r^2+\dfrac{k_1}{m}r+\dfrac{k}{m}=0$,特征根为

$$r_{1,2}=\frac{-k_1\pm\sqrt{k_1^2-4km}}{2m}.$$

根据特征根的可能取值,分 3 种情况讨论:

(1) 当 $k_1^2-4km>0$ 时,r_1 和 r_2 为一对实根,此时方程的通解为 $x(t)=C_1e^{r_1t}+C_2e^{r_2t}$,再将初始条件 $x(0)=x_0$ 和 $x'(0)=0$ 代入,得 $x(t)=\dfrac{x_0r_2}{r_2-r_1}e^{r_1t}+\dfrac{x_0r_1}{r_1-r_2}e^{r_2t}$.

(2) 当 $k_1^2-4km=0$ 时,$r_1=r_2=-\dfrac{k_1}{2m}$,此时方程的通解为 $x(t)=(C_1+C_2t)e^{r_2t}$,再将初始条件 $x(0)=x_0$ 和 $x'(0)=0$ 代入,得 $x(t)=(1-r_2t)x_0e^{r_2t}$.

(3) 当 $k_1^2-4km<0$ 时,r_1 和 r_2 为一对共轭复根,此时方程的通解为

$$x(t) = \mathrm{e}^{-\frac{k_1}{2m}t}(C_1 \sin\omega_0 t + C_2 \cos\omega_0 t)，其中 \omega_0 = \frac{\sqrt{4km-k_1^2}}{2m}，$$

再将初始条件 $x(0)=x_0$ 和 $x'(0)=0$ 代入，得 $x(t)=\mathrm{e}^{-\frac{k_1}{2m}t}\left(\dfrac{x_0 k_1}{2m\omega_0}\sin\omega_0 t + x_0 \cos\omega_0 t\right)$.

例 12　（强迫振动问题）有一个弹性系数为 69.6N/m 的弹簧上挂着一个质量为 17.4kg 的物体. 假定物体原来在平衡位置，有向上的初速度 3m/s，如果阻力忽略不计，并在运动方向上作一外力 $F(t)=17.4\sin 2t$，求物体的运动规律.

解　设物体在任一时刻 t 的位移函数为 $x(t)$，则物体的运动方程为

$$17.4\frac{\mathrm{d}^2 x}{\mathrm{d}t^2} = -69.6x + 17.4\sin 2t，$$

化简为

$$\frac{\mathrm{d}^2 x}{\mathrm{d}t^2} + 4x = \sin 2t， \qquad\qquad ⑤$$

初始条件为 $x(0)=0，x'(0)=-3$.

方程⑤所对应的齐次微分方程的特征根为 $\pm 2\mathrm{i}$，故可设方程⑤的一个形式特解为

$$x^*(t) = t(A\cos 2t + B\sin 2t)，$$

将其代入方程⑤，解得 $A=-\dfrac{1}{4}$ 和 $B=0$，即一个特解为 $x^*(t)=-\dfrac{1}{4}t\cos 2t$.

所以方程的通解为 $x(t)=(C_1\cos 2t + C_2\sin 2t)-\dfrac{1}{4}t\cos 2t$.

再将初始条件代入，得满足初始条件的特解 $x(t)=-\dfrac{11}{8}\sin 2t - \dfrac{1}{4}t\cos 2t$，即该物体的运动规律.

练习题 10.5

1. 填空题.

(1) 以 $y=C_1\mathrm{e}^{2x}+C_2 x\mathrm{e}^{2x}$ 为通解的二阶常系数线性齐次微分方程是 _____.

(2) 设 $y=C_1\mathrm{e}^x+C_2\mathrm{e}^{2x}$ 为某二阶常系数线性齐次微分方程的通解，则该微分方程为
_____.

2. 求下列方程的通解或特解：

(1) $y''-y'-2y=0$；

(2) $y''-4y'+3y=0$；

(3) $y''+2y'+y=0$；

(4) $y''+6y'+10y=0$；

(5) $\begin{cases} y''+4y'+4y=0， \\ y(0)=0，y'(0)=2； \end{cases}$

(6) $\begin{cases} y''-4y'+5y=0， \\ y(0)=0，y'(0)=2. \end{cases}$

3. 求下列方程的通解：

(1) $y''-y=x$；

(2) $y''+y'-2y=\mathrm{e}^x$；

(3) $y''+4y'+4y=(x+1)\mathrm{e}^x$；

(4) $y''-2y'=x\mathrm{e}^{2x}$；

(5) $y'' - y' = 3\sin x$.

4. 求 $\begin{cases} y'' - 2y' + y = e^{2x}, \\ y(0) = 2, y'(0) = 5 \end{cases}$ 的特解.

5. 设函数 $y = y(x)$ 满足微分方程 $y'' - 3y' + 2y = 2e^x$，且在点 $(0,1)$ 处取得极值，求函数 $y(x)$. (提示: $y(0) = 1, y'(0) = 0$)

复习题十

一、选择题

1. 微分方程 $y(x+y)\mathrm{d}x = x^2 \mathrm{d}y$ 是   (   )

A. 一阶线性方程   B. 一阶齐次方程

C. 可分离变量方程   D. 二阶微分方程

2. 下列微分方程中，是可分离变量方程的是   (   )

A. $y' + \dfrac{y}{x} = e^x$ B. $y' - \sin y = x$

C. $y' = y + x^2 y + 1 + x^2$ D. $y' + xy = y^2 e^x$

3. $\dfrac{\mathrm{d}y}{\mathrm{d}x} = \dfrac{\cos^2 y}{x^2}$ 的通解是   (   )

A. $\sec y \cdot \tan y = \dfrac{1}{x} + C$ B. $\tan y = -\dfrac{1}{x} + C$

C. $\ln|\cos y| = \dfrac{1}{x} + C$ D. $\dfrac{1}{\cos y} = \dfrac{1}{x} + C$

4. $y' + 2xy = e^{-x^2}$ 满足 $y(0) = 0$ 的特解是   (   )

A. $y = xe^{-x^2}$ B. $y = xe^{x^2}$

C. $y = e^{-x^2}$ D. $y = e^{x^2}$

5. 微分方程 $y'' + 2y' + y = 0$ 的通解是   (   )

A. $y = C_1 \cos x + C_2 \sin x$ B. $y = C_1 e^x + C_2 e^{2x}$

C. $y = (C_1 + C_2 x)e^{-x}$ D. $y = C_1 e^x + C_2 e^{-x}$

6. 微分方程 $y'' + y = 0$ 满足 $y|_{x=0} = 0, y'|_{x=0} = 1$ 的解是   (   )

A. $y = C_1 \cos x + C_2 \sin x$ B. $y = \sin x$

C. $y = \cos x$ D. $y = C\cos x$

7. 微分方程 $y'' - 3y' + 2y = xe^{2x}$ 的特解 y^* 的形式应为   (   )

A. Axe^{2x} B. $(Ax+B)e^{2x}$

C. $Ax^2 e^{2x}$ D. $x(Ax+B)e^{2x}$

8. 二阶常系数非齐次线性微分方程 $y'' + 2y' + y = xe^{-x}$ 的特解的正确形式为   (   )

A. Axe^{-x} B. $x^2(Ax+B)e^{-x}$

C. $(Ax+B)e^{-x}$ D. $x(Ax+B)e^{-x}$

二、填空题

1. 设 $y(x)$ 满足微分方程 $e^x yy'=1$，且 $y(0)=1$，则 $y=$ _____.

2. 微分方程 $(1+x^2)y\mathrm{d}x-(2-y)x\mathrm{d}y=0$ 的通解为 _____.

3. 微分方程 $xy'-y=x^2$ 满足初始条件 $y\big|_{x=1}=2$ 的特解为 _____.

4. 设 $y=C_1e^{2x}+C_2e^{3x}$ 为某二阶常系数齐次线性微分方程的通解，则该微分方程为 _____.

5. $y'''=e^{-x}$ 的通解 $y=$ _____.

6. 以 $y=(C_1+C_2x)e^x$ 为通解的二阶线性常系数齐次微分方程是 _____.

三、解答题

1. 求 $y'+(\tan x)y=\sec x$ 满足 $y\big|_{x=0}=0$ 的特解.

2. 求 $y'-(\cos x)y=e^{\sin x}$ 满足 $y(0)=1$ 的解.

3. 求微分方程 $xy'-y=x^2e^x$ 的通解.

4. 求微分方程 $y''-2y'-3y=3x+1$ 的通解.

5. 设函数 $f(x)$ 可导，且满足方程 $\displaystyle\int_0^x tf(t)\mathrm{d}t=1-f(x)$，求 $f(x)$.

6. 求微分方程 $xy'+y-e^x=0$ 满足 $y(1)=e$ 的特解.

7. 求微分方程 $x^2y'=xy-y^2$ 的通解.

8. 已知曲线 $y=f(x)$ 过点 $(0,2)$ 且在点 (x,y) 处的切线斜率等于 $2x+y$，求此曲线方程.

9. 求微分方程 $y''-y=x$ 的通解.

10. 已知函数 $y=e^x$ 和 $y=e^{-2x}$ 是二阶常系数齐次线性微分方程 $y''+py'+qy=0$ 的两解，试确定常数 p,q 的值，并求微分方程 $y''-y=x$ 的通解.

11. 已知函数 $y=(x+1)e^x$ 是一阶线性微分方程 $y'+2y=f(x)$ 的解，求二阶常系数线性微分方程 $y''+3y'+2y=f(x)$ 的通解.

12. 已知函数 $y=f(x)$ 是一阶微分方程 $\dfrac{\mathrm{d}y}{\mathrm{d}x}=y$ 满足 $y(0)=1$ 的特解，求二阶常系数非齐次线性微分方程 $y''-3y'+2y=f(x)$ 的通解.

阅读材料十　数学家简介9

高斯——数学王子

高斯(1777—1855)，德国著名数学家、物理学家、天文学家、大地测量学家，是近代数学奠基者之一，被认为是历史上最重要的数学家之一，并享有"数学王子"之称。高斯和阿基米德、牛顿并列为世界三大数学家。高斯一生成就极为丰硕，以他名字"高斯"命名的成果达110个，属数学家之最。他对数论、代数、统计、分析、微分几何、大地测量学、地球物理学、力学、静电学、天文学、矩阵理论和光学皆有贡献。

高斯7岁的时候首次进入到了学习数学的班级，在这里他遇到了自己人生的一个伯乐——班级的数学老师布特纳。布特纳有一天布置了一道题目：从1加到100等于多少？

高斯很快就算出了答案。起初高斯的老师布特纳并不相信高斯算出了正确答案，高斯则列出了自己的计算方法：$1+100=101,2+99=101,\cdots,50+51=101$。从1加到100有50组这样的数，所以$50\times101=5050$。

布特纳第一次看见这样的计算方法，他隐隐感觉到，高斯未来会是一个成就不可估量的数学天才。他特意去购买最好的数学教材送给高斯，布特纳虽然并没有教给高斯什么东西，却带高斯走上了数学的道路。

而这种算法如今也被命名为"高斯算法"，这个到如今已经家喻户晓的故事充分显示了高斯强大的数学天分！

高斯在11岁的时候，有一天在回家途中，他一边走一边全神贯注地看书，不知不觉走进了一个庭园，这时费迪南公爵夫人看到这个小孩那么喜欢读书，于是就和他交谈，她发现他完全明白所读的书的深奥内容。公爵夫人回去告诉公爵，公爵也听说过在他所管辖的领地有一个聪明小孩的故事，于是就派人把高斯叫去宫殿。

在费迪南公爵的善意帮助下，15岁的高斯进入一所著名的学院（程度相当于高中和大学之间）。在那里他学习了古代和现代语言，同时也开始对高等数学作研究。他专心阅读牛顿、欧拉、拉格朗日这些欧洲著名数学家的作品。他对牛顿的工作特别钦佩，并很快地掌握了牛顿的微积分理论，并在此基础上毕生刻苦钻研，终于成为成果丰硕的大数学家。

第 11 章

无穷级数

§11.1　常数项级数

一、常数项级数基本概念

我国古代数学家刘徽曾利用圆的内接正多边形来计算圆的面积. 具体做法是:在半径为 1 的单位圆内作一内接正六边形,其面积记为 u_1,则 u_1 是圆面积 S 的一个近似值;再以正六边形的每一边为底,在小弓形内作一个顶点在圆周上的等腰三角形(图 11-1),这六个等腰三角形的面积之和为 u_2,于是圆内接正十二边形的面积为 $u_1 + u_2$,显然 $u_1 + u_2$ 较 u_1 更接近于圆面积 S. 这样继续下去,可以得到一系列圆面积的近似值:

图 11-1

$$S_1 = u_1, S_2 = u_1 + u_2, \cdots, S_n = u_1 + u_2 + \cdots + u_n.$$

当 n 无限增大时,我们就得到一个由无穷多个数相加的式子 $u_1 + u_2 + \cdots + u_n + \cdots$,这样的式子就称为常数项级数.

定义 1　设数列 $\{u_n\}: u_1, u_2, \cdots, u_n, \cdots$,则称式子

$$u_1 + u_2 + \cdots + u_n + \cdots$$

为常数项无穷级数,简称数项级数,记作 $\displaystyle\sum_{n=1}^{\infty} u_n$,其中 u_n 称为级数的通项或一般项.

可见,级数是一个用加号把无穷多个数加起来的"式子",有限个数相加得到的是一个确定的数,那么这"无穷多个数相加"究竟是什么意思呢? 我们用极限的观点来讨论.

一般地,我们把

$$S_n = u_1 + u_2 + \cdots + u_n$$

称为级数 $\displaystyle\sum_{n=1}^{\infty} u_n$ 的前 n 项部分和.

$$S_1 = u_1, S_2 = u_1 + u_2, S_3 = u_1 + u_2 + u_3, \cdots, S_n = u_1 + u_2 + u_3 + \cdots + u_n, \cdots$$

数列 $\{S_n\}: S_1, S_2, \cdots, S_n, \cdots$,称为级数 $\displaystyle\sum_{n=1}^{\infty} u_n$ 的部分和数列.

定义 2 如果当 $n \to \infty$ 时, 级数 $\sum\limits_{n=1}^{\infty} u_n$ 的部分和数列 $\{S_n\}$ 有极限 $\lim\limits_{n \to \infty} S_n = S$, 则称级数 $\sum\limits_{n=1}^{\infty} u_n$ 收敛, 并称极限值 S 为级数 $\sum\limits_{n=1}^{\infty} u_n$ 的和, 记为

$$\sum_{n=1}^{\infty} u_n = u_1 + u_2 + \cdots + u_n + \cdots = S.$$

如果部分和数列 $\{S_n\}$ 没有极限, 则称级数 $\sum\limits_{n=1}^{\infty} u_n$ 发散.

由定义知, 只有收敛级数才有和, 此时 "无穷多个数相加" 有意义; 发散级数没有和.

对级数 $\sum\limits_{n=1}^{\infty} u_n$, 称

$$r_n = S - S_n = u_{n+1} + u_{n+2} + \cdots$$

为级数 $\sum\limits_{n=1}^{\infty} u_n$ 的余项. 显然级数 $\sum\limits_{n=1}^{\infty} u_n$ 收敛的充要条件是 $\lim\limits_{n \to \infty} r_n = 0$.

例 1 判定级数 $\sum\limits_{n=1}^{\infty} \dfrac{1}{n(n+1)}$ 的敛散性.

解 $u_n = \dfrac{1}{n(n+1)} = \dfrac{1}{n} - \dfrac{1}{n+1}$,

$$S_n = \frac{1}{1 \times 2} + \frac{1}{2 \times 3} + \frac{1}{3 \times 4} + \cdots + \frac{1}{n \times (n+1)}$$

$$= \left(1 - \frac{1}{2}\right) + \left(\frac{1}{2} - \frac{1}{3}\right) + \left(\frac{1}{3} - \frac{1}{4}\right) + \cdots + \left(\frac{1}{n-1} + \frac{1}{n}\right) + \left(\frac{1}{n} - \frac{1}{n+1}\right)$$

$$= 1 - \frac{1}{n+1}.$$

因为 $\lim\limits_{n \to \infty} S_n = \lim\limits_{n \to \infty} \left(1 - \dfrac{1}{n+1}\right) = 1$, 所以级数 $\sum\limits_{n=1}^{\infty} \dfrac{1}{n(n+1)}$ 收敛, 且 $\sum\limits_{n=1}^{\infty} \dfrac{1}{n(n+1)} = 1$.

例 2 讨论等比级数 $\sum\limits_{n=1}^{\infty} aq^{n-1} (a \neq 0)$ 的敛散性.

解 $S_n = a + aq + aq^2 + \cdots + aq^{n-1}$.

(1) 当 $q = 1$ 时, $S_n = na$.

$\lim\limits_{n \to \infty} S_n = \lim\limits_{n \to \infty} na = \infty$, 极限不存在, 故级数 $\sum\limits_{n=1}^{\infty} aq^{n-1}$ 发散.

(2) 当 $q = -1$ 时, $S_n = \begin{cases} 0, & n \text{ 为偶数}, \\ a, & n \text{ 为奇数}, \end{cases}$

$\lim\limits_{n \to \infty} S_n$ 不存在, 故级数 $\sum\limits_{n=1}^{\infty} aq^{n-1}$ 发散.

(3) 当 $q \neq 1$ 时, $S_n = \dfrac{a - aq^n}{1 - q}$.

如果 $|q| < 1$, $\lim\limits_{n \to \infty} S_n = \lim\limits_{n \to \infty} \dfrac{a - aq^n}{1 - q} = \dfrac{a}{1 - q}$, 故级数 $\sum\limits_{n=1}^{\infty} aq^{n-1}$ 收敛, 其和为 $\dfrac{a}{1 - q}$;

如果 $|q| > 1$, $\lim\limits_{n \to \infty} S_n = \lim\limits_{n \to \infty} \dfrac{a - aq^n}{1 - q} = \infty$, 故级数 $\sum\limits_{n=1}^{\infty} aq^{n-1}$ 发散.

综上所述：当 $|q| < 1$ 时，等比级数 $\sum\limits_{n=1}^{\infty} aq^{n-1}$ 收敛，其和为 $\dfrac{a}{1-q}$；

当 $|q| \geqslant 1$ 时，等比级数 $\sum\limits_{n=1}^{\infty} aq^{n-1}$ 发散.

练习题 11.1.1

讨论下列级数的敛散性，如果收敛，求出其和：

(1) $\sum\limits_{n=1}^{\infty} \dfrac{1}{(2n-1)(2n+1)}$；

(2) $\sum\limits_{n=1}^{\infty} \ln \dfrac{n+1}{n}$；

(3) $\sum\limits_{n=1}^{\infty} (-1)^n$；

(4) $\sum\limits_{n=1}^{\infty} \dfrac{1}{\sqrt{n}+\sqrt{n-1}}$；

(5) $\sum\limits_{n=1}^{\infty} \dfrac{1}{2^n}$.

二、常数项级数的基本性质

级数的敛散性问题也就是其部分和数列是否有极限的问题，通过数列极限的有关性质可得到级数的一组重要性质.

性质 1　级数 $\sum\limits_{n=1}^{\infty} u_n$ 和级数 $\sum\limits_{n=1}^{\infty} ku_n$（$k$ 为常数）具有相同的敛散性，且若 $\sum\limits_{n=1}^{\infty} u_n$ 收敛，

和为 s，则 $\sum\limits_{n=1}^{\infty} ku_n = k\sum\limits_{n=1}^{\infty} u_n = ks$.

性质 2　若 $\sum\limits_{n=1}^{\infty} u_n$ 收敛于 s，$\sum\limits_{n=1}^{\infty} v_n$ 收敛于 σ，则 $\sum\limits_{n=1}^{\infty} (u_n \pm v_n)$ 收敛，其和为 $s \pm \sigma$.

说明　若 $\sum\limits_{n=1}^{\infty} u_n$ 收敛，$\sum\limits_{n=1}^{\infty} v_n$ 发散，则 $\sum\limits_{n=1}^{\infty} (u_n \pm v_n)$ 发散.

性质 3　一个级数增加或减少有限项，不改变级数的敛散性.

性质 4（级数收敛必要条件）　若级数 $\sum\limits_{n=1}^{\infty} u_n$ 收敛，则 $\lim\limits_{n \to \infty} u_n = 0$.

性质 4 表明，$\lim\limits_{n \to \infty} u_n = 0$ 是级数 $\sum\limits_{n=1}^{\infty} u_n$ 收敛的必要条件. 因此，若级数的通项不趋于 0，则该级数一定发散；若级数的通项趋于 0，则该级数可能收敛，也可能发散.

例 3　讨论级数 $\sum\limits_{n=1}^{\infty} \left(\dfrac{1}{3^n} + \dfrac{2^n}{5^n} \right)$ 的敛散性.

解　级数 $\sum\limits_{n=1}^{\infty} \dfrac{1}{3^n}$ 是公比为 $q = \dfrac{1}{3}$ 的等比级数，级数 $\sum\limits_{n=1}^{\infty} \dfrac{2^n}{5^n}$ 是公比为 $q = \dfrac{2}{5}$ 的等比级数，都收敛.

根据性质2,级数 $\sum\limits_{n=1}^{\infty}\left(\dfrac{1}{3^n}+\dfrac{2^n}{5^n}\right)$ 收敛.

例4 判别级数 $\sum\limits_{n=1}^{\infty}\dfrac{n^2}{n^2+1}$ 的敛散性.

解 因为 $u_n=\dfrac{n^2}{n^2+1}$,$\lim\limits_{n\to\infty}u_n=\dfrac{n^2}{n^2+1}=1\neq0$,所以级数 $\sum\limits_{n=1}^{\infty}\dfrac{n^2}{n^2+1}$ 发散.

例5 讨论级数 $\sum\limits_{n=1}^{\infty}(-1)^n\dfrac{n}{n+1}$ 的敛散性.

解 $\lim\limits_{n\to\infty}u_n=\lim\limits_{n\to\infty}(-1)^n\dfrac{n}{n+1}$ 不存在,根据级数收敛必要条件,级数 $\sum\limits_{n=1}^{\infty}(-1)^n\dfrac{n}{n+1}$ 发散.

例6 考察调和级数 $\sum\limits_{n=1}^{\infty}\dfrac{1}{n}$ 的敛散性.

解 调和级数 $\sum\limits_{n=1}^{\infty}\dfrac{1}{n}$ 的部分和

$$S_n=\sum_{n=1}^{n}\frac{1}{n}=1+\frac{1}{2}+\frac{1}{3}+\cdots+\frac{1}{n},$$

由不等式 $x>\ln(1+x)(x>0)$ 可得

$$S_n=1+\frac{1}{2}+\frac{1}{3}+\cdots+\frac{1}{n}>\ln\left(1+\frac{1}{1}\right)+\ln\left(1+\frac{1}{2}\right)+\ln\left(1+\frac{1}{3}\right)+\cdots+\ln\left(1+\frac{1}{n}\right)$$

$$=\ln\frac{2}{1}+\ln\frac{3}{2}+\ln\frac{4}{3}+\cdots+\ln\frac{n+1}{n}$$

$$S=\ln(n+1)\to\infty(n\to\infty).$$

当 $n\to\infty$ 时,部分和 S_n 的极限不存在,故调和级数 $\sum\limits_{n=1}^{\infty}\dfrac{1}{n}$ 发散,但调和级数通项的极限为零.

本例告诉我们,通项趋于零仅是级数收敛的必要条件,而不是充分条件.调和级数是典型的发散级数.

练习题 11.1.2

判别下列级数的敛散性:

(1) $\sum\limits_{n=1}^{\infty}\dfrac{1+2^n}{3^n}$;

(2) $\sum\limits_{n=1}^{\infty}(-1)^n\dfrac{n+1}{n}$;

(3) $\sum\limits_{n=1}^{\infty}\left[\dfrac{1}{n(n+1)}+\dfrac{1}{2^n}\right]$;

(4) $\sum\limits_{n=1}^{\infty}(-1)^n\left(1+\dfrac{1}{3^n}\right)$;

(5) $\sum\limits_{n=1}^{\infty}\left(\dfrac{n}{n+1}\right)^n$;

(6) $\sum\limits_{n=1}^{\infty}\dfrac{2^n}{n}$.

§11.2　常数项级数审敛法

一、正项级数敛散性的判定

如果级数 $\sum\limits_{n=1}^{\infty} u_n$ 中的每一项均非负，即 $u_n \geqslant 0(n=1,2,3,\cdots)$，则称该级数为正项级数.

定理 1　比较判别法

设 $\sum\limits_{n=1}^{\infty} u_n,\sum\limits_{n=1}^{\infty} v_n$ 均为正项级数，且 $u_n \leqslant v_n(n=1,2,3,\cdots)$，那么

（1）如果级数 $\sum\limits_{n=1}^{\infty} v_n$ 收敛，可推断级数 $\sum\limits_{n=1}^{\infty} u_n$ 也收敛；

（2）如果级数 $\sum\limits_{n=1}^{\infty} u_n$ 发散，可推断级数 $\sum\limits_{n=1}^{\infty} v_n$ 也发散.

注意

（1）比较判别法中的条件 $u_n \leqslant v_n$，只要从某项 N 开始，$n \geqslant N$ 成立即可，不一定要从第一项开始.

（2）由级数收敛的必要条件可知，级数收敛，通项趋于 0. 一般情况下，级数的通项越小，越可能收敛，通项越大，级数越可能发散，因此比较判别法可以理解为"大的收敛，小的也收敛；小的发散，大的也发散".

例 1　判别级数 $\sum\limits_{n=0}^{\infty} \dfrac{1}{3^n + n}$ 的敛散性.

解　因为 $u_n = \dfrac{1}{3^n + n} < \dfrac{1}{3^n} = v_n(n \geqslant 1)$，而级数 $\sum\limits_{n=0}^{\infty} v_n = \sum\limits_{n=0}^{\infty} \dfrac{1}{3^n}$ 为公比为 $\dfrac{1}{3}$ 的几何级数，是收敛的，由比较判别法知 $\sum\limits_{n=0}^{\infty} \dfrac{1}{3^n + n}$ 收敛.

例 2　讨论 p 级数 $\sum\limits_{n=1}^{\infty} \dfrac{1}{n^p}(p>0)$ 的敛散性.

解　（1）当 $p=1$ 时，$\sum\limits_{n=1}^{\infty} \dfrac{1}{n^p} = \sum\limits_{n=1}^{\infty} \dfrac{1}{n}$ 为调和级数，发散.

（2）当 $p<1$ 时，$u_n = \dfrac{1}{n} < \dfrac{1}{n^p} = v_n$，因 $\sum\limits_{n=1}^{\infty} \dfrac{1}{n}$ 发散，故 $\sum\limits_{n=1}^{\infty} \dfrac{1}{n^p}$ 发散.

（3）当 $p>1$ 时，
$$\sum_{n=1}^{\infty} \frac{1}{n^p} = 1 + \left(\frac{1}{2^p} + \frac{1}{3^p}\right) + \left(\frac{1}{4^p} + \frac{1}{5^p} + \frac{1}{6^p} + \frac{1}{7^p}\right) + \left(\frac{1}{8^p} + \frac{1}{9^p} + \cdots + \frac{1}{16^p}\right) + \cdots$$

$$\leqslant 1+\left(\frac{1}{2^p}+\frac{1}{2^p}\right)+\left(\frac{1}{4^p}+\frac{1}{4^p}+\frac{1}{4^p}+\frac{1}{4^p}\right)+\left(\frac{1}{8^p}+\frac{1}{8^p}+\cdots+\frac{1}{8^p}\right)+\cdots$$

$$=1+\frac{2}{2^p}+\frac{4}{4^p}+\frac{8}{8^p}+\cdots=\sum_{n=1}^{\infty}\left(\frac{1}{2^{p-1}}\right)^n,$$

级数 $\sum\limits_{n=1}^{\infty}\left(\frac{1}{2^{p-1}}\right)^n$ 是公比为 $\frac{1}{2^{p-1}}$ 的等比级数,收敛,从而 $\sum\limits_{n=1}^{\infty}\frac{1}{n^p}$ 收敛.

根据上面的讨论我们可以得到:对于 p-级数 $\sum\limits_{n=1}^{\infty}\frac{1}{n^p}(p>0)$,

当 $p\leqslant 1$ 时,级数 $\sum\limits_{n=1}^{\infty}\frac{1}{n^p}$ 发散;

当 $p>1$ 时,级数 $\sum\limits_{n=1}^{\infty}\frac{1}{n^p}$ 收敛.

利用比较判别法可以由已知级数的敛散性来判定未知级数的敛散性.也就是我们要用比较判别法判别某个级数的敛散性,必须先找到一个合适的已知敛散性的级数作为比较对象,最常用的比较级数是等比级数 $\sum\limits_{n=1}^{\infty}aq^{n-1}$ 和 p-级数 $\sum\limits_{n=1}^{\infty}\frac{1}{n^p}$,因此这两个级数的敛散性情况我们必须熟记.

推论 比较判别法的极限形式

设有正项级数 $\sum\limits_{n=1}^{\infty}u_n$,$\sum\limits_{n=1}^{\infty}v_n$,且 $\lim\limits_{n\to\infty}\frac{u_n}{v_n}=l$,则

(1) 当 $0<l<+\infty$ 时,级数 $\sum\limits_{n=1}^{\infty}u_n$ 和 $\sum\limits_{n=1}^{\infty}v_n$ 具有相同的敛散性.

(2) 当 $l=0$ 时,如果级数 $\sum\limits_{n=1}^{\infty}v_n$ 收敛,则可推出级数 $\sum\limits_{n=1}^{\infty}u_n$ 也收敛;如果级数 $\sum\limits_{n=1}^{\infty}u_n$ 发散,则可推出级数 $\sum\limits_{n=1}^{\infty}v_n$ 也发散.

(3) 当 $l=+\infty$ 时,如果级数 $\sum\limits_{n=1}^{\infty}u_n$ 收敛,则可推出级数 $\sum\limits_{n=1}^{\infty}v_n$ 也收敛;如果级数 $\sum\limits_{n=1}^{\infty}v_n$ 发散,则可推出级数 $\sum\limits_{n=1}^{\infty}u_n$ 也发散.

例3 判别级数 $\sum\limits_{n=1}^{\infty}\frac{1}{3^n-n}$ 的敛散性.

解 取 $u_n=\frac{1}{3^n-n}$,$v_n=\frac{1}{3^n}$,

$$\lim_{n\to\infty}\frac{u_n}{v_n}=\lim_{n\to\infty}\frac{\frac{1}{3^n-n}}{\frac{1}{3^n}}=\lim_{n\to\infty}\frac{3^n}{3^n-n}=\lim_{n\to\infty}\frac{1}{1-\frac{n}{3^n}}=1.$$

级数 $\sum\limits_{n=1}^{\infty}\frac{1}{3^n}$ 是公比为 $\frac{1}{3}$ 的等比级数,是收敛的,由比较判别法的极限形式可得 $\sum\limits_{n=1}^{\infty}\frac{1}{3^n-n}$ 收敛.

例 4 判别级数 $\displaystyle\sum_{n=1}^{\infty}\sin\frac{\pi}{3n}$ 的敛散性.

解 取 $u_n=\sin\dfrac{\pi}{3n},v_n=\dfrac{1}{n}$,则

$$\lim_{n\to\infty}\frac{u_n}{v_n}=\lim_{n\to\infty}\frac{\sin\dfrac{\pi}{3n}}{\dfrac{1}{n}}=\frac{\pi}{3}.$$

级数 $\displaystyle\sum_{n=1}^{\infty}\frac{1}{n}$ 发散,从而级数 $\displaystyle\sum_{n=1}^{\infty}\sin\frac{\pi}{3n}$ 也发散.

例 5 判别级数 $\displaystyle\sum_{n=1}^{\infty}\frac{2n+3}{n(n^2+1)}$ 的敛散性.

解 取 $u_n=\dfrac{2n+3}{n(n^2+1)},v_n=\dfrac{1}{n^2}$,则

$$\lim_{n\to\infty}\frac{u_n}{v_n}=\lim_{n\to\infty}\frac{\dfrac{2n+3}{n(n^2+1)}}{\dfrac{1}{n^2}}=2.$$

级数 $\displaystyle\sum_{n=1}^{\infty}\frac{1}{n^2}$ 收敛,从而级数 $\displaystyle\sum_{n=1}^{\infty}\frac{2n+3}{n(n^2+1)}$ 也收敛.

定理 2 比值判别法的极限形式

设 $\displaystyle\sum_{n=1}^{\infty}u_n$ 是正项级数,且

$$\lim_{n\to\infty}\frac{u_{n+1}}{u_n}=l,$$

则 (1) 当 $l<1$ 时,级数 $\displaystyle\sum_{n=1}^{\infty}u_n$ 收敛;

(2) 当 $l>1$ 时,级数 $\displaystyle\sum_{n=1}^{\infty}u_n$ 发散;

(3) 当 $l=1$ 时,级数 $\displaystyle\sum_{n=1}^{\infty}u_n$ 可能发散,也可能收敛,可用其他方法判别.

例 6 讨论级数 $\displaystyle\sum_{n=1}^{\infty}\frac{n}{3^n}$ 的敛散性.

解 $\displaystyle\lim_{n\to\infty}\frac{u_{n+1}}{u_n}=\lim_{n\to\infty}\frac{\dfrac{n+1}{3^{n+1}}}{\dfrac{n}{3^n}}=\lim_{n\to\infty}\frac{n+1}{3n}=\frac{1}{3}<1$,根据比值判别法,级数 $\displaystyle\sum_{n=1}^{\infty}\frac{n}{3^n}$ 收敛.

例 7 讨论级数 $\displaystyle\sum_{n=1}^{\infty}\frac{n!\,2^n}{n^n}$ 的敛散性.

解 $\displaystyle\lim_{n\to\infty}\frac{u_{n+1}}{u_n}=\lim_{n\to\infty}\frac{\dfrac{(n+1)!\,2^{n+1}}{(n+1)^{n+1}}}{\dfrac{n!\,2^n}{n^n}}=\frac{2}{e}$,根据比值判别法,级数 $\displaystyle\sum_{n=1}^{\infty}\frac{n!\,2^n}{n^n}$ 收敛.

练习题 11.2.1

1. 利用比较判别法判别下列级数的敛散性：

(1) $\displaystyle\sum_{n=1}^{\infty} \frac{1}{n\sqrt{n+2}}$；

(2) $\displaystyle\sum_{n=1}^{\infty} \sin\frac{\pi}{2^{n-1}}$；

(3) $\displaystyle\sum_{n=1}^{\infty} \frac{n+2}{(n+1)\sqrt{n}}$；

(4) $\displaystyle\sum_{n=1}^{\infty} \frac{\sqrt{2n-1}}{n(n+1)}$；

(5) $\displaystyle\sum_{n=1}^{\infty} \frac{2n\sqrt{n+1}}{3n^3+n+1}$；

(6) $\displaystyle\sum_{n=1}^{\infty} \frac{1}{n2^{n-1}}$.

2. 用比值判别法判别下列级数的敛散性：

(1) $\displaystyle\sum_{n=1}^{\infty} \frac{3^n+n}{3^n}$；

(2) $\displaystyle\sum_{n=1}^{\infty} \frac{n!3^n}{n^n}$；

(3) $\displaystyle\sum_{n=1}^{\infty} \frac{n^2}{3^n}$；

(4) $\displaystyle\sum_{n=1}^{\infty} \frac{2^n}{n!}$.

3. 用适当方法判别下列级数的敛散性：

(1) $\displaystyle\sum_{n=1}^{\infty} \sqrt{\frac{n}{3n+1}}$；

(2) $\displaystyle\sum_{n=1}^{\infty} \frac{n!}{3^n}$；

(3) $\displaystyle\sum_{n=1}^{\infty} \left(\frac{n}{2n+1}\right)^n$；

(4) $\displaystyle\sum_{n=1}^{\infty} \ln\left(1+\frac{1}{n^2}\right)$；

(5) $\displaystyle\sum_{n=1}^{\infty} \left(e^{\frac{\sqrt{n+1}}{2n^2}}-1\right)$.

二、交错级数敛散性判别法

定义 1 设 $u_n \geq 0$，则级数 $\displaystyle\sum_{n=1}^{\infty}(-1)^{n-1}u_n$（或 $\displaystyle\sum_{n=1}^{\infty}(-1)^n u_n$）称为交错级数.

交错级数敛散性的判别方法如下：

定理 3（莱布尼茨判别法） 如果交错级数 $\displaystyle\sum_{n=1}^{\infty}(-1)^{n-1}u_n$ $(u_n>0, n=1,2,3,\cdots)$ 满足：

(1) $\displaystyle\lim_{n\to\infty}u_n=0$；

(2) $u_n \geq u_{n+1}$ $(n=1,2,3,\cdots)$.

则该交错级数收敛，且其和 $S \leq u_1, n=1,2,3,\cdots$.

例 8 判别级数 $\displaystyle\sum_{n=1}^{\infty}(-1)^{n-1}\frac{1}{n}$ 的敛散性.

解 级数 $\displaystyle\sum_{n=1}^{\infty}(-1)^{n-1}\frac{1}{n}$ 是交错级数，$u_n=\dfrac{1}{n}$，满足

(1) $\lim\limits_{n\to\infty}u_n=\lim\limits_{n\to\infty}\dfrac{1}{n}=0$；

(2) $u_n=\dfrac{1}{n}\geqslant\dfrac{1}{n+1}=u_{n+1}$.

所以级数 $\sum\limits_{n=1}^{\infty}(-1)^{n-1}\dfrac{1}{n}$ 收敛.

例 9　判别级数 $\sum\limits_{n=1}^{\infty}(-1)^n\dfrac{\sqrt{n}}{n+1}$ 的敛散性.

解　级数 $\sum\limits_{n=1}^{\infty}(-1)^n\dfrac{\sqrt{n}}{n+1}$ 是交错级数,满足条件

(1) $\lim\limits_{n\to\infty}u_n=\lim\limits_{n\to\infty}\dfrac{\sqrt{n}}{n+1}=0$；

(2) 需证明 $u_n>u_{n+1}$(从某项起).

我们先证明函数 $f(x)=\dfrac{\sqrt{x}}{x+1}$ 单调递减$(x\geqslant1)$,有

$$f'(x)=\dfrac{1-x}{2\sqrt{x}(x+1)^2}<0\ (x>1),$$

故 $f(x)$ 在$[1,+\infty)$上单调递减,因此,对 $n<n+1$,有

$$f(n)>f(n+1)\Rightarrow u_n>u_{n+1},$$

条件(2)成立,从而级数 $\sum\limits_{n=1}^{\infty}(-1)^n\dfrac{\sqrt{n}}{n+1}$ 收敛.

练习题 11.2.2

判别下列级数的敛散性:

(1) $\sum\limits_{n=1}^{\infty}(-1)^n\dfrac{1}{n}$；

(2) $\sum\limits_{n=1}^{\infty}(-1)^n\dfrac{n}{n+1}$；

(3) $\sum\limits_{n=1}^{\infty}(-1)^n\dfrac{\ln n}{n}$；

(4) $\sum\limits_{n=1}^{\infty}(-1)^n\dfrac{n}{n^2+1}$.

三、绝对收敛和条件收敛

定义 2　设有级数

$$\sum_{n=1}^{\infty}u_n=u_1+u_2+\cdots+u_n+\cdots,$$

其中 u_n 为任意实数,这样的级数称为任意项级数.

定义 3　如果级数 $\sum\limits_{n=1}^{\infty}u_n$ 收敛,且正项级数 $\sum\limits_{n=1}^{\infty}|u_n|$ 也收敛,则称级数 $\sum\limits_{n=1}^{\infty}u_n$ 绝对收

敛;如果级数 $\sum\limits_{n=1}^{\infty} u_n$ 收敛,而正项级数 $\sum\limits_{n=1}^{\infty} |u_n|$ 发散,则称级数 $\sum\limits_{n=1}^{\infty} u_n$ 条件收敛.

定理 4　如果级数 $\sum\limits_{n=1}^{\infty} |u_n|$ 收敛,则级数 $\sum\limits_{n=1}^{\infty} u_n$ 也收敛.

根据定理 4,绝对收敛定义也可表述为:如果级数 $\sum\limits_{n=1}^{\infty} |u_n|$ 收敛,则称级数 $\sum\limits_{n=1}^{\infty} u_n$ 绝对收敛.

例 10　判别下列级数的敛散性,如果收敛,指出是绝对收敛还是条件收敛:

(1) $\sum\limits_{n=1}^{\infty} (-1)^n \dfrac{n}{3^n}$;(2) $\sum\limits_{n=1}^{\infty} (-1)^n \dfrac{1}{\sqrt{n}}$.

解　(1) 考察级数 $\sum\limits_{n=1}^{\infty} \left| (-1)^n \dfrac{n}{3^n} \right| = \sum\limits_{n=1}^{\infty} \dfrac{n}{3^n}$,由

$$\lim_{n\to\infty} \left| \frac{u_{n+1}}{u_n} \right| = \lim_{n\to\infty} \frac{\dfrac{n+1}{3^{n+1}}}{\dfrac{n}{3^n}} = \frac{1}{3},$$

故级数 $\sum\limits_{n=1}^{\infty} \left| (-1)^n \dfrac{n}{3^n} \right| = \sum\limits_{n=1}^{\infty} \dfrac{n}{3^n}$ 收敛,从而级数 $\sum\limits_{n=1}^{\infty} (-1)^n \dfrac{n}{3^n}$ 绝对收敛.

(2) 考察级数 $\sum\limits_{n=1}^{\infty} \left| (-1)^n \dfrac{1}{\sqrt{n}} \right| = \sum\limits_{n=1}^{\infty} \dfrac{1}{\sqrt{n}}$,它是 p 级数,$\sum\limits_{n=1}^{\infty} \left| (-1)^n \dfrac{1}{\sqrt{n}} \right| = \sum\limits_{n=1}^{\infty} \dfrac{1}{\sqrt{n}}$ 发散.

级数 $\sum\limits_{n=1}^{\infty} (-1)^n \dfrac{1}{\sqrt{n}}$ 为交错级数,满足:

① $\lim\limits_{n\to\infty} u_n = \lim\limits_{n\to\infty} \dfrac{1}{\sqrt{n}} = 0$;

② $u_n = \dfrac{1}{\sqrt{n}} > \dfrac{1}{\sqrt{n+1}} = u_{n+1} (n \in \mathbf{N}^*)$.

所以级数 $\sum\limits_{n=1}^{\infty} (-1)^n \dfrac{1}{\sqrt{n}}$ 收敛,且为条件收敛.

我们已经介绍了正项级数的比较和比值判别法,交错级数的莱布尼茨判别法,下面再引入一个任意项级数的比值判别法.

定理 5　任意项级数的比值判别法

若任意项级数 $\sum\limits_{n=1}^{\infty} u_n$ 满足 $\lim\limits_{n\to\infty} \left| \dfrac{u_{n+1}}{u_n} \right| = l$,则

(1) 当 $l < 1$ 时,级数 $\sum\limits_{n=1}^{\infty} u_n$ 收敛;

(2) 当 $l > 1$ 时,级数 $\sum\limits_{n=1}^{\infty} u_n$ 发散.

练习题 11.2.3

1. 判别下列级数的敛散性,如果收敛,指出是绝对收敛还是条件收敛:

(1) $\displaystyle\sum_{n=1}^{\infty}(-1)^{n}\frac{1}{3^{n-1}}$;

(2) $\displaystyle\sum_{n=1}^{\infty}(-1)^{n}\frac{1}{\ln(1+n)}$;

(3) $\displaystyle\sum_{n=1}^{\infty}(-1)^{n}\frac{n}{2^{n}}$;

(4) $\displaystyle\sum_{n=1}^{\infty}(-1)^{n}\left(\frac{n}{n+1}\right)^{n}$;

(5) $\displaystyle\sum_{n=1}^{\infty}(-1)^{n}\frac{n!\,3^{n}}{n^{n}}$;

(6) $\displaystyle\sum_{n=1}^{\infty}(-1)^{n}\frac{\ln n}{n}$;

(7) $\displaystyle\sum_{n=1}^{\infty}(-1)^{n}\frac{n}{n^{2}+1}$.

2. 讨论级数 $\displaystyle\sum_{n=1}^{\infty}(-1)^{n}\frac{1}{n^{p}}(p>0)$ 何时收敛,何时绝对收敛,何时条件收敛.

§11.3　幂　级　数

一、函数项级数

定义　设 $u_{1}(x),u_{2}(x),\cdots,u_{n}(x),\cdots$ 都是定义在数集 I 上的函数,则和式

$$u_{1}(x)+u_{2}(x)+\cdots+u_{n}(x)+\cdots \qquad ①$$

称为定义在数集 I 上的函数项级数,记作 $\displaystyle\sum_{n=1}^{\infty}u_{n}(x)$,$u_{n}(x)$ 称为**一般项**或**通项**.

当 x 在数集 I 上取某个特定值 x_{0} 时,函数项级数 $\displaystyle\sum_{n=1}^{\infty}u_{n}(x)$ 就是一个常数项级数,即

$$\sum_{n=1}^{\infty}u_{n}(x_{0})=u_{1}(x_{0})+u_{2}(x_{0})+\cdots+u_{n}(x_{0})+\cdots \qquad ②$$

如果这个数项级数②收敛,则称函数项级数①在点 x_{0} **收敛**,x_{0} 称为该函数项级数的一个收敛点;如果发散,则称 x_{0} 为这个函数项级数的发散点. 一个函数项级数的收敛点的全体称为它的**收敛域**.

对于收敛域内的任意一个数 x,函数项级数成为一个收敛域内的数项级数,因此,有一个确定的和 $S(x)$. 这样,在收敛域上,函数项级数的和是关于 x 的函数 $S(x)$,通常称 $S(x)$ 为函数项级数①的**和函数**,记作

$$S(x)=\sum_{n=1}^{\infty}u_{n}(x),$$

其中 x 是收敛域内的任意一点.

例如,等比级数 $\sum\limits_{n=0}^{\infty} x^n$ 当 $|x|<1$ 时收敛,其和为 $\dfrac{1}{1-x}$,当 $|x| \geqslant 1$ 时发散. 函数项级数 $\sum\limits_{n=0}^{\infty} x^n$ 的收敛域为 $(-1,1)$,其和函数为 $\dfrac{1}{1-x}$.

二、幂级数及其收敛区间

我们把形如

$$\sum_{n=0}^{\infty} a_n(x-x_0)^n = a_0 + a_1(x-x_0) + a_2(x-x_0)^2 + \cdots + a_n(x-x_0)^n + \cdots$$

的函数项级数称为 $x-x_0$ 的幂级数,其中常数 $a_0, a_1, a_2, \cdots, a_n, \cdots$ 称为幂级数的系数.

当 $x_0=0$ 时,$x-x_0$ 的幂级数变为

$$\sum_{n=0}^{\infty} a_n x^n = a_0 + a_1 x + a_2 x^2 + \cdots + a_n x^n + \cdots, \qquad ③$$

称为 x 的幂级数.

由于 $x-x_0$ 的幂级数 $\sum\limits_{n=0}^{\infty} a_n(x-x_0)^n$ 可以通过变换 $x-x_0=t$ 转变为 t 的幂级数 $\sum\limits_{n=0}^{\infty} a_n t^n$,因此,下面只讨论形如 $\sum\limits_{n=0}^{\infty} a_n x^n$ 的幂级数.

可以证明,幂级数 $\sum\limits_{n=0}^{\infty} a_n x^n$ 的收敛域只可能是下列情形之一:

① 在以原点为中心的一个区间 $(-R,R)$,端点 $x=\pm R$ 是否在收敛域内需另行讨论;

② 仅在原点 $x=0$ 收敛,在其余地方都发散;

③ 在 $(-\infty,+\infty)$ 内任一点都收敛.

收敛区间长度的一半,称为收敛半径,一般用 R 表示:

情形①中,收敛半径为 R;

情形②中,规定收敛半径 $R=0$;

情形③中,规定收敛半径 $R=+\infty$.

关于幂级数③的敛散性问题,首先介绍如下定理.

定理 对幂级数 $\sum\limits_{n=0}^{\infty} a_n x^n$,若

$$\lim_{n \to \infty} \left| \frac{a_{n+1}}{a_n} \right| = \rho \ (0 \leqslant \rho \leqslant +\infty),$$

则 (1) 当 $0<\rho<+\infty$ 时,收敛半径 $R=\dfrac{1}{\rho}$;

(2) 当 $\rho=0$ 时,$R=+\infty$;

(3) 当 $\rho=+\infty$ 时,$R=0$.

例1 求幂级数 $\sum\limits_{n=1}^{\infty} \dfrac{(-1)^{n-1}}{3^n \cdot n} x^n$ 的收敛半径与收敛域.

解 $\rho=\lim\limits_{n\to\infty}\left|\dfrac{a_{n+1}}{a_n}\right|=\lim\limits_{n\to\infty}\dfrac{\dfrac{1}{3^{n+1}(n+1)}}{\dfrac{1}{3^n n}}=\dfrac{1}{3}$,因此,收敛半径 $R=\dfrac{1}{\rho}=3$.

当 $x=-3$ 时,级数化为 $\sum\limits_{n=1}^{\infty}\dfrac{(-1)}{n}$,级数发散;

当 $x=3$ 时,级数化为 $\sum\limits_{n=1}^{\infty}\dfrac{(-1)^{n-1}}{n}$,级数收敛.

所以,该级数的收敛半径为 $R=3$,收敛域为 $(-3,3]$.

例 2 求幂级数 $\sum\limits_{n=0}^{\infty}\dfrac{2^n}{n!}x^n$ 的收敛半径.

解 $\rho=\lim\limits_{n\to\infty}\left|\dfrac{a_{n+1}}{a_n}\right|=\lim\limits_{n\to\infty}\dfrac{\dfrac{2^{n+1}}{(n+1)!}}{\dfrac{2^n}{n!}}=0$,因此,收敛半径 $R=+\infty$.

例 3 求幂级数 $\sum\limits_{n=1}^{\infty}\dfrac{n^n}{2^n}x^n$ 的收敛半径.

解 $\rho=\lim\limits_{n\to\infty}\left|\dfrac{a_{n+1}}{a_n}\right|=\lim\limits_{n\to\infty}\dfrac{\dfrac{(n+1)^{n+1}}{2^{n+1}}}{\dfrac{n^n}{2^n}}=\lim\limits_{n\to\infty}\dfrac{(n+1)}{2}\cdot\left(1+\dfrac{1}{n}\right)^n=\infty$,

因此,级数的收敛半径 $R=0$.

例 4 求幂级数 $\sum\limits_{n=0}^{\infty}\dfrac{x^{2n+1}}{3^n}$ 的收敛半径和收敛域.

解 所给幂级数的偶次幂项的系数全部为零,因此不能直接用定理,利用数项级数的比值判别法,有

$$\lim\limits_{n\to\infty}\dfrac{|u_{n+1}(x)|}{|u_n(x)|}=\lim\limits_{n\to\infty}\dfrac{\left|\dfrac{x^{2(n+1)+1}}{3^{n+1}}\right|}{\left|\dfrac{x^{2n+1}}{3^n}\right|}=\dfrac{1}{3}x^2.$$

当 $\dfrac{1}{3}x^2<1$,即 $-\sqrt{3}<x<\sqrt{3}$ 时,级数 $\sum\limits_{n=0}^{\infty}\dfrac{x^{2n+1}}{3^n}$ 收敛;

当 $\dfrac{1}{3}x^2>1$,即 $x<-\sqrt{3}$ 或 $x>\sqrt{3}$ 时,级数 $\sum\limits_{n=0}^{\infty}\dfrac{x^{2n+1}}{3^n}$ 发散;

当 $x=-\sqrt{3}$ 时,级数 $\sum\limits_{n=0}^{\infty}(-\sqrt{3})$ 发散;

当 $x=\sqrt{3}$ 时,级数 $\sum\limits_{n=0}^{\infty}\sqrt{3}$ 发散.

故收敛域为 $(-\sqrt{3},\sqrt{3})$,收敛半径 $R=\sqrt{3}$.

求下列幂级数的收敛半径和收敛域：

(1) $\sum\limits_{n=1}^{\infty} \dfrac{2^n}{n} x^n$；

(2) $\sum\limits_{n=0}^{\infty} \dfrac{n!}{3^n} x^n$；

(3) $\sum\limits_{n=1}^{\infty} \dfrac{2^n}{n^2+1} x^n$；

(4) $\sum\limits_{n=1}^{\infty} \dfrac{2^n}{n!} x^n$；

(5) $\sum\limits_{n=1}^{\infty} \dfrac{1}{3^n} x^{2n-1}$；

(6) $\sum\limits_{n=1}^{\infty} \left(\dfrac{1}{3^n}+2^n\right) x^n$.

三、幂级数的性质

性质 1 如果幂级数 $\sum\limits_{n=0}^{\infty} a_n x^n$ 和 $\sum\limits_{n=0}^{\infty} b_n x^n$ 的收敛半径分别为 R_1 和 R_2，和函数分别为 S_1 (x) 和 $S_2(x)$，令 $R=\min\{R_1,R_2\}$，则幂级数 $\sum\limits_{n=0}^{\infty}(a_n \pm b_n)x^n$ 的和函数为 $S_1(x) \pm S_2(x)$，收敛半径为 R. 也就是有

$$\sum_{n=0}^{\infty} a_n x^n \pm \sum_{n=0}^{\infty} b_n x^n = \sum_{n=0}^{\infty}(a_n \pm b_n)x^n \quad x \in (-R,R).$$

性质 2 如果幂级数 $\sum\limits_{n=0}^{\infty} a_n x^n$ 的和函数为 $S(x)$，则其和函数 $S(x)$ 在收敛域内连续.

性质 3 如果幂级数 $\sum\limits_{n=0}^{\infty} a_n x^n$ 的收敛半径为 R，则在收敛区间 $(-R,R)$ 内，其和函数 $S(x)$ 是可导的，并且有

$$S'(x) = \left(\sum_{n=0}^{\infty} a_n x^n\right)' = \sum_{n=0}^{\infty}(a_n x^n)' = \sum_{n=1}^{\infty} n a_n x^{n-1}.$$

这个性质表明，幂级数在收敛区间内可以逐项求导，但在端点 $x=\pm R$ 处敛散性有可能发生改变.

这其实是以前学过的两个可导函数 $f(x)$，$g(x)$，和的导数 $[f(x)+g(x)]'$ 等于导数的和 $f'(x)+g'(x)$，推广到无穷多个函数和的导数 $\left(\sum\limits_{n=0}^{\infty} a_n x^n\right)'$ 等于导数的和 $\sum\limits_{n=0}^{\infty}(a_n x^n)'$，称之为逐项求导.

性质 4 如果幂级数 $\sum\limits_{n=0}^{\infty} a_n x^n$ 的收敛半径为 R，则在收敛区间 $(-R,R)$ 内，其和函数 $S(x)$ 是可积的，并且有

$$\int_0^x S(t)\mathrm{d}t = \int_0^x \left(\sum_{n=0}^{\infty} a_n t^n\right)\mathrm{d}t = \sum_{n=0}^{\infty} \left(\int_0^x a_n t^n \mathrm{d}t\right) = \sum_{n=0}^{\infty} \dfrac{a_n}{n+1} x^{n+1}.$$

也就是无穷多个函数和的积分 $\int_0^x \left(\sum\limits_{n=0}^{\infty} a_n t^n \right) \mathrm{d}t$ 等于无穷多个积分的和 $\sum\limits_{n=0}^{\infty} \left(\int_0^x a_n t^n \mathrm{d}t \right)$.

这个性质表明,幂级数在收敛区间内可以逐项积分,但在端点 $x = \pm R$ 处敛散性有可能发生改变.

例 5 求幂级数 $\sum\limits_{n=1}^{\infty} \dfrac{1}{n} x^n$ 的和函数.

解法 1 $\rho = \lim\limits_{n \to \infty} \left| \dfrac{a_{n+1}}{a_n} \right| = \lim\limits_{n \to \infty} \dfrac{\frac{1}{n+1}}{\frac{1}{n}} = 1$,所以收敛半径 $R = 1$.

当 $x = 1$ 时,级数 $\sum\limits_{n=1}^{\infty} \dfrac{1}{n}$ 发散;

当 $x = -1$ 时,级数 $\sum\limits_{n=1}^{\infty} \dfrac{(-1)^n}{n}$ 收敛.

则幂级数 $\sum\limits_{n=1}^{\infty} \dfrac{1}{n} x^n$ 的收敛域为 $[-1, 1)$.

设 $S(x) = \sum\limits_{n=1}^{\infty} \dfrac{1}{n} x^n$,两边对 x 求导,有

$$S'(x) = \left(\sum_{n=1}^{\infty} \frac{1}{n} x^n \right)' = \sum_{n=1}^{\infty} \left(\frac{1}{n} x^n \right)' = \sum_{n=1}^{\infty} x^{n-1} = \frac{1}{1-x},$$

两边从 0 到 x 积分,有

$$\int_0^x S'(t) \mathrm{d}t = \int_0^x \frac{1}{1-t} \mathrm{d}t,$$

$$S(x) - S(0) = -\ln(1-x), \quad S(0) = 0,$$

得

$$S(x) = -\ln(1-x), \quad x \in [-1, 1).$$

解法 2 同上,收敛域为 $[-1, 1)$,因为 $\dfrac{1}{n} x^n = \int_0^x t^{n-1} \mathrm{d}t$,有

$$S(x) = \sum_{n=1}^{\infty} \frac{1}{n} x^n = \sum_{n=1}^{\infty} \left(\int_0^x t^{n-1} \mathrm{d}t \right) = \int_0^x \left(\sum_{n=1}^{\infty} t^{n-1} \right) \mathrm{d}t$$

$$= \int_0^x \frac{1}{1-t} \mathrm{d}t = -\ln(1-x), \quad x \in [-1, 1).$$

例 6 求幂级数 $\sum\limits_{n=1}^{\infty} n x^{n-1}$ 的和函数.

解法 1 $\rho = \lim\limits_{n \to \infty} \left| \dfrac{a_{n+1}}{a_n} \right| = \lim\limits_{n \to \infty} \dfrac{n+1}{n} = 1$,所以收敛半径 $R = 1$.

当 $x = 1$ 时,级数 $\sum\limits_{n=0}^{\infty} n$ 发散;

当 $x = -1$ 时,级数 $\sum\limits_{n=0}^{\infty} (-1)^{n-1} n$ 发散.

则幂级数 $\sum\limits_{n=1}^{\infty} n x^{n-1}$ 的收敛域为 $(-1, 1)$.

设 $S(x) = \sum\limits_{n=1}^{\infty} nx^{n-1}$，两边从 0 到 x 积分，有

$$\int_0^x S(t)\,dt = \int_0^x \Big(\sum_{n=1}^{\infty} nt^{n-1}\Big)dt = \sum_{n=1}^{\infty} \Big(\int_0^x nt^{n-1}\,dt\Big) = \sum_{n=1}^{\infty} x^n = \frac{x}{1-x}.$$

将 $\int_0^x S(t)\,dt = \dfrac{x}{1-x}$ 两边对 x 求导，得

$$S(x) = \Big(\frac{x}{1-x}\Big)' = \frac{1}{(x-1)^2}, \quad x \in (-1,1).$$

解法 2　同上，收敛域为 $(-1,1)$，因为 $nx^{n-1} = (x^n)'$，有

$$S(x) = \sum_{n=1}^{\infty} nx^{n-1} = \sum_{n=1}^{\infty} (x^n)' = \Big(\sum_{n=1}^{\infty} x^n\Big)' = \Big(\frac{1}{1-x}\Big)' = \frac{1}{(1-x)^2}, \quad x \in (-1,1).$$

实际上，例 5，例 6 的本质就是把求幂级数和函数问题转化为等比级数求和问题.

练习题 11.3.2

1. 求下列幂级数的和函数：

(1) $\sum\limits_{n=1}^{\infty} \dfrac{2^n}{n} x^n$；　　　　　　　　　(2) $\sum\limits_{n=0}^{\infty} \dfrac{n+1}{3^n} x^n$.

2. 求 $\sum\limits_{n=0}^{\infty} \dfrac{1}{2n+1} x^{2n+1}$ 的和函数，并求级数 $\sum\limits_{n=0}^{\infty} \dfrac{1}{2n+1}\Big(\dfrac{1}{2}\Big)^{2n+1}$ 的和.

§11.4　函数展开成幂级数

上一节讨论了幂级数的收敛域及其和函数的求法，但在实际应用中往往会提出相反的问题：对于已知函数 $f(x)$，能否找到一个幂级数，其和函数就是 $f(x)$. 本节将讨论这个问题.

一、泰勒公式和泰勒级数

定理 1（泰勒公式）　设函数 $f(x)$ 在 $x = x_0$ 的某邻域内有直至 $n+1$ 阶导数，则对此邻域内任意 x 有

$$f(x) = f(x_0) + f'(x_0)(x-x_0) + \frac{f''(x_0)}{2!}(x-x_0)^2 + \cdots$$

$$+ \frac{f^{(n)}(x_0)}{n!}(x-x_0)^n + R_n(x),$$

①

其中

$$R_n(x) = \frac{f^{(n+1)}(\xi)}{(n+1)!}(x-x_0)^{n+1} \quad (\xi \text{ 在 } x \text{ 与 } x_0 \text{ 之间}). \qquad ②$$

公式①称为函数 $f(x)$ 的泰勒公式,公式②称为泰勒公式的拉格朗日型余项.

定义 1(泰勒级数) 如果函数 $f(x)$ 在 $x = x_0$ 的某邻域内具有任意阶导数,则称 $(x-x_0)$ 的幂级数

$$f(x_0) + f'(x_0)(x-x_0) + \frac{f''(x_0)}{2!}(x-x_0)^2 + \cdots + \frac{f^{(n)}(x_0)}{n!}(x-x_0)^n + \cdots \qquad ③$$

为函数 $f(x)$ 在点 $x = x_0$ 处的泰勒级数, $\frac{f^{(n)}(x_0)}{n!}(n=0,1,2,3,\cdots)$ 称为泰勒系数.

函数 $f(x)$ 在点 $x = 0$ 处的泰勒级数

$$f(0) + f'(0)x + \frac{f''(0)}{2!}x^2 + \cdots + \frac{f^{(n)}(0)}{n!}x^n + \cdots$$

也称为函数 $f(x)$ 的马克劳林级数.

我们知道幂级数有收敛域与和函数,那么 $f(x)$ 的泰勒级数③的和函数是不是 $f(x)$ 呢?

下面我们来讨论这个问题.

定义 2 如果存在一个 $(x-x_0)$ 的幂级数 $\sum\limits_{n=0}^{\infty} a_n(x-x_0)^n$,其和函数为 $f(x)$,那么就称函数 $f(x)$ 可展开成 $(x-x_0)$ 的幂级数.

定理 2 设函数 $f(x)$ 在 $x = x_0$ 的某邻域内具有任意阶导数,如果存在一个 $(x-x_0)$ 的幂级数 $\sum\limits_{n=0}^{\infty} a_n(x-x_0)^n$,其和函数为 $f(x)$,那么这个幂级数 $\sum\limits_{n=0}^{\infty} a_n(x-x_0)^n$ 就是 $f(x)$ 的泰勒级数.

注意 这个定理说明如果函数 $f(x)$ 可展开成 $(x-x_0)$ 的幂级数,那么展开式是唯一的,这个幂级数就是泰勒级数.

那么什么时候函数 $f(x)$ 可展开成 $(x-x_0)$ 的幂级数呢?

定理 3 设函数 $f(x)$ 在 $x = x_0$ 的某邻域内具有任意阶导数,则函数 $f(x)$ 可展开成 $(x-x_0)$ 的幂级数的充分必要条件是 $\lim\limits_{n\to\infty} R_n(x) = 0$,其中 $R_n(x)$ 为泰勒公式①中余项.

根据定理 2 和定理 3,我们可以把函数 $f(x)$ 展开成幂级数.

二、函数展开成幂级数

把函数 $f(x)$ 展开成幂级数有直接展开法和间接展开法.

1. 直接展开法

(1) 求出 $f(x)$ 的各阶导函数 $f'(x), f''(x), \cdots, f^{(n)}(x), \cdots$,然后求出

$$f'(x_0), f''(x_0), \cdots, f^{(n)}(x_0), \cdots.$$

(2) 写出泰勒级数

$$f(x_0) + f'(x_0)(x-x_0) + \frac{f''(x_0)}{2!}(x-x_0)^2 + \cdots + \frac{f^{(n)}(x_0)}{n!}(x-x_0)^n + \cdots,$$

并求出收敛半径 R 和收敛域 D.

(3) 证明 $\lim\limits_{n \to \infty} R_n(x) = 0, x \in D$, 这一步一般比较复杂, 本教材不作要求.

例1 把函数 $f(x) = \mathrm{e}^x$ 展开成 x 的幂级数.

解 (1) $f'(x) = \mathrm{e}^x, f''(x) = \mathrm{e}^x, \cdots, f^{(n)}(x) = \mathrm{e}^x, \cdots,$

$$f'(0) = 1, f''(0) = 1, \cdots, f^{(n)}(0) = 1, \cdots.$$

(2) 写出马克劳林级数(点 $x = 0$ 处的泰勒级数)

$$1 + x + \frac{1}{2!}x^2 + \cdots + \frac{1}{n!}x^n + \cdots,$$

求出其收敛域为 $(-\infty, +\infty)$.

(3) 可以证明 $\lim\limits_{n \to \infty} R_n(x) = \lim\limits_{n \to \infty} \frac{\mathrm{e}^\xi}{(n+1)!}x^n = 0.$

所以

$$\mathrm{e}^x = 1 + x + \frac{1}{2!}x^2 + \cdots + \frac{1}{n!}x^n + \cdots, x \in (-\infty, +\infty).$$

我们用同样的方法可得到一些常用的基本展开式:

(1) $\mathrm{e}^x = 1 + x + \frac{1}{2!}x^2 + \cdots + \frac{1}{n!}x^n + \cdots, x \in (-\infty, +\infty).$

(2) $\frac{1}{1-x} = 1 + x + x^2 + \cdots + x^n + \cdots, x \in (-1, 1);$

$\frac{1}{1+x} = 1 - x + x^2 + \cdots + (-1)^n x^n + \cdots, x \in (-1, 1).$

(3) $\sin x = x - \frac{1}{3!}x^3 + \frac{1}{5!}x^5 + \cdots + \frac{(-1)^n}{(2n+1)!}x^{2n+1} + \cdots, x \in (-\infty, +\infty);$

$\cos x = 1 - \frac{1}{2!}x^2 + \frac{1}{4!}x^4 + \cdots + \frac{(-1)^n}{(2n)!}x^{2n} + \cdots, x \in (-\infty, +\infty).$

(4) $\ln(1+x) = x - \frac{1}{2}x^2 + \frac{1}{3}x^3 + \cdots + \frac{(-1)^n}{n+1}x^{n+1} + \cdots, x \in (-1, 1].$

2. 间接展开法

用直接展开法求 $f(x)$ 的幂级数展开式, 这种展开方法是很麻烦的. 因此, 我们采用间接展开法.

间接展开法是利用一些已知的幂级数展开式及幂级数的性质, 以及变量代换和算术运算等方法将函数展开成幂级数的方法. 下面我们通过举例说明.

例2 将 $f(x) = \frac{1}{1-3x}$ 展开成 x 的幂级数.

解 $\frac{1}{1-t} = 1 + t + t^2 + \cdots + t^n + \cdots, t \in (-1, 1).$

$$f(x) = \frac{1}{1-3x} = 1 + (3x) + (3x)^2 + \cdots + (3x)^n + \cdots$$

$$= \sum_{n=0}^{\infty} 3^n x^n \quad \left(-\frac{1}{3} < x < \frac{1}{3}\right).$$

例 3　将 $f(x) = \dfrac{1}{1-x}$ 展开成 $(x+2)$ 的幂级数.

解　$f(x) = \dfrac{1}{1-x} = \dfrac{1}{3-(x+2)} = \dfrac{1}{3} \cdot \dfrac{1}{1-\dfrac{x+2}{3}}.$

因为 $\dfrac{1}{1-t} = \displaystyle\sum_{n=0}^{\infty} t^n$，$t \in (-1,1)$，所以有

$$f(x) = \frac{1}{3} \cdot \frac{1}{1-\dfrac{x+2}{3}} = \frac{1}{3} \sum_{n=0}^{\infty} \left(\frac{x+2}{3}\right)^n \quad \left(-1 < \frac{x+2}{3} < 1\right)$$

$$= \sum_{n=0}^{\infty} \frac{1}{3^{n+1}} (x+2)^n \quad (-5 < x < 1).$$

例 4　将 $f(x) = \dfrac{1}{2-x-x^2}$ 展开成 x 的幂级数.

解　$f(x) = \dfrac{1}{2-x-x^2} = \dfrac{1}{(1-x)(2+x)} = \dfrac{1}{3}\left(\dfrac{1}{1-x} + \dfrac{1}{2+x}\right),$

因为

$$\frac{1}{1+t} = \sum_{n=0}^{\infty} (-1)^n t^n \quad (-1 < t < 1);$$

所以

$$\frac{1}{1-x} = \frac{1}{1+(-x)} = \sum_{n=0}^{\infty} (-1)^n (-x)^n = \sum_{n=0}^{\infty} x^n \quad (-1 < x < 1),$$

$$\frac{1}{2+x} = \frac{1}{2} \cdot \frac{1}{1+\dfrac{x}{2}} = \frac{1}{2} \sum_{n=0}^{\infty} (-1)^n \left(\frac{x}{2}\right)^n = \sum_{n=0}^{\infty} \frac{(-1)^n}{2^{n+1}} x^n \quad \left(-1 < \frac{x}{2} < 1\right).$$

则 $f(x) = \dfrac{1}{3}\left[\displaystyle\sum_{n=0}^{\infty} x^n + \sum_{n=0}^{\infty} \frac{(-1)^n}{2^{n+1}} x^n\right] = \sum_{n=0}^{\infty} \frac{1}{3}\left[1 + \frac{(-1)^n}{2^{n+1}}\right] x^n \quad (-1 < x < 1).$

例 5　将 $f(x) = \arctan x$ 展开成 x 的幂级数.

解　$f'(x) = (\arctan x)' = \dfrac{1}{1+x^2}.$

因为

$$\frac{1}{1+t} = \sum_{n=0}^{\infty} (-1)^n t^n \quad (-1 < t < 1),$$

所以

$$f'(x) = \frac{1}{1+x^2} = \sum_{n=0}^{\infty} (-1)^n (x^2)^n = \sum_{n=0}^{\infty} (-1)^n x^{2n} \quad (-1 < x^2 < 1).$$

将 $f'(x) = \displaystyle\sum_{n=0}^{\infty} (-1)^n x^{2n}$ 两边从 0 到 x 积分，有

$$\int_0^x f'(t) \mathrm{d}t = \int_0^x \left[\sum_{n=0}^{\infty} (-1)^n t^{2n}\right] \mathrm{d}t,$$

得到

$$f(x) - f(0) = \sum_{n=0}^{\infty} \int_0^x (-1)^n t^{2n} \mathrm{d}t = \sum_{n=0}^{\infty} \frac{(-1)^n}{2n+1} x^{2n+1}.$$

且 $f(0) = \arctan 0 = 0$,从而有

$$f(x) = \arctan x = \sum_{n=0}^{\infty} \frac{(-1)^n}{2n+1} x^{2n+1} \quad (-1 < x < 1).$$

当 $x = 1$ 时,级数 $\sum_{n=0}^{\infty} \frac{(-1)^n}{2n+1}$ 收敛;

当 $x = -1$ 时,级数 $\sum_{n=0}^{\infty} \frac{(-1)^{n+1}}{2n+1}$ 收敛.

因此

$$f(x) = \arctan x = \sum_{n=0}^{\infty} \frac{(-1)^n}{2n+1} x^{2n+1} \quad (-1 \leqslant x \leqslant 1).$$

例 6 将 $f(x) = \dfrac{1}{(1-x)^2}$ 展开成 x 的幂级数.

解 将 $f(t) = \dfrac{1}{(1-t)^2}$ 两边从 2 到 x 积分,

$$\int_2^x f(t)\mathrm{d}t = \int_2^x \frac{1}{(1-t)^2}\mathrm{d}t = \frac{1}{1-x} + 1.$$

因为 $\dfrac{1}{1+t} = \sum_{n=0}^{\infty} (-1)^n t^n (-1 < t < 1)$,

故 $\displaystyle\int_2^x f(t)\mathrm{d}t = \frac{1}{1-x} + 1 = \Big[\sum_{n=0}^{\infty} (-1)^n (-x)^n\Big] + 1 = \sum_{n=0}^{\infty} x^n + 1 \quad (-1 < -x < 1)$,

两边求导

$$f(x) = \Big(\sum_{n=0}^{\infty} x^n\Big)' = \sum_{n=1}^{\infty} n x^{n-1} = \sum_{n=1}^{\infty} n x^{n-1} \quad (-1 < x < 1).$$

当 $x = 1$ 时,级数 $\sum_{n=1}^{\infty} n$ 发散;

当 $x = -1$ 时,级数 $\sum_{n=1}^{\infty} (-1)^{n-1} n$ 发散.

故 $f(x) = \dfrac{1}{(1-x)^2} = \sum_{n=1}^{\infty} n x^{n-1} \quad (-1 < x < 1).$

从以上几个例子可以看出,间接展开法常用的两种方法是:

(1) 将函数 $f(x)$ 进行恒等变形,然后再利用变量代换化为基本展开公式,如例 2、例 3.

(2) 将函数 $f(x)$ 进行求导或积分后,然后再利用变量代换,化为基本展开公式,如例 5、例 6.

但要注意,根据上一节幂级数性质 3 和性质 4,求导或积分后展开,收敛区间端点的敛散性要另行讨论.

练习题 11.4

1. 将下列函数展开成 x 的幂级数,并求收敛区间:

(1) $f(x)=\dfrac{1}{4-x}$;　　　　(2) $f(x)=\mathrm{e}^{-2x}$;　　　　(3) $f(x)=\ln(4+x)$;

(4) $f(x)=x\mathrm{e}^{-x}$;　　　　(5) $f(x)=\sin^2 x$;　　　　(6) $f(x)=\dfrac{x}{1-x-2x^2}$.

2. 把 $f(x)=\dfrac{1}{x}$ 展开成 $(x-2)$ 的幂级数.

3. 把 $f(x)=\ln(1+x)$ 展开成 $(x-2)$ 的幂级数.

4. 把函数 $f(x)=\dfrac{1}{x^2+5x+6}$ 在 $x=1$ 处展开.

复习题十一

一、选择题

1. 设级数 $\displaystyle\sum_{n=1}^{\infty} u_n$ 收敛,部分和为 S_n,则 $\displaystyle\lim_{n\to\infty} S_n =$ 　　　　　　　　　（　　）

A. 一定不存在　　　　　　　　　B. 一定等于零

C. 一定存在　　　　　　　　　　D. 一定是 $+\infty$

2. $\displaystyle\lim_{n\to\infty} u_n = 0$ 是级数 $\displaystyle\sum_{n=1}^{\infty} u_n$ 收敛的 　　　　　　　　　（　　）

A. 充分而非必要条件　　　　　　B. 必要而非充分条件

C. 充要条件　　　　　　　　　　D. 既非充分也非必要条件

3. 下列命题正确的有 　　　　　　　　　　　　　　　　　　　　　　（　　）

A. 若级数 $\displaystyle\sum_{n=1}^{\infty} u_n$ 收敛,$\displaystyle\sum_{n=1}^{\infty} v_n$ 发散,则级数 $\displaystyle\sum_{n=1}^{\infty} (u_n \pm v_n)$ 必收敛

B. 若级数 $\displaystyle\sum_{n=1}^{\infty} u_n$ 收敛,$\displaystyle\sum_{n=1}^{\infty} v_n$ 发散,则级数 $\displaystyle\sum_{n=1}^{\infty} (u_n \pm v_n)$ 必发散

C. 若级数 $\displaystyle\sum_{n=1}^{\infty} u_n$ 与 $\displaystyle\sum_{n=1}^{\infty} v_n$ 都发散,则级数 $\displaystyle\sum_{n=1}^{\infty} (u_n \pm v_n)$ 必收敛

D. 若级数 $\displaystyle\sum_{n=1}^{\infty} (u_n + v_n)$ 收敛,则级数 $\displaystyle\sum_{n=1}^{\infty} u_n$ 与 $\displaystyle\sum_{n=1}^{\infty} v_n$ 都收敛

4. 如果 $\lim\limits_{n \to \infty} u_n = 0$，则级数 $\sum\limits_{n=1}^{\infty} u_n$　　　　　（　　）

　A. 一定发散　　　　　　　　　　　B. 一定绝对收敛

　C. 一定收敛　　　　　　　　　　　D. 可能收敛，也可能发散

5. 级数 $\sum\limits_{n=0}^{\infty} \left(\dfrac{2}{5} \right)^{n+1}$　　　　　（　　）

　A. 发散　　　　　　　　　　　　　B. 收敛，其和为 1

　C. 收敛，其和为 2　　　　　　　　D. 收敛，其和为 $\dfrac{2}{3}$

6. 若级数 $\sum\limits_{n=1}^{\infty} \dfrac{1}{q^n}$ 收敛，则　　　　　（　　）

　A. $q < 1$　　　　　　　　　　　　B. $|q| < 1$

　C. $q \leqslant -1$　　　　　　　　　D. $|q| > 1$

7. 设级数 $\sum\limits_{n=1}^{\infty} u_n = 50$，$\sum\limits_{n=1}^{\infty} v_n = 100$，则级数 $\sum\limits_{n=1}^{\infty} (2u_n + 3v_n)$　　　　　（　　）

　A. 发散　　　　　　　　　　　　　B. 收敛，其和为 100

　C. 收敛，其和为 50　　　　　　　　D. 收敛，其和为 400

8. 设级数 $\sum\limits_{n=1}^{\infty} u_n$ 收敛，则下列级数一定收敛的是　　　　　（　　）

　A. $\sum\limits_{n=1}^{\infty} 100 u_n$　　　　　　　　　B. $\sum\limits_{n=1}^{\infty} (100 + u_n)$

　C. $\sum\limits_{n=1}^{\infty} (100 - u_n)$　　　　　　　D. $\sum\limits_{n=1}^{\infty} |u_n|$

9. 设级数 $\sum\limits_{n=1}^{\infty} u_n$ 收敛，则下列级数一定不收敛的是　　　　　（　　）

　A. $\sum\limits_{n=1}^{\infty} 2u_n$　　　　　　　　　　B. $\sum\limits_{n=1}^{\infty} (2 + u_n)$

　C. $2 + \sum\limits_{n=1}^{\infty} u_n$　　　　　　　　D. $\sum\limits_{n=10}^{\infty} u_n$

10. 级数 $\sum\limits_{n=1}^{\infty} \dfrac{(-1)^n}{\sqrt{n}}$　　　　　（　　）

　A. 条件收敛　　　　　　　　　　　B. 绝对收敛

　C. 发散　　　　　　　　　　　　　D. 敛散性不能确定

11. 下列级数绝对收敛的是　　　　　（　　）

　A. $\sum\limits_{n=1}^{\infty} \dfrac{(-1)^n n}{n+1}$　　　　　　　B. $\sum\limits_{n=1}^{\infty} \dfrac{1}{\sqrt[3]{n^2}}$

　C. $\sum\limits_{n=1}^{\infty} \dfrac{(-1)^n}{n^2}$　　　　　　　　D. $\sum\limits_{n=1}^{\infty} \dfrac{(-1)^n}{\sqrt{n}}$

12. 下列级数收敛的是 　　　　　　　　　　　　　　　　　　　　（　　）

A. $\sum\limits_{n=1}^{\infty} \dfrac{1}{\sqrt{n}}$

B. $\sum\limits_{n=1}^{\infty} \dfrac{1}{\sqrt[3]{n^2}}$

C. $\sum\limits_{n=1}^{\infty} \dfrac{1}{\sqrt{n^3}}$

D. $\sum\limits_{n=1}^{\infty} \dfrac{1}{\sqrt[3]{n}}$

13. 下列级数收敛的是 　　　　　　　　　　　　　　　　　　　　（　　）

A. $\sum\limits_{n=1}^{\infty} \dfrac{n}{n+1}$

B. $\sum\limits_{n=1}^{\infty} \dfrac{2n+1}{n^2+n}$

C. $\sum\limits_{n=1}^{\infty} \dfrac{1+(-1)^n}{\sqrt{n}}$

D. $\sum\limits_{n=1}^{\infty} \dfrac{n^2}{2^n}$

14. 下列级数中条件收敛的是 　　　　　　　　　　　　　　　　　（　　）

A. $\sum\limits_{n=1}^{\infty} \dfrac{n}{2n+10}$

B. $\sum\limits_{n=1}^{\infty} \dfrac{(-1)^n}{\sqrt{n^3}}$

C. $\sum\limits_{n=1}^{\infty} \left(\dfrac{1}{2}\right)^n$

D. $\sum\limits_{n=1}^{\infty} \dfrac{(-1)^n}{\sqrt{n}}$

15. 幂级数 $\sum\limits_{n=1}^{\infty} \dfrac{1}{n} x^n$ 的收敛半径为 　　　　　　　　　　　　（　　）

A. $\dfrac{1}{n}$ 　　　　　B. -1 　　　　　C. 1 　　　　　D. $+\infty$

16. 函数 $f(x)=\dfrac{1}{x}$ 在 $x_0=1$ 处的展开式中，$(x-1)^3$ 的系数是 　　　（　　）

A. $\dfrac{1}{6}$ 　　　　　B. $-\dfrac{1}{6}$ 　　　　　C. 1 　　　　　D. -1

17. 幂级数 $\sum\limits_{n=1}^{\infty} \dfrac{1}{n!} x^n$ 的收敛区间为 　　　　　　　　　　　（　　）

A. $(-1,1)$ 　　　B. $[-1,1]$ 　　　C. $(-\infty,+\infty)$ 　　　D. $[-1,1)$

18. 函数 $f(x)=\dfrac{1}{4+x^2}$ 在 $x_0=0$ 处的展开式为 　　　　　　　　　（　　）

A. $\sum\limits_{n=1}^{\infty} \dfrac{1}{4} x^{2n}$ 　　B. $\sum\limits_{n=1}^{\infty} \dfrac{1}{n} x^{2n}$ 　　C. $\sum\limits_{n=1}^{\infty} \dfrac{(-1)^n}{4^{n+1}} x^{2n}$ 　　D. $\sum\limits_{n=1}^{\infty} \dfrac{1}{4^{n+1}} x^{2n}$

19. 若幂级数 $\sum\limits_{n=1}^{\infty} a_n x^n$ 在 $x=-2$ 处收敛，则该幂级数在 $x=1$ 处 （　　）

A. 条件收敛 　　　　　　　　　　B. 绝对收敛

C. 发散 　　　　　　　　　　　　D. 敛散性不能确定

20. 若幂级数 $\sum\limits_{n=1}^{\infty} a_n x^n$ 在 $x=-1$ 处收敛，则该幂级数在 $x=1$ 处 （　　）

A. 条件收敛 　　　　　　　　　　B. 绝对收敛

C. 发散 　　　　　　　　　　　　D. 敛散性不能确定

二、填空题

1. 若 $\sum\limits_{n=1}^{\infty} u_n = 1$，则 $\lim\limits_{n\to\infty} u_n = $ _____.

2. 若级数 $\sum_{n=1}^{\infty} u_n = 5, \sum_{n=1}^{\infty} v_n = 10$,则级数 $\sum_{n=1}^{\infty}(2u_n - 3v_n) =$ _____.

3. 级数 $\sum_{n=1}^{\infty} u_n$ 的部分和数列为 $\{S_n\}$,如果 $\lim_{n\to\infty} S_n$ 不存在,则级数 $\sum_{n=1}^{\infty} u_n$ _____(填"收敛"或"发散").

4. $\lim_{n\to\infty} u_n = 0$ 是级数 $\sum_{n=1}^{\infty} u_n$ 收敛的_____条件.

5. 若 $\lim_{n\to\infty} u_n \neq 0$,则级数 $\sum_{n=1}^{\infty} u_n$ _____(填"收敛"或"发散").

6. 级数 $\sum_{n=1}^{\infty} q^n$ 当_____时收敛,此时和 $S =$ _____;当_____时发散.

7. 级数 $\sum_{n=1}^{\infty} \frac{1}{n^p}$ 当_____时收敛,当_____时发散.

8. 级数 $\sum_{n=1}^{\infty} \left(\frac{1}{3^n} - \frac{1}{\sqrt{n}}\right)$ _____(填"收敛"或"发散").

9. 级数 $\sum_{n=1}^{\infty} \sqrt{\frac{n+1}{n}}$ _____(填"收敛"或"发散").

10. 级数 $\sum_{n=1}^{\infty} \left(\frac{n+1}{n}\right)^n$ _____(填"收敛"或"发散").

11. 级数 $\sum_{n=1}^{\infty} e^{\frac{1}{n}}$ _____(填"收敛"或"发散").

12. 级数 $\sum_{n=1}^{\infty} \frac{(-1)^n}{n}$ 是_____收敛(填"条件"或"绝对").

13. 级数 $\sum_{n=1}^{\infty} \frac{(-1)^n}{\sqrt{n^3}}$ 是_____收敛(填"条件"或"绝对").

14. 若幂级数 $\sum_{n=1}^{\infty} a_n x^n$ 在 $x=5$ 处收敛,则该幂级数在 $x=-2$ 处_____(填"收敛"或"发散").

15. 幂级数 $\sum_{n=1}^{\infty} \frac{1}{n!} x^n$ 的收敛半径为_____,收敛域为_____.

16. 幂级数 $\sum_{n=1}^{\infty} \frac{1}{4^n} x^{2n}$ 的收敛半径为_____,收敛域为_____.

17. 幂级数 $\sum_{n=1}^{\infty} \frac{1}{n}(x+1)^n$ 的收敛半径为_____,收敛域为_____.

18. 函数 e^{x^2} 的马克劳林级数展开式是_____.

19. 函数 $\frac{1}{1+x^2}$ 的马克劳林级数展开式是_____.

20. 函数 $\ln(1+x^2)$ 的马克劳林级数展开式是_____.

三、解答题

1. 判别级数 $\sum\limits_{n=1}^{\infty} \dfrac{n-4^n}{3^n}$ 的敛散性.

2. 判别级数 $\sum\limits_{n=1}^{\infty} (\sqrt{n+1}-\sqrt{n})$ 的敛散性.

3. 判别级数 $\sum\limits_{n=1}^{\infty} \dfrac{1}{n(n+1)}$ 的敛散性.

4. 判别级数 $\sum\limits_{n=1}^{\infty} \sin\dfrac{\pi}{3^n}$ 的敛散性.

5. 判别级数 $\sum\limits_{n=1}^{\infty} \left(\dfrac{n}{2n+1}\right)^n$ 的敛散性.

6. 判别级数 $\sum\limits_{n=1}^{\infty} \dfrac{3^n}{n \cdot 2^n}$ 的敛散性.

7. 判别级数 $\sum\limits_{n=1}^{\infty} \dfrac{2^n}{n^n}$ 的敛散性.

8. 判别级数 $\sum\limits_{n=1}^{\infty} \dfrac{(-1)^n n}{3^n}$ 的敛散性,并指出是绝对收敛还是条件收敛.

9. 判别级数 $\sum\limits_{n=1}^{\infty} \dfrac{(-1)^n 2^n}{n!}$ 的敛散性,并指出是绝对收敛还是条件收敛.

10. 判别级数 $\sum\limits_{n=1}^{\infty} (-1)^n \dfrac{\sin^2\dfrac{n\pi}{4}}{n^2}$ 的敛散性,并指出是绝对收敛还是条件收敛.

11. 判别级数 $\sum\limits_{n=1}^{\infty} \dfrac{\cos n\pi}{\sqrt{n}}$ 的敛散性,并指出是绝对收敛还是条件收敛.

12. 求幂级数 $\sum\limits_{n=1}^{\infty} \dfrac{1}{9^n} x^{2n}$ 的收敛半径和收敛域.

13. 求幂级数 $\sum\limits_{n=1}^{\infty} \dfrac{1}{16^n} x^{2n}$ 的收敛半径和收敛域.

14. 求幂级数 $\sum\limits_{n=1}^{\infty} \dfrac{(x+1)^n}{n \cdot 3^n}$ 的收敛半径和收敛域.

15. 求幂级数 $\sum\limits_{n=1}^{\infty} \dfrac{(x-2)^n}{n \cdot 4^n}$ 的收敛半径和收敛域.

16. 求幂级数 $\sum\limits_{n=1}^{\infty} \dfrac{2^n}{n}(x-1)^n$ 的收敛半径和收敛域.

17. 求幂级数 $\sum\limits_{n=1}^{\infty} \left(\dfrac{1}{2^n}+3^n\right)x^n$ 的收敛半径和收敛域.

18. 将函数 $f(x)=\dfrac{1}{3-x}$ 展开成 x 的幂级数.

19. 将函数 $f(x)=\ln(4+x)$ 展开成 x 的幂级数.

20. 将函数 $f(x)=3^x$ 展开成 x 的幂级数.

21. 将函数 $f(x) = \dfrac{3}{2+x-x^2}$ 展开成 x 的幂级数.

22. 将函数 $f(x) = \dfrac{1}{(1-x)^2}$ 展开成 x 的幂级数.

23. 将函数 $f(x) = \dfrac{1}{1+x}$ 展开成 $(x-2)$ 的幂级数.

24. 将函数 $f(x) = \ln x$ 展开成 $(x-1)$ 的幂级数.

25. 将函数 $f(x) = \ln(1+x)$ 展开成 $(x-2)$ 的幂级数.

26. 求幂级数 $\displaystyle\sum_{n=0}^{\infty}(n+1)x^n$ 的和函数 $(|x|<1)$.

27. 求幂级数 $\displaystyle\sum_{n=1}^{\infty}(n+1)x^n$ 的和函数 $(|x|<1)$.

28. 求幂级数 $\displaystyle\sum_{n=1}^{\infty}nx^n$ 的和函数 $(|x|<1)$.

29. 求幂级数 $\displaystyle\sum_{n=1}^{\infty}\dfrac{1}{n+1}x^{n+1}$ 的和函数 $(|x|<1)$.

30. 求幂级数 $\displaystyle\sum_{n=0}^{\infty}\dfrac{1}{n+1}x^{n+1}$ 的和函数 $(|x|<1)$.

31. 求幂级数 $\displaystyle\sum_{n=0}^{\infty}\dfrac{(-1)^n}{2n+1}x^{2n+1}$ 的和函数 $(|x|<1)$.

阅读材料十一　数学家简介 10

陈 建 功 —— 我 国 近 代 数 学 奠 基 人

陈建功(1893—1971)，浙江绍兴人，杰出的数学家、数学教育家，中国函数论研究的开拓者之一. 1955 年当选为中国科学院学部委员(院士).

陈建功出生于绍兴一个小职员家庭，幼年就读于私塾，热爱数学. 他受"科学救国""教育报国"等思想影响，3 次东渡日本深造数学，于 1926 年在东北帝国大学跟随博士生导师藤原松三郎专攻三角级数论，1929 年获得东北帝国大学博士学位，成为在日本首个获得理学博士学位的外国学者，随即毅然决定回国.

回国后，他先后经历了 3 个阶段——浙江大学时期、复旦大学时期和杭州大学时期，分别在 3 所大学带领团队倡导"数学讨论班"教学研究模式，培育了 3 支数学人才队伍，建立了 3 个全国知名的函数论研究基地，为现代数学研究事业做出了卓越的贡献. 陈建功是中国数学界公认的函数论开拓者，作为领衔人之一，拉开了中国现代数学的发展序幕.

陈建功是中国现代数学的奠基人之一、中国数学界公认的权威，毕生从事数学研究和数学教育. 他在国内开创了函数论研究，并开拓了实变函数论、复变函数论、直交函数级数等多个分支研究方向，特别是在三角级数方面卓有成就. 他用日文写成的《三角级数论》是国际上较早的三角级数专著. 他和苏步青共同创立了享誉国际的"陈苏学派"(又称浙大学派).

他还是一位卓越的数学教育家，培养了一大批卓有成就的数学家与数学工作者. 他主张教学、科研相辅相成，提出数学教育的三大原则：实用性原则、论理性原则和心理性原则. 时至今日，这些思想和方法依然焕发着强大的生命力.

为了更好地推进我国数学教育事业发展，陈建功介绍了 20 世纪出现的数学教育改造运动，总结了 7 个国家的教育概况，包括数学教育史、数学教育观、课程设置、内容安排、教材编写等，开创了中国教育工作者研究外国教育之先河.

陈建功与苏步青强强联手，创造了我国现代数学发展的"黄金时代"——主导并推动了函数论与微分几何研究进入世界一流行列，培养出程民德、谷超豪、夏道行、王元、胡和生、石钟慈、沈昌祥等数学家.

有数学史专家统计过,就培养研究生成才人数而论,陈建功当属全国培养人才最多的数学家之一. 的确,在陈建功看来,"培养人比写论文意义更大、更重要". 这一理念也贯穿他整个教学和科研生涯,直至晚年.

"数学发展状况如何?"陈建功在生命最后时期仍在关心数学事业的前途. 临终前,他坚定地对探访者说:"我热爱科学,科学能战胜贫困,真理能战胜邪恶,中华民族一定能昌盛!"

今天,中国的数学再次迎来发展的黄金时代. 陈建功所开创的事业、未竟的梦想正在一代又一代数学家的努力下继往开来、蓬勃发展.

附录 1 部分常用的中学数学公式

一、代数

1. $a^m \cdot a^n = a^{m+n}, a^m \div a^n = a^{m-n}.$

2. $\log_a(M \cdot N) = \log_a M + \log_a N (a > 0$ 且 $a \neq 1, M > 0, N > 0);$

   $\log_a M^n = n\log_a M (a > 0$ 且 $a \neq 1, M > 0, N > 0);$

   $a^{\log_a N} = N (a > 0$ 且 $a \neq 1, M > 0, N > 0).$

3. $1 + 2 + 3 + \cdots + n = \dfrac{1}{2}n(n+1);$

   $1^2 + 2^2 + 3^2 + \cdots + n^2 = \dfrac{1}{6}n(n+1)(2n+1).$

4. 设数列 $\{a_n\}$ 为等差数列，公差为 d，则

   $a_1 + a_2 + \cdots + a_n = na_1 + \dfrac{1}{2}n(n-1)d.$

5. $a + aq + aq^2 + aq^3 + \cdots + aq^{n-1} = \dfrac{a(1-q^n)}{1-q} (q \neq 1).$

6. $a^2 - b^2 = (a-b)(a+b);$

   $a^3 - b^3 = (a-b)(a^2 + ab + b^2);$

   $a^3 + b^3 = (a+b)(a^2 - ab + b^2);$

   $(a \pm b)^2 = a^2 \pm 2ab + b^2;$

   $(a+b)^3 = a^3 + 3a^2 b + 3ab^2 + b^3;$

   $(a-b)^3 = a^3 - 3a^2 b + 3ab^2 - b^3.$

7. 二项展开式：

   $(a+b)^n = \displaystyle\sum_{k=0}^{n} C_n^k a^{n-k} b^k \ (n \in \mathbf{N}).$

二、三角公式

1. 平方和公式：

   $\sin^2\alpha + \cos^2\alpha = 1;$

   $1 + \tan^2\alpha = \sec^2\alpha;$

   $1 + \cot^2\alpha = \csc^2\alpha.$

2. 和（差）角公式：

   $\sin(\alpha \pm \beta) = \sin\alpha\cos\beta \pm \cos\alpha\sin\beta;$

   $\cos(\alpha \pm \beta) = \cos\alpha\cos\beta \mp \sin\alpha\sin\beta.$

3. 二倍角公式：

   $\sin 2\alpha = 2\sin\alpha\cos\beta;$

   $\cos 2\alpha = \cos^2\alpha - \sin^2\alpha = 2\cos^2\alpha - 1 = 1 - 2\sin^2\alpha.$

4. 和差化积：

$$\sin\alpha+\sin\beta=2\sin\frac{\alpha+\beta}{2}\cos\frac{\alpha-\beta}{2};$$

$$\sin\alpha-\sin\beta=2\sin\frac{\alpha-\beta}{2}\cos\frac{\alpha+\beta}{2};$$

$$\cos\alpha+\cos\beta=2\cos\frac{\alpha+\beta}{2}\cos\frac{\alpha-\beta}{2};$$

$$\cos\alpha-\cos\beta=-2\sin\frac{\alpha+\beta}{2}\sin\frac{\alpha-\beta}{2}.$$

5. 和差化积：

$$\sin\alpha\cos\beta=\frac{1}{2}[\sin(\alpha+\beta)+\sin(\alpha-\beta)];$$

$$\cos\alpha\cos\beta=\frac{1}{2}[\cos(\alpha+\beta)+\cos(\alpha-\beta)];$$

$$\sin\alpha\sin\beta=-\frac{1}{2}[\cos(\alpha+\beta)-\cos(\alpha-\beta)].$$

附录 2 积分表

一、含有 $ax+b$ 的积分

1. $\displaystyle\int \frac{\mathrm{d}x}{ax+b}=\frac{1}{a}\ln|ax+b|+C.$

2. $\displaystyle\int (ax+b)^{\mu}\mathrm{d}x=\frac{1}{a(\mu+1)}(ax+b)^{\mu+1}+C(\mu\neq-1).$

3. $\displaystyle\int \frac{x}{ax+b}\mathrm{d}x=\frac{1}{a^2}[ax+b-b\ln|ax+b|]+C.$

4. $\displaystyle\int \frac{x^2}{ax+b}\mathrm{d}x=\frac{1}{a^3}\left[\frac{1}{2}(ax+b)^2-2b(ax+b)+b^2\ln|ax+b|\right]+C.$

5. $\displaystyle\int \frac{\mathrm{d}x}{x(ax+b)}=-\frac{1}{b}\ln\left|\frac{ax+b}{x}\right|+C.$

6. $\displaystyle\int \frac{\mathrm{d}x}{x^2(ax+b)}=-\frac{1}{bx}+\frac{a}{b^2}\ln\left|\frac{ax+b}{x}\right|+C.$

7. $\displaystyle\int \frac{x}{(ax+b)^2}\mathrm{d}x=\frac{1}{a^2}\left(\ln|ax+b|+\frac{b}{ax+b}\right)+C.$

8. $\displaystyle\int \frac{x^2}{(ax+b)^2}\mathrm{d}x=\frac{1}{a^3}\left(ax+b-2b\ln|ax+b|-\frac{b^2}{ax+b}\right)+C.$

9. $\displaystyle\int \frac{\mathrm{d}x}{x(ax+b)^2}=\frac{1}{b(ax+b)}-\frac{1}{b^2}\ln\left|\frac{ax+b}{x}\right|+C.$

二、含有 $\sqrt{ax+b}$ 的积分

10. $\displaystyle\int \sqrt{ax+b}\,\mathrm{d}x=\frac{2}{3a}\sqrt{(ax+b)^3}+C.$

11. $\displaystyle\int x\sqrt{ax+b}\,\mathrm{d}x=\frac{2}{15a^2}(3ax-2b)\sqrt{(ax+b)^3}+C.$

12. $\displaystyle\int x^2\sqrt{ax+b}\,\mathrm{d}x=\frac{2}{105a^3}(15b^2x^2-12abx+8b^2)\sqrt{(ax+b)^3}+C.$

13. $\displaystyle\int \frac{x}{\sqrt{ax+b}}\mathrm{d}x=\frac{2}{3a^2}(ax-2b)\sqrt{ax+b}+C.$

14. $\displaystyle\int \frac{x^2}{\sqrt{ax+b}}\mathrm{d}x=\frac{2}{15a^3}(3a^2x^2-4abx+8b^2)\sqrt{ax+b}+C.$

15. $\displaystyle\int \frac{\mathrm{d}x}{x\sqrt{ax+b}}=\begin{cases}\dfrac{1}{\sqrt{b}}\ln\left|\dfrac{\sqrt{ax+b}-\sqrt{b}}{\sqrt{ax+b}+\sqrt{b}}\right|+C(b>0),\\[3mm]\dfrac{2}{\sqrt{-b}}\arctan\sqrt{\dfrac{ax+b}{-b}}+C(b<0).\end{cases}$

16. $\displaystyle\int \frac{\mathrm{d}x}{x^2\sqrt{ax+b}}=-\frac{\sqrt{ax+b}}{bx}-\frac{a}{2b}\int\frac{\mathrm{d}x}{x\sqrt{ax+b}}.$

17. $\displaystyle\int\frac{\sqrt{ax+b}}{x}\mathrm{d}x=2\sqrt{ax+b}+b\int\frac{\mathrm{d}x}{x\sqrt{ax+b}}.$

18. $\displaystyle\int\frac{\sqrt{ax+b}}{x^2}\mathrm{d}x=-\frac{\sqrt{ax+b}}{x}+\frac{a}{2}\int\frac{\mathrm{d}x}{x\sqrt{ax+b}}.$

三、含有 $x^2\pm a^2$ 的积分

19. $\displaystyle\int\frac{\mathrm{d}x}{x^2+a^2}=\frac{1}{a}\arctan\frac{x}{a}+C.$

20. $\displaystyle\int\frac{\mathrm{d}x}{(x^2+a^2)^n}=\frac{x}{2(n-1)a^2(x^2+a^2)^{n-1}}+\frac{2n-3}{2(n-1)a^2}\int\frac{\mathrm{d}x}{(x^2+a^2)^{n-1}}.$

21. $\displaystyle\int\frac{\mathrm{d}x}{x^2-a^2}=\frac{1}{2a}\ln\left|\frac{x-a}{x+a}\right|+C.$

四、含有 $ax^2+b(a>0)$ 的积分

22. $\displaystyle\int\frac{\mathrm{d}x}{ax^2+b}=\begin{cases}\dfrac{1}{\sqrt{ab}}\arctan\sqrt{\dfrac{a}{b}}x+C(b>0),\\[3mm]\dfrac{1}{2\sqrt{-ab}}\ln\left|\dfrac{\sqrt{a}x-\sqrt{-b}}{\sqrt{a}x+\sqrt{-b}}\right|+C(b<0).\end{cases}$

23. $\displaystyle\int\frac{x}{ax^2+b}\mathrm{d}x=\frac{1}{2a}\ln|ax^2+b|+C.$

24. $\displaystyle\int\frac{x^2}{ax^2+b}\mathrm{d}x=\frac{x}{a}-\frac{b}{a}\int\frac{\mathrm{d}x}{ax^2+b}.$

25. $\displaystyle\int\frac{\mathrm{d}x}{x(ax^2+b)}=\frac{1}{2b}\ln\frac{x^2}{|ax^2+b|}+C.$

26. $\displaystyle\int\frac{\mathrm{d}x}{x^2(ax^2+b)}=-\frac{1}{bx}-\frac{a}{b}\int\frac{\mathrm{d}x}{ax^2+b}.$

27. $\displaystyle\int\frac{\mathrm{d}x}{x^3(ax^2+b)}=\frac{a}{2b^2}\ln\frac{|ax^2+b|}{x^2}-\frac{1}{2bx^2}+C.$

28. $\displaystyle\int\frac{\mathrm{d}x}{(ax^2+b)^2}=\frac{x}{2b(ax^2+b)}+\frac{1}{2b}\int\frac{\mathrm{d}x}{ax^2+b}.$

五、含有 $ax^2+bx+c(a>0)$ 的积分

29. $\displaystyle\int\frac{\mathrm{d}x}{ax^2+bx+c}=\begin{cases}\dfrac{2}{\sqrt{4ac-b^2}}\arctan\dfrac{2ax+b}{\sqrt{4ac-b^2}}+C(b^2<4ac),\\[3mm]\dfrac{1}{\sqrt{b^2-4ac}}\ln\left|\dfrac{2ax+b-\sqrt{b^2-4ac}}{2ax+b+\sqrt{b^2-4ac}}\right|+C(b^2>4ac).\end{cases}$

30. $\displaystyle\int\frac{x}{ax^2+bx+c}\mathrm{d}x=\frac{1}{2a}\ln|ax^2+bx+c|-\frac{b}{2a}\int\frac{\mathrm{d}x}{ax^2+bx+c}.$

六、含有 $\sqrt{x^2+a^2}\,(a>0)$ 的积分

31. $\displaystyle\int\frac{\mathrm{d}x}{\sqrt{x^2+a^2}}=\operatorname{arsh}\frac{x}{a}+C_1=\ln(x+\sqrt{x^2+a^2})+C.$

32. $\displaystyle\int\frac{\mathrm{d}x}{\sqrt{(x^2+a^2)^3}}=\frac{x}{a^2\sqrt{x^2+a^2}}+C.$

33. $\displaystyle\int \frac{x}{\sqrt{x^2+a^2}}\mathrm{d}x=\sqrt{x^2+a^2}+C.$

34. $\displaystyle\int \frac{x}{\sqrt{(x^2+a^2)^3}}\mathrm{d}x=-\frac{1}{\sqrt{x^2+a^2}}+C.$

35. $\displaystyle\int \frac{x^2}{\sqrt{x^2+a^2}}\mathrm{d}x=\frac{x}{2}\sqrt{x^2+a^2}-\frac{a^2}{2}\ln(x+\sqrt{x^2+a^2})+C.$

36. $\displaystyle\int \frac{x^2}{\sqrt{(x^2+a^2)^3}}\mathrm{d}x=-\frac{x}{\sqrt{x^2+a^2}}+\ln(x+\sqrt{x^2+a^2})+C.$

37. $\displaystyle\int \frac{\mathrm{d}x}{x\sqrt{x^2+a^2}}=\frac{1}{a}\ln\frac{\sqrt{x^2+a^2}-a}{|x|}+C.$

38. $\displaystyle\int \frac{\mathrm{d}x}{x^2\sqrt{x^2+a^2}}=\frac{\sqrt{x^2+a^2}}{a^2 x}+C.$

39. $\displaystyle\int \sqrt{x^2+a^2}\,\mathrm{d}x=\frac{x}{2}\sqrt{x^2+a^2}+\frac{a^2}{2}\ln(x+\sqrt{x^2+a^2})+C.$

40. $\displaystyle\int \sqrt{(x^2+a^2)^3}\,\mathrm{d}x=\frac{x}{8}(2x^2+5a^2)\sqrt{x^2+a^2}+\frac{3}{8}a^4\ln(x+\sqrt{x^2+a^2})+C.$

41. $\displaystyle\int x\sqrt{x^2+a^2}\,\mathrm{d}x=\frac{1}{3}\sqrt{(x^2+a^2)^3}+C.$

42. $\displaystyle\int x^2\sqrt{x^2+a^2}\,\mathrm{d}x=\frac{x}{8}(2x^2+a^2)\sqrt{x^2+a^2}-\frac{a^4}{8}\ln(x+\sqrt{x^2+a^2})+C.$

43. $\displaystyle\int \frac{\sqrt{x^2+a^2}}{x}\mathrm{d}x=\sqrt{x^2+a^2}+a\ln\frac{\sqrt{x^2+a^2}-a}{|x|}+C.$

44. $\displaystyle\int \frac{\sqrt{x^2+a^2}}{x^2}\mathrm{d}x=-\frac{\sqrt{x^2+a^2}}{x}+\ln(x+\sqrt{x^2+a^2})+C.$

七、含有 $\sqrt{x^2-a^2}$ $(a>0)$ 的积分

45. $\displaystyle\int \frac{\mathrm{d}x}{\sqrt{x^2-a^2}}=\ln|x+\sqrt{x^2-a^2}|+C.$

46. $\displaystyle\int \frac{\mathrm{d}x}{\sqrt{(x^2-a^2)^3}}=-\frac{x}{a^2\sqrt{x^2-a^2}}+C.$

47. $\displaystyle\int \frac{x}{\sqrt{x^2-a^2}}\mathrm{d}x=\sqrt{x^2-a^2}+C.$

48. $\displaystyle\int \frac{x}{\sqrt{(x^2-a^2)^3}}\mathrm{d}x=-\frac{1}{\sqrt{x^2-a^2}}+C.$

49. $\displaystyle\int \frac{x^2}{\sqrt{x^2-a^2}}\mathrm{d}x=\frac{x}{2}\sqrt{x^2-a^2}+\frac{a^2}{2}\ln|x+\sqrt{x^2-a^2}|+C.$

50. $\displaystyle\int \frac{x^2}{\sqrt{(x^2-a^2)^3}}\mathrm{d}x=-\frac{x}{\sqrt{x^2-a^2}}+\ln|x+\sqrt{x^2-a^2}|+C.$

51. $\displaystyle\int \frac{\mathrm{d}x}{x\sqrt{x^2-a^2}}=\frac{1}{a}\arccos\frac{a}{|x|}+C.$

52. $\displaystyle\int \frac{\mathrm{d}x}{x^2\sqrt{x^2-a^2}}=\frac{\sqrt{x^2-a^2}}{a^2x}+C.$

53. $\displaystyle\int \sqrt{x^2-a^2}\,\mathrm{d}x=\frac{x}{2}\sqrt{x^2-a^2}-\frac{a^2}{2}\ln|x+\sqrt{x^2-a^2}|+C.$

54. $\displaystyle\int \sqrt{(x^2-a^2)^3}\,\mathrm{d}x=\frac{x}{8}(2x^2-5a^2)\sqrt{x^2-a^2}+\frac{3}{8}a^4\ln|x+\sqrt{x^2-a^2}|+C.$

55. $\displaystyle\int x\sqrt{x^2-a^2}\,\mathrm{d}x=\sqrt{(x^2-a^2)^3}+C.$

56. $\displaystyle\int x^2\sqrt{x^2-a^2}\,\mathrm{d}x=\frac{x}{8}(2x^2-a^2)\sqrt{x^2-a^2}-\frac{a^4}{8}\ln|x+\sqrt{x^2-a^2}|+C.$

57. $\displaystyle\int \frac{\sqrt{x^2-a^2}}{x}\,\mathrm{d}x=\sqrt{x^2-a^2}-a\arccos\frac{a}{|x|}+C.$

58. $\displaystyle\int \frac{\sqrt{x^2-a^2}}{x^2}\,\mathrm{d}x=-\frac{\sqrt{x^2-a^2}}{x}+\ln|x+\sqrt{x^2-a^2}|+C.$

八、含有 $\sqrt{a^2-x^2}\,(a>0)$ 的积分

59. $\displaystyle\int \frac{\mathrm{d}x}{\sqrt{a^2-x^2}}=\arcsin\frac{x}{a}+C.$

60. $\displaystyle\int \frac{\mathrm{d}x}{\sqrt{(a^2-x^2)^3}}=\frac{x}{a^2\sqrt{a^2-x^2}}+C.$

61. $\displaystyle\int \frac{x}{\sqrt{a^2-x^2}}\,\mathrm{d}x=-\sqrt{a^2-x^2}+C.$

62. $\displaystyle\int \frac{x}{\sqrt{(a^2-x^2)^3}}\,\mathrm{d}x=\frac{1}{\sqrt{a^2-x^2}}+C.$

63. $\displaystyle\int \frac{x^2}{\sqrt{a^2-x^2}}\,\mathrm{d}x=-\frac{x}{2}\sqrt{a^2-x^2}+\frac{a^2}{2}\arcsin\frac{x}{a}+C.$

64. $\displaystyle\int \frac{x^2}{\sqrt{(a^2-x^2)^3}}\,\mathrm{d}x=\frac{x}{\sqrt{a^2-x^2}}-\arcsin\frac{x}{a}+C.$

65. $\displaystyle\int \frac{\mathrm{d}x}{x\sqrt{a^2-x^2}}=\frac{1}{a}\ln\frac{a-\sqrt{a^2-x^2}}{|x|}+C.$

66. $\displaystyle\int \frac{\mathrm{d}x}{x^2\sqrt{a^2-x^2}}=-\frac{\sqrt{a^2-x^2}}{a^2x}+C.$

67. $\displaystyle\int \sqrt{a^2-x^2}\,\mathrm{d}x=\frac{x}{2}\sqrt{a^2-x^2}+\frac{a^2}{2}\arcsin\frac{x}{a}+C.$

68. $\displaystyle\int \sqrt{(a^2-x^2)^3}\,\mathrm{d}x=\frac{x}{8}(5a^2-2x^2)\sqrt{a^2-x^2}+\frac{3}{8}a^4\arcsin\frac{x}{a}+C.$

69. $\displaystyle\int x\sqrt{a^2-x^2}\,\mathrm{d}x=-\frac{1}{3}\sqrt{(a^2-x^2)^3}+C.$

70. $\displaystyle\int x^2\sqrt{a^2-x^2}\,\mathrm{d}x=\frac{x}{8}(2x^2-a^2)\sqrt{a^2-x^2}+\frac{a^4}{8}\arcsin\frac{x}{a}+C.$

71. $\displaystyle\int \frac{\sqrt{a^2-x^2}}{x}\,\mathrm{d}x=\sqrt{a^2-x^2}+a\ln\frac{a-\sqrt{a^2-x^2}}{|x|}+C.$

72. $\displaystyle\int \frac{\sqrt{a^2-x^2}}{x^2}\mathrm{d}x=-\frac{\sqrt{a^2-x^2}}{x}-\arcsin\frac{x}{a}+C.$

九、含有 $\sqrt{\pm ax^2+bx+c}\,(a>0)$ 的积分

73. $\displaystyle\int \frac{\mathrm{d}x}{\sqrt{ax^2+bx+c}}=\frac{1}{\sqrt{a}}\ln|2ax+b+2\sqrt{a}\,\sqrt{ax^2+bx+c}\,|+C.$

74. $\displaystyle\int \sqrt{ax^2+bx+c}\,\mathrm{d}x=\frac{2ax+b}{4a}\sqrt{ax^2+bx+c}+\frac{4ac-b^2}{8\sqrt{a^3}}\ln|2ax+b+$

$$2\sqrt{a}\,\sqrt{ax^2+bx+c}\,|+C.$$

75. $\displaystyle\int \frac{x}{\sqrt{ax^2+bx+c}}\mathrm{d}x=\frac{1}{a}\sqrt{ax^2+bx+c}-\frac{b}{2\sqrt{a^3}}\ln|2ax+b+2\sqrt{a}\,\sqrt{ax^2+bx+c}\,|$

$$+C.$$

76. $\displaystyle\int \frac{\mathrm{d}x}{\sqrt{c+bx-ax^2}}=-\frac{1}{\sqrt{a}}\arcsin\frac{2ax-b}{\sqrt{b^2+4ac}}+C.$

77. $\displaystyle\int \sqrt{c+bx-ax^2}\,\mathrm{d}x=\frac{2ax-b}{4a}\sqrt{c+bx-ax^2}+\frac{b^2+4ac}{8\sqrt{a^3}}\arcsin\frac{2ax-b}{\sqrt{b^2+4ac}}+C.$

78. $\displaystyle\int \frac{x}{\sqrt{c+bx-ax^2}}\mathrm{d}x=-\frac{1}{a}\sqrt{c+bx-ax^2}+\frac{b}{2\sqrt{a^3}}\arcsin\frac{2ax-b}{\sqrt{b^2+4ac}}+C.$

十、含有 $\sqrt{\pm\dfrac{x-a}{x-b}}$ 或 $\sqrt{(x-a)(b-x)}$ 的积分

79. $\displaystyle\int \sqrt{\frac{x-a}{x-b}}\mathrm{d}x=(x-b)\sqrt{\frac{x-a}{x-b}}+(b-a)\ln(\sqrt{|x-a|}+\sqrt{|x-b|})+C.$

80. $\displaystyle\int \sqrt{\frac{x-a}{b-x}}\mathrm{d}x=(x-b)\sqrt{\frac{x-a}{b-x}}+(b-a)\arcsin\sqrt{\frac{x-a}{b-a}}+C.$

81. $\displaystyle\int \frac{\mathrm{d}x}{\sqrt{(x-a)(b-x)}}=2\arcsin\sqrt{\frac{x-a}{b-a}}+C\,(a<b).$

82. $\displaystyle\int \sqrt{(x-a)(b-x)}\,\mathrm{d}x=\frac{2x-a-b}{4}\sqrt{(x-a)(b-x)}+\frac{(b-a)^2}{4}\arcsin\sqrt{\frac{x-a}{b-a}}+C$

$$(a<b).$$

十一、含有三角函数的积分

83. $\displaystyle\int \sin x\,\mathrm{d}x=-\cos x+C.$

84. $\displaystyle\int \cos x\,\mathrm{d}x=\sin x+C.$

85. $\displaystyle\int \tan x\,\mathrm{d}x=-\ln|\cos x|+C.$

86. $\displaystyle\int \cot x\,\mathrm{d}x=\ln|\sin x|+C.$

87. $\displaystyle\int \sec x\,\mathrm{d}x=\ln\left|\tan\left(\frac{\pi}{4}+\frac{x}{2}\right)\right|+C=\ln|\sec x+\tan x|+C.$

88. $\int \csc x \mathrm{d}x = \ln|\tan\frac{x}{2}| + C = \ln|\csc x - \cot x| + C.$

89. $\int \sec^2 x \mathrm{d}x = \tan x + C.$

90. $\int \csc^2 x \mathrm{d}x = -\cot x + C.$

91. $\int \sec x \tan x \mathrm{d}x = \sec x + C.$

92. $\int \csc x \cot x \mathrm{d}x = -\csc x + C.$

93. $\int \sin^2 x \mathrm{d}x = \frac{x}{2} - \frac{1}{4}\sin 2x + C.$

94. $\int \cos^2 x \mathrm{d}x = \frac{x}{2} + \frac{1}{4}\sin 2x + C.$

95. $\int \sin^n x \mathrm{d}x = -\frac{1}{n}\sin^{n-1} x \cos x + \frac{n-1}{n}\int \sin^{n-2} x \mathrm{d}x.$

96. $\int \cos^n x \mathrm{d}x = \frac{1}{n}\cos^{n-1} x \sin x + \frac{n-1}{n}\int \cos^{n-2} x \mathrm{d}x.$

97. $\int \frac{\mathrm{d}x}{\sin^n x} = -\frac{1}{n-1} \cdot \frac{\cos x}{\sin^{n-1} x} + \frac{n-2}{n-1}\int \frac{\mathrm{d}x}{\sin^{n-2} x}.$

98. $\int \frac{\mathrm{d}x}{\cos^n x} = \frac{1}{n-1} \cdot \frac{\sin x}{\cos^{n-1} x} + \frac{n-2}{n-1}\int \frac{\mathrm{d}x}{\cos^{n-2} x}.$

99. $\int \cos^m x \sin^n x \mathrm{d}x = \frac{1}{m+n}\cos^{m-1} x \sin^{n+1} x + \frac{m-1}{m+n}\int \cos^{m-2} x \sin^n x \mathrm{d}x$

$$= -\frac{1}{m+n}\cos^{m+1} x \sin^{n-1} x + \frac{n-1}{m+n}\int \cos^m x \sin^{n-2} x \mathrm{d}x.$$

100. $\int \sin ax \cos bx \mathrm{d}x = -\frac{1}{2(a+b)}\cos(a+b)x - \frac{1}{2(a-b)}\cos(a-b)x + C.$

101. $\int \sin ax \sin bx \mathrm{d}x = -\frac{1}{2(a+b)}\sin(a+b)x + \frac{1}{2(a-b)}\sin(a-b)x + C.$

102. $\int \cos ax \cos bx \mathrm{d}x = \frac{1}{2(a+b)}\sin(a+b)x + \frac{1}{2(a-b)}\sin(a-b)x + C.$

103. $\int \frac{\mathrm{d}x}{a+b\sin x} = \frac{2}{\sqrt{a^2-b^2}}\arctan \frac{a\tan\frac{x}{2}+b}{\sqrt{a^2-b^2}} + C(a^2>b^2).$

104. $\int \frac{\mathrm{d}x}{a+b\sin x} = \frac{1}{\sqrt{b^2-a^2}}\ln\left|\frac{a\tan\frac{x}{2}+b-\sqrt{b^2-a^2}}{a\tan\frac{x}{2}+b+\sqrt{b^2-a^2}}\right| + C(a^2<b^2).$

105. $\int \frac{\mathrm{d}x}{a+b\cos x} = \frac{2}{a+b}\sqrt{\frac{a+b}{a-b}}\arctan\left(\sqrt{\frac{a-b}{a+b}}\tan\frac{x}{2}\right) + C(a^2>b^2).$

106. $\int \frac{\mathrm{d}x}{a+b\cos x} = \frac{1}{a+b}\sqrt{\frac{a+b}{a-b}}\ln\left|\frac{\tan\frac{x}{2}+\sqrt{\frac{a+b}{b-a}}}{\tan\frac{x}{2}-\sqrt{\frac{a+b}{b-a}}}\right| + C(a^2<b^2).$

107. $\displaystyle\int \frac{\mathrm{d}x}{a^2\cos^2 x+b^2\sin^2 x}=\frac{1}{ab}\arctan\left(\frac{b}{a}\tan x\right)+C.$

108. $\displaystyle\int \frac{\mathrm{d}x}{a^2\cos^2 x-b^2\sin^2 x}=\frac{1}{2ab}\ln\left|\frac{b\tan x+a}{b\tan x-a}\right|+C.$

109. $\displaystyle\int x\sin ax\,\mathrm{d}x=\frac{1}{a^2}\sin ax-\frac{1}{a}x\cos ax+C.$

110. $\displaystyle\int x^2\sin ax\,\mathrm{d}x=-\frac{1}{a}x^2\cos ax+\frac{2}{a^2}x\sin ax+\frac{2}{a^3}\cos ax+C.$

111. $\displaystyle\int x\cos ax\,\mathrm{d}x=\frac{1}{a^2}\cos ax+\frac{1}{a}x\sin ax+C.$

112. $\displaystyle\int x^2\cos ax\,\mathrm{d}x=\frac{1}{a}x^2\sin ax+\frac{2}{a^2}x\cos ax-\frac{2}{a^3}\sin ax+C.$

十二、含有反三角函数的积分（其中 $a>0$）

113. $\displaystyle\int \arcsin\frac{x}{a}\mathrm{d}x=x\arcsin\frac{x}{a}+\sqrt{a^2-x^2}+C.$

114. $\displaystyle\int x\arcsin\frac{x}{a}\mathrm{d}x=\left(\frac{x^2}{2}-\frac{a^2}{4}\right)\arcsin\frac{x}{a}+\frac{x}{4}\sqrt{a^2-x^2}+C.$

115. $\displaystyle\int x^2\arcsin\frac{x}{a}\mathrm{d}x=\frac{x^3}{3}\arcsin\frac{x}{a}+\frac{1}{9}(x^2+2a^2)\sqrt{a^2-x^2}+C.$

116. $\displaystyle\int \arccos\frac{x}{a}\mathrm{d}x=x\arccos\frac{x}{a}-\sqrt{a^2-x^2}+C.$

117. $\displaystyle\int x\arccos\frac{x}{a}\mathrm{d}x=\left(\frac{x^2}{2}-\frac{a^2}{4}\right)\arccos\frac{x}{a}-\frac{x}{4}\sqrt{a^2-x^2}+C.$

118. $\displaystyle\int x^2\arccos\frac{x}{a}\mathrm{d}x=\frac{x^3}{3}\arccos\frac{x}{a}-\frac{1}{9}(x^2+2a^2)\sqrt{a^2-x^2}+C.$

119. $\displaystyle\int \arctan\frac{x}{a}\mathrm{d}x=x\arctan\frac{x}{a}-\frac{a}{2}\ln(a^2+x^2)+C.$

120. $\displaystyle\int x\arctan\frac{x}{a}\mathrm{d}x=\frac{1}{2}(x^2+a^2)\arctan\frac{x}{a}-\frac{a}{2}x+C.$

121. $\displaystyle\int x^2\arctan\frac{x}{a}\mathrm{d}x=\frac{x^3}{3}\arctan\frac{x}{a}-\frac{a}{6}x^2+\frac{a^3}{6}\ln(a^2+x^2)+C.$

十三、含有指数函数的积分

122. $\displaystyle\int a^x\mathrm{d}x=\frac{1}{\ln a}a^x+C.$

123. $\displaystyle\int \mathrm{e}^{ax}\mathrm{d}x=\frac{1}{a}\mathrm{e}^{ax}+C.$

124. $\displaystyle\int x\mathrm{e}^{ax}\mathrm{d}x=\frac{1}{a^2}(ax-1)\mathrm{e}^{ax}+C.$

125. $\displaystyle\int x^n\mathrm{e}^{ax}\mathrm{d}x=\frac{1}{a}x^n\mathrm{e}^{ax}-\frac{n}{a}\int x^{n-1}\mathrm{e}^{ax}\mathrm{d}x.$

126. $\displaystyle\int xa^x\mathrm{d}x=\frac{x}{\ln a}a^x-\frac{1}{(\ln a)^2}a^x+C.$

127. $\displaystyle\int x^n a^x\mathrm{d}x=\frac{1}{\ln a}x^n a^x-\frac{n}{\ln a}\int x^{n-1}a^x\mathrm{d}x.$

128. $\int e^{ax}\sin bx\, dx = \dfrac{1}{a^2+b^2}e^{ax}(a\sin bx - b\cos bx) + C.$

129. $\int e^{ax}\cos bx\, dx = \dfrac{1}{a^2+b^2}e^{ax}(b\sin bx + a\cos bx) + C.$

130. $\int e^{ax}\sin^n bx\, dx = \dfrac{1}{a^2+b^2n^2}e^{ax}\sin^{n-1}bx(a\sin bx - nb\cos bx) +$

$\dfrac{n(n-1)b^2}{a^2+b^2n^2}\int e^{ax}\sin^{n-2}bx\, dx.$

131. $\int e^{ax}\cos^n bx\, dx = \dfrac{1}{a^2+b^2n^2}e^{ax}\cos^{n-1}bx(a\cos bx + nb\sin bx) +$

$\dfrac{n(n-1)b^2}{a^2+b^2n^2}\int e^{ax}\cos^{n-2}bx\, dx.$

十四、含有对数函数的积分

132. $\int \ln x\, dx = x\ln x - x + C.$

133. $\int \dfrac{dx}{x\ln x} = \ln|\ln x| + C.$

134. $\int x^n \ln x\, dx = \dfrac{1}{n+1}x^{n+1}\left(\ln x - \dfrac{1}{n+1}\right) + C.$

135. $\int (\ln x)^n\, dx = x(\ln x)^n - n\int (\ln x)^{n-1}\, dx.$

136. $\int x^m(\ln x)^n\, dx = \dfrac{1}{m+1}x^{m+1}(\ln x)^n - \dfrac{n}{m+1}\int x^m(\ln x)^{n-1}\, dx.$

十五、定积分

137. $\int_{-\pi}^{\pi} \cos nx\, dx = \int_{-\pi}^{\pi} \sin nx\, dx = 0.$

138. $\int_{-\pi}^{\pi} \cos mx\sin nx\, dx = 0.$

139. $\int_{-\pi}^{\pi} \cos mx\cos nx\, dx = \begin{cases} 0, & m\neq n, \\ \pi, & m=n. \end{cases}$

140. $\int_{-\pi}^{\pi} \sin mx\sin nx\, dx = \begin{cases} 0, & m\neq n, \\ \pi, & m=n. \end{cases}$

141. $\int_{0}^{\pi} \sin mx\sin nx\, dx = \int_{0}^{\pi} \cos mx\cos nx\, dx = \begin{cases} 0, & m\neq n, \\ \dfrac{\pi}{2}, & m=n. \end{cases}$

142. $I_n = \int_{0}^{\frac{\pi}{2}} \sin^n x\, dx = \int_{0}^{\frac{\pi}{2}} \cos^n x\, dx.$

$I_n = \dfrac{n-1}{n}I_{n-2}\begin{cases} \dfrac{n-1}{n}\cdot\dfrac{n-3}{n-2}\cdot\cdots\cdot\dfrac{4}{5}\cdot\dfrac{2}{3}(n\text{ 为大于 1 的正奇数}), I_1=1, \\ \dfrac{n-1}{n}\cdot\dfrac{n-3}{n-2}\cdot\cdots\cdot\dfrac{3}{4}\cdot\dfrac{1}{2}\cdot\dfrac{\pi}{2}(n\text{ 为正偶数}), \qquad I_0=\dfrac{\pi}{2}. \end{cases}$

参考答案

练习题 1.1

1. (1) $(-\infty,1]\bigcup[2,+\infty)$;(2) $[0,2]$;(3) $(-\infty,7)$;(4) $\left(-\dfrac{1}{3},2\right]$.

2. (1) 略;(2) $f\left(-\dfrac{3}{2}\right)=-2,f(0)=1,f\left(\dfrac{3}{2}\right)=-3,f(1)=1$;(3) $(-\infty,+\infty)$.

3. (1)奇函数;(2) 既不是奇函数也不是偶函数;(3) 偶函数;(4) 偶函数;(5) 奇函数.

4. (1) 不同;(2) 相同;(3) 不同;(4) 相同.

5. (1) $y=u^2,u=\ln v,v=3x$;(2) $y=\ln u,u=\tan v,v=2x$;(3) $y=3^u,u=v^2,v=\sin x$;
(4) $y=\arcsin u,u=3x+1$.

6. (1) $y=\begin{cases}0.3x, & x\leqslant200,\\ 0.18x+24, & x>200;\end{cases}$ (2) 45 元,114 元;(3) 126 元.

7. 总成本 2000 元,平均成本 20 元/件. **8.** (1) $200+10q$,$10+\dfrac{200}{q}$;(2) $15q$;(3) 40.

练习题 1.2

1. (1)存在,0;(2) 不存在;(3) 存在,0;(4) 不存在.

2. (1) $0,0,0$;(2) $+\infty,-\infty,\infty$. **3.** (1) 0;(2) 不存在. **4.** 存在,1. **5.** 不存在.

练习题 1.3

1. (1)无穷大;(2) 无穷小;(3) 无穷大;(4) 无穷小.

2. 当 $x\to1$ 时,无穷大,当 $x\to-4$ 时,无穷小. **3.** (1) 0;(2) 0.

练习题 1.4

(1) $\dfrac{3}{5}$;(2) 2;(3) 2;(4) $\dfrac{3}{2}$;(5) $\dfrac{5}{3}$;(6) $\dfrac{2^{20}\cdot3^{30}}{7^{50}}$;(7) 2;(8) $\dfrac{1}{2}$.

练习题 1.5

1. (1) 1;(2) e^2;(3) $\dfrac{1}{2}$;(4) $-\dfrac{\pi}{6}$. **2.** $\{x\,|\,x\in\mathbf{R},x\neq-1,x\neq3\}$;$-\dfrac{1}{3},-\dfrac{1}{4},-\dfrac{1}{5}$.

3. (1) 间断点 $x=-1,x=3$,其中 $x=-1$ 为第一类间断点中的可去间断点,$x=3$ 为第二类间断点;
(2) 间断点 $x=-1$,为第一类间断点中的跳跃间断点.

4. $a=1$. **5.** 略.

练习题 1.6

1. 略. **2.** (1) $\dfrac{5}{7}$;(2) 3;(3) $-\sqrt{2}$;(4) e^{-4};(5) e^{-6};(6) e^{-2}.

练习题 1.7

(1) $\dfrac{3}{4}$;(2) $\dfrac{3}{2}$;(3) $\dfrac{2}{5}$;(4) -3;(5) -4;(6) 1.

复习题一

一、选择题

1. C. 2. D. 3. C. 4. D. 5. D. 6. D. 7. B. 8. A. 9. C. 10. C. 11. B. 12. C.
13. C. 14. C. 15. A. 16. D. 17. A. 18. D. 19. B. 20. C.

二、填空

1. $(-2,-1)\cup(-1,3]$. 2. $\left[\dfrac{1}{2},1\right]$. 3. $[-4,0)\cup(0,+\infty)$. 4. $\dfrac{2^x}{2^x+1}$.

5. $2-2x^2(-1\leqslant x\leqslant 1)$. 6. $(x-1)^2+1$. 7. 不能. 8. $4,1$. 9. $0,1$. 10. $2,\sqrt{3}$.

11. $\infty,-1$. 12. 等价. 13. $\dfrac{1}{4}$. 14. $\dfrac{9}{2},2$. 15. $1,1,0,\dfrac{2}{3}$.

16. $\dfrac{3}{2},0,9$. 17. $\dfrac{1}{2}$. 18. 2. 19. $f(a),f(b)$. 20. $[3,5)$.

三、求极限

1. $\sqrt{3}$. 2. 4. 3. 1. 4. 2. 5. $-\dfrac{3}{4}$. 6. $\dfrac{1}{2}$. 7. $\dfrac{3}{4}$. 8. e^{-4}. 9. e^2. 10. e^6.

11. a. 12. 1. 13. 1. 14. 2. 15. $-\dfrac{1}{4}$. 16 8. 17. 1. 18. $\dfrac{1}{2}$.

四、解答题

1. $a=2$. 2. $a=b=1$.

练习题 2.1

1. (1) $f'(x)=3,f'(3)=3$;(2) $y'=6x,\ y'|_{x=1}=6$.

2. (1) $\lim\limits_{\Delta x\to 0^-}\dfrac{f(x_0-3\Delta x)-f(x_0)}{\Delta x}=-3f'_-(x_0)$;(2) $\lim\limits_{x\to x_0^+}\dfrac{f(x)-f(x_0)}{\sqrt{x}-\sqrt{x_0}}=2\sqrt{x_0}f'(x_0)$.

3. (1) 切线方程:$y-12x+16=0$,法线方程:$x+12y-98=0$;(2) 略. 4. (1) $f'(0)$不存在;

(2) $f'(x)=\begin{cases}\cos x, & x<0,\\ 1, & x\geqslant 0.\end{cases}$

练习题 2.2

1. (1) $y'=6x+\dfrac{3}{x^4}$;(2) $y'=\dfrac{-(1+\sqrt{x})\csc^2 x-\dfrac{\cot x}{2\sqrt{x}}}{(1+\sqrt{x})^2}$; (3) $y'=(2x-3)\ln x+\left(x-3+\dfrac{1}{x}\right)$;

(4) $y'=\dfrac{x\cos x-\sin x-2}{x^2}$.

2. $f'\left(\dfrac{\pi}{2}\right)=-\dfrac{2}{\pi}$. 3. 切线方程:$y-2x+\dfrac{\pi}{2}-1=0$;法线方程:$x+2y-\dfrac{\pi}{4}-2=0$.

练习题 2.3

1. (1) $y=u^3,u=3x^2+1,y'=18x(3x^2+1)^2$;(2) $y=u^2,u=\sin v,v=2x+\dfrac{\pi}{3},y'=2\sin 2\left(2x+\dfrac{\pi}{3}\right)$;

(3) $y=\ln u,u=\sqrt{v},v=\dfrac{1+x}{x-1},y'=\dfrac{1}{2}\left(\dfrac{1}{1+x}-\dfrac{1}{x-1}\right)$;(4) $y'=(3\sin 2x+2\cos 2x)\mathrm{e}^{3x}$.

2. $y'=\dfrac{3f'(3x)}{f(3x)}$.

练习题 2.4

1. (1) $\dfrac{\mathrm{d}y}{\mathrm{d}x}=\dfrac{x}{y}$;(2) $\dfrac{\mathrm{d}y}{\mathrm{d}x}=\dfrac{5-y\mathrm{e}^{xy}}{x\mathrm{e}^{xy}+3y^2}$;(3) $\dfrac{\mathrm{d}y}{\mathrm{d}x}=\dfrac{-y^2\mathrm{e}^x}{y\mathrm{e}^x+1}$. 2. 切线方程:$y-2x-1=0$,法线方程:$2y+$

$x-2=0.$ **3.** (1) $\dfrac{\mathrm{d}y}{\mathrm{d}x}=(1+\sin x)^{\frac{1}{x}}\left[\dfrac{\cos x}{x(1+\sin x)}-\dfrac{\ln(1+\sin x)}{x^2}\right]$;

(2) $\dfrac{\mathrm{d}y}{\mathrm{d}x}=(2x+3)\sqrt[3]{\dfrac{(x-2)^2}{x+1}}\left[\dfrac{2}{2x+3}+\dfrac{2}{3(x-2)}-\dfrac{1}{3(x+1)}\right]$.

4. (1) $\dfrac{\mathrm{d}y}{\mathrm{d}x}=\dfrac{\sin t+t\cos t}{\cos t-t\sin t}$; (2) $\dfrac{\mathrm{d}y}{\mathrm{d}x}=\dfrac{2}{t}$.

练习题 2.5

1. (1) $y''=2-\dfrac{2x}{(1+x^2)^2}$; (2) $y''=\dfrac{3x+4}{4(1+x)^{\frac{3}{2}}}$; (3) $y''=-4\cos 2x$.   **2.** $y^{(n)}(0)=2^n$.

练习题 2.6

1. (1) $\mathrm{d}y=\cot x\mathrm{d}x$; (2) $\mathrm{d}y=\dfrac{1}{x^2}\sin\dfrac{1}{x}\mathrm{e}^{\cos\frac{1}{x}}\mathrm{d}x$; (3) $\mathrm{d}y=(3\sec^2 3x-\tan 3x)\mathrm{e}^{-x}\mathrm{d}x$.

2. $\mathrm{d}y=\dfrac{\mathrm{e}^{x+y}-y}{x-\mathrm{e}^{x+y}}\mathrm{d}x$.

练习题 2.7

1. (1) $R(200)=150000$; (2) $\dfrac{\Delta R}{\Delta q}=675$; (3) $R'(200)=700$.

2. $C'(q)=5, R'(q)=10-0.02q, L'(q)=5-0.02q$.

复习题二

一、选择题

1. B.   **2.** A.   **3.** C.   **4.** B.   **5.** C.   **6.** A.   **7.** D.   **8.** A.   **9.** D.   **10.** A.   **11.** D.   **12.** A.

13. B.

二、填空题

1. $-f'(x_0)$.   **2.** $(3,-2)$.   **3.** $(0,0)$.   **4.** $3^x\ln 3\cos(3^x)$.   **5.** -2.   **6.** $x+y+4=0$.

7. $(x+3)\mathrm{e}^x$.   **8.** $(-1)^n n!$.   **9.** $n!+(-1)^n$.   **10.** 0.12 **11.** $\dfrac{\mathrm{d}x}{2\sqrt{x(1-x)}}$.

三、解答题

1. 切点 $\left(\dfrac{\sqrt3}{3},\dfrac{\sqrt3}{9}\right)$,切线 $y-x+\dfrac{2\sqrt3}{9}=0$;切点 $\left(-\dfrac{\sqrt3}{3},-\dfrac{\sqrt3}{9}\right)$,切线 $y-x-\dfrac{2\sqrt3}{9}=0$.

2. $y'=(2x-\ln 2)2^{\frac{1}{x}}$.   **3.** $y'|_{x=\frac{2\pi}{3}}=2$.   **4.** $y'=\sin 2x f'(\sin^2 x)$.   **5.** $y''|_{x=1}=10\mathrm{e}$.

6. $y^{(n)}=(-1)^{n+1}n!\,(x+1)^{-(n+1)}$.   **7.** $\dfrac{\mathrm{d}y}{\mathrm{d}x}=\dfrac{\mathrm{e}^{x+y}-y}{x-\mathrm{e}^{x+y}}$.   **8.** $\dfrac{\mathrm{d}y}{\mathrm{d}x}=\dfrac{\cos(x+y)-y}{x-\cos(x+y)}$.

9. $\dfrac{\mathrm{d}y}{\mathrm{d}x}=\dfrac{\mathrm{e}^y}{1-x\mathrm{e}^y}$.   **10.** $\dfrac{\mathrm{d}y}{\mathrm{d}x}=\dfrac{t^2+1}{t^2-1}$.   **11.** $\dfrac{\mathrm{d}y}{\mathrm{d}x}=\dfrac{\ln t+1}{1-\mathrm{e}^{-t}}$.   **12.** $\dfrac{\mathrm{d}y}{\mathrm{d}x}=\dfrac{1}{2t}$.   **13.** $\mathrm{d}y=\dfrac{6}{x}(\ln x^2)^2\mathrm{d}x$.

14. $\mathrm{d}y=\dfrac{-2x\mathrm{d}x}{1+(1-x^2)^2}$.   **15.** $\mathrm{d}y=-\dfrac{x}{|x|}\dfrac{\mathrm{d}x}{\sqrt{1-x^2}}$.

练习题 3.1

1. A.   **2.** B.

3. (1) 单调减少区间 $\left(0,\dfrac{1}{2}\right]$,单调增加区间 $\left[\dfrac{1}{2},+\infty\right)$; (2) 单调减少区间 $(-\infty,0),(0,+\infty)$;

(3) 单调减少区间 $[0,1]$,单调增加区间 $(-\infty,0],[1,+\infty)$.

4. 略.

练习题 3.2

1. (1) 极大值点 $x=-1$,极大值 $f(-1)=2$,极小值点 $x=1$,极小值 $f(1)=-2$;(2) 极大值点 $x=-\frac{1}{2}$,极大值 $f\left(-\frac{1}{2}\right)=\frac{15}{4}$,极小值点 $x=1$,极小值 $f(1)=-3$.

2. $a=-\frac{2}{3},b=-\frac{1}{6}$,$f(x)$ 在 $x=1$ 处取得极小值,在 $x=2$ 处取得极大值.

3. $\frac{30}{\pi+4}$.   **4.** $q=15$ 件,最大利润为 43 千元.   **5.** 经济批量 $q=4000$ 件.

练习题 3.3

1. (1) 向上凹区间 $\left(\frac{2}{3},+\infty\right)$,向上凸区间 $\left(-\infty,\frac{2}{3}\right]$,拐点 $(1,1)$;(2) 向上凹区间 $(-\infty,-1]$,$[1,+\infty)$,向上凸区间 $(-1,1)$,拐点 $(-1,\ln 2)$,$(1,\ln 2)$;(3) 向上凹区间 $(-\infty,0]$,$[1,+\infty)$,向上凸区间 $(0,1]$,拐点 $(0,1)$,$(1,0)$.

2. $a=-\frac{3}{2},b=\frac{9}{2}$;向上凹区间 $(-\infty,1]$,向上凸区间 $(1,+\infty)$;拐点 $(1,3)$.

3. (1) 垂直渐近线 $x=0$;(2) 垂直渐近线 $x=1$,水平渐近线 $y=0$.   **4.** 略.

练习题 3.4

(1) $\frac{3}{7}$;(2) $\ln\frac{3}{2}$;(3) 0;(4) $\frac{1}{6}$;(5) $\frac{2}{\pi}$;(6) $\frac{1}{2}$.

复习题三

一、选择题

1. C.   **2.** B.   **3.** B.   **4.** C.   **5.** D.   **6.** C.   **7.** D.   **8.** B.   **9.** D.   **10.** C.   **11.** C.   **12.** D.

13. A.

二、填空题

1. 略.   **2.** 略.   **3.** $\frac{\pi}{2}$ 或 $\frac{3}{2}\pi$.   **4.** $\frac{\sqrt[3]{30}}{2}$.   **5.** $[0,+\infty)$.   **6.** 小.   **7.** 必要.   **8.** $4e^{-2}$.

9. $11,-14$.   **10.** $y=0$.   **11.** $y=0,x=1$.   **12.** $y=0,x=1$ 和 $x=-1$.

三、求下列极限

1. 1.   **2.** $\frac{3\sqrt{2}}{4}$.   **3.** $\frac{1}{2}$.   **4.** 0.   **5.** 0.

四、解答题

1. (1) $a=\frac{2}{3},b=-2,f(x)=\frac{2}{3}x^3-2x$;(2) 极小值,$-\frac{4}{3}$.

2. $a=-2,b=0$.   **3.** $a=2$,极大值 $\sqrt{3}$.   **4.** 略.

5. 两条直角边为 $\frac{2}{3}$,$\frac{2}{3}\sqrt{3}$,斜边为 $\frac{4}{3}$.   **6.** $\frac{\sqrt{5}R}{5}$,$\frac{4\sqrt{5}R}{5}$.   **7.** 350 元.

8. (1) $R(q)=50q-\frac{1}{2}q^2,L(q)=48q-q^2-100$;(2) 边际成本为 22 元,边际利润为 8 元;

(3) 24 件,38 元.

练习题 4.1

1. (1) 是;(2) 是.

2. (1) $-\frac{2}{3}x^{-\frac{3}{2}}+C$;(2) $\frac{1}{5}x^5-\frac{2}{3}x^3+x+C$;(3) $\frac{1}{3}x^3-x+\arctan x+C$;

(4) $\dfrac{3^x}{5^x(\ln 3-\ln 5)}-\dfrac{2^x}{5^x(\ln 2-\ln 5)}$; (5) $\tan x-\cot x+C$; (6) $\dfrac{1}{2}x-\dfrac{1}{2}\sin x+C$.

3. $y=x^2+1$.　**4.** $C(x)=x^2+10x+20$.

练习题 4.2

(1) $x-\ln|x+1|+C$; (2) $\dfrac{1}{3}\sin(3x+5)+C$; (3) $\dfrac{1}{4}\sin^4 x+C$; (4) $\dfrac{1}{2}x+\dfrac{1}{4}\sin 2x+C$;

(5) $-\sqrt{1-x^2}+C$; (6) $\dfrac{2}{3}(\ln x)^{\frac{3}{2}}+C$; (7) $\dfrac{1}{102}(2x+3)^{51}+C$; (8) $-\arcsin(e^{-x})+C$;

(9) $\dfrac{1}{3}\ln\left|\dfrac{x-2}{x+1}\right|+C$; (10) $-\dfrac{2}{7}\cos^7 x+C$; (11) $\sqrt{2x-3}-\ln(1+\sqrt{2x+3})+C$;

(12) $2\sqrt{x}-4\sqrt[4]{x}+4\ln(1+\sqrt[4]{x})+C$; (13) $\ln\left|\dfrac{1-\sqrt{1-x^2}}{x}\right|+C$; (14) $\dfrac{1}{2}\ln\dfrac{1+\sin x}{1-\sin x}-\dfrac{1}{\sin x}+C$;

(15) $-\arcsin\dfrac{1}{x}+C$; (16) $2\sqrt{1+e^x}+\ln\dfrac{\sqrt{1+e^x}-1}{\sqrt{1+e^x}+1}+C$.

练习题 4.3

1. (1) $-\dfrac{1}{3}x\cos 3x+\dfrac{1}{9}\sin 3x+C$; (2) $\dfrac{1}{4}x^2+\dfrac{1}{4}x\sin 2x+\dfrac{1}{8}\cos 2x+C$; (3) $x^2 e^x-2xe^x+2e^x+C$;

(4) $x\ln x-x+C$; (5) $-\dfrac{\ln x}{2x^2}-\dfrac{1}{4x^2}+C$; (6) $\dfrac{1}{2}x^2\arctan x-\dfrac{1}{2}x+\dfrac{1}{2}\arctan x+C$;

(7) $-x\cot x+\ln|\sin x|+C$; (8) $\dfrac{1}{5}e^{2x}(\sin x+2\cos x)+C$.

2. $xe^x-e^x\ln x+e^x+C$.

复习题四

一、选择题

1. C.　**2.** D.　**3.** C.　**4.** D.　**5.** B.　**6.** D.　**7.** B.　**8.** B.　**9.** C.　**10.** D.　**11.** D.

二、填空题

1. $\cos x+C$.　**2.** $f(x)dx, f(x)$.　**3.** $\dfrac{8}{15}x^{\frac{15}{8}}+C$.　**4.** $\dfrac{1}{2}x^2-\dfrac{2}{3}x^{\frac{3}{2}}+x+C$.

5. $x-\ln(1+x)+C$.　**6.** $2d(\sqrt{1-x^2})$.　**7.** $e^{-\frac{1}{x}}$.　**8.** $\dfrac{1}{2}\sin x^2+C$.

9. $\dfrac{1}{2}F(2e^x)+C$.　**10.** $\dfrac{3}{5}\sin t, t\in\left(-\dfrac{\pi}{2},\dfrac{\pi}{2}\right)$.　**11.** $\ln x, d\left(\dfrac{1}{4}x^4\right)$.

三、解答题

1. (1) $-\dfrac{1}{x}+\arctan x+C$; (2) $x-\ln(1+e^x)+C$; (3) $\arcsin x-\sqrt{1-x^2}+C$; (4) $2\arctan\sqrt{x}+C$;

(5) $\dfrac{3}{2}(x+2)^{\frac{2}{3}}-3\sqrt[3]{x+2}+3\ln|1+\sqrt[3]{x+2}|+C$; (6) $\sqrt{2x-3}-\ln(1+\sqrt{2x-3})+C$;

(7) $-\dfrac{\sqrt{1+x^2}}{x}+C$; (8) $x\ln(1+x^2)-2x+2\arctan x+C$; (9) $x\arctan x-\dfrac{1}{2}\ln(1+x^2)+C$;

(10) $\dfrac{1}{2}x^2\ln x-\dfrac{1}{4}x^2+C$; (11) $\dfrac{1}{3}x\sin 3x+\dfrac{1}{9}\cos 3x+C$; (12) $\dfrac{1}{2}x+\dfrac{1}{2}\sin x+C$.

2. $y=x^2$.

练习题 5.1

1. (1) 正; (2) 负.　**2.** (1) 2; (2) 0; (3) $\dfrac{1}{2}$.　**3.** $\displaystyle\int_1^3(x^2+1)dx$.

练习题 5.2

1. (1) 10;(2) 6. **2.** (1) <;(2) >. **3.** $2e^{-\frac{1}{4}} \leqslant \int_0^2 e^{x^2-x}dx \leqslant 2e^2$.

练习题 5.3

1. (1) $\sin x^2$;(2) $-\sin x\sin(\cos x)\cdot e^{\cos x}$;(3) $3e^{9x^2}$;(4) $\sqrt{1+x^4}+2\sqrt{1+16x^4}$. **2.** $\Phi'(x)=x^3 e^{2x}$,
$\Phi'(1)=e^2$. **3.** (1) $\dfrac{5}{6}$;(2) $\dfrac{\pi}{6}$;(3) $\dfrac{\pi}{2}$;(4) $\dfrac{1}{2}(e-1)$;(5) $\dfrac{\pi}{4}-\dfrac{1}{2}$;(6) $\dfrac{3}{4}(\sqrt[3]{9}-1)$;(7) $\dfrac{2}{3}+\dfrac{\pi}{4}$;
(8) $\dfrac{7}{2}$;(9) $\dfrac{92}{6}$;(10) 4;(11) $2\sqrt{2}$;(12) $2(\sqrt{2}-1)$. **4.** $\dfrac{11}{6}$.

练习题 5.4

1. (1) $\dfrac{39}{968}$;(2) $\dfrac{2}{3}$;(3) $2-\sqrt{3}-\dfrac{\pi}{6}$;(4) $6-4\sqrt{2}$;(5) $\dfrac{4}{3}-\dfrac{\sqrt[4]{2}}{3}$;(6) 12;(7) $\sqrt{2}-\dfrac{2}{3}\sqrt{3}$;(8) $\dfrac{\pi}{4}$.
2. (1) 0;(2) $\dfrac{16}{3}$. **3.** $\dfrac{128}{15}-\dfrac{8}{15}\sqrt{2}$.

练习题 5.5

(1) $\dfrac{\pi}{2}-1$;(2) $-\dfrac{1}{2}$;(3) $\dfrac{\pi}{4}-\dfrac{\sqrt{3}}{3}\pi+\dfrac{1}{2}\ln\dfrac{3}{2}$;(4) $6-4\sqrt{2}$;(5) $2\sqrt{2}\ln 2-4\sqrt{2}+4$;(6) 2;
(7) $\dfrac{1}{2}(e^{\frac{\pi}{2}}+1)$;(8) $(2+e)\ln(2+e)-e+2\ln 2$.

练习题 5.6

(1) $\dfrac{1}{2}$;(2) $\dfrac{1}{3}$;(3) 发散;(4) $\ln 2$;(5) π;(6) $\dfrac{4}{e}$;(7) 0;(8) $\dfrac{1}{2}$.

复习题五

一、选择题
1. D. **2.** C. **3.** B. **4.** D. **5.** C. **6.** C. **7.** C. **8.** C.

二、填空题
1. >,<. **2.** 1,e. **3.** 0. **4.** $\dfrac{1}{2}$. **5.** -1. **6.** 1. **7.** $\dfrac{271}{6}$. **8.** 1. **9.** 0. **10.** 0. **11.** $\dfrac{2}{3}$.

三、解答题
1. (1) $\dfrac{\pi}{4}+\dfrac{1}{2}$;(2) $\dfrac{3}{2}\ln 2-\dfrac{1}{2}\ln 5$;(3) $\dfrac{5}{2}$;(4) $2-2\ln\dfrac{3}{2}$;(5) $8\ln 2-4$;(6) $\dfrac{8}{3}\ln 2-\dfrac{7}{9}$;(7) π.
2. $k=\dfrac{1}{\pi}$.

练习题 6.1

面积为 $-\int_a^b f(x)dx$.

练习题 6.2

1. (1) $\dfrac{1}{3}$;(2) $\dfrac{9}{8}$;(3) $\dfrac{9}{2}$;(4) $\dfrac{3}{2}-\ln 2$;(5) $\dfrac{8}{3}$.

2. (1) $\dfrac{128}{7}\pi$;(2) $\dfrac{\pi}{2}$;(3) $\dfrac{11}{6}\pi$;(4) $4\pi^2$.

3. $V_x=\dfrac{32}{5}\pi,V_y=8\pi$. **4.** (1) $A(1,1)$;(2) $y=2x-1$;(3) $\dfrac{\pi}{30}$. **5.** $\dfrac{1}{4}(\mathrm{e}^2+1)$.

练习题 6.3

1. (1) 9950;(2) 9850. **2.** (1) $\Delta C=460,\Delta R=2000$;(2) $C(q)=4q+\dfrac{1}{8}q^2+10,R(q)=80q-$

$\dfrac{1}{2}q^2,L(q)=76q-\dfrac{5}{8}q^2-10$. **3.** 略.

复习题六

一、选择题

1. A. **2.** D. **3.** C.

二、计算题

1. 18. **2.** $\dfrac{3}{2}-\ln 2$. **3.** $\dfrac{2}{3}$. **4.** $V_x=\dfrac{\pi}{2}\left(\mathrm{e}^2-2+\dfrac{1}{2}\sin 2\right)$.

5. $\dfrac{3}{10}\pi$. **6.** $\dfrac{\pi}{2}(\mathrm{e}^2+1)$. **7.** $\dfrac{\pi}{2}(\mathrm{e}^2+1)$. **8.** 56π. **9.** (1) $R(q)=100q-\dfrac{1}{40}q^2+250$;(2) $\Delta R=$

25000 元. **10.** (1) 40 万元;(2) $C(q)=12q+\dfrac{1}{2}q^2-10$.

练习题 7.1

1. (1) $\{3,4,-5\}$;(2) $\{-1.6,-9\}$. **2.** $\{2,-3,2\}$. **3.** (1) $(1,-2,1)$;(2) $\sqrt{6}$;(3) $\dfrac{\sqrt{6}}{6}\{1,-2,$

$1\}$. **4.** $|a|=\sqrt{14}$,方向余弦 $\cos\alpha=\dfrac{\sqrt{14}}{7},\cos\beta=\dfrac{3\sqrt{14}}{14},\cos\gamma=-\dfrac{\sqrt{14}}{14}$,同方向的单位向量 $e=\dfrac{\sqrt{14}}{14}\{2,3,$

$-1\}$. **5.** 与 z 轴的正向的夹角为 $\dfrac{\pi}{3}$ 或 $\dfrac{2}{3}\pi,a=\{1,-\sqrt{2},1\}$ 或 $a=\{1,-\sqrt{2},-1\}$.

练习题 7.2

1. (1) $a\cdot b=-1$;(2) $a\cdot i=3,a\cdot j=2,a\cdot k=-1$. **2.** (1) $a\cdot b=-4$;(2) $|a|=3\sqrt{2},|b|=3$,

$(a,b)=\arccos\left(-\dfrac{2\sqrt{2}}{9}\right)$. **3.** $\dfrac{\pi}{4}$. **4.** (1) $a\cdot b=-2$;(2) $i-5j-3k$;(3) $\pm\dfrac{\sqrt{35}}{35}(i-5j-3k)$.

5. $\dfrac{3\sqrt{2}}{2}$. **6.** $b=\{-2,2,-4\}$. **7.** $12\sqrt{3}$.

练习题 7.3

1. $x-2y+2z-9=0$. **2.** $2x-3z=0$. **3.** $d=1$. **4.** $2x+y-z-4=0$. **5.** $y=1$.

6. $2x-y-z=0$.

练习题 7.4

1. $\dfrac{x+1}{3}=\dfrac{y-1}{1}=\dfrac{z-4}{-4}$. **2.** $\dfrac{x+1}{1}=\dfrac{y-3}{2}=\dfrac{z-2}{-3}$. **3.** $\dfrac{x-1}{-1}=\dfrac{y-2}{7}=\dfrac{z-1}{4}$.

4. $\dfrac{x-1}{-1}=\dfrac{y-2}{5}=\dfrac{z-3}{3}$. **5.** $x-6y+2z+11=0$.

练习题 7.5

1. 以点 $(1,-2,1)$ 为球心,以 $R=2\sqrt{3}$ 为半径的球面. **2.** 略. **3.** (1) $\dfrac{x^2}{6}+\dfrac{y^2}{4}+\dfrac{z^2}{6}=1$;(2) x^2+

$z^2=2y$;(3) $x^2+y^2+z^2=16$. 4. $\begin{cases} x^2+2y^2=16, \\ z=0. \end{cases}$

复习题七

一、选择题

1. D. 2. D. 3. D. 4. A. 5. A. 6. C. 7. A. 8. A. 9. A. 10. A. 11. C. 12. C.

二、填空题

1. 3. 2. $-\dfrac{35}{6}$. 3. $\sqrt{19}$. 4. $k,-i,-j$. 5. $x-2y+3z-8=0$. 6. $3x+2y+z-10=0$.

7. $2x-8y+z-1=0$. 8. $\dfrac{x-1}{3}=\dfrac{y-2}{4}=\dfrac{z-3}{5}$. 9. $\Pi\perp l$. 10. $4,0$. 11. $x^2+(y-1)^2+(z-$

$2)^2=4$. 12. 圆柱面. 13. $\begin{cases} \dfrac{x^2}{4}+\dfrac{y^2}{9}=1, \\ z=0, \end{cases}$ x轴. 14. $x^2+z^2=4y$. 15. $\dfrac{x^2}{16}+\dfrac{y^2+z^2}{9}=1$.

三、解答题

1. 方向余弦 $\cos\alpha=\dfrac{-3}{\sqrt{61}},\cos\beta=\dfrac{4}{\sqrt{61}},\cos\gamma=\dfrac{-6}{\sqrt{61}}$. 2. $e=\dfrac{\sqrt{14}}{14}(3i+j-2k)$. 3. $k=\dfrac{3}{5}$.

4. $\{0,-1,1\}$或$\left\{0,-\dfrac{7}{5},\dfrac{1}{5}\right\}$. 5. $\left\{-\dfrac{2}{3},-\dfrac{2}{3},-\dfrac{10}{3}\right\}$. 6. $\pm\dfrac{\sqrt{17}}{17}(3i-2j-2k)$.

7. 3. 8. $21\sqrt{2}$. 9. $x+3y+2z-5=0$. 10. $14x+9y-z-15=0$. 11. $3x-3y+z-4=0$.

12. $9x-y+3z-16=0$. 13. $x+y-z+1=0$. 14. $\dfrac{x-1}{2}=\dfrac{y-1}{-3}=\dfrac{z-1}{5}$.

15. $\dfrac{x-1}{-3}=\dfrac{y-2}{5}=\dfrac{z-3}{-1}$. 16. $\dfrac{x-1}{-4}=\dfrac{y-2}{-1}=\dfrac{2-1}{2}$.

练习题 8.1

1. (1) -1;(2) $t^2x^2-2t^2xy+2$. 2. (1) $\{(x,y)\,|\,1\leqslant x^2+y^2\leqslant 16\}$;(2) $\dfrac{x^2}{2^2}+\dfrac{y^2}{3^2}\leqslant 1$. 3. (1) 0;

(2) $-\dfrac{1}{4}$;(3) $\dfrac{2}{\pi}$. 4. 当(x,y)沿 $y=kx$ 趋向于$(0,0)$时,$\lim\limits_{\substack{x\to 0 \\ y\to 0}}f(x,y)=\lim\limits_{x\to 0}\dfrac{3k^2x^4}{2k^2x^4+(1-k)^4x^4}=$

$\dfrac{k^2}{k^2+(1-k)^4}$. 取不同的 k,$\dfrac{k^2}{k^2+(1-k)^4}$取值不同,故极限不存在.

练习题 8.2

1. $f'_x(1,2)=5,f'_y(1,2)=-3$. 2. (1) $\dfrac{\partial z}{\partial x}=2xy\cos(x^2y),\dfrac{\partial z}{\partial y}=x^2\cos(x^2y)$;(2) $\dfrac{\partial z}{\partial x}=\dfrac{1}{x},\dfrac{\partial z}{\partial y}=$

$\dfrac{1}{y}$;(3) $\dfrac{\partial z}{\partial x}=-\dfrac{y}{x^2+y^2},\dfrac{\partial z}{\partial y}=\dfrac{x}{x^2+y^2}$;(4) $\dfrac{\partial z}{\partial x}=yx^{y-1},\dfrac{\partial z}{\partial y}=x^y\ln x$. 3. 略. 4. (1) $\dfrac{\partial^2 z}{\partial x^2}=6y^3+6x$,

$\dfrac{\partial^2 z}{\partial x\partial y}=\dfrac{\partial^2 z}{\partial y\partial x}=18xy^2,\dfrac{\partial^2 z}{\partial y^2}=18x^2y+4$;(2) $\dfrac{\partial^2 z}{\partial x^2}=\dfrac{2y^2-2x^2}{(x^2+y^2)^2},\dfrac{\partial^2 z}{\partial x\partial y}=\dfrac{\partial^2 z}{\partial y\partial x}=\dfrac{-4xy}{(x^2+y^2)^2},\dfrac{\partial^2 z}{\partial y^2}=$

$\dfrac{2x^2-2y^2}{(x^2+y^2)^2}$;(3) $\dfrac{\partial^2 z}{\partial x^2}=-\dfrac{y}{x^2},\dfrac{\partial^2 z}{\partial x\partial y}=\dfrac{\partial^2 z}{\partial y\partial x}=\dfrac{1}{x},\dfrac{\partial^2 z}{\partial y^2}=\dfrac{1}{y}$;(4) $\dfrac{\partial^2 z}{\partial x^2}=\dfrac{2xy}{(x^2+y^2)^2},\dfrac{\partial^2 z}{\partial x\partial y}=\dfrac{\partial^2 z}{\partial y\partial x}=$

$\dfrac{y^2-x^2}{(x^2+y^2)^2},\dfrac{\partial^2 z}{\partial y^2}=\dfrac{-2xy}{(x^2+y^2)^2}$.

练习题 8.3

1. $\dfrac{\partial z}{\partial x}=18xe^{(9x^2-4y^2)},\dfrac{\partial z}{\partial y}=-8ye^{(9x^2-4y^2)}$. 2. $\dfrac{dz}{dx}=e^{2x}(2\sin x+\cos x)$. 3. 略. 4. $\dfrac{\partial z}{\partial x}=\dfrac{2xyf'(x^2-y^2)}{f^2(x^2-y^2)}$,

$\dfrac{\partial z}{\partial y}=-\dfrac{2y^2f'(x^2-y^2)}{f^2(x^2-y^2)}.$ **5.** $\dfrac{\partial z}{\partial x}=y\mathrm{e}^{xy}f_1'+2f_2',\dfrac{\partial z}{\partial y}=x\mathrm{e}^{xy}f_1'.$ **6.** $\dfrac{\partial z}{\partial x}=f-\dfrac{y}{x}f_1',\dfrac{\partial z}{\partial y}=f_1'+xf_2',\dfrac{\partial^2 z}{\partial x\partial y}=$

$f_2'-\dfrac{y}{x^2}f_{11}''-\dfrac{y}{x}f_{12}''.$

练习题 8.4

1. $\dfrac{\mathrm{d}y}{\mathrm{d}x}=\dfrac{2-\mathrm{e}^{x+y}}{1+\mathrm{e}^{x+y}},\dfrac{\mathrm{d}^2 y}{\mathrm{d}x^2}=\dfrac{-9\mathrm{e}^{x+y}}{(1+\mathrm{e}^{x+y})^3}.$ **2.** $\dfrac{\partial z}{\partial x}=\dfrac{\mathrm{e}^x-yz}{xy},\dfrac{\partial z}{\partial y}=-\dfrac{z}{y}.$

3. $\dfrac{\partial z}{\partial x}=\dfrac{2\cos(x+y-3z)-1}{6\cos(x+y-3z)-3},\dfrac{\partial z}{\partial y}=\dfrac{4\cos(x+y-3z)-2}{6\cos(x+y-3z)-3},$代入即可证明. **4.** $\dfrac{\partial z}{\partial x}=\dfrac{f(y^2-z^2)}{1+2xzf'(y^2-z^2)},$

$\dfrac{\partial z}{\partial y}=\dfrac{2xyf'(y^2-z^2)-1}{1+2xzf'(y^2-z^2)},$代入即可证明. **5.** $\mathrm{d}z=\mathrm{d}x+0\mathrm{d}y.$ **6.** $0.18.$ **7.** (1) $\mathrm{d}z=-\dfrac{y}{x^2+y^2}\mathrm{d}x+$

$\dfrac{x}{x^2+y^2}\mathrm{d}y;$(2) $\mathrm{d}z=2\mathrm{e}^{2x}\sin y\mathrm{d}x+\mathrm{e}^{2x}\cos y\mathrm{d}y;$(3) $\mathrm{d}z=\dfrac{2y}{2xy+3}\mathrm{d}x+\dfrac{-3y}{2xy^2+3y}\mathrm{d}y;$(4) $\mathrm{d}u=zy^{xz}\ln y\mathrm{d}x+$

$xzy^{xz-1}\mathrm{d}y+xy^{xz}\ln y\mathrm{d}z.$ **8.** $\mathrm{d}z=(2xf_1'+2\mathrm{e}^{2x+3y}f_2')\mathrm{d}x+3\mathrm{e}^{2x+3y}f_2'\mathrm{d}y.$ **9.** $\mathrm{d}z=-\mathrm{d}x+\mathrm{d}y.$

练习题 8.5

1. 极小值 $f(1,0)=-5,$极大值 $f(-3,2)=31.$ **2.** 极大值 $f\left(\dfrac{1}{2},\dfrac{1}{2}\right)=\dfrac{1}{4}.$ **3.** 长、宽、高均为

$6\sqrt{3}$时,最大体积为 $648\sqrt{3}.$ **4.** $6\sqrt{3}.$

复习题八

一、选择题

1. C. **2.** D. **3.** B. **4.** A. **5.** C. **6.** B. **7.** B. **8.** C. **9.** A. **10.** D. **11.** C. **12.** A.
13. C. **14.** B. **15.** B. **16.** B. **17.** A.

二、填空题

1. $\{(x,y)\mid9\leqslant x^2+y^2\leqslant25\}.$ **2.** $\{(x,y)\mid xy>0\}.$ **3.** $\{(x,y)\mid xy\geqslant0\ 且-3\leqslant x\leqslant3\}.$ **4.** $0.$

5. $3\sqrt{2}.$ **6.** $\dfrac{5}{3}.$ **7.** $(xy)^{(x+y)}.$ **8.** $\dfrac{1}{2}x^2-\dfrac{1}{2}xy.$ **9.** $(x+y)+3x^2.$ **10.** $2x+3y,3x+2y.$

11. $\mathrm{e}^x\sin y,\mathrm{e}^x\cos y.$ **12.** $\dfrac{y}{\sqrt{1-x^2y^2}},\dfrac{x}{\sqrt{1-x^2y^2}}.$ **13.** $0.01,0.$ **14.** $\left(y+\dfrac{1}{y}\right)\mathrm{d}x+\left(x-\dfrac{x}{y^2}\right)\mathrm{d}y.$

15. $y\mathrm{e}^{xy}\mathrm{d}x+x\mathrm{e}^{xy}\mathrm{d}y.$ **16.** $\dfrac{2}{x^2+y^2+z^2}(x\mathrm{d}x+y\mathrm{d}z+z\mathrm{d}z).$ **17.** $f_x'(a,b),f_y'(a,b).$ **18.** $<.$

三、解答题

1. $f_x'(1,1)=\dfrac{1}{3},f_y'(1,1)=\dfrac{2}{3}.$ **2.** $\dfrac{\partial z}{\partial x}=y^x\ln y,\dfrac{\partial^2 z}{\partial x^2}=y^x(\ln y)^2,\dfrac{\partial^2 z}{\partial y\partial x}=(1+x\ln y)y^{x-1}.$

3. $\dfrac{\partial z}{\partial x}=1+\ln xy,\dfrac{\partial^2 z}{\partial y^2}=-\dfrac{x}{y^2},\dfrac{\partial^2 z}{\partial x\partial y}=\dfrac{1}{y}.$ **4.** $\mathrm{d}z=-\dfrac{y}{x^2+y^2}\mathrm{d}x-\dfrac{x}{x^2+y^2}\mathrm{d}y.$ **5.** $\dfrac{\mathrm{d}z}{\mathrm{d}x}=\dfrac{(1+x)\mathrm{e}^x}{1+x^2\mathrm{e}^{2x}}.$

6. $\mathrm{d}z=(2\mathrm{e}^{2x+3y}f_1'+2xf_2')\mathrm{d}x+(3\mathrm{e}^{2x+3y}f_1'+f_2')\mathrm{d}y.$ **7.** $\dfrac{\partial z}{\partial x}=2xf_1'+y\mathrm{e}^{xy}f_2',\dfrac{\partial z}{\partial y}=2yf_1'+x\mathrm{e}^{xy}f_2'.$

8. $\dfrac{\partial z}{\partial x}=2x\cos^2 y\mathrm{e}^{2x+3y}+2x^2\cos^2 y\mathrm{e}^{2x+3y},\dfrac{\partial z}{\partial y}=-x^2\sin2y\mathrm{e}^{2x+3y}+3x^2\cos^2 y\mathrm{e}^{2x+3y}.$

9. $\dfrac{\mathrm{d}z}{\mathrm{d}t}=\dfrac{t\mathrm{e}^t\cos\mathrm{e}^t\cos(\ln t)+\sin\mathrm{e}^t\sin(\ln t)}{t\cos^2\ln t}.$ **10.** $\dfrac{\partial z}{\partial x}=\dfrac{y\cos xy-y^2z^3}{3y^2z^2},\dfrac{\partial z}{\partial y}=\dfrac{x\cos xy-2xyz^3}{3xy^2z^2}.$

11. $\dfrac{\partial z}{\partial x}=\dfrac{z}{x+z},\dfrac{\partial z}{\partial y}=\dfrac{z^2}{y(x+z)}.$ **12.** $\dfrac{\partial z}{\partial x}=\dfrac{yz}{\mathrm{e}^z-xy},\dfrac{\partial z}{\partial y}=\dfrac{xz}{\mathrm{e}^z-xy}.$ **13.** 略.

14. 求出 $\dfrac{\partial u}{\partial x}=2x\varphi'(x^2+y^2),\dfrac{\partial u}{\partial y}=2y\varphi'(x^2+y^2),$代入就可证明.

15. $\dfrac{\partial^2 z}{\partial x\partial y}=(xf_{12}''+f_2'+xyf_{22}'')+4xy\varphi''(x^2+y^2).$ **16.** 略. **17.** 极小值 $f(1,0)=-5,$极大值

$f(-3,2)=31.$ **18.** 极大值 $f(0,0)=3.$ **19.** 长、宽、高分别为 2、2、2 时,最大体积为 8.

练习题 9.1

(1) 16π;(2) $\dfrac{2}{3}\pi R^3.$

练习题 9.2

1. $\dfrac{9}{8}.$ **2.** $\dfrac{9}{4}.$ **3.** $1-\sin 1.$ **4.** $0.$ **5.** $\dfrac{3}{8}.$ **6.** $1.$ **7.** (1) $\displaystyle\int_0^1 dy\int_y^{2-y} f(x,y)dx$;(2) $\displaystyle\int_0^1 dx\int_1^{e^x} yf(x,y)dy$;(3) $\displaystyle\int_0^4 dx\int_{\frac{1}{2}x}^{\sqrt{x}} f(x,y)dy$;(4) $\displaystyle\int_0^1 dy\int_{-\sqrt{y}}^{\sqrt{y}} f(x,y)dx + \int_1^4 dy\int_{y-2}^{\sqrt{y}} f(x,y)dx.$ **8.** $\dfrac{1}{6}.$

复习题九

一、选择题

1. C. **2.** C. **3.** C. **4.** C. **5.** C. **6.** B. **7.** B. **8.** D. **9.** C. **10.** D. **11.** C. **12.** C. **13.** B. **14.** D. **15.** A. **16.** A. **17.** D. **18.** D.

二、填空题

1. 表示经区域 D 为底,曲面 $z=f(x,y)$ 为顶的曲顶柱体的体积. **2.** 1. **3.** $3\pi.$ **4.** $\dfrac{9}{4}\pi.$

5. $\dfrac{1}{2}\pi a^4.$ **6.** $m\delta,M\delta.$ **7.** $3\pi e,3\pi e^4.$ **8.** (1) $\displaystyle\int_0^1 dy\int_{e^y}^{e} f(x,y)dx$;(2) $\displaystyle\int_0^4 dx\int_{\frac{1}{2}x}^{\sqrt{x}} f(x,y)dy$;

(3) $\displaystyle\int_0^2 dx\int_x^{2x} f(x,y)dy$;(4) $\displaystyle\int_0^1 dy\int_0^{y} f(x,y)dx$;(5) $\displaystyle\int_{-1}^2 dx\int_{x^2}^{x+2} f(x,y)dy.$ **9.** $\displaystyle\int_0^{2\pi} d\theta\int_1^2 f(r\cos\theta,r\sin\theta)rdr.$

10. $\displaystyle\int_0^{2\pi} d\theta\int_0^{R} f(r^2)rdr.$ **11.** $\dfrac{2}{3}.$ **12.** $\dfrac{15}{2}-8\ln 2.$ **13.** $\displaystyle\iint_D (3-x-y)d\delta,x=2,y=1$ 及 $x+y=3.$

14. $\displaystyle\iint_D (4-x^2)d\delta,x=0,y=0$ 及 $2x+y=4.$

三、解答题

1. $\dfrac{9}{4}.$ **2.** $\dfrac{1}{2}\left(1-\dfrac{1}{e}\right).$ **3.** $\dfrac{243}{20}.$ **4.** 27. **5.** 2. **6.** 2. **7.** $2\ln 2-1.$ **8.** 0. **9.** $\dfrac{128}{3}\pi.$ **10.** $\dfrac{15}{4}\pi.$ **11.** 0. **12.** $\pi(e-1).$ **13.** $-2.$ **14.** $6\pi.$ **15.** $\dfrac{5}{6}\pi.$ **16.** $\pi.$ **17.** $\dfrac{50}{3}\pi.$

练习题 10.1

1. (1) C;(2) A;(3) C;(4) D;(5) D;(6) B. **2.** (1) 一阶非线性;(2) 三阶线性;(3) 二阶线性;(4) 一阶线性;(5) 二阶非线性;(6) 三阶线性;(7) 二阶非线性;(8) 一阶非线性;(9) 三阶非线性;(10) 一阶线性 **3.** (1) 是解,通解;(2) 是解,不是通解;(3) 是解,通解;(4) 是解,是通解. **4.** 特解,$y=2e^{-x}+x-1.$

练习题 10.2

1. (1) $y=\dfrac{1}{5}x^3+\dfrac{1}{2}x^2+C$;(2) $y=Cx$;(3) $e^y=e^x+C$;(4) $y^2=2\ln(1+e^x)+C$;(5) $1+y^2=C(1+x^2)$;(6) $\sqrt{1-y^2}=\dfrac{1}{2}x^2+C.$ **2.** $y=x^3.$ **3.** (1) $\sin\dfrac{y}{x}=Cx$;(2) $y=Ce^{\frac{y}{x}}$;(3) $-e^{\frac{x}{y}}=\ln|x|+C$;

(4) $y=\dfrac{x}{\ln|x|+C}.$ **4.** $x^2=e^{\left(\frac{y}{x}\right)^2}.$ **5.** $y=\dfrac{2}{x}.$

练习题 10.3

1. (1) $y=-\dfrac{1}{2}e^{-x}+Ce^x$;(2) $y=\dfrac{1}{2}x^2e^{x^2}+Ce^{x^2}$;(3) $y=\dfrac{e^x+C}{x}$;(4) $x=y\ln y+Cy$;

(5) $y=\frac{1}{3}xe^x-\frac{1}{9}e^x+Ce^{-2x}$；(6) $y=\frac{1}{2}y^2+Cy^3$．ㅤ**2.** (1) $y=\left(\frac{1}{2}x^2+1\right)e^{-x^2}$；(2) $y=\frac{x}{\cos x}$．

3. $f(x)=2-3e^{\frac{1}{2}x^2}$．ㅤ**4.** $y=-2(x+1)+e^x$．ㅤ**5.** $L=\frac{8}{3}-x+\frac{34}{3}e^{-3x}$．ㅤ**6.** 2.5 kg.

练习题 10.4

（1）$y=C_1(x-e^{-x})+C_2$；ㅤ（2）$y=-\frac{1}{2}\sin 2x-x+C_1\sin x+C_2$；

（3）$y=-\ln|\cos(x+C_1)|+C_2$．

练习题 10.5

1. (1) $y''-4y'+4=0$；(2) $y''-3y'+2y=0$．ㅤ**2.** (1) $y=C_1e^{-x}+C_2e^{2x}$；(2) $y=C_1e^x+C_2e^{3x}$；

(3) $y=C_1e^{-x}+C_2xe^{-x}$；(4) $y=e^{-3x}(C_1\cos x+C_2\sin x)$；(5) $y=2xe^{-2x}$；(6) $y=2e^{2x}\sin x$．

3. (1) $y=C_1e^{-x}+C_2e^x-x$；(2) $y=C_1e^{-2x}+C_2e^x+\frac{1}{3}xe^x$；(3) $y=C_1e^{-2x}+C_2xe^{-2x}+$

$\left(\frac{1}{9}x+\frac{1}{27}\right)e^x$；(4) $y=C_1+C_2e^{2x}+\left(\frac{1}{4}x^2-\frac{1}{4}x\right)e^{2x}$；(5) $y=C_1+C_2e^x+\frac{3}{2}\cos x-\frac{3}{2}\sin x$．

4. $y=e^x+2xe^x+e^{2x}$．ㅤ**5.** $y=e^{2x}-2xe^x$．

复习题十

一、选择题

1. B.ㅤ**2.** C.ㅤ**3.** B.ㅤ**4.** A.ㅤ**5.** C.ㅤ**6.** B.ㅤ**7.** D.ㅤ**8.** B.

二、填空题

1. $y=\sqrt{3-2e^{-x}}$．ㅤ**2.** $\ln|x|+\frac{1}{2}x^2=2\ln|y|-y+C$．ㅤ**3.** $y=x^2+x$．ㅤ**4.** $y''-5y'+6y=0$．

5. $y=e^{-x}+C_1x+C_2$．ㅤ**6.** $y''-2y'+y=0$．

三、解答题

1. $y=\sin x$．ㅤ**2.** $y=e^{\sin x}(x+1)$．ㅤ**3.** $y=x(e^x+C)$．ㅤ**4.** $y=C_1e^{-x}+C_2e^{3x}-x+\frac{1}{3}$．

5. $y=e^{-\frac{1}{2}x^2}$．ㅤ**6.** $y=\frac{e^x}{x}$．ㅤ**7.** $y=\frac{x}{\ln|x|+C}$．ㅤ**8.** $y=-2(x+1)+4e^x$．ㅤ**9.** $y=C_1e^{-x}+C_2e^x-x$．

10. $p=1,q=-2,y=C_1e^{-x}+C_2e^x+\frac{1}{3}xe^x$．ㅤ**11.** $y=C_1e^{-x}+C_2e^{-2x}+\left(\frac{1}{2}x+\frac{1}{4}\right)e^x$．

12. $y=C_1e^{-x}+C_2e^x-xe^x$．

练习题 11.1.1

(1) 收敛；(2) 发散；(3) 发散；(4) 发散；(5) 收敛.

练习题 11.1.2

(1) 收敛；(2) 发散；(3) 收敛；(4) 发散；(5) 发散；(6) 发散.

练习题 11.2.1

1. (1) 收敛；(2) 收敛；(3) 发散；(4) 收敛；(5) 收敛；(6) 收敛.ㅤ**2.** (1) 发散；(2) 发散；

(3) 收敛；(4) 收敛.ㅤ**3.** (1) 发散；(2) 发散；(3) 收敛；(4) 收敛；(5) 收敛.

练习题 11.2.2

(1) 收敛；(2) 发散；(3) 收敛；(4)收敛.

练习题 11.2.3

1. (1) 绝对收敛;(2) 条件收敛;(3) 绝对收敛;(4) 发散;(5) 绝对收敛;(6) 条件收敛;(7) 条件收敛.

2. 当 $p>0$ 时,级数收敛;当 $p>1$ 时,绝对收敛;当 $0<p<1$ 时,条件收敛.

练习题 11.3.1

(1) 收敛半径 $R=\dfrac{1}{2}$,收敛域 $\left[-\dfrac{1}{2},\dfrac{1}{2}\right)$;(2) 收敛半径 $R=0$,收敛域 $x=0$;(3) 收敛半径 $R=\dfrac{1}{2}$,

收敛域 $\left[-\dfrac{1}{2},\dfrac{1}{2}\right]$;(4) 收敛半径 $R=+\infty$,收敛域 $(-\infty,+\infty)$;(5) 收敛半径 $R=\sqrt{3}$,收敛域 $(-\sqrt{3}$,

$\sqrt{3})$;(6) 收敛半径 $R=\dfrac{1}{2}$,收敛域 $\left(-\dfrac{1}{2},\dfrac{1}{2}\right)$.

练习题 11.3.2

1. (1) $s(x)=-\ln(1-2x),-\dfrac{1}{2}<x<\dfrac{1}{2}$;(2) $s(x)=\dfrac{9}{(3-x)^2},-3<x<3$.

2. $s(x)=\displaystyle\sum_{n=0}^{\infty}\dfrac{x^{2n+1}}{2n+1}=\dfrac{1}{2}\ln\dfrac{1+x}{1-x},x\in(-1,1)$;

$s\left(\dfrac{1}{2}\right)=\displaystyle\sum_{n=0}^{\infty}\dfrac{1}{2n+1}\left(\dfrac{1}{2}\right)^{2n+1}=\dfrac{1}{2}\ln\dfrac{1+\dfrac{1}{2}}{1-\dfrac{1}{2}}=\dfrac{1}{2}\ln 3$.

练习题 11.4

1. (1) $\displaystyle\sum_{n=0}^{\infty}\dfrac{x^n}{4^{n+1}}\ (-4<x<4)$;(2) $\displaystyle\sum_{n=0}^{\infty}(-1)^n\dfrac{2^n}{n!}x^n\ (-\infty<x<\infty)$;(3) $\ln4+\displaystyle\sum_{n=1}^{\infty}(-1)^{n-1}\dfrac{1}{n\cdot 4^n}x^n$

$(-4<x\leqslant 4)$;(4) $\displaystyle\sum_{n=0}^{\infty}(-1)^n\dfrac{1}{n!}x^{n+1}\ (-\infty<x<\infty)$;(5) $\displaystyle\sum_{n=1}^{\infty}(-1)^{n+1}\dfrac{2^{2n-1}}{(2n)!}x^{2n}\ (-\infty<x<\infty)$;

(6) $\dfrac{1}{3}\displaystyle\sum_{n=0}^{\infty}\left[2^n+(-1)^{n+1}\right]x^n\ \left(-\dfrac{1}{2}<x<\dfrac{1}{2}\right)$. **2.** $\displaystyle\sum_{n=0}^{\infty}\dfrac{(-1)^n}{2^{n+1}}(x-2)^n\ (0<x<4)$.

3. $\ln3+\displaystyle\sum_{n=1}^{\infty}(-1)^{n-1}\dfrac{1}{n\cdot 3^n}(x-2)^n\ (-1<x\leqslant 5)$. **4.** $\displaystyle\sum_{n=0}^{\infty}(-1)^n\left(\dfrac{1}{3^{n+1}}-\dfrac{1}{4^{n+1}}\right)(x-1)^n\ (-2<x<4)$.

复习题十一

一、选择题

1. C. **2.** B. **3.** B. **4.** D. **5.** D. **6.** D. **7.** D. **8.** A. **9.** B. **10.** A. **11.** C. **12.** C.
13. C. **14.** D. **15.** C. **16.** D. **17.** C. **18.** C. **19.** B. **20.** D.

二、填空题

1. 0. **2.** -20. **3.** 发散. **4.** 必要. **5.** 发散. **6.** $|q|<1,\dfrac{q}{1-q};|q|\geqslant 1$. **7.** $p>1,p\leqslant 1$.

8. 发散. **9.** 发散. **10.** 发散. **11.** 发散. **12.** 条件. **13.** 条件. **14.** 收敛.

15. $+\infty,(-\infty,+\infty)$. **16.** $2,(-2,+2)$. **17.** $1,[-2,0)$. **18.** $\displaystyle\sum_{n=0}^{\infty}\dfrac{1}{n!}x^{2n}(x\in(-\infty,+\infty))$.

19. $\displaystyle\sum_{n=0}^{\infty}(-1)^nx^{2n},x\in(-1,1)$. **20.** $\displaystyle\sum_{n=1}^{\infty}(-1)^{n-1}\dfrac{x^{2n}}{n},x\in(-1,1]$.

三、解答题

 1. 发散. **2.** 发散. **3.** 收敛. **4.** 收敛. **5.** 收敛. **6.** 发散. **7.** 收敛. **8.** 绝对收敛.

 9. 绝对收敛. **10.** 绝对收敛. **11.** 条件收敛. **12.** 收敛半径 $R=3$,收敛域 $(-3,3)$.

 13. 收敛半径 $R=4$,收敛域 $(-4,4)$. **14.** 收敛半径 $R=3$,收敛域 $[-4,2)$. **15.** 收敛半径 $R=4$,

收敛域 $[-2,6)$ **16.** 收敛半径 $R=\dfrac{1}{2}$,收敛域 $\left[\dfrac{1}{2},\dfrac{3}{2}\right)$. **17.** 收敛半径 $R=\dfrac{1}{3}$,收敛域 $\left(-\dfrac{1}{3},\dfrac{1}{3}\right)$.

 18. $f(x)=\displaystyle\sum_{n=0}^{\infty}\dfrac{1}{3^{n+1}}x^{n}$. **19.** $f(x)=\ln 4\left(1+\dfrac{1}{4}x\right)=\ln 4+\ln\left(1+\dfrac{1}{4}x\right)=\ln 4+\displaystyle\sum_{n=1}^{\infty}(-1)^{n-1}$

$\dfrac{1}{n4^{n}}x^{n}\sqrt{3}\ (-4<x\leqslant 4)$. **20.** $f(x)=3^{x}=\mathrm{e}^{\ln 3^{x}}=\mathrm{e}^{x\ln 3}=\displaystyle\sum_{n=0}^{\infty}\dfrac{(\ln 3)^{n}}{n!}x^{n}\sqrt{3}\sqrt{3}\sqrt{3}\ (-\infty<x<+\infty)$.

 21. $f(x)=\dfrac{3}{2+x-x^{2}}=\dfrac{1}{1+x}+\dfrac{1}{2-x}=\displaystyle\sum_{n=0}^{\infty}\left[(-1)^{n}+\dfrac{1}{2^{n+1}}\right]x^{n}\sqrt{3}\ (-2<x<2)$.

 22. $f(x)=\dfrac{1}{(1-x)^{2}}=\left(\dfrac{1}{1-x}\right)'=\left(\displaystyle\sum_{n=0}^{\infty}x^{n}\right)'=\displaystyle\sum_{n=1}^{\infty}nx^{n-1}\sqrt{3}\ (-1<x<1)$.

 23. $f(x)=\dfrac{1}{1+x}=\dfrac{1}{3+(x-2)}=\dfrac{1}{3}\dfrac{1}{1+\dfrac{x-2}{3}}=\displaystyle\sum_{n=0}^{\infty}\dfrac{(-1)^{n}}{3^{n+1}}(x-2)^{n}\sqrt{3}\ (-1<x<5)$.

 24. $f(x)=\ln x=\ln(1+(x-1))=\displaystyle\sum_{n=1}^{\infty}\dfrac{(-1)^{n-1}}{n}(x-1)^{n}\sqrt{3}\ (0<x\leqslant 2)$.

 25. $f(x)=\ln(1+x)=\ln(3+(x-2))=\ln 3+\ln\left(1+\dfrac{x-2}{3}\right)$.

 26. $s(x)=\displaystyle\sum_{n=0}^{\infty}(n+1)x^{n}=\displaystyle\sum_{n=0}^{\infty}(x^{n+1})'=\left(\displaystyle\sum_{n=0}^{\infty}x^{n+1}\right)'=\left(\dfrac{x}{1-x}\right)'=\dfrac{1}{(1-x)^{2}}\sqrt{3}\ (-1<x<1)$.

 27. $s(x)=\displaystyle\sum_{n=1}^{\infty}(n+1)x^{n}=\displaystyle\sum_{n=1}^{\infty}(x^{n+1})'=\left(\displaystyle\sum_{n=1}^{\infty}x^{n+1}\right)'=\left(\dfrac{x^{2}}{1-x}\right)'=\dfrac{2x-x^{2}}{(1-x)^{2}}\sqrt{3}\ (-1<x<1)$.

 28. $s(x)=\displaystyle\sum_{n=1}^{\infty}nx^{n}=x\displaystyle\sum_{n=1}^{\infty}nx^{n-1}=x\displaystyle\sum_{n=1}^{\infty}(x^{n})'=x\left(\dfrac{x}{1-x}\right)'=\dfrac{x}{(1-x)^{2}}\sqrt{3}\ (-1<x<1)$.

 29. $s(x)=\displaystyle\sum_{n=1}^{\infty}(n+1)x^{n}=\displaystyle\sum_{n=1}^{\infty}(x^{n+1})'=\left(\displaystyle\sum_{n=1}^{\infty}x^{n+1}\right)'=\left(\dfrac{x^{2}}{1-x}\right)'=\dfrac{2x-x^{2}}{(1-x)^{2}}\sqrt{3}\ (-1\leqslant x<1)$.

 30. $s(x)=-\ln(1-x)\sqrt{3}\ (-1\leqslant x<1)$. **31.** $s(x)=\arctan x\sqrt{3}\ (-1\leqslant x\leqslant 1)$.